# 电路与模拟电子技术基础


主　编　赵丽娜

副主编　徐承成　赵　波　陈　丹　姚玉琴　邢建华

主　审　王建波　蒋守光　周　群

中国人民大学出版社

·北京·

# 前　言

电路与模拟电子技术基础是高校非电类工科专业的一门重要的基础课程，具有较强的工程性和实践性。通过该课程的学习，学生能够掌握电路分析基本理论及方法；掌握半导体技术的基本知识、集成电路的结构、性能及其基本应用。在此基础上通过实践训练，可以有效地提高学生分析电路问题与解决实际问题的能力，培养学生的工程素质。

目前已出版的大部分同类教材存在三个突出问题。第一，内容过深、范围过宽、难度较大，对非电类专业的学生很不友好，导致学生学习兴趣不高、教师传授困难、教学效果不理想。第二，教材普遍缺乏思政元素。这对学生来说，电子技术知识犹如空中楼阁。学生不知道这些定理和定律从何而来，如何应用和发展，也不知道学习这些知识的意义所在。第三，以理论知识为主体，缺乏工程实例。学习一门课程的目的是应用，而非应试。过于注重理论知识的阐述会使得理论与实践脱节，学生不知道学习这门课程的目的是什么，有什么用处，导致学生缺乏成就感，丧失学习动力。

基于以上现存问题，本书在编写过程中，注重“内容精”“结构新”“重实用”“渗工程”“融思政”的行文指导思想。

**一、内容精**

在内容选取上，力求精练，突出重点，避免冗余。精选了电路与电子技术领域的核心知识点，对基本概念、基本原理和基本分析方法进行了详细阐述，以帮助读者牢固掌握核心内容，为后续课程的学习和实践应用打下坚实的基础。

**二、结构新**

在结构安排上力求创新，每章基本以“解决的主要问题—思政引入—元器件介绍—基本电路—工程实例—电路仿真—思维导图小结”为主线进行编写，使读者能够循序渐进地掌握知识。各章节内容相对独立，又层层递进，便于读者根据自身需求和兴趣进行选择性的学习。

**三、重实用**

教材强调实用性，注重培养读者的实践能力和创新意识。在讨论各元器件时，重点放在元器件的基本工作原理以及与实际应用有着密切关系的元器件的主要参数的选择上。在讨论具体电路时，突出构成电路的思路、电路特点以及重要技术指标的计算，充分利用现代电路仿真分析工具，避免了传统电路类课程过分强调列方程求解的烦琐。

**四、渗工程**

在介绍电路与电子技术理论知识的同时，始终注重工程意识的培养。每章内容及习题中引入多个工程实例和案例分析，引导读者从工程角度出发，思考如何运用所学知识解决实际问题，更好地理解理论知识在实际工程中的应用。

**五、融思政**

积极融入课程思政教育元素，立德树人。每章开头引入相应的思政案例，结合电路与电子技术的发展历程和应用领域，介绍国内外优秀科学家的故事，激发读者的爱国热情，培养读者的科学素养。同时，强调诚信、责任和团队合作等职业素养的养成，实现知识传授、能力培养与素质教育的有机统一。

除此之外，本书还有一些精心设计的编写细节。例如，给出了一些英文简写或英文脚码的名词解释，有助于读者更好地理解专业术语和专业简写，方便读者理解和记忆。本书中第一次出现的新概念用黑色字体突出显示，解题方法进行了凝练总结，便于读者快速查阅。每章结束都给出思维导图，总结梳理本章的知识脉络。思维导图与每章开篇提出的问题遥相呼应，形成了知识闭环。习题题型精练且丰富，减少了重复性的理论计算题型的数量。除了常见的客观题、理论分析题外，还增设了工程题、设计题、仿真题等题型，以扩展学生的知识应用场景。

总之，本书旨在为广大读者提供一本系统实用的电路与电子技术学习资料，帮助读者建立扎实的理论基础，培养实际操作能力，激发创新思维，提升工程素养。

本书内容分为电路分析基础和模拟电子技术两部分，共 8 个章节。第 1~3 章为电路分析基础部分，主要讲述电阻电路的基本概念、基本定律定理和分析方法、含有动态元件电路的暂态过程分析以及正弦稳态电路分析的一般方法；第 4~8 章为模拟电子技术部分，主要讲述基本放大电路、集成运算放大器及其应用、半导体二极管基础知识、三极管及应用电路、负反馈放大电路和正弦波振荡电路。

本书第 1 章由姚玉琴、赵丽娜编写，第 2 章由赵波、赵丽娜编写，第 3 章由徐承成编写，第 4 章由赵波编写，第 5 章由赵丽娜、邢建华编写，第 6 章由徐承成、赵丽娜编写，第 7 章和第 8 章由陈丹编写。徐承成负责全书习题的审稿工作，赵丽娜、陈丹、谢欢、赵波、王建波、蒋守光负责全书的审稿工作。在此，特别感谢安徽应流航空科技有限公司发动机试车中心高级工程师邢建华参与了本书的编写，尤其对全书工程应用部分给予了详尽指导。特别感谢四川大学电工电子基础实验中心周群教授和中国人民大学物理学院庞斐副教授对全书的审稿工作。

此外，我们还邀请了本校不同专业、不同年级的学生刘洋兵、汤文慧、唐帅、钦杰等通读全稿，从学生的角度提出了很多宝贵意见。本书的编写除了作者多年的教学经验积累外，还借鉴和参阅了大量的参考资料，在此谨向编者、主审、学生和帮助本书成稿的所有人员表示诚挚的谢意。

尽管编者对本书进行了反复的研讨、修改，对书中的每一句话、每一幅图都做了仔细的斟酌，但由于时间仓促，且编者水平有限，书中错误和不妥之处难免，恳请广大读者给予批评指正。

# 目　录

# / 第 1 章 /

# 直流电路

**本章解决的主要问题：**

1. 电路的基本概念有哪些？
2. 电路变量有哪些？
3. 如何分析简单的电路？

电路是电子技术的基础。在通信、控制、计算机、电力等众多科学技术领域，广泛存在着各种类型的电路。电路理论是研究电路的基本规律及其计算方法的工程学科。本章首先介绍电路的基本概念和基本定律，如电路模型、基尔霍夫定律、电路中电位的概念及计算过程；然后重点介绍经典的电路分析方法，如节点分析法、叠加定理和戴维南定理等。

## 1.1 电路及电路模型

### 1.1.1 实际电路

实际电路是指由电阻器、电容器、线圈、三极管等器件或设备连接而成的电路，它的主要功能是实现电能或电信号的产生、传输、转换和处理。实际电路通常由四个要素组成：(1) 电源，如电站的发电设备、电池等；(2) 用电设备，也称负载，如电灯、计算机、电动机等；(3) 控制装置，如自动或手动开关；(4) 导线，通常由铜或铝等电阻率小的金属制成，如图 1-1-1 (a) 所示。

### 1.1.2 电路模型

通常，实际器件的电磁性质较为复杂。为了便于对实际电路进行分析和数学描述，可以将实际元器件理想化，即在一定条件下突出其主要电磁性质，忽略次要因素，把它近似看作理想电路元器件。例如，白炽灯除具有消耗电能的性质 (电阻性) 外，当接通电流时，还会产生磁场，此时具有电感性，但电感性微弱，可忽略不计。因此，在理想情况下，可将白炽灯看作电阻元件，如图 1-1-1 (b) 所示。

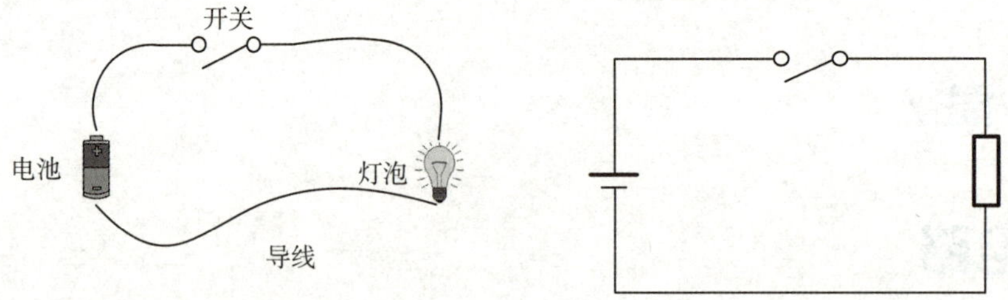


(a) 实际电路　　(b) 电路模型

**图 1-1-1　实际电路和电路模型**

由理想元器件构成的电路就是实际电路的电路模型，它是对实际电路电磁性质的科学抽象和概括。根据发生在实际电路中的电磁现象，理想电路元器件按性质分为四种：(1) 消耗电能 (电阻)；(2) 供给电能 (理想电源)；(3) 储存电场能量 (理想电容)；(4) 储存磁场能量 (理想电感)。本书所分析的电路都是电路模型，简称电路。在电路图中，各种元器件用国家标准《音视频、信息技术和通信技术设备 第 1 部分：安全要求》(GB 4943.1-2022) 规定的图形符号表示，如表 1-1-1 所示。

**表 1-1-1　部分电路元件图形符号**

| 名称 | 符号 | 名称 | 符号 |
|---|---|---|---|
| 直流电压源电池 | 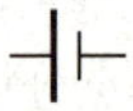 | 可变电容 |  |
| 电压源 |  | 理想导线 |   |
| 电流源 | 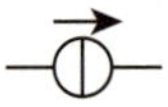 | 互相连接的导线 |  |
| 电阻元件 |  | 交叉但不相连接的导线 | 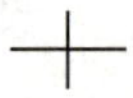 |
| 电位器 |  | 开关 | 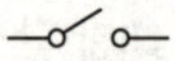 |
| 可变电阻 |  | 熔断器 |  |
| 电灯 |  | 电流表 |  |
| 电感元件 |  | 电压表 | 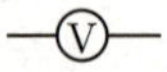 |
| 铁心电感 |  | 功率表 | 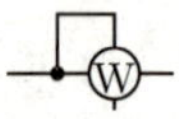 |
| 电容元件 | 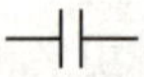 | 接地 |  |

# 1.2　电路变量

电路的电气特性通常由电流、电压和电功率等物理量来描述。电路分析的基本任务就是计算或测试电路中的电流、电压和电功率。

## 1.2.1　电流

安德烈·玛丽·安培 (André-Marie Ampère，1775—1836)，法国物理学家、化学家和数学家。安培最为突出的贡献是在 1820—1830 年间对于电磁学的开创性工作。他在 1820 年提出了安培定则，之后又提出了分子电流假说，并在此基础上发明了电流表。除此之外，他在数学和化学方面也很有建树，他研究过概率论和偏微分方程，发现了氯和碘元素，推导出阿伏伽德罗定律，论证过恒温下体积和压强之间的关系，还试图寻找各种元素的分类和排列顺序关系。他是一个理科全才，为了纪念他的卓越成就，电流的单位以他的姓氏命名。

安德烈·玛丽·安培

自由电子在电场力的作用下做定向运动，形成电流 (current)。电流的大小用电流强度来表示，定义为单位时间内通过导体截面的电荷量，即电荷量对时间的微分，数学表达式为

$$i(t) = \frac{\mathrm{d}q(t)}{\mathrm{d}t} \tag{1-2-1}$$

在国际单位制中，电流的单位是安培 (A)。在实际生活中，电流的单位还有 kA、mA、μA，它们之间的换算关系如下

$$1\mathrm{A} = 10^{-3}\mathrm{kA} = 10^{3}\mathrm{mA} = 10^{6}\mathrm{\mu A}$$

若 $i(t)$ 为常数，则该电流称为直流电流 (direct current，DC)，常用 $I$ 表示。现在，请读者判断图 1-2-1 中虚线框内流过电阻的实际电流方向。

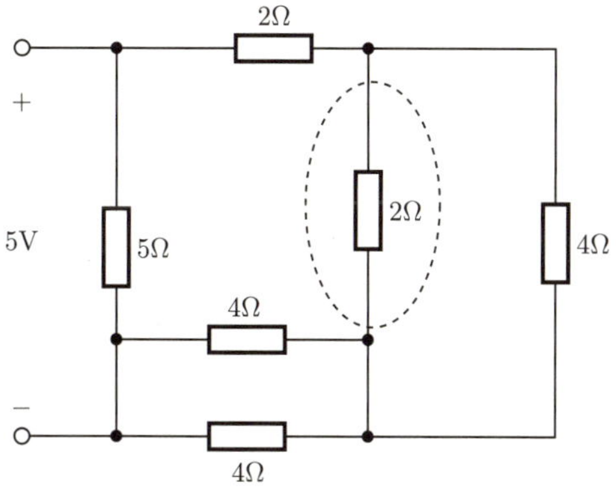


图 1-2-1　电阻电路

### 1. 电流的参考方向

在复杂的电路中，电流的实际方向 (正电荷的移动方向) 往往是很难预知的，如图 1-2-1 所示。因此，在分析电路前，需要先假设一个方向作为电路分析和计算时的参考，这个假设的方向称为**参考方向** (reference direction)。电路图中标注的方向为参考方向，一般不标注实际方向。电流的参考方向有两种表示方法。

(1) 箭头表示法。箭头的指向为电流的参考方向，如图 1-2-2 所示。

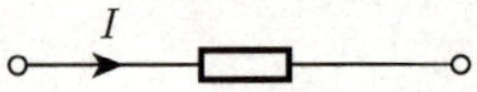


**图 1-2-2 箭头表示法**

(2) 双下标表示法。在图 1-2-3 中，$I_{ab}$ 表示设定电流的参考方向由 a 指向 b。

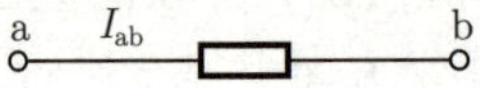


**图 1-2-3 双下标表示法**

### 2. 电流的参考方向和实际方向

设定好电流的参考方向后，进行电路分析计算，如果 $I$ 的计算结果为正，表明参考方向与实际方向相同；反之，如果 $I$ 的计算结果为负，表明参考方向与实际方向相反，如图 1-2-4 所示。

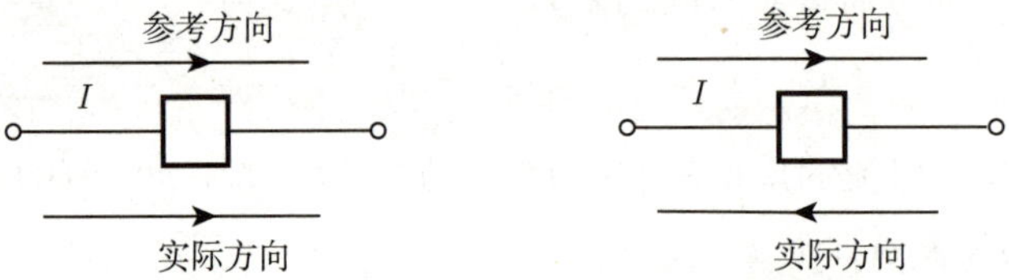


(a) $I>0$ (b) $I<0$

**图 1-2-4 电流的实际方向和参考方向的关系**

例如，在图 1-2-5 中，如果 $I=2\text{A}$，则表示流过该元件的电流的大小为 2A，电流的实际方向与参考方向相同，由 a 指向 b；如果 $I=-2\text{A}$，则表示流过该元件的电流的大小为 2A，电流的实际方向与参考方向相反，由 b 指向 a。

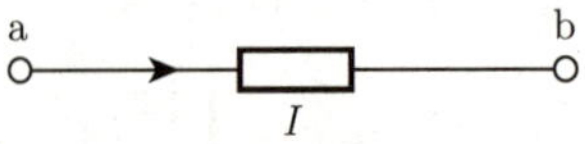


**图 1-2-5 电流方向实例**

## 1.2.2 电压

安东尼奥·安纳塔西欧·伏特 (Antonio Anastasio Volta，1745—1827)，意大利物理学家，他从 18 岁开始喜爱并痴迷于做电学实验。伏特最伟大的成就是在 55 岁时 (1800 年)

发明了能够提供持续电流的电池，这无疑是电学研究史上的一项开创性成果。拿破仑在观看了他的实验后，当场授予他一枚特制金质奖章和一份丰厚的奖金。伏特逝世后，人们为了纪念他，将电压单位命名为伏特。

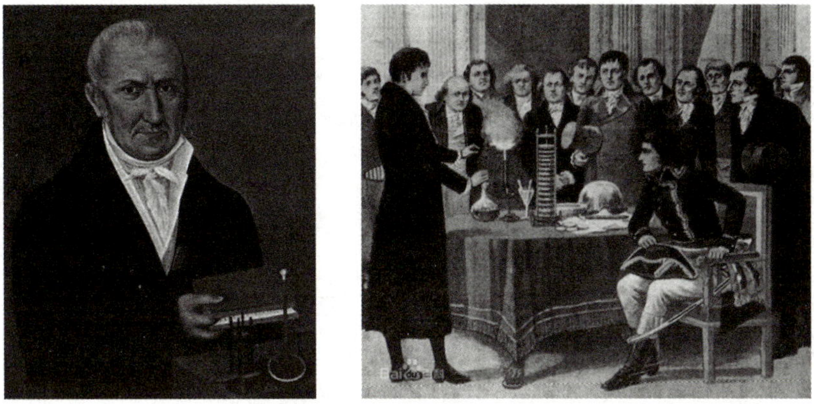

安东尼奥·安纳塔西欧·伏特

单位正电荷从电路中的某一点移到参考点时，电场力所做的功称为该点的电压，数学表达式为

$$u(t) = \frac{\mathrm{d}w(t)}{\mathrm{d}q} \tag{1-2-2}$$

在国际单位制中，电压的单位是伏特 (V)。除此之外，常见的电压单位还有 kV、mV、μV，它们之间的换算关系如下

$$1\mathrm{V} = 10^{-3}\mathrm{kV} = 10^{3}\mathrm{mV} = 10^{6}\mu\mathrm{V}$$

若 $u(t)$ 为常数，则该电压称为直流电压，常用 $U$ 表示。电压的实际方向规定为电位降低的方向，即从高电位指向低电位。

### 1. 电压参考极性

与电流类似，电路中各电压的实际极性并不能事先确定。在分析电路时，需要设置电压的参考极性 (reference polarities)，高电位为正极，低电位为负极。电压参考极有两种表示方法。

(1) 正负极表示法。“+”表示高电位，“−”表示低电位，如图 1-2-6 所示。

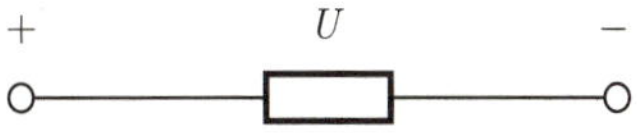


图 1-2-6　正负极表示法

(2) 双下标表示法。如 $U_{\mathrm{ab}}$，由 a 指向 b 的方向为电压 (降) 的参考方向，如图 1-2-7 所示。

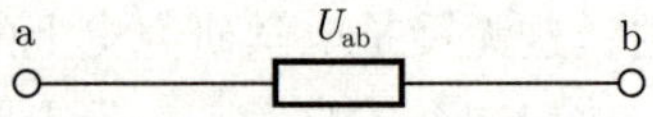


图 1-2-7　双下标表示法

### 2. 电压的参考方向和实际方向

设定好电压的参考方向后，可进行电路分析计算。如果 $U$ 的计算结果为正，表明参考方向与实际方向相同；反之，如果计算结果为负，表明参考方向与实际方向相反，如图 1-2-8 所示。

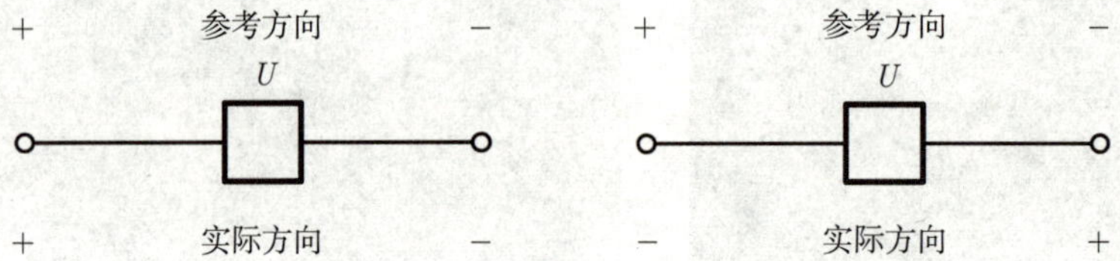


(a) $U>0$　(b) $U<0$

图 1-2-8　电压的实际方向和参考方向的关系

如图 1-2-9 所示，若 $U_{ab}=2V$，表明 a、b 间的电压大小是 2V，实际方向和参考方向相同，即 a 点电位高，b 点电位低；若 $U_{ab}=-2V$，表明 a、b 间的电压大小是 2V，实际方向和参考方向相反，即 a 点电位低，b 点电位高。

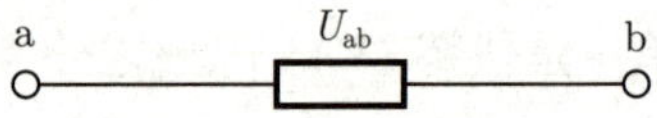


图 1-2-9　电压方向示例

### 3. 关联与非关联参考方向

一个元件或网络中的电流和电压的参考方向可以任意假设。结合电压、电流的参考方向，对于电路中任一元件或网络，其两端电压和流过它的电流的参考方向的组合有两种可能，如图 1-2-10 所示。当电流从电压高电位流向低电位时，称为**关联参考方向** (passive sign convention)；当电流从电压低电位流向高电位时，称为**非关联参考方向** (active sign convention)。

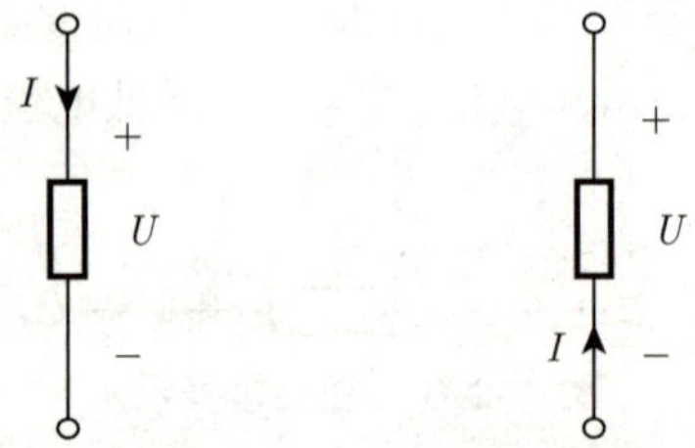


(a) $UI$关联参考方向　(b) $UI$非关联参考方向

图 1-2-10　关联与非关联参考方向

**【有关参考方向的说明】**

(1) 参考方向是人为设定的，在分析问题时需要先假设参考方向，然后根据设置的参考方向列出方程。

(2) 参考方向一经设定，在整个分析过程中就必须以此为准，不能变动。

(3) 不标明参考方向而说某电流或电压的值为正或为负是没有意义的。

(4) 参考方向的设定不会影响实际方向。因为参考方向设置成与实际方向相反的情况时，解出的电流、电压值也带有相应的负号。

### 1.2.3　功率

除电流、电压外，电路中的另一个重要变量是电功率，也称功率，用 $P$ 表示。当电压、电流采用关联参考方向时，二端元件或二端网络吸收的功率为

$$p=\frac{\mathrm{d}W}{\mathrm{d}q}\cdot\frac{\mathrm{d}q}{\mathrm{d}t}=ui \tag{1-2-3}$$

功率在国际单位制 (SI) 中的单位为瓦特 (W)。功率也是一个代数量，电流和电压之间的参考关系决定了功率的符号。

**【功率的计算】**

以直流电路为例，当二端元件的电压和电流之间是关联参考方向时，$P=UI$；当电压和电流之间是非关联参考方向时，$P=-UI$。

代入电压、电流的数值，若得到 $P>0$，表明该元件 (如电阻) 吸收 (消耗、获得) 功率；若得到 $P<0$，表明该元件 (如电源) 发出 (提供、产生) 功率。

由 $P=\pm UI$ 可知，功率由电流和电压决定。实际上，任何电气设备的电压和电流都要受到条件的限制。例如，电流受温度升高的限制，电压受绝缘材料耐压的限制，电流过大或电压过高都会损害电气设备。因此，设备在额定值下工作最理想。

**【例 1-1】**　已知图 1-2-11 中 $I=1\text{A}$，分别计算图中 15V 和 5V 两个元件的功率。

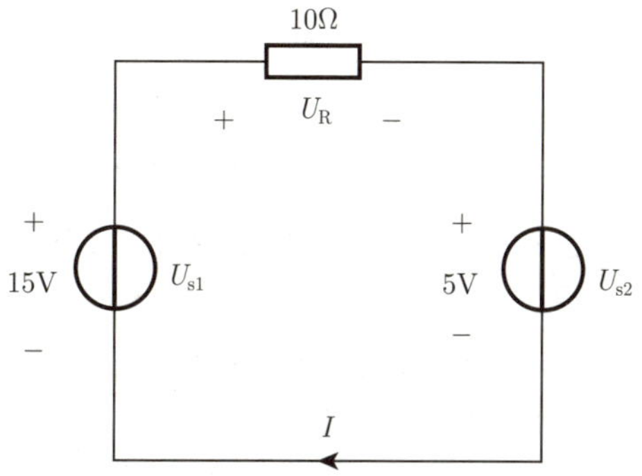


**图 1-2-11　例 1-1 图**

**【功率计算步骤】**

(1) 设定电路元件电压、电流的参考方向；

(2) 根据元件上电压、电流的参考方向判断是关联还是非关联，以选取对应公式(关联：$P=UI$；非关联：$P=-UI$)；

(3) 代入电压、电流变量数据计算；

(4) 根据计算结果判断吸收还是发出功率。

**解：** $P_{s1}=-U_{s1}\times I=-15\times 1=-15\text{W}<0$，发出功率。

$P_{s2}=U_{s2}\times I=5\times 1=5\text{W}>0$，吸收功率。

## 1.3 电 阻

乔治·西蒙·欧姆（Georg Simon Ohm，1789—1854)，德国物理学家。欧姆的父亲是一个技术熟练的锁匠，十分爱好哲学和数学，欧姆从小就在父亲的教育下学习数学，并受到有关机械技能的训练，这对他后来进行的研究工作，特别是自制仪器有很大的帮助。1826年，欧姆发现了电学上的一个重要定律——欧姆定律，这是他最大的贡献。欧姆定律的发现给电学的计算带来了很大的方便。为纪念欧姆的重要贡献，人们将其姓氏作为电阻的单位。

乔治·西蒙·欧姆

电荷在导体中运动时，会受到其他粒子的碰撞与摩擦，碰撞和摩擦的结果形成了导体对电流的阻碍，这种阻碍作用最明显的特征是导体消耗电能而发热或发光。物体对电流的这种阻碍作用称为该物体的电阻 (resistor)。常见的电阻元件有电阻器、白炽灯、电炉等。实际电阻的类型如图 1-3-1 所示。

碳膜电阻是膜式电阻器中的一种，它使用碳膜将电流限制在特定水平，是固定阻值类型的电阻器。碳膜电阻的稳定性较低，尺寸较大。

热敏电阻的阻值随着温度的变化而改变，正温度系数热敏电阻的阻值随温度的升高而增大，负温度系数热敏电阻的阻值随温度的升高而减小。

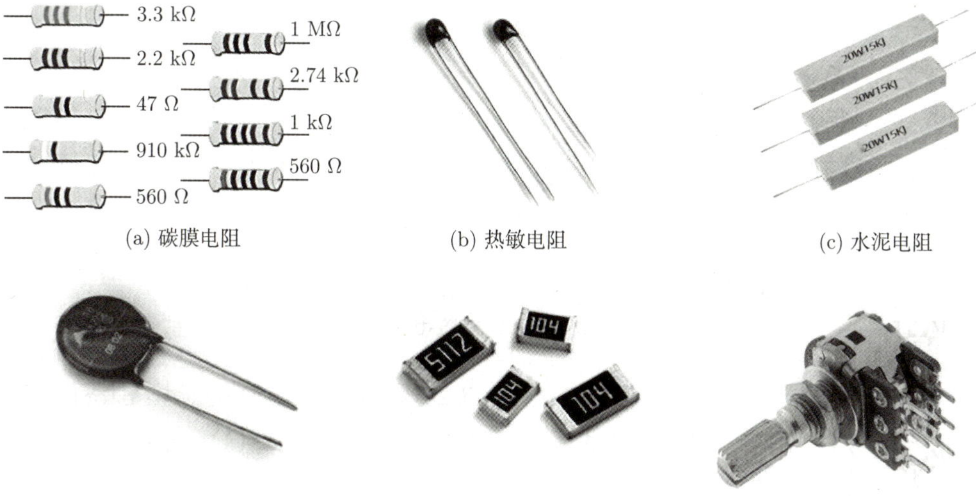


(a) 碳膜电阻　(b) 热敏电阻　(c) 水泥电阻

(d) 压敏电阻　(e) 贴片电阻　(f) 电位器

**图 1-3-1　实际电阻类型**

水泥电阻的电阻线绕在无碱性耐热瓷件上，外面用耐热、耐湿及耐腐蚀材料来保护固定，再放入方形瓷器框内，用特殊无燃性耐热水泥填充密封，如图 1-3-1 (c) 所示。方方正正的水泥电阻阻值并不大，能够允许较大电流通过，具有耐震、耐湿、耐热及散热良好、价格低等特性，广泛应用于功率大、电流大的场合，如空调、电视机、音响设备等电器中。它的缺点在于体积大，使用时发热量高。

压敏电阻具有非线性伏安特性，是一种限压型保护器件。当过电压出现在压敏电阻的两极间时，压敏电阻可以将电压钳位到一个相对固定的电压值，从而实现对后级电路的保护。

贴片电阻具有体积小、重量轻、安装密度高、抗震性强、抗干扰能力强、高频特性好等优点，广泛应用于计算机、手机、电子词典、医疗电子产品、摄录机、电子电度表等产品中。

电位器是可变电阻器的一种，通常由电阻体与转动或滑动系统组成，即靠一个动触点在电阻体上移动，获得部分电压输出。电位器的作用是调节电压和电流的大小。

电路设计中选择电阻时，应注意阻值不可任意选定。美国工业电子协会 (EIA) 规定了若干系列的阻值取值基准，其中以 E12 和 E24 基准最为常用。E12 允许阻值误差范围为 $\pm 10\%$，E24 允许误差范围为 $\pm 5\%$。

在任意时刻，电阻元件两端的电压 $U$ 与流过的电流 $I$ 的关系为

$$f(U, I) = 0 \tag{1-3-1}$$

这一关系可以由 $U$-$I$ 平面上的一条曲线来决定，该关系曲线称为元件的**伏安特性曲线**。电压和电流的大小成正比的电阻元件称为**线性电阻** (linear resistor)，线性电阻元件的电路符号如图 1-3-2 (a) 所示，伏安特性曲线为 $U$-$I$ 平面上过坐标原点的一条直线，该直线的斜率为它的电阻值，如图 1-3-2 (b) 所示。

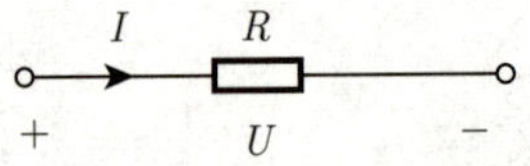


(a) 线性电阻符号

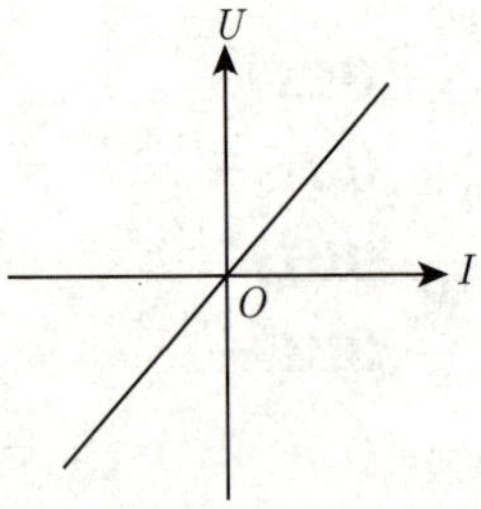


(b) 伏安特性曲线

**图 1-3-2　线性电阻**

电压和电流的大小不成正比的电阻元件称为**非线性电阻** (nonlinear resistor)，其电路符号如图 1-3-3 (a) 所示，伏安特性曲线为 $U$-$I$ 平面上过坐标原点的一条曲线，如图 1-3-3 (b) 所示。

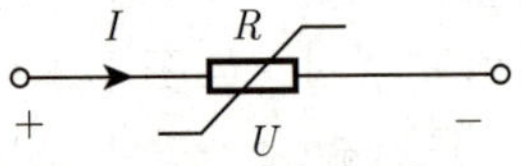


(a) 非线性电阻符号

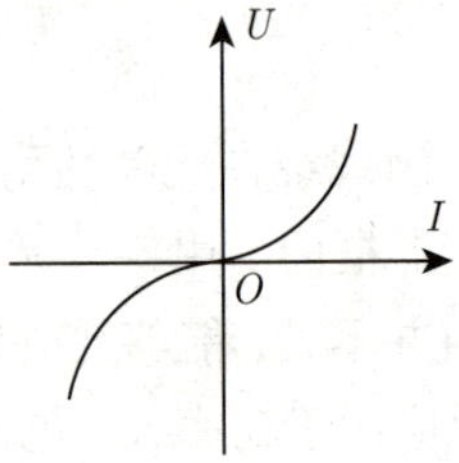


(b) 伏安特性曲线

**图 1-3-3　非线性电阻**

本书重点讨论线性电阻，没有特别强调为非线性电阻时，默认为线性电阻。

如果线性电阻的阻值大小为 $R$，则电阻两端的电压与其流过的电流的关系为

$$U = RI \tag{1-3-2}$$

式中，$R$ 为电阻，单位为欧姆 (Ω)；$I$ 为流过该电阻的电流，单位为安培 (A)；$U$ 为该电阻元件两端的电压，单位为伏特 (V)。这就是大家熟知的欧姆定律，它表明了电阻元件的特性，即电流流过电阻，就会沿着电流的方向出现电压降，其值为电流与电阻的乘积。注意：只有在电压与电流之间为关联参考方向时，才可以使用式 (1-3-2)，如果电压与电流之间为非关联参考方向，则欧姆定律应写为

$$U = -RI \tag{1-3-3}$$

欧姆定律还可以用电导表示为

$$I = GU$$

式中，$G = \dfrac{1}{R}$，称为电导 (conductance)，表示元件传导电流的能力，单位是西门子 (S)。

【工程应用】发热的电阻——电吹风

电吹风可以吹出热风将头发迅速吹干，靠的是出风口安装的一个加热芯 (见图 1-3-4)。如图 1-3-5 所示，当开关 $S_1$ 闭合后，加热芯 $R_1$ 获得电流而发热，同时后方的电动机 $M_1$ 带动扇叶向加热芯吹风，气流经过加热芯被加热后，变成热风被吹出。

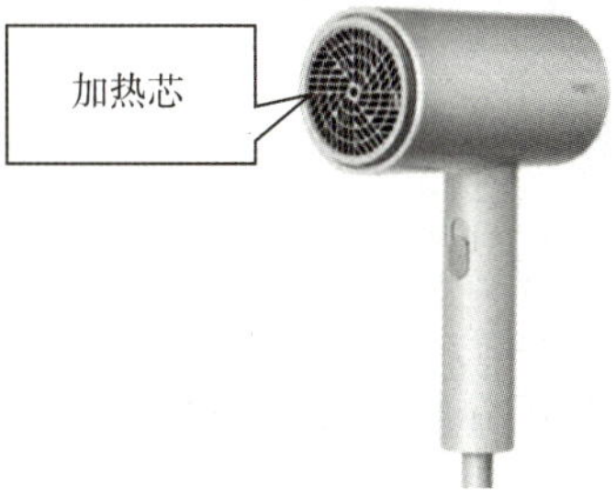


图 1-3-4　电吹风

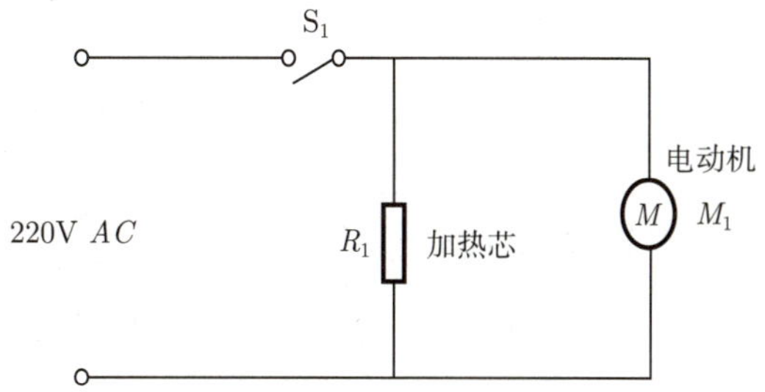


图 1-3-5　电吹风电路图

图 1-3-5 的电路中，加热芯 $R_1$ 是一个固定电阻。根据焦耳定律 (Joule' s law) 可知，电阻所产生的热量 $W$ 为

$$W = I^2Rt \tag{1-3-4}$$

式中，$I$ 为流经电阻的电流大小，$R$ 为电阻的阻值，$t$ 为时间。很明显，在一定时间内，电流 $I$ 或电阻 $R$ 越大，电阻的发热越厉害。

# 1.4　电　源

理想电源是实际电源的理想化模型，又称独立电源。理想电源是不依赖于电路其他元件而能提供确定电压或电流的有源元件。理想电源的电压或电流仅是时间的函数。

## 1.4.1　电压源

### 1. 理想电压源

理想电压源 (voltage source) 是从实际电源抽象出来的一种模型，它有两个特点：(1) 其端电压由电源本身决定，是定值 $U_s$ 或时间函数 $u(t)$，与流过的电流无关；(2) 流过它的电流不由电压源确定，而是由与之相连的其他外部电路决定。理想电压源的电路模型如图 1-4-1 (a) 所示。其伏安特性曲线为 $U$-$I$ 平面上的一条平行于 $I$ 轴且纵坐标为 $U_s$ 的直线，如图 1-4-1 (b) 所示。

由于电源内阻等多方面原因，理想电压源在真实世界中并不存在，但这样一个模型对于电路分析十分有价值。例如，当一个电压源在电流变化时，电压波动不明显，通常就可以假定它是一个理想电压源。

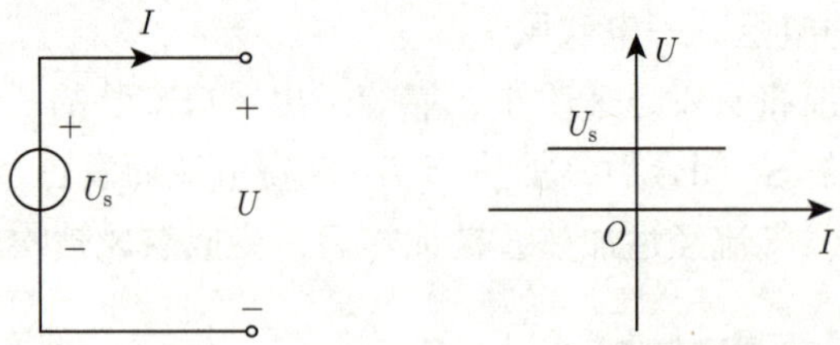


(a) 电路模型　　(b) 伏安特性曲线

**图 1-4-1　理想电压源**

### 2. 实际电压源

日常生活中用到的干电池和实验室里用到的稳压电源都是实际电压源，如图 1-4-2 所示。

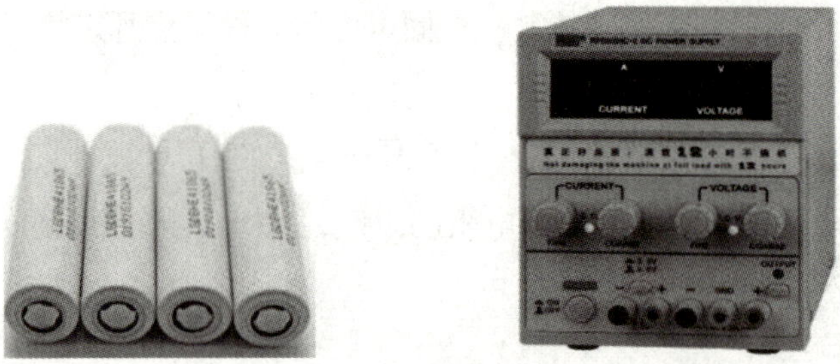

(a) 干电池　　(b) 稳压电源

**图 1-4-2　实际电压源**

实际电压源与理想电压源是有差别的，它有内阻，可以用一个理想电压源与电阻串联的模型来表示，其电路模型和伏安特性曲线如图 1-4-3 所示。实际电压源的电压 $U$ 往往会随着电流 $I$ 的增加而下降。

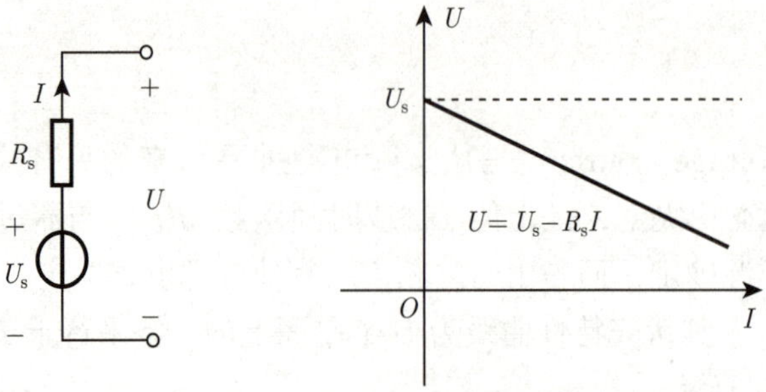


(a) 电路模型　　(b) 伏安特性曲线

**图 1-4-3　实际电压源**

## 1.4.2　电流源

### 1. 理想电流源

理想电流源 (current source) 是从实际电源抽象出来的一种模型，它有两个特点：(1) 其流过的电流由电源本身决定，为定值 $I$，与端电压无关；(2) 它的端电压不是由电流源本身决定的，而是由与之相连接的外电路决定的。理想电流源的电路模型如图 1-4-4 (a) 所示。其伏安特性曲线为 $U$-$I$ 平面上的一条平行于 $U$ 轴且横坐标为 $I_s$ 的直线，如图 1-4-4 (b) 所示。

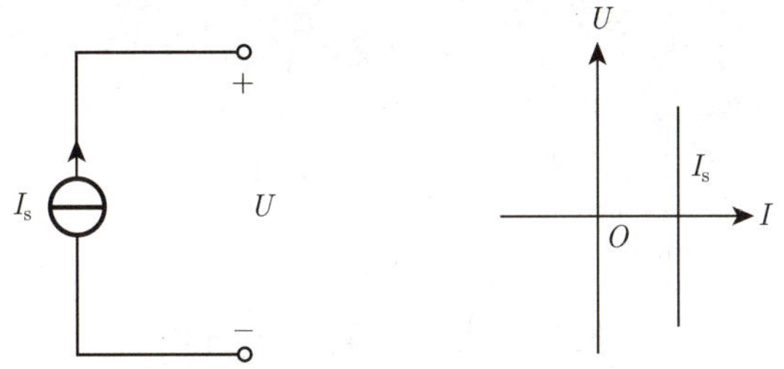

(a) 电路模型　　(b) 伏安特性曲线

**图 1-4-4　理想电流源**

### 2. 实际电流源

实际电流源与理想电流源有差别，可以用一个理想电流源与电阻并联的电路模型来表征实际电流源，其电路模型和伏安特性曲线如图 1-4-5 所示。实际电流源的电流 $I$ 往往会随着电源电压的增加而下降。

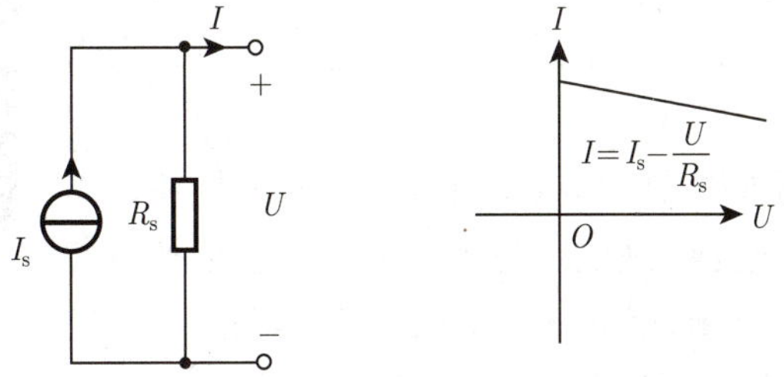

(a) 电路模型　　(b) 伏安特性曲线

**图 1-4-5　实际电流源**

**【工程应用】太阳能飞机**

太阳能电池利用光生伏特效应把光能转换成电能，又称光伏电池，具有可靠性高、寿命长、无污染等优点。光伏电池产生的电流与光照强度成正相关，即照射幅度越大，电流越大。因此，光伏电池可以看作电流源。

如图 1-4-6 所示的太阳能飞机是电动飞机的一种，它依靠安装在机翼上的太阳能电池来发电，并且通过马达与推进器的旋转来飞行。由于太阳辐射的能量密度小，为了获得足够的能量，飞机上应有较大的摄取阳光的表面积，以便铺设太阳能电池，因此太阳能飞机的机翼面积较大。太阳能光电板将阳光转化为电能，储存到机身内的超薄锂电池。

图 1-4-6 太阳能飞机

## 1.5 基尔霍夫定律

古斯塔夫 · 罗伯特 · 基尔霍夫

19 世纪 40 年代，由于电气技术发展十分迅猛，电路变得越来越复杂。某些电路呈现出网络形状，并且网络中还存在一些由 3 条或 3 条以上支路形成的节点，这种复杂电路不是串、并联电路的公式所能解决的。刚从德国哥尼斯堡大学毕业，年仅 21 岁的古斯塔夫·罗伯特·基尔霍夫 (Gustav Robert Kirchhoff, 1824—1887) 在他的第 1 篇论文中提出了适用于这种网络状电路计算的两个定律，即著名的**基尔霍夫定律** (Kirchhoff laws)。该定律能够迅速求解任何复杂电路，从而成功地解决了这个阻碍电气技术发展的难题。

基尔霍夫定律是电路中电压和电流所遵循的基本规律，是分析和计算较为复杂的电路的基础。基尔霍夫定律包括**基尔霍夫电流定律** (Kirchhoff's current law, KCL) 和**基尔霍夫电压定律** (Kirchhoff's voltage law，KVL)。在介绍该定律之前，需要先学习几个专业词语。

(1) **支路** (branch)：电路中的每一分支称为支路，一条支路流过一个电流，称为支路电流，图 1-5-1 中共有 3 条支路电流：$I_1$、$I_2$、$I_3$。

(2) **节点** (node)：电路中 3 条或 3 条以上的支路连接点称为节点，图 1-5-1 所示的电路中共有 2 个节点：a 和 b。

(3) **回路** (loop)：回路是由一条或多条支路组成的闭合电路，图 1-5-1 中共有 3 条回路：adeba，abfca 和 debfcad。

(4) **网孔** (net)：在回路内部不含有其他支路的回路称为网孔，图 1-5-1 中共有 2 个网孔：adeba，abfca。

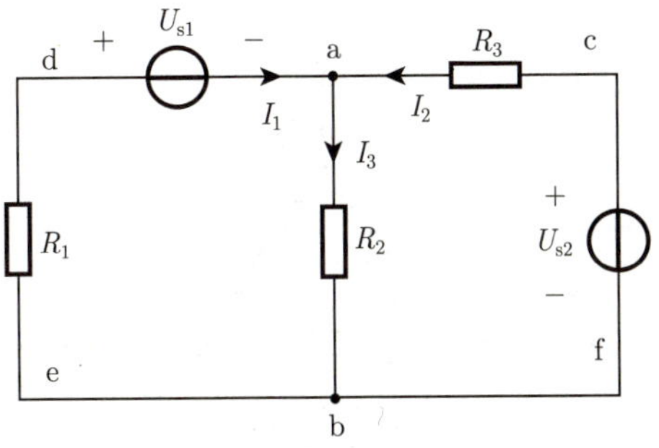


图 1-5-1 支路、节点、回路

## 1.5.1 基尔霍夫电流定律

基于实际电路的几何尺寸 $l$ 与其工作信号波长 $\lambda$ 之间的关系，可以将电路分为两大类：集总参数电路和分布参数电路。满足 $\lambda \gg l$ 条件的电路称为集总参数电路，反之则称为分布参数电路。本书只讨论集总参数电路。

基尔霍夫电流定律 (KCL)：对任意集总参数电路，在任一时刻，流入 (或流出) 任一节点的电流的代数和等于零。

KCL 应用于节点，用来确定连接在同一节点上的各支路电流间的关系。由于电流的连续性，电路中任何一点 (包括节点在内) 均不能堆积电荷。因此，在任意瞬间，流入某一节点的电流之和等于流出该节点的电流之和。

在图 1-5-1 所示的电路中，针对节点 a，根据电流箭头参考方向，$I_1$ 和 $I_2$ 流入节点，$I_3$ 流出节点，由此可以写出

$$I_1 + I_2 = I_3 \tag{1-5-1}$$

整理上式为

$$I_1 + I_2 - I_3 = 0 \tag{1-5-2}$$

即

$$\sum I = 0 \tag{1-5-3}$$

如果规定流入节点的电流为正，则流出节点的电流为负；反之，如果规定流出节点的电流为正，则流入节点的电流为负。根据计算结果，有些支路的电流可能是负值，这是由所选定的电流参考方向与实际方向相反所致。

KCL 也可以推广应用于任意假设闭合面，闭合面可以看作一个扩展节点，即流入该闭合面的电流之和等于流出该闭合面的电流之和。

以图 1-5-2 的电路为例，用虚线圆设定一个闭合面，根据 KCL 可列出

$$I_1 = I_2 + I_3$$

$$I_4 = I_6 - I_2$$

$$I_5 = -I_3 - I_6$$

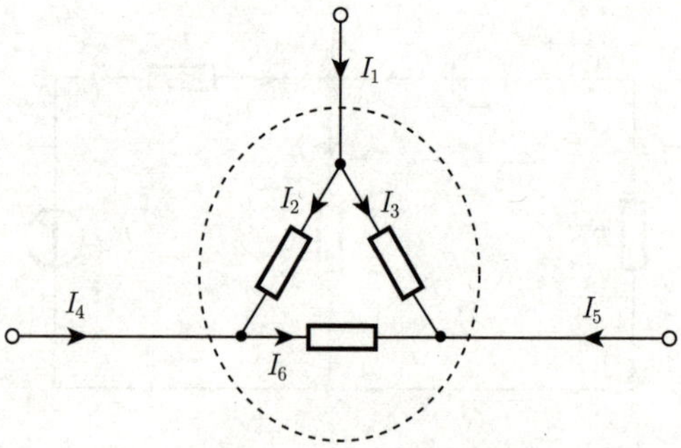


**图 1-5-2　基尔霍夫电流定律的推广应用**

将以上三式相加得

$$I_1+I_4+I_5=0$$

可见，在任意瞬间，通过任一闭合面的电流的代数和也恒等于零。

【例 1-2】　电路如图 1-5-3 所示，根据已知支路电流，求出其他未知支路电流。

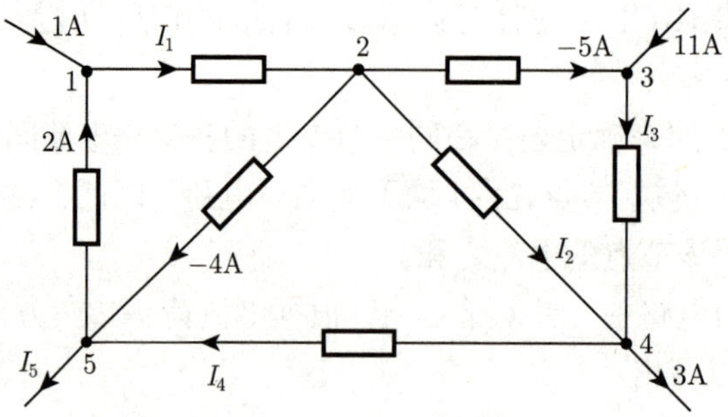


**图 1-5-3　例 1-2 电路**

解：图 1-5-3 中共有 5 个节点，可列出 5 个 KCL 方程，即可求出 $I_1 \sim I_5$ 这 5 个未知量。

对于节点 1，应用 KCL 可得

$$I_1=1+2=3\text{A}$$

对于节点 2，应用 KCL 可得

$$I_2=I_1-(-4)-(-5)=3+4+5=12\text{A}$$

对于节点 3，应用 KCL 可得

$$I_3=11+(-5)=6\text{A}$$

对于节点 4，应用 KCL 可得

$$I_4=I_2+I_3-3=12+6-3=15\text{A}$$

由 KCL 推广应用可知，流入闭合面的电流的代数和恒等于 0，可得

$$I_5 = 1 + 11 - 3 = 9\text{A}$$

## 1.5.2　基尔霍夫电压定律

基尔霍夫电压定律 (KVL)：对任意集总参数电路，在任一时刻，如果从回路中任意一点出发，以顺时针或逆时针方向沿回路绕行一周，所有支路电压降 (或电压升) 的代数和等于零。如果规定电压降取正号，则电压升取负号；反之，如果规定电压升取正号，则电压降取负号。

KVL 是用来确定回路中各段电压间的关系的，是能量守恒定律和电荷守恒定律综合运用于集总参数电路的结果。若已知回路中某些元件的电压，根据 KVL 的约束关系，可以求出另一些元件的电压。

列 KVL 方程前，首先要在电路图上标出电压参考方向和回路绕行方向，因为 KVL 方程中各项前的正负号是由参考方向与绕行方向间的相对关系决定的。

图 1-5-4 中，各元件的电压的参考方向已标出。按照顺时针绕行方向，根据电压降总和等于电压升总和，可列出 KVL 方程

$$U_2 + U_4 = U_1 + U_3 \tag{1-5-4}$$

整理为

$$U_2 - U_3 + U_4 - U_1 = 0 \tag{1-5-5}$$

即

$$\sum U = 0 \tag{1-5-6}$$

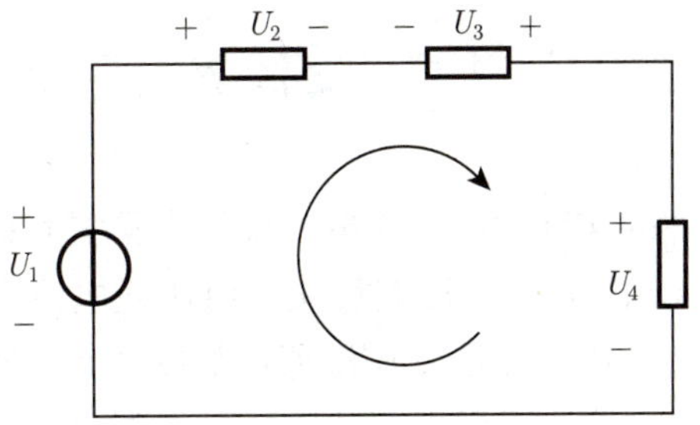


**图 1-5-4　基尔霍夫电压定律**

**【例 1-3】**　求解图 1-5-5 所示电路中的电压 $U_a$、$U_b$。

图 1-5-5 中只有三条相连的支路，并没有形成闭合回路。对于此种情况，可以对 KVL 进行扩展，将定义中的“任一回路”扩展为“任一假想回路”，即对任一集总参数电路，在任一时刻，环绕任一假想回路 (可假定为逆时针或顺时针)，所有支路电压降 (或电压升) 的代数和等于零。

**解：** 设假想回路的绕行方向为顺时针方向，如图 1-5-5 所示。

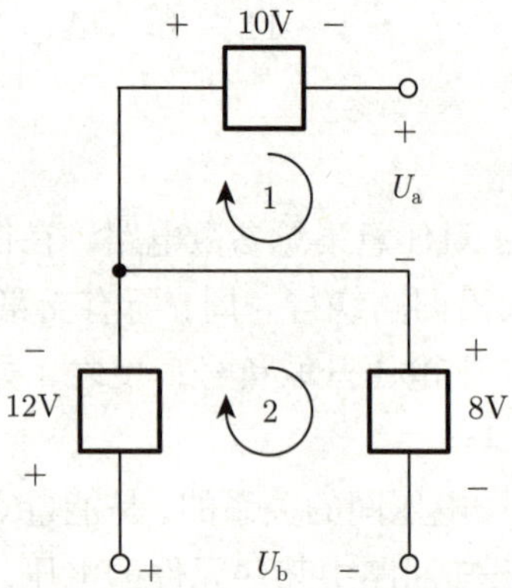


**图 1-5-5　例 1-3 电路**

在回路 1 中，利用 KVL，有

$$10 + U_a = 0$$

$$U_a = -10\text{V}$$

在回路 2 中，利用 KVL，有

$$8 + (-U_b) + 12 = 0$$

$$U_b = 20\text{V}$$

由上式可知，任意两点间的电压与所选择的路径无关。一旦选定某一路径，两点间的电压就等于所选路径上所有支路电压降的代数和。

## 1.6　受控源

为了描述某些电子器件的实际性能，在电路模型中常将其抽象为理想元件。受控源又称为非独立电源 (dependent source)，顾名思义，电压或电流大小受电路中其他支路电压或电流控制的电源。实际生活中常见的受控源器件如图 1-6-1 所示，有三极管、运算放大器等。

(a) 三极管

(b) 运算放大器

**图 1-6-1　实际受控源器件**

受控源是四端元件，它的输出电压或输出电流 (称为受控量) 受另外一条支路的电压或电流 (称为控制量) 的控制。根据控制量、受控量的不同，受控源分为四种：电压控制电压源 (voltage-controlled voltage source，VCVS)、电流控制电压源 (current-controlled voltage source，CCVS)、电压控制电流源 (voltage-controlled current source，VCCS)、电流控制电流源 (current-controlled current source，CCCS)。

如图 1-6-2 所示，受控源电路符号的轮廓用菱形表示。四种受控源的伏安关系分别为：VCVS：$u_2 = \mu u_1$；VCCS：$i_2 = gu_1$；CCVS：$u_2 = \gamma i_1$；CCCS：$i_2 = \alpha i_1$。$\mu$、$g$、$\gamma$、$\alpha$ 为受控源的控制系数，其中，$\mu$ 无量纲，称为转移电压比；$g$ 具有电导量纲，称为转移电导；$\gamma$ 具有电阻量纲，称为转移电阻；$\alpha$ 无量纲，称为转移电流比。本书只研究线性时不变受控源。

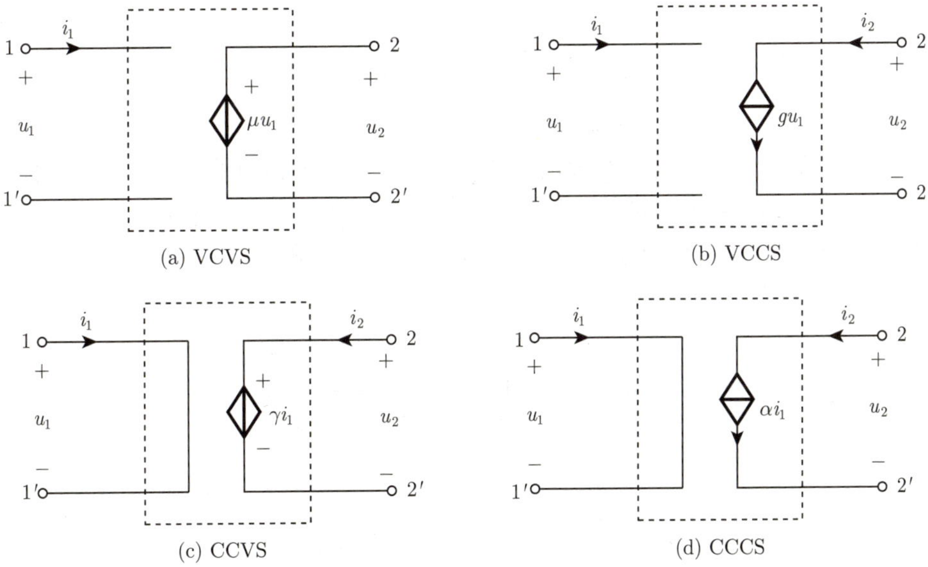


**图 1-6-2　四种类型的受控源**

**【受控源分析注意事项】**

(1) 受控电压源的输出电压或受控电流源的输出电流随其控制量的变化而变化。在控制量不变的情况下，其特性与独立源相同。

(2) 对于由独立源推导得出的结论，也适用于受控源。

(3) 在对含受控源的电路的分析过程中，受控源的控制量所在的支路必须保留。

**【例 1-4】**　电路如图 1-6-3 所示，求电压源 $U_s$ 的值及受控源的功率。

**解：** 根据图中的已知条件，计算得 $i_2 = \dfrac{4.9}{5} = 0.98\text{A}$，同时 $i_2 = 0.98i$，所以 $i = 1\text{A}$。

根据 KCL，有 $u_1 = (i - 0.98i) \times 0.1 = 0.002\text{V}$。

在右边回路中，设顺时针绕行方向，根据 KVL 有 $u = u_1 - 4.9 = -4.898\text{V}$。

在左边回路中，设顺时针绕行方向，根据 KVL 有 $U_s = u_1 + 6i = 6.002\text{V}$。

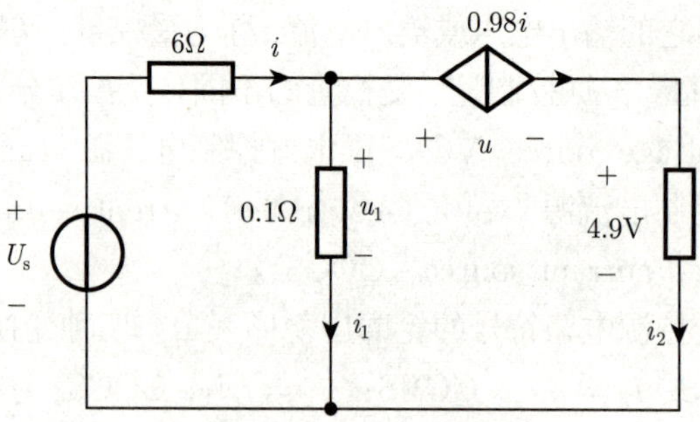


图 1-6-3　例 1-4 电路

受控源电压、电流之间为关联参考方向，因此有 $p = u \times 0.98i \approx -4.8\text{W}$。

## 1.7　单口网络及等效

如图 1-7-1 所示，一组元件组成的整体，若只有两个端钮与外电路相连，则称其为单口网络，或二端网络。单个二端元件是最简单的单口网络。单口网络端口上的电压 $U$ 和电流 $I$ 的关系称为单口网络的**伏安特性** (voltage current relation，VCR)，该特性由其本身决定，与外电路无关。

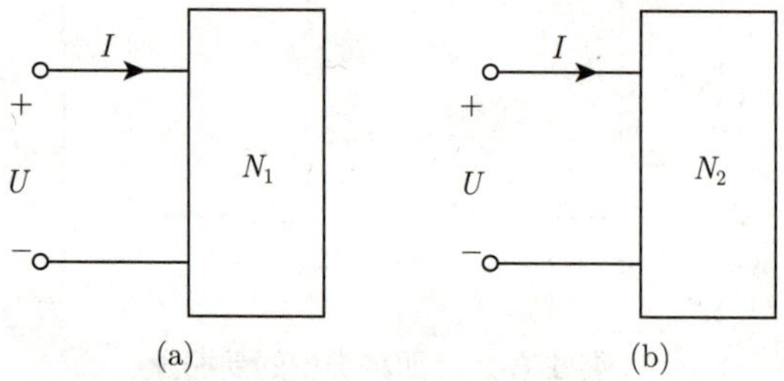


图 1-7-1　等效电路结构

如果图 1-7-1 (a) 中的单口网络 $N_1$ 和 (b) 中的单口网络 $N_2$ 的端口伏安关系完全相同，则称这两个单口网络 $N_1$ 和 $N_2$ 是等效的。尽管这两个网络具有完全不同的内部结构，但对于任一外电路来说，它们的作用相同。

### 1.7.1　电阻串并联等效

以图 1-7-2 的电路为例，图 (a) 所示网络 $N$ 由 4 个电阻 $R_1 \sim R_4$ 串联而成，图 (b) 所示网络 $N'$ 只有一个电阻 $R$。

如果

$$R = R_1 + R_2 + R_3 + R_4 \tag{1-7-1}$$

则 $N$ 和 $N'$ 的 VCR 完全相同，因而 $N$ 和 $N'$ 等效，这便是大家熟知的串联电阻公式。

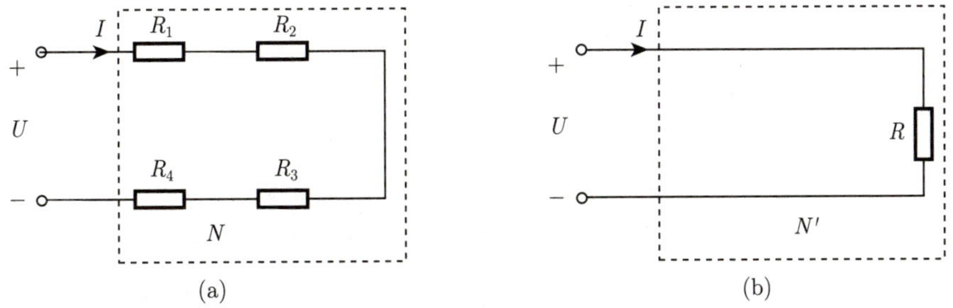


**图 1-7-2　电阻串联等效电路**

以图 1-7-3 的电路为例，图 (a) 所示网络 $N$ 由 4 个电阻 $R_1 \sim R_4$ 并联组成，图 (b) 所示网络 $N'$ 只含一个电阻 $R$。

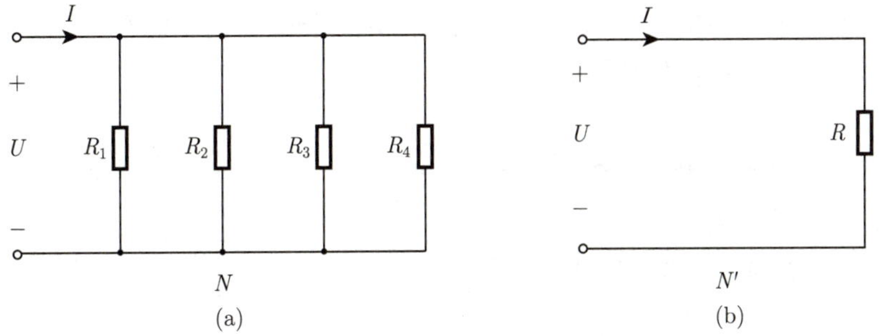


**图 1-7-3　电阻并联等效电路**

如果

$$\frac{1}{R}=\frac{1}{R_1}+\frac{1}{R_2}+\frac{1}{R_3}+\frac{1}{R_4} \tag{1-7-2}$$

则 $N$ 和 $N'$ 的 VCR 完全相同，因而 $N$ 和 $N'$ 等效，这便是大家熟知的并联电阻公式。

在等效电路中，必须强调 VCR 应完全相同这一要求。如果两个单口网络 $N$ 和 $N'$ 分别接到相同的外电路时，它们的端口电压相等，端口电流相等，则它们对该外电路是等效的，但对内不等效。

## 1.7.2　电源的等效变换

### 1. 理想电压源的串联

以图 1-7-4 的电路为例，图 (a) 所示网络 $N$ 由 3 个理想电压源 $U_{s1} \sim U_{s3}$ 串联组成，图 (b) 所示网络 $N'$ 只含一个理想电压源 $U_s$。

对 $N$ 来说，由 KVL 可得它的 VCR 为 $U=U_{s1}+U_{s2}+U_{s3}$。

对 $N'$ 来说，VCR 为 $U=U_s$。

如果 $U_s=U_{s1}+U_{s2}+U_{s3}$，则 $N$ 和 $N'$ 的 VCR 完全相同，因而 $N$ 和 $N'$ 等效，这就是理想电压源串联的等效结构。

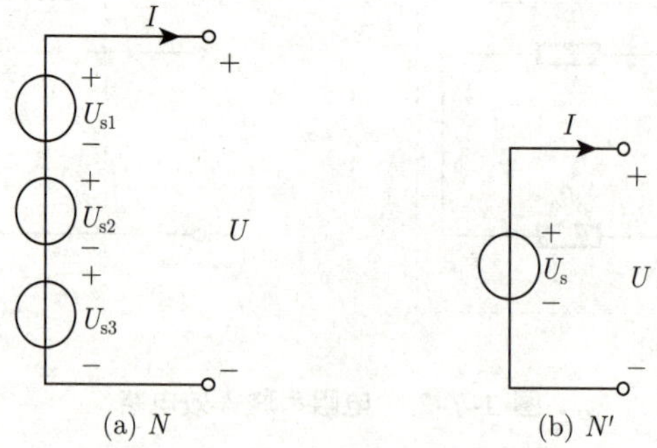


**图 1-7-4　理想电压源串联等效**

### 2. 理想电流源的并联

以图 1-7-5 的电路为例，图 (a) 所示网络 $N$ 由 3 个理想电流源 $I_{s1} \sim I_{s3}$ 并联组成，图 (b) 所示网络 $N'$ 只含一个理想电流源 $I_s$。

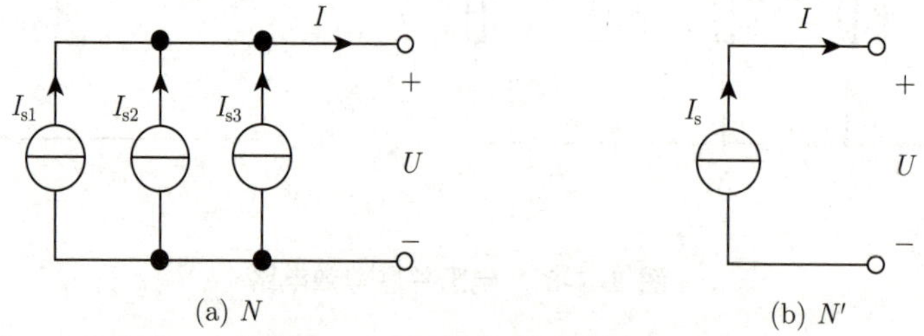


**图 1-7-5　理想电流源并联等效**

对 $N$ 来说，由 KCL 可得 $I = I_{s1} + I_{s2} + I_{s3}$。

对 $N'$ 来说，有 $I = I_s$。

如果 $I_s = I_{s1} + I_{s2} + I_{s3}$，则 $N$ 和 $N'$ 的 VCR 完全相同，因而 $N$ 和 $N'$ 等效，这就是理想电流源并联的等效结构。

**【例 1-5】** 求图 1-7-6 所示单口网络的等效电路，并写出其 VCR。

**解：** 根据图 1-7-6 的电路结构，其 VCR 为

$$U = 10 - 5 - (10 + 8)I$$

由此可画出图 1-7-7 所示的等效电路。

**【理想电源等效注意事项】**

(1) 多个理想电压源串联在一起，可以等效成一个理想电压源，等效出的理想电压源为所有串联理想电压源的代数和，注意等效电压源的方向。

(2) 多个理想电流源并联在一起，可以等效成一个理想电流源，等效出的理想电流源为所有并联理想电流源的代数和，注意等效电流源的方向。

(3) 原则上理想电压源不并联，如果要并联，必须保证大小及方向一致。

(4) 原则上理想电流源不串联，如果要串联，必须保证大小及方向一致。

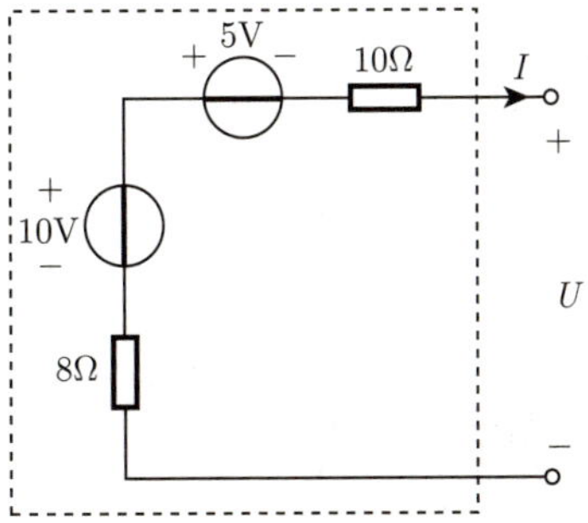


图 1-7-6 例 1-5 电路

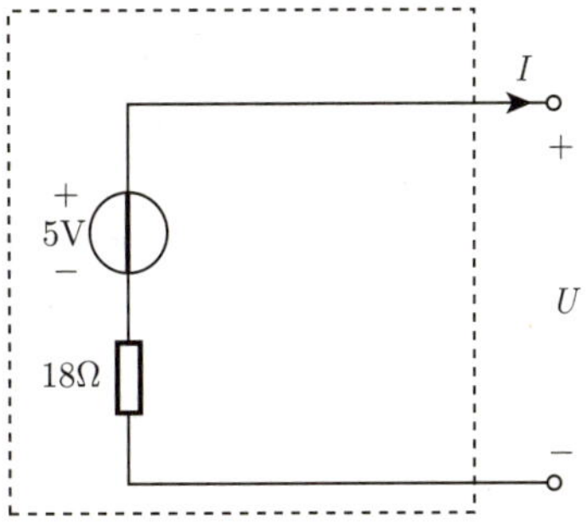


图 1-7-7 等效电路

### 3. 理想电压源与元件的并联

图 1-7-8 (a) 所示电路为理想电压源与元件的并联结构，注意图中元件可能不止一个，端口上的 VCR 为 $U = U_s$，对于外电路来说，这与并联一个电压源的电路结构 (见图 1-7-8 (b)) 等效。

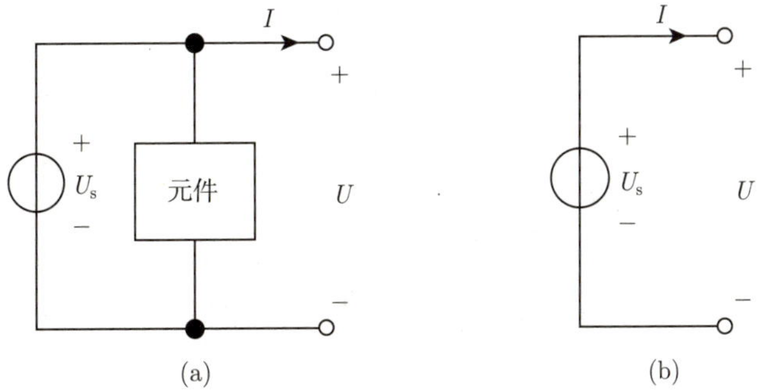


图 1-7-8 理想电压源与元件的并联等效

因此，对于外电路来说，电压源与元件并联就等效为这个电压源。倘若图 1-7-8 (a) 中的元件是一个电压源呢？请读者思考一下：什么情况下电路能成立？什么情况下不能？

### 4. 理想电流源与元件的串联

图 1-7-9 (a) 所示电路为理想电流源与元件的串联结构，注意图中元件可能不止一个，端口上的 VCR 为 $I = I_s$，对于外电路来说，这与只有一个电流源的电路结构 (见图 1-7-9 (b)) 等效。

因此，对于外电路来说，电流源与元件串联就等效为这个电流源。倘若图 1-7-9 (a) 中的元件是一个电流源呢？请读者思考一下：什么情况下电路能成立？什么情况下不能？

### 5. 实际电压源和实际电流源等效

一个电源可以用两种不同的电路模型来表示。一种是用理想电压源与电阻串联来表示，称为电源的实际电压源模型；另一种是用理想电流源与电阻并联来表示，称为电源的实际

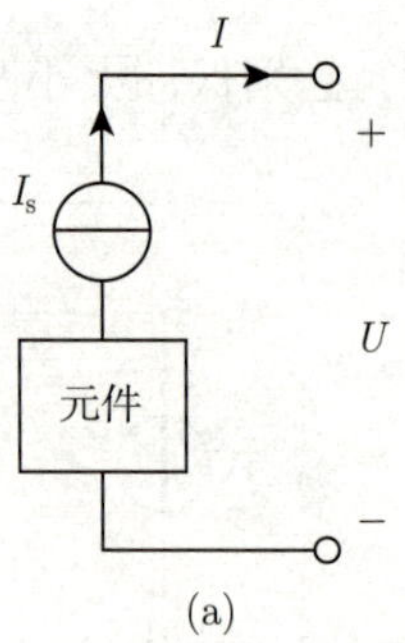


图 1-7-9 理想电流源与元件的串联等效

电流源模型。实际电压源模型和实际电流源模型对于外电路来说相互之间是等效的，两者可进行等效互换 (source transformation)。

如图 1-7-10 (a) 所示，可得实际电压源的 VCR 为

$$U = U_s - IR \tag{1-7-3}$$

如图 1-7-10 (b) 所示，可得实际电流源的 VCR 为

$$I = I_s - \frac{U}{R'} \tag{1-7-4}$$

把式 (1-7-4) 整理为

$$U = I_s R' - IR' \tag{1-7-5}$$

对比式 (1-7-3) 和式 (1-7-5)，如果满足下列两个条件：

(1) $U_s = I_s R'$ 或 $I_s = \dfrac{U_s}{R'}$ (1-7-6)

(2) $R = R'$ (1-7-7)

则两个电路结构的 VCR 是相同的，也就是说，这两个电路结构是相互等效的。

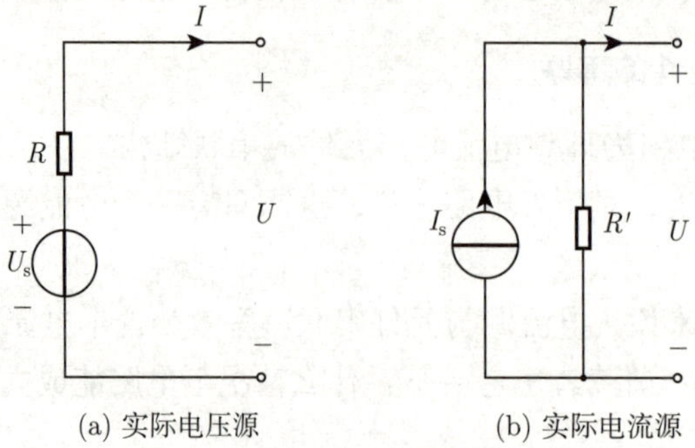


图 1-7-10 实际电源的等效

**【实际电源等效变换注意事项】**

(1) 理想电流源 $I_s$ 等于理想电压源 $U_s$ 除以它的串联电阻 $R$；理想电压源 $U_s$ 等于理想电流源 $I_s$ 乘以它的并联电阻 $R'$。串联电阻 $R$ 和并联电阻 $R'$ 相等。

(2) 等效的理想电流源的方向为箭头指向理想电压源的“+”端，即理想电流源的电流方向指向理想电压源的高电位。

运用等效的概念，可以把结构复杂的单口网络用结构简单的电路来替换，从而简化电路分析过程。

**【例 1-6】** 试用实际电压源模型和实际电流源模型等效变换的方法，计算图 1-7-11 中 3Ω 电阻上的电流 $I$。

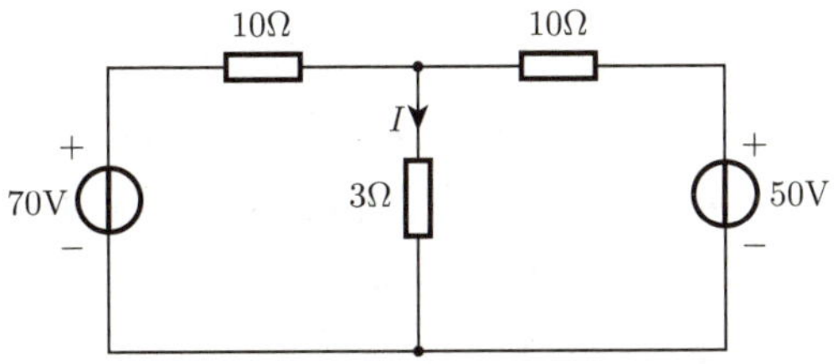


图 1-7-11　例 1-6 图

**解：** 根据图 1-7-11 的等效变换法，可画出图 1-7-12。

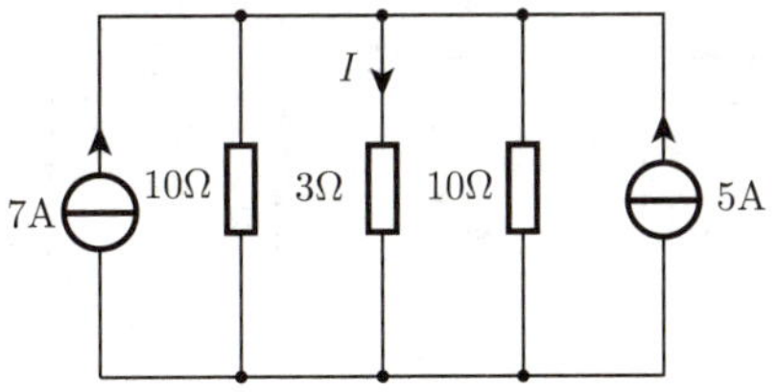


图 1-7-12　电源变换等效图

进一步，可化简为图 1-7-13 的电路，利用分流公式可得

$$I = 12 \times \frac{5}{5+3} = 7.5\text{A}$$

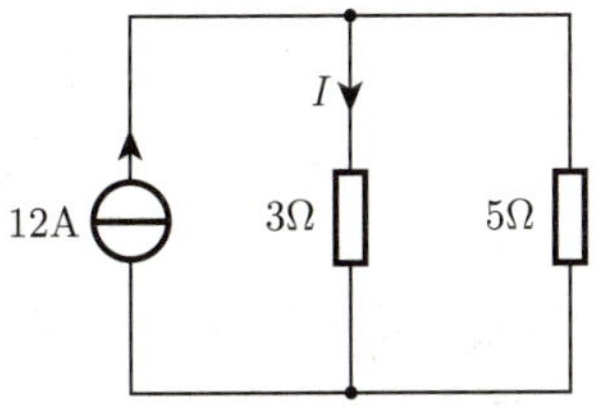


图 1-7-13　最简电路

注意，等效的过程中，不能把待求变量所在的支路等效掉。

## 1.8 叠加定理

当元件的 VCR 关系呈线性特性时，就属于线性元件。由线性元件、独立电源构成的电路称为**线性电路**。在线性电路中，多个独立电源共同作用在某一支路中产生的电压或电流等于各独立电源单独作用时产生的电压或电流的代数和，这一定理称为**叠加定理** (superposition theorem)。当某个独立电源单独作用时，其他电源置零，即电压源电压为零，相当于短路；电流源电流为零，相当于开路。

以图 1-8-1 中的支路电流 $I_3$ 为例，应用叠加定理，则

$$I_3 = I_3' + I_3'' \tag{1-8-1}$$

式中，$I_3'$ 是图 1-8-1 (b) 中只有电压源 $U_{s1}$ 单独作用时产生的电流，此时电压源 $U_{s2}$ 置零，做短路处理。$I_3''$ 是图 1-8-1 (c) 中只有电压源 $U_{s2}$ 单独作用时产生的电流，此时电压源 $U_{s1}$ 置零，做短路处理。因为 $I_3'$ 和 $I_3''$ 的参考方向和图 1-8-1 (a) 中的方向保持一致，故带正号。同理

$$I_1 = I_1' + I_1'' \tag{1-8-2}$$

$$I_2 = I_2' + I_2'' \tag{1-8-3}$$

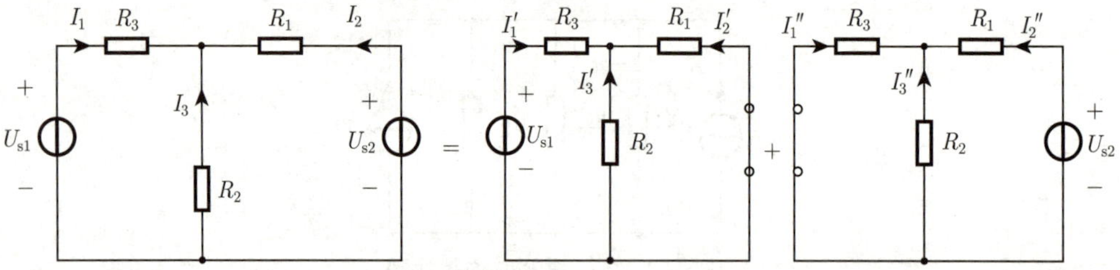


(a) 电路原图　　(b) 电压源 $U_{s1}$ 单独作用　　(c) 电压源 $U_{s2}$ 单独作用

**图 1-8-1　叠加定理**

**【叠加定理分析步骤】**

(1) 画出每个电源单独作用时的电路图。有几个独立源就画几个分电路图，每个分电路图中保留一个独立源，其他的独立源做置零处理 (电压源短路，电流源开路)；待求变量符号与原图要有所区别，如原图中待求变量为 $I$，则分电路图中可以采用 $I'$、$I''$ 等变量名来表示。

(2) 运用学过的分析方法，求解分电路图中的电流或电压分量。

(3) 将所有分量做代数叠加，求出待求变量。叠加时注意分量的方向是否与原电路图中的变量一致。

【例 1-7】　用叠加定理计算图 1-8-2 中的电流 $I$。

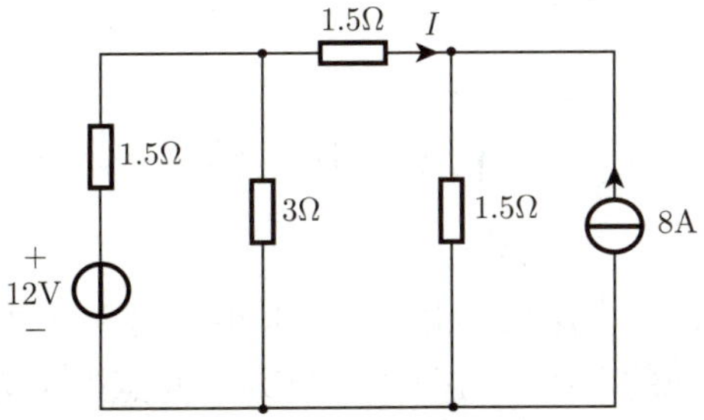


图 1-8-2　例 1-7 电路

解：(1) 12V 电压源单独作用时，8A 电流源做置零处理，相当于开路，如图 1-8-3 所示。

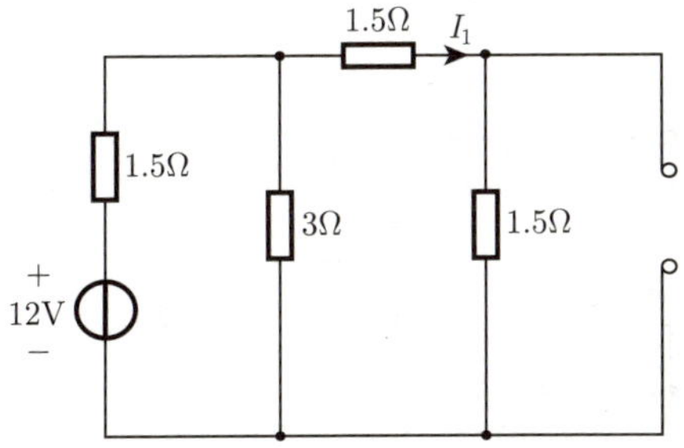


图 1-8-3　12V 电压源单独作用

$$I_1=\frac{12}{1.5+3//(1.5+1.5)}\times\frac{3}{3+(1.5+1.5)}=2\text{A}$$ (本书中“//”表示并联)

(2) 8A 电流源单独作用时，12V 电压源做置零处理，相当于短路，如图 1-8-4 所示。

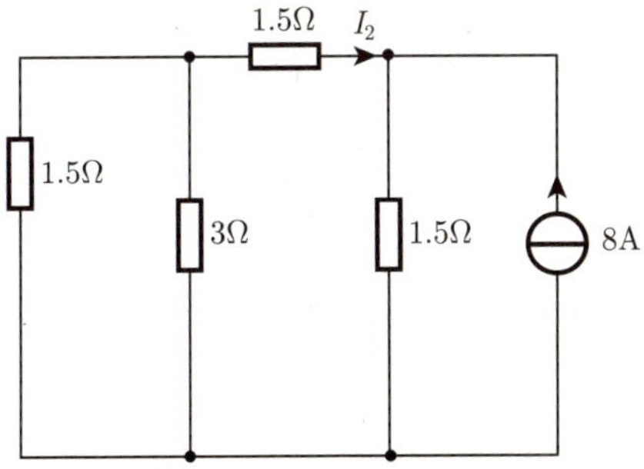


图 1-8-4　8A 电流源单独作用

$$I_2=-8\times\frac{1.5}{1.5+(1.5+3//1.5)}=-3\text{A}$$

(3) 12V 电压源和 8A 电流源共同作用时

$$I=I_1+I_2=2+(-3)=-1\text{A}$$

**注意：** 叠加定理只适用于线性电路，且只适用于计算电流或电压，不能用于计算功率，因为功率与电流或电压的平方成正比，是非线性的关系。

## 1.9 电 位

参考节点是人为指定的计算电位的起点，令其电位为零，用“⊥”表示。电路中某点电位是指该点与参考节点之间的电压，用符号 $V$ 表示。某点电位为正，说明该点电位比参考节点高；某点电位为负，说明该点电位比参考节点低。

在电路分析中，经常用到电位的概念。对于比较复杂的电路结构，利用电位可以对电路结构进行简化，通常省略电压源符号，只标注出电位的大小和极性。如图 1-9-1 (a) 所示，选 b 点为参考节点，可简化成图 1-9-1 (b)。

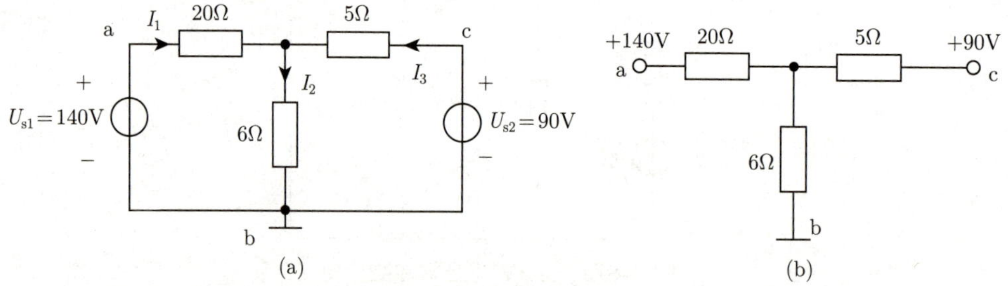


**图 1-9-1 电位简化图**

**【例 1-8】** 电路如图 1-9-2 所示，参考节点分别设为 a 点、c 点时，求 $V_a$、$V_b$、$V_c$、$U_{ab}$ 和 $U_{bc}$。

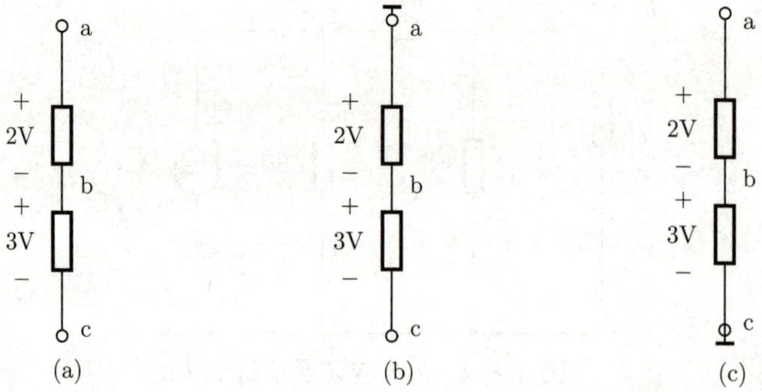


**图 1-9-2 例 1-8 电路**

**解：** (1) 参考节点设为 a 点时，a、b、c 各点的电位如图 1-9-2 (b) 所示。

$$V_a = 0V,\quad V_b = -2V,\quad V_c = -2-3 = -5V$$

$$U_{ab} = V_a - V_b = 2V,\quad U_{bc} = V_b - V_c = 3V$$

(2) 参考节点设为 c 点时，a、b、c 各点的电位如图 1-9-2 (c) 所示。

$$V_a = 2 + 3 = 5\text{V}, \quad V_b = 3\text{V}, \quad V_c = 0\text{V}$$

$$U_{ab} = V_a - V_b = 2\text{V}, \quad U_{bc} = V_b - V_c = 3\text{V}$$

由此可见，选择不同的参考节点，电位会发生变化，但两点间的电压是固定不变的。

**【电位注意事项】**

(1) 电路中必须有一个参考节点，也只能有一个参考节点。

(2) 电位值 $V$ 是相对于参考节点的，参考节点选取不同，电路中各点的电位也将随之改变。

(3) 电路中两点间的电压差 $U$ 是固定的，不会因为参考节点选择的不同而改变。

**【工程应用】广播电视系统设备多点接地分析**

在讲究信号质量的广播电视系统中，电子设备内部及设备之间的多点接地并不是必需的，反而是有害的。例如，如图 1-9-3 所示，小电流信号系统 A 和大电流信号系统 B 两处分别接地后，它们的接地电阻 $R_a$ 和 $R_b$ 不可能严格相等，这样就造成了地线电阻 $R_o$ 两端产生电压差。而有电压差的回路势必会产生电流，由此就在系统 A 向系统 B 传递信号的过程中叠加了一个额外的电流信号，这样就产生了寄生调制。寄生调制严重时可以影响电场同步信号的稳定性。由此可见，广播电视系统设备的多点接地影响了信号的质量，是杂音、串音及电声指标下降的潜在原因。

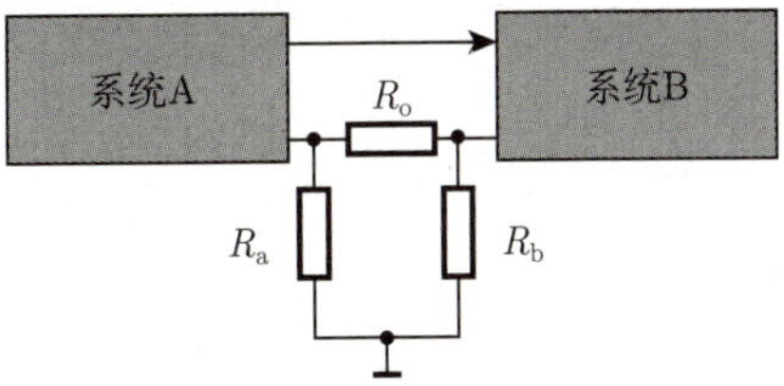


**图 1-9-3 多点接地系统**

进一步分析，图 1-9-3 中若系统 B 不接地，即 $R_b = \infty$，而系统 A 接地，则系统 B 的大电流信号将通过 $R_a$ 对信号源上游产生反馈，从而造成不良后果。若系统 A 不接地，即 $R_a = \infty$，而系统 B 接地，则系统 A 输出端与系统 B 输入端的信号同电位，只是小信号的系统 A 在 $R_b$ 上产生的影响只有几十分之一或几百分之一，可以忽略不计。所以，只需系统 B 接地即可。

当然，在对信号质量要求不是特别高而注重设备安全、人身安全的场合，如电器设备、防雷装置，多点接地是一种安全保障措施。

## 1.10　节点分析法

节点分析法 (nodal analysis) 是一种常见的电路分析方法，是以节点电压为未知数，建立节点电位方程，联立解出节点电位，再进一步求出各支路电压、电流的方法。运用节点分析法，可以用较少的方程求解电路变量，简化电路分析过程。

在电路结构中，选择任意一个节点作为参考节点，标记为“⊥”，其他节点相对于参考节点的电位设为 $V$。以节点电位为变量建立的方程组称为节点电位方程。节点电位方程建立的依据是 KCL 以及支路 VCR。以图 1-10-1 为例，推导建立节点电位方程的过程。

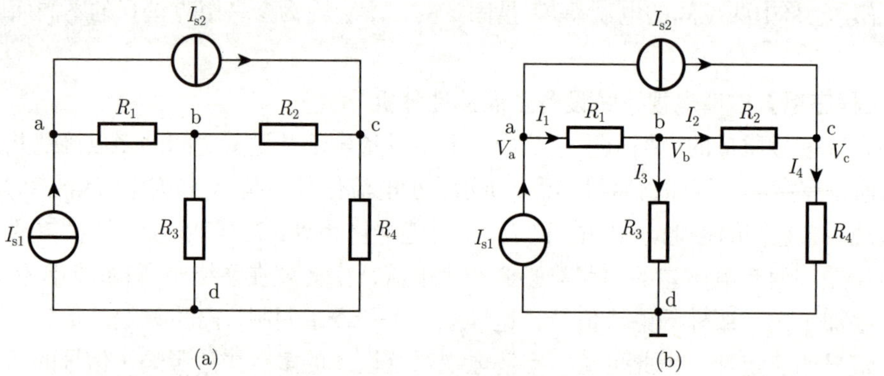


**图 1-10-1　节点分析法**

(1) 选 d 点为参考节点，设其他节点电压为 $V_a$、$V_b$、$V_c$，如图 1-10-1 (b) 所示。

(2) 分别列写节点 a、b、c 的 KCL 方程。

节点 a：$I_1+I_{s2}=I_{s1}$；节点 b：$I_2+I_3=I_1$；节点 c：$I_2+I_{s2}=I_4$。

(3) 列写各支路电流方程

$$I_1=\frac{1}{R_1}(V_a-V_b);\quad I_2=\frac{1}{R_2}(V_b-V_c);\quad I_3=\frac{1}{R_3}V_b;\quad I_4=\frac{1}{R_4}V_c$$

(4) 将各支路电流方程代入 KCL 方程中，整理得

节点 a:

$$\frac{1}{R_1}V_a-\frac{1}{R_1}V_b=I_{s1}-I_{s2} \tag{1-10-1}$$

节点 b:

$$-\frac{1}{R_1}V_a+\left(\frac{1}{R_1}+\frac{1}{R_2}+\frac{1}{R_3}\right)V_b-\frac{1}{R_2}V_c=0 \tag{1-10-2}$$

节点 c:

$$-\frac{1}{R_2}V_b+\left(\frac{1}{R_2}+\frac{1}{R_4}\right)V_c=I_{s2} \tag{1-10-3}$$

由此可解出各节点电位，再进一步可求出其他待求变量。

式 (1-10-1)、式 (1-10-2)、式 (1-10-3) 即是节点电位方程组。观察方程组，寻找规律，整理出节点电位方程的一般形式。以节点 a 为例，式 (1-10-1) 中 $V_a$ 前的系数 $\frac{1}{R_1}$ 是与节点 a 直接连接的所有支路上的电导之和，称为节点 a 的自电导之和。依此类推，式 (1-10-2) 中 $V_b$ 前的系数 $\left(\frac{1}{R_1}+\frac{1}{R_2}+\frac{1}{R_3}\right)$ 是节点 b 的自电导之和；式 (1-10-3) 中 $V_c$ 前的系数 $\left(\frac{1}{R_2}+\frac{1}{R_4}\right)$ 是节点 c 的自电导之和。

对于节点 a，式 (1-10-1) 中 $V_b$ 前的系数 $\frac{1}{R_1}$ 为节点 a、b 之间共有电导之和的负值，称为节点 a 和 b 之间的互电导。由于节点 a、c 之间没有直接连接的电阻，因此 $V_c$ 前的系数为零。类似地，对于节点 b，式 (1-10-2) 中 $V_a$ 和 $V_c$ 前的系数 $\frac{1}{R_1}$、$\frac{1}{R_2}$ 分别对应 b、a 之间和 b、c 之间的互电导。请读者验证一下式 (1-10-3) 中 $V_b$ 和 $V_c$ 前的系数。注意，互电导系数前面的符号都为负号 “−”。

对于节点 a，式 (1-10-1) 等号右边是流入节点 a 电流源的代数和 $I_{s1}-I_{s2}$。对于节点 b，没有直接相连的电流源，因此式 (1-10-2) 等号右边为零。请读者验证一下式 (1-10-3) 等号右边与节点 c 直接相连的电流源流入电流代数和的规律。

**【节点电位方程注意事项】**

(1) 用节点分析法分析电路时，无须再依据 KVL 和 VCR 组合方程求解变量，直接应用整理出的节点方程的一般形式列写各独立节点方程即可。

(2) 节点电位方程的个数 = 独立节点的个数。

(3) 注意，自电导系数前的符号为 “+”，互电导系数前的符号为 “−”。

(4) 方程等号右边为流入节点电流源的代数和，即电流源流入为 “+”，电流源流出为 “−”。

**【例 1-9】**　用节点分析法求图 1-10-2 中所示支路电流 $I_1$、$I_2$、$I_3$。

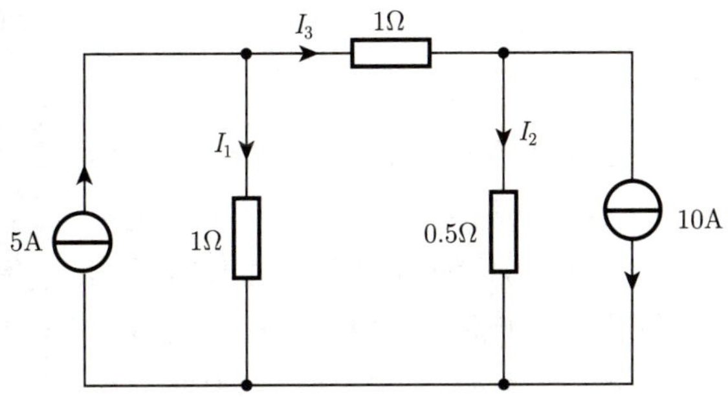


**图 1-10-2　例 1-9 电路**

**解：** 标出参考节点，设出两个独立节点电压 $V_1$、$V_2$，如图 1-10-3 所示。

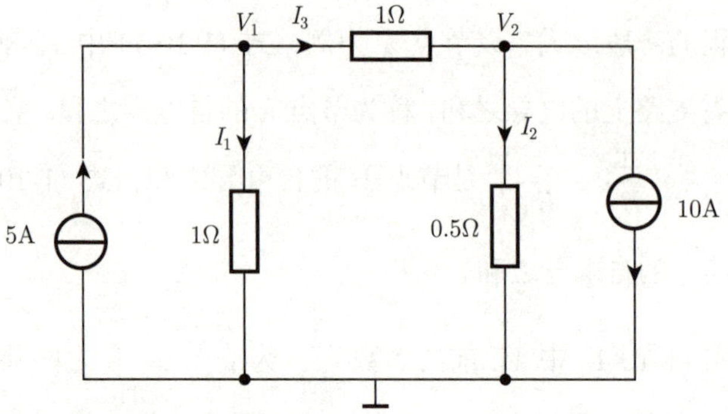


**图 1-10-3 解例 1-9 图**

根据节点分析法的一般形式，一步到位列写各节点电位方程

$$(1+1)V_1 - V_2 = 5$$

$$-V_1 + \left(1 + \frac{1}{0.5}\right)V_2 = -10$$

解得节点电压：$V_1 = 1\text{V}$；$V_2 = -3\text{V}$。

则各支路电流为：$I_1 = \dfrac{V_1}{1} = \dfrac{1}{1} = 1\text{A}$；$I_2 = \dfrac{V_2}{0.5} = \dfrac{-3}{0.5} = -6\text{A}$；$I_3 = \dfrac{V_1 - V_2}{1} = \dfrac{1-(-3)}{1} = 4\text{A}$。

## 1.11 戴维南定理

莱昂·夏尔·戴维南 (Léon Charles Thévenin, 1857—1926)，法国巴黎人，电报工程师、法国电信工程学校校长。尽管他积极投身于电报系统、柱形电容器和电磁学等领域的研究，但他最著名的成就是于 1883 年在法国物理学杂志《理论和应用》上提出了戴维南定理 (Thevenin' s theorem)。

莱昂 · 夏尔 · 戴维南

图 1-11-1 (a) 中含独立电源的有源二端网络，就端口特性而言，可以等效为图 1-11-1 (b) 中虚线框内一个电压源和电阻串联的单口网络。图 1-11-1 (b) 中等效电压源的电压等于图 1-11-1 (a) 中单口网络在负载 $R_L$ 开路时的电压 $U_{OC}$；等效电阻 (equivalent resistance) $R_O$ 是有源二端网络内所有独立电源置零后，从端口 a、b 端看进去的等效电阻，这就是戴维南定理。

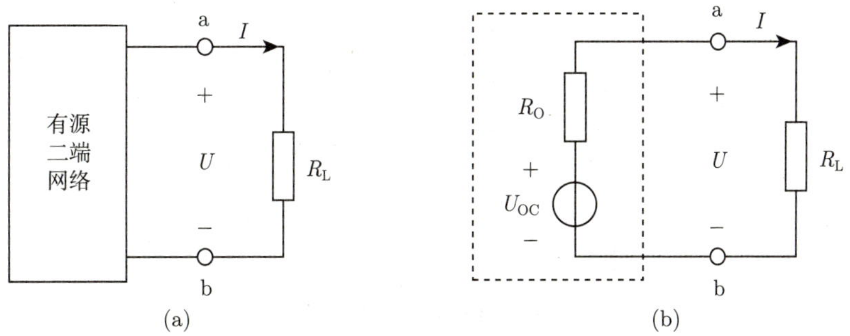


**图 1-11-1 戴维南等效电路**

**【例 1-10】** 用戴维南定理计算图 1-11-2 中的电流 $I$。

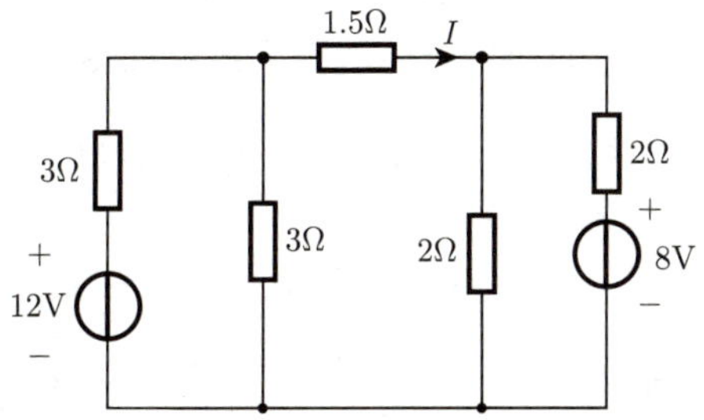


**图 1-11-2 例 1-10 电路**

**解：** (1) 根据戴维南定理，需要将图 1-11-2 中的原电路最终等效为图 1-11-3。

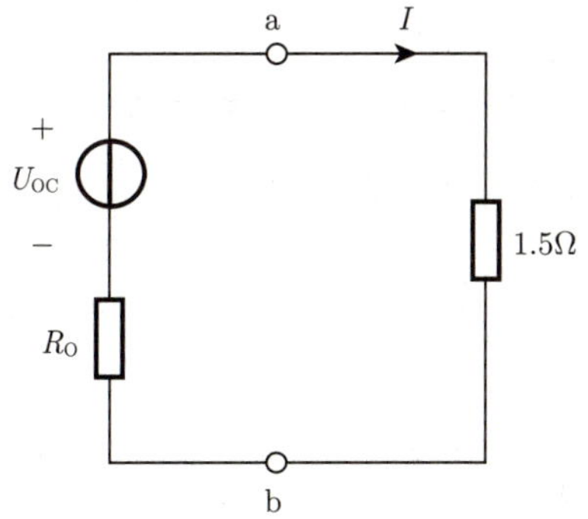


**图 1-11-3 例 1-10 戴维南等效电路结构**

(2) 需要求图 1-11-3 中的参数：等效电压源电压 $U_{OC}$ 和等效电源内阻 $R_O$。

(3) 等效电压源电压 $U_{OC}$ 可通过图 1-11-4 来求解。先把原电路图 1-11-2 中的负载 1.5Ω 去除，得到一个单口网络，求开口处的开路电压 $U_{OC}$。

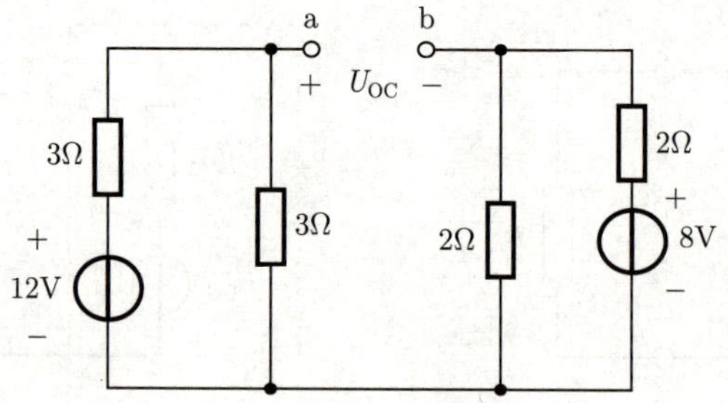


图 1-11-4　开路电压

$$U_{OC} = \frac{12}{3+3} \times 3 - \frac{8}{2+2} \times 2 = 2V$$

(4) 求等效电源内阻 $R_O$，需将含源单口网络图 1-11-4 中的所有独立源置零，即理想电压源短路，理想电流源开路，得到一个纯电阻网络，如图 1-11-5 所示。

$$R_O = (3//3) + (2//2) = 2.5\Omega$$

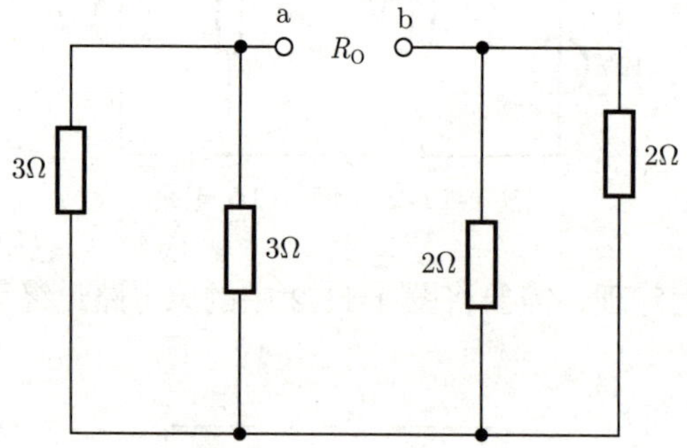


图 1-11-5　等效电阻

(5) 将开路电压 $U_{OC}$ 和等效电源内阻 $R_O$ 代入图 1-11-3 中，求得

$$I = \frac{U_{OC}}{R_O + 1.5} = \frac{2}{2.5+1.5} = 0.5A$$

【例 1-11】　电路如图 1-11-6 所示，当 $R = 3\Omega$ 时，$I = 2A$。求当 $R = 8\Omega$ 时，$I$ 等于多少？

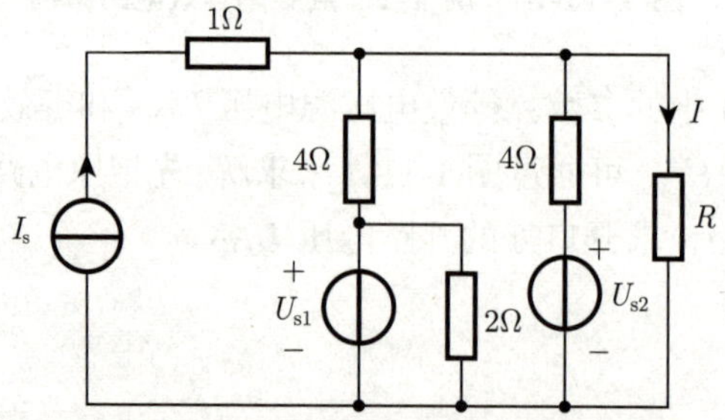


图 1-11-6　例 1-11 电路

解：(1) 根据戴维南定理，原电路图 1-11-6 最终可简化为图 1-11-7。即可得

$$I=\frac{U_{\mathrm{OC}}}{R_{\mathrm{O}}+R}$$

(2) 求解等效电源内阻 $R_{\mathrm{O}}$。去除原电路图 1-11-6 中的负载，然后将单口网络中的独立电源置零，得到图 1-11-8。

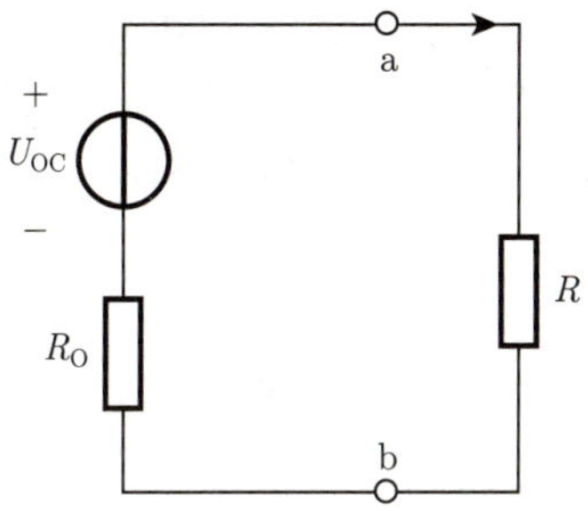


**图 1-11-7　例 1-11 等效电路图**

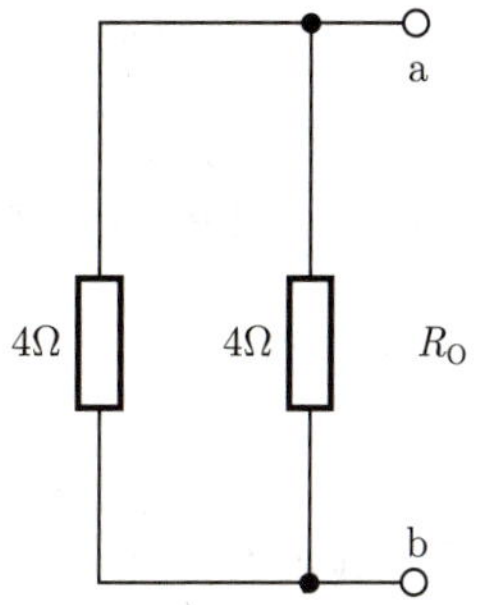


**图 1-11-8　等效电阻**

得到 $R_{\mathrm{O}}=4//4=2\Omega$。

(3) 求解等效电压源电压 $U_{\mathrm{OC}}$。由于原电路中 $U_{\mathrm{s1}}$、$U_{\mathrm{s2}}$ 均未知，因此无法直接获取 $U_{\mathrm{OC}}$。根据已知条件，当 $R=3\Omega$ 时，$I=2\mathrm{A}$，代入图 1-11-7，得到 $I=\dfrac{U_{\mathrm{OC}}}{R_{\mathrm{O}}+R}=\dfrac{U_{\mathrm{OC}}}{2+3}=2\mathrm{A}$，解得 $U_{\mathrm{OC}}=10\mathrm{V}$。

(4) 当 $R=8\Omega$ 时，可得

$$I=\frac{U_{\mathrm{OC}}}{R_{\mathrm{O}}+R}=\frac{10}{2+8}=1\mathrm{A}$$

戴维南定理适用于线性元件构成的电路，如果含有非线性元件，就不再适用。

**【戴维南定理注意事项】**

(1) 求解有源二端网络的开路电压 $U_{\mathrm{OC}}$ 时，可根据开路后电路的结构特点，选择合适的电路分析方法 (如节点分析法、叠加定理等) 求解。

(2) 求解等效内阻 $R_{\mathrm{O}}$ 时，独立电源置零后，只剩下纯电阻网络，可以利用电阻串并联等效等方法计算等效内阻。

(3) 负载接回戴维南等效电路后，注意电源的极性方向。

在戴维南定理提出后的第 43 年，贝尔实验室的工程师爱德华 · 劳笠 · 诺顿在 1926 年提出了诺顿定理 (Norton’s theorem)。诺顿定理指出，任何一个含源线性二端网络可以等效化简为电流源与电阻并联的电路，电流源电流等于网络端口的短路电流，并联电阻等于网络端口的输入电阻。诺顿定理是在戴维南定理的基础上延伸出来的，它是戴维南定理的对偶形式。本书不再展开阐述。

## 1.12 电路仿真

随着计算机技术的不断发展，在学习和设计的过程中加入软件仿真能够帮助学生更好地理解电路原理，优化电路结构，调节电路参数，分析电路性能，极大地节约电路类课程学习的时间和器件成本，提高学习效率。

Multisim 是一款功能强大、使用灵活、易学易用的电子仿真软件。Multisim 的元件库能够提供种类齐全的电路元器件和虚拟测试仪器仪表，能够设计、测试和演示各种电子电路，便于理工科学生开展综合性设计和实验，培养分析能力、开发和创新能力。

### 1. 绘制实验电路图

在图 1-12-1 所示的 Multisim 仿真电路中，有两个直流电压源和四个电阻，可以测量支路电压电流、验证叠加定理和戴维南定理。注意，电路接地不可省略。

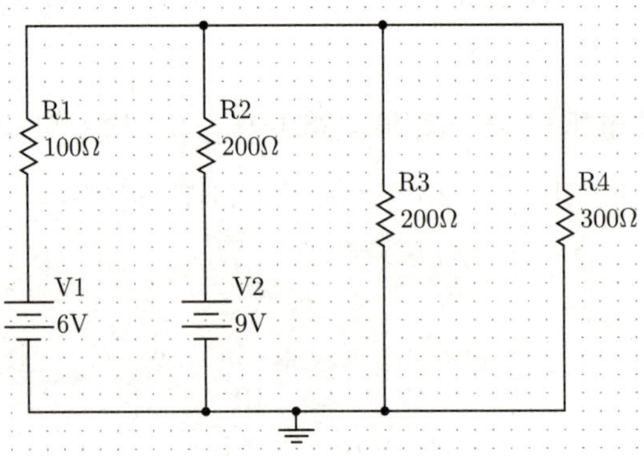


图 1-12-1 仿真电路

### 2. 测量电路中 $R_4$ 的电压和电流

如图 1-12-2 所示，万用表 XMM1 显示测出的 $R_4$ 的电流为 15mA，XMM2 显示 $R_4$ 端电压为 4.5V，根据欧姆定律可验证，$R_4 = \dfrac{4.5}{0.015} = 300\Omega$。

### 3. 验证叠加定理

如图 1-12-3 所示，先将 6V 电压源置零，测出 9V 电压源单独作用时，$R_4$ 支路上的电压和电流分别为 1.929V、6.429mA；然后将 9V 电压源置零，测出 6V 电压源单独作用时，$R_4$ 支路上的电压和电流分别为 2.571V、8.571mA。根据叠加定理可得

$$U_4 = 1.929 + 2.571 = 4.5\text{V}$$
$$I_4 = 6.429 + 8.571 = 15\text{mA}$$

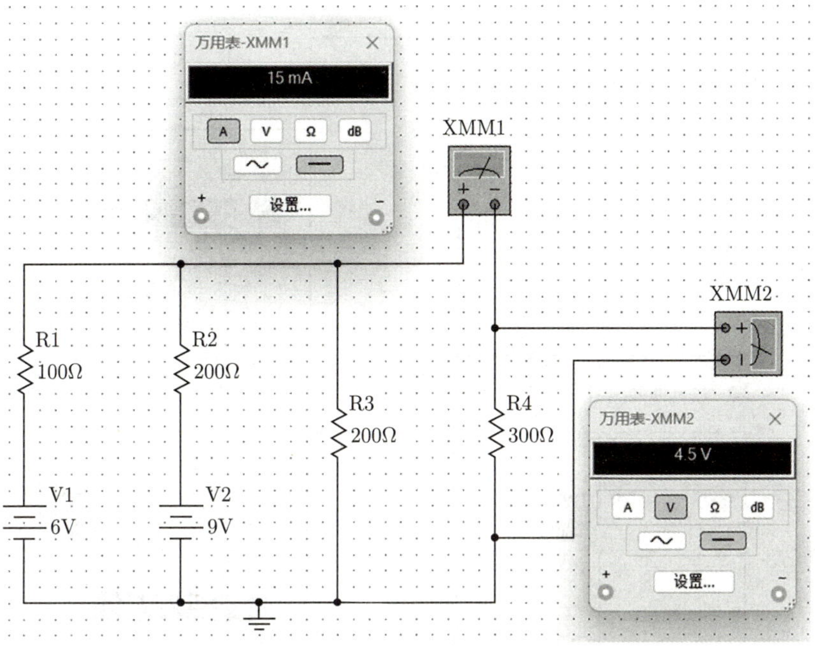


图 1-12-2　测量 $R_4$ 的电压和电流

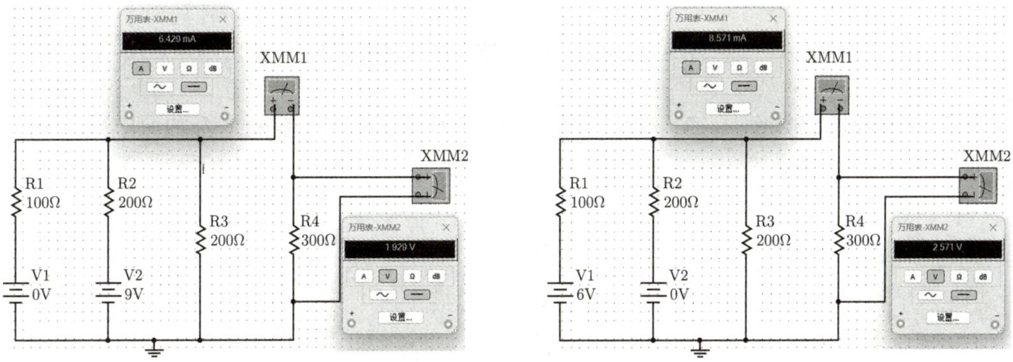


(a) 6V电压源置零　　(b) 9V电压源置零

图 1-12-3　叠加定理仿真

### 4. 求断开 $R_4$ 后的戴维南等效电路

如图 1-12-4 所示，先把 $R_4$ 断开，测出开路电压为 5.25V，然后将电路中的电压源都置零，测出除源等效电阻为 50Ω。

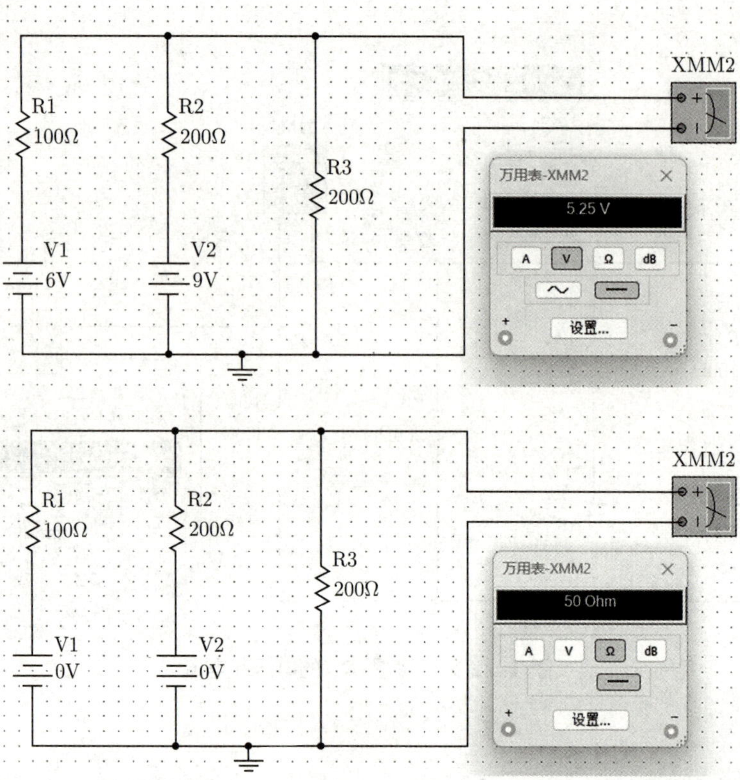


图 1-12-4 测量开路电压和等效电阻

戴维南等效电路如图 1-12-5 所示，请读者把 $R_4$ 接入后，验证是否和原电路等效。

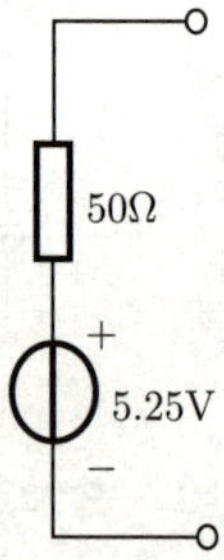


图 1-12-5 戴维南等效电路

# 本章小结

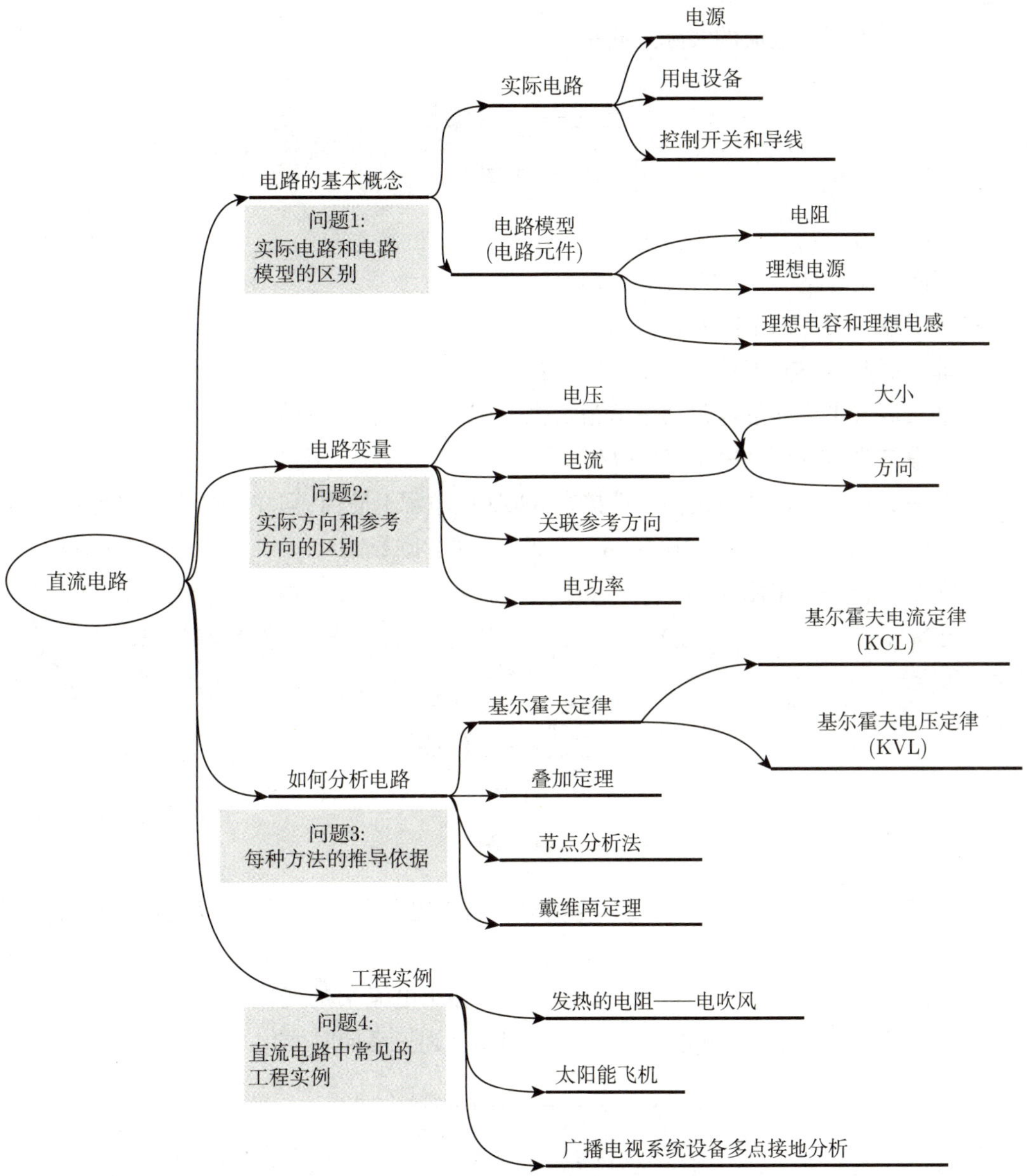
直流电路
电路的基本概念
问题1:
实际电路和电路模型的区别
实际电路
电源
用电设备
控制开关和导线
电路模型
(电路元件)
电阻
理想电源
理想电容和理想电感
电路变量
问题2:
实际方向和参考方向的区别
电压
电流
大小
方向
关联参考方向
电功率
如何分析电路
问题3:
每种方法的推导依据
基尔霍夫定律
基尔霍夫电流定律
(KCL)
基尔霍夫电压定律
(KVL)
叠加定理
节点分析法
戴维南定理
工程实例
问题4:
直流电路中常见的工程实例
发热的电阻——电吹风
太阳能飞机
广播电视系统设备多点接地分析

# 习题一

【客观题】

1. 请问题 1 图中电流的实际方向是 (　　)。

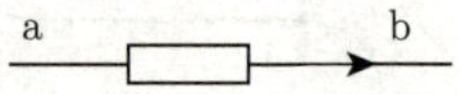


题 1 图

A. a 指向 b　　B. b 指向 a　　C. 没有方向　　D. 无法确定

2. 下面直流电路中说法或表示错误的是 (　　)。

A. 非关联参考方向下欧姆定律为 $U=-RI$

B. 非关联参考方向下功率为 $P=-UI$

C. 非关联参考方向下电阻功率恒为负

D. 关联参考方向下功率为 $P=UI$

3. 有一 220V/1 000W 的电炉，欲接在 380V 的电源上使用，可串联的变阻器是 (　　)。

A. 100Ω/3A　　B. 50Ω/5A　　C. 30Ω/10A　　D. 50Ω/10A

4. 在题 4 图中，电阻 $R$ 为 (　　)。

A. 2Ω　　B. 3Ω　　C. 4Ω　　D. 5Ω

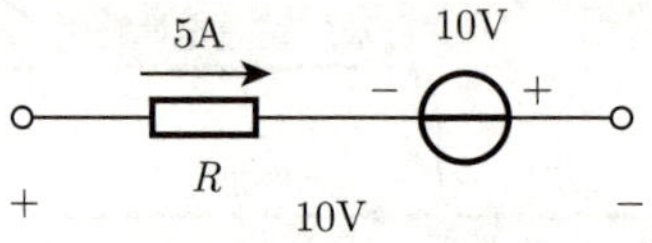


题 4 图

5. 电路如题 5 图所示，$I_s$ 为独立电流源，若外电路不变，仅电阻 $R$ 变化时，将会引起 (　　)。

A. 端电压 $U$ 的变化　　B. 输出电流 $I$ 的变化

C. 电流源 $I_s$ 两端电压的变化　　D. 上述三者同时变化

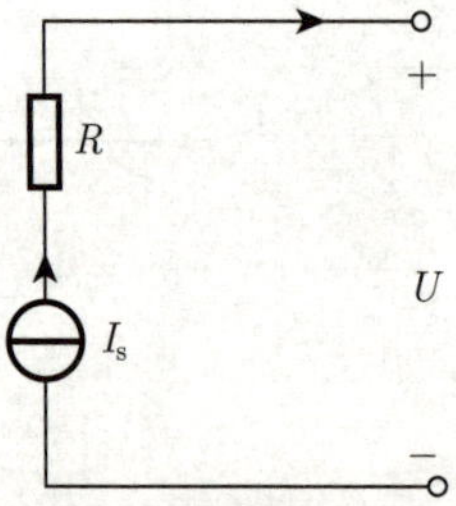


题 5 图

6. 若有 $n$ 个输出电压为 $U$ 的电压源同向并联，则单口网络端口电压为 (　　)。

A. $U$　　B. $nU$　　C. $\frac{1}{n}U$　　D. $-U$

7. 若有 $n$ 个相同的电流源同向并联，每一个输出电流为 $I$，则单口网络端口电流为 (　　)。

A. $I$　　B. $nI$　　C. $\frac{1}{n}I$　　D. $-I$

8. 把一个实际的电压源模型 (理想电压源的电压为 $U_s$，内阻为 $R$) 等效为一个实际的电流源模型 (理想电流源的电流为 $I_s$，内阻为 $R'$)，下面叙述错误的是 (　　)。

A. $R$ 等于 $R'$　　B. $I_s$ 的方向由 $U_s$ 内部的正极指向负极

C. $I_s = U_s/R$　　D. $I_s$ 的方向由 $U_s$ 内部的负极指向正极

9. 二端元件两端电压为 $U$，通过的电流为 $I$，且 $U$ 和 $I$ 是非关联参考方向，则该元件的功率表达式为 $P=$__________。

10. 题 10 图中，单口网络的开路电压 $u_{oc}$ 等于__________V。

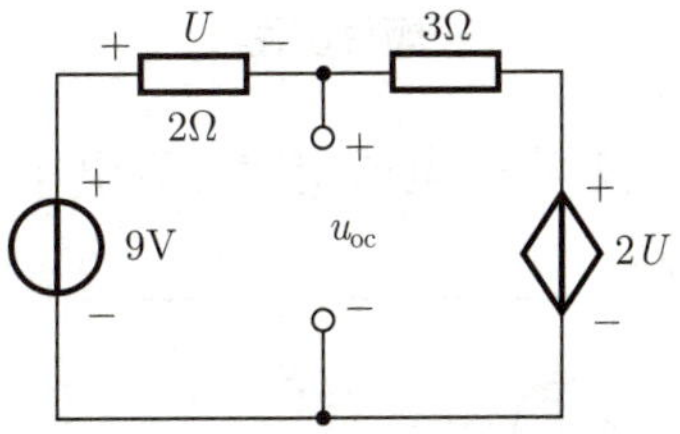


**题 10 图**

11. 题 11 图所示电路中，$i_1=2$A，$i_3=-1$A，$i_4=5$A，则 $i_2$ 等于__________A。

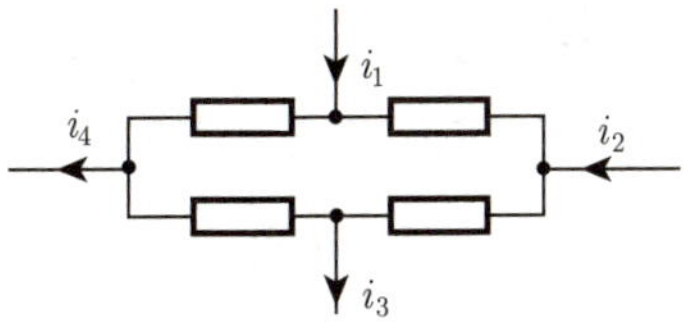


**题 11 图**

12. 节点分析法中，节点电位方程建立的依据是支路 VCR 和__________。

13. 把题 13 图中的实际电流源变换为实际电压源，电压源的大小是__________V，等效内阻是__________Ω。

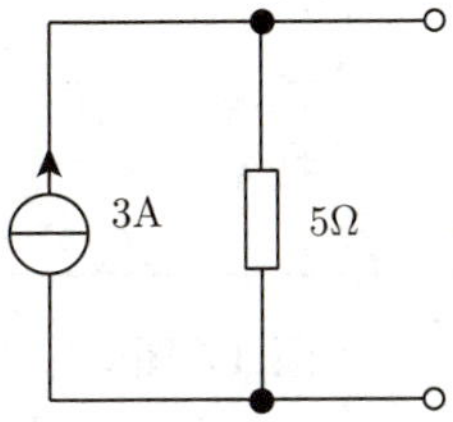


**题 13 图**

14. 使用叠加定理时，电路中的受控源在独立源单独作用时均应__________。

**【分析计算题】**

15. 如题 15 图所示，已知 $U_1=1\text{V}$，$U_2=-6\text{V}$，$U_3=-4\text{V}$，$U_4=5\text{V}$，$U_5=-10\text{V}$，$I_1=1\text{A}$，$I_2=3\text{A}$，$I_3=-2\text{A}$。试求：(1) 各二端元件吸收的功率；(2) 整个电路吸收的功率。

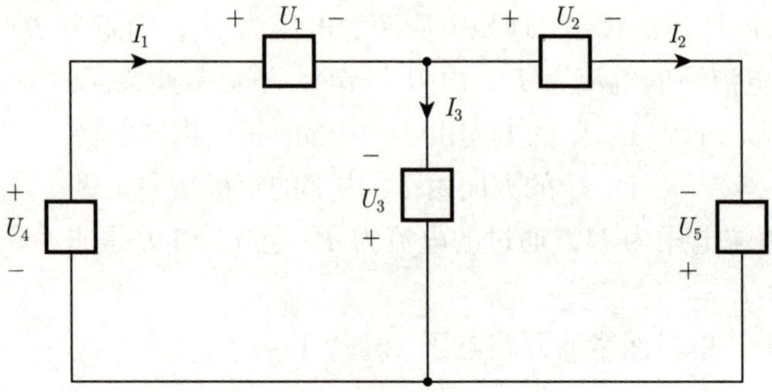


**题 15 图**

16. 如题 16 图所示，使用基尔霍夫电压定律计算电压 $U_{ab}$。

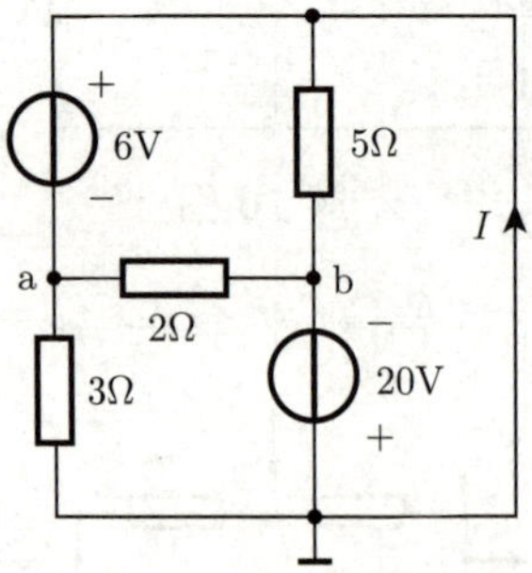


**题 16 图**

17. 计算题 17 图所示电路中每个元件吸收的功率。

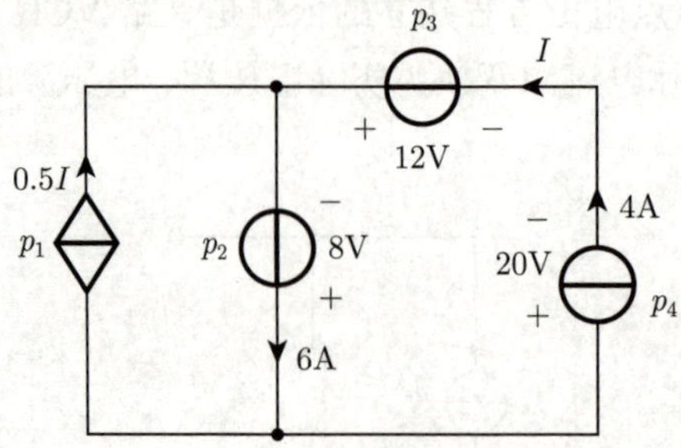


**题 17 图**

18. 连续利用电源变换求题 18 图所示电路中的电压 $U$。

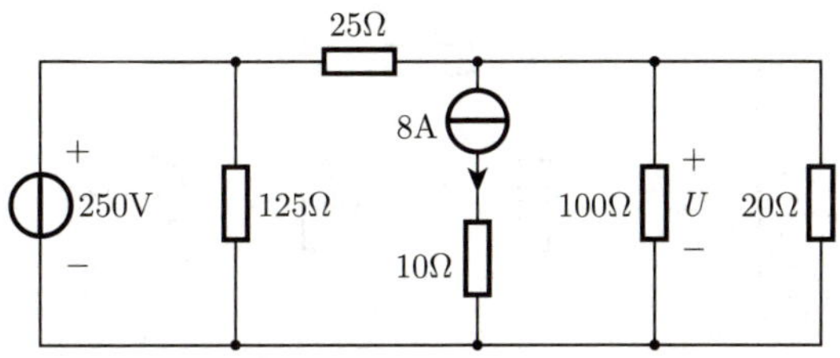


题 18 图

19. 应用叠加定理求题 19 图所示电路中的电流 $I$。

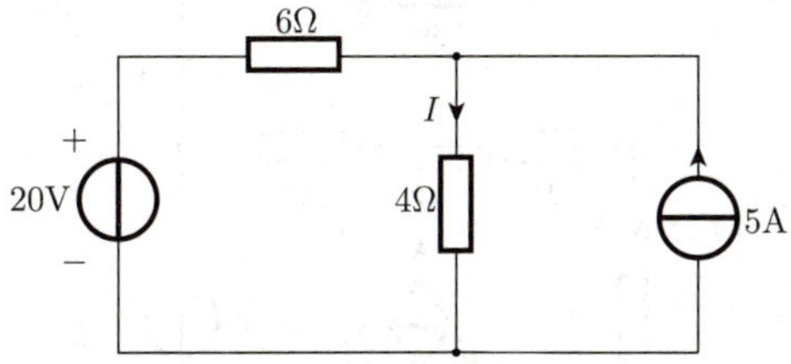


题 19 图

20. 利用叠加定理求题 20 图所示电路中的电流 $i$。

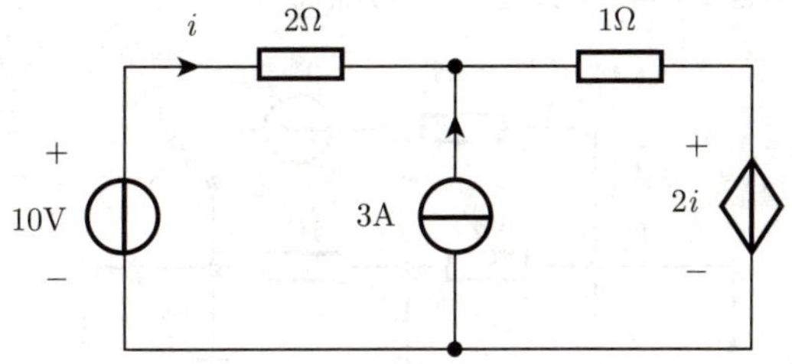


题 20 图

21. 电路如题 21 图所示，用叠加定理求电压 $U$，并求 5A 电流源和受控源吸收的功率。

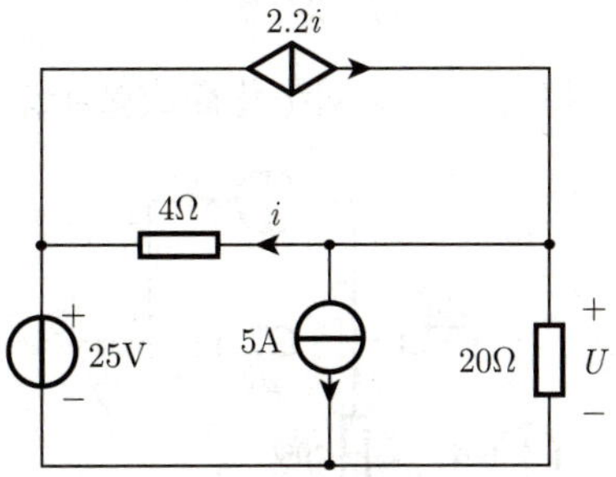


题 21 图

22. 利用节点分析法求题 22 图所示电路中的电压 $U_1$ 和 $U_2$。

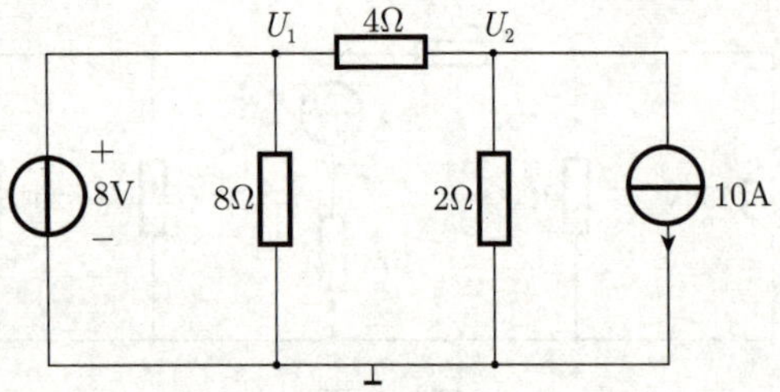


题 22 图

23. 用节点分析法求题 23 图所示电路中的 $i_0$。

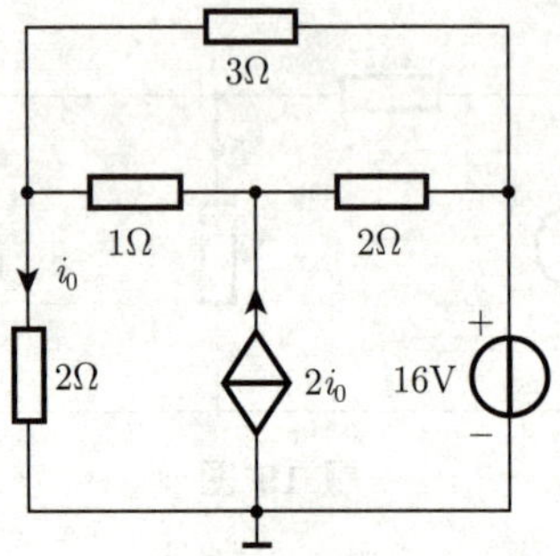


题 23 图

24. 用节点分析法求题 24 图所示电路中的电流 $I$。

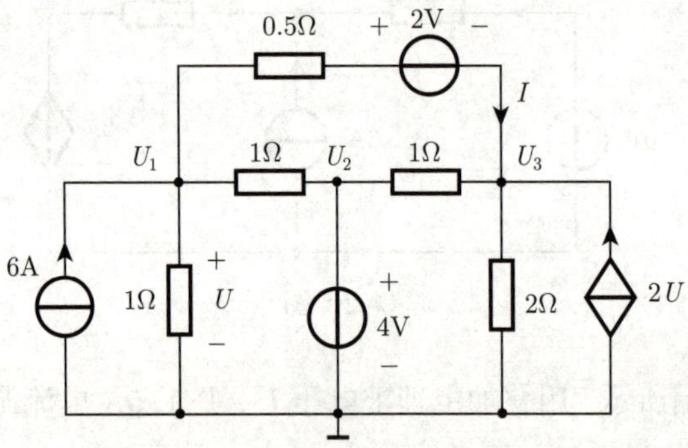


题 24 图

25. 电路如题 25 图所示，将含源单口网络化简成戴维南最简形式。

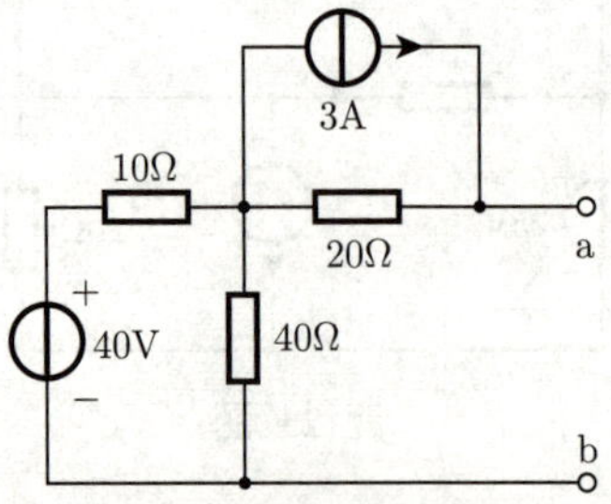


题 25 图

26. 用戴维南定理求题 26 图所示电路中的电压 $U$。

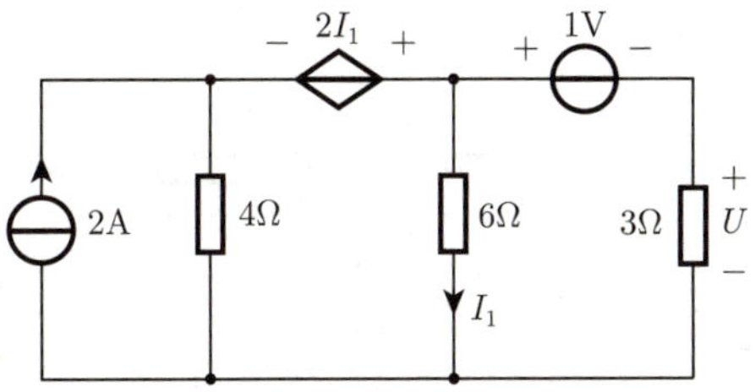


**题 26 图**

**【设计题】**

27. 设计一个双电源分压电路，给定 +24V 和 −24V 电压源，20kΩ 电位器及若干电阻器，要求输出电压的变化范围为 −8V 到 +16V。请确定电路模型和实际电路中各电阻器的阻值及额定功率。

**【仿真题】**

28. 电路结构如题 28 图所示，利用仿真软件 Multisim 验证叠加原理和基尔霍夫定律，填写题 28 表中的内容。

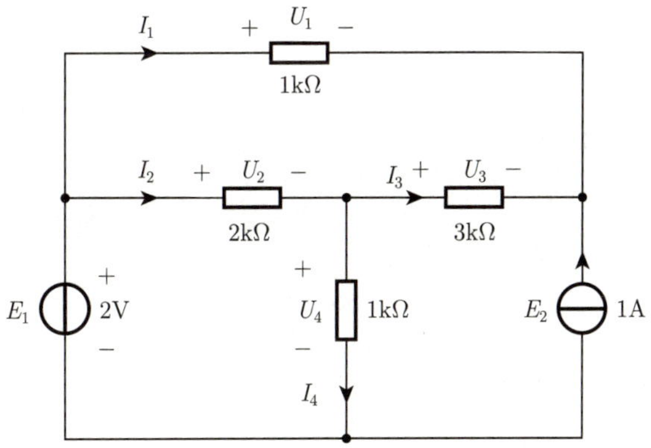


**题 28 图**

**题 28 表　叠加原理、基尔霍夫定律的验证**

| | 测量内容 | $E_1$/V | $E_2$/A | $I_1$/mA | $I_4$/mA | $U_1$/V |
|---|---|---|---|---|---|---|
| 1 | $E_1$ 单独作用 | 2 | | | | |
| 2 | $E_2$ 单独作用 | | 1 | | | |
| 3 | $E_1$ 和 $E_2$ 共同作用 | 2 | 1 | | | |
| 4 | $E_1$ 和 $E_2$ 单独作用叠加计算 | 2 | 1 | | | |

29. 电路结构如题 29 图所示，利用仿真软件 Multisim 验证戴维南定理。测量二端网络 1、2 两点之间的开路电压 $U_{OC}$ = ＿＿＿＿＿＿，$I_{SC}$ = ＿＿＿＿＿＿，$R$ = ＿＿＿＿＿＿。

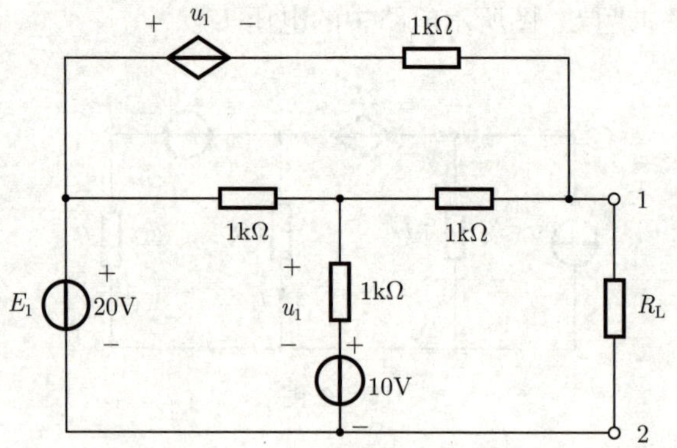


题 29 图

## / 第 2 章 /

# 一阶动态电路的暂态分析

**本章解决的主要问题：**

1. 什么是电容？什么是电感？
2. 什么是动态电路的初始条件？
3. 什么叫零输入响应？什么叫零状态响应？
4. 如何用三要素法求解一阶动态电路的全响应？

本章引入两个新元件：电容元件和电感元件。

电容的单位是以英国物理学家和化学家迈克尔·法拉第 (Michael Faraday，1791—1867) 的名字命名的。法拉第出生于一个贫苦的铁匠家庭，童年时期仅上过两年小学，他后来的卓越成就都是依靠自学取得。法拉第发现了电磁感应现象，研究出了交流电产生的方法，发明了世界上第一台电动机。他的发现奠定了电磁学的基础，开启了属于电气的新时代，是迄今为止对人类文明影响最直接的科学家之一，他被称为“电学之父”和“交流电之父”。由于他的诸多伟大贡献，他的头像被印在 1993 年发行的英镑上并流通了 10 年。

英镑上的法拉第头像

约瑟夫·亨利

约瑟夫·亨利 (Joseph Henry，1797—1878)，美国物理学家，电感单位以其名字命名。亨利的最大贡献是发现了通电线圈的自感现象，并提出了重要的自感定律。电子自动打火装置就是根据这一定律发明的。他还改进了电磁铁，发明了继电器 (relay)，比法拉第早一年发现电磁感应现象。但是，当时世界科学的中心在欧洲，亨利正在集中精力制作更大的电磁铁，没有及时发表这项实验成果，因此，发现电磁感应现象的功劳就归于法拉第了。

电容元件和电感元件均能储存能量，因此被称为储能元件。含有储能元件的电路从一个状态变化到另一个状态时，需要一个短暂的过渡过程，得到的响应称为暂态响应。本章主要讨论直流激励下 $RC$ 和 $RL$ 动态电路的暂态分析。

## 2.1 电容与电感

### 2.1.1 电容

#### 1. 电容的概念

相距很近且中间隔有绝缘介质 (如空气、纸和陶瓷等) 的两块导电极板构成电容器 (capacitor)。当给电容器两端施加电压 $u$ 时，两块金属板上分别聚集着等量异性电荷 $q$，从而形成电场，所以电容器是一个储存电荷或电场能量的元件。电容元件是电容器的理想化模型。在理想情况下，如果电荷 $q$ 与电压 $u$ 是线性函数关系，则该电容为线性电容，用 $C$ 表示，数学表达式为

$$C = \frac{q}{u} \tag{2-1-1}$$

式 (2-1-1) 中，$C$ 为正值常数，单位为法拉，简称法，用大写字母“F”表示。实际生活中常见的电容以微法“μF”、纳法“nF”和皮法“pF”作为单位，它们的换算关系是：$1\text{F} = 10^6\mu\text{F} = 10^9\text{nF} = 10^{12}\text{pF}$。

#### 2. 电容器的类别

电容器的种类繁多，如图 2-1-1 所示。根据容量 (capacitance) 是否可调，将电容器分为

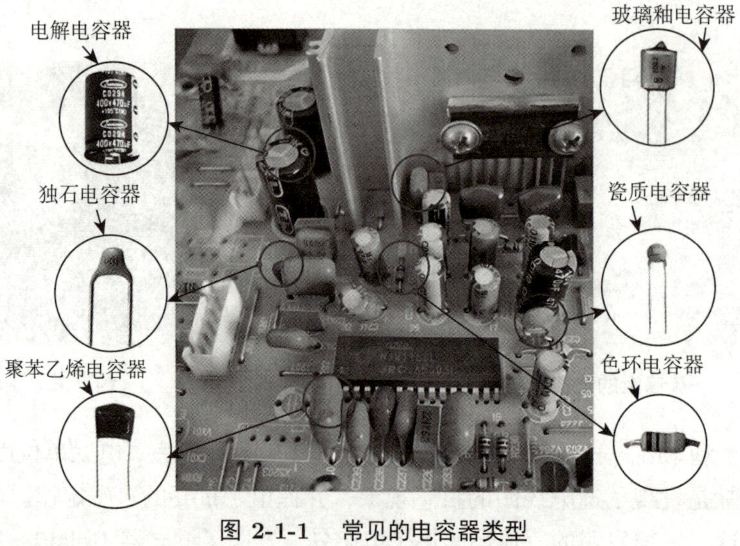


图 2-1-1　常见的电容器类型

固定电容器和可变电容器两大类。固定电容器的容量不能改变，进一步分为无极性电容器和有极性电容器。可变电容器的容量采用手动方式调节。

(1) 无极性电容器。无极性电容器是指电容器的引脚无正负极之分。常见的元件实物如图 2-1-2 (a) 所示，电路符号如图 2-1-2 (b) 所示。无极性电容器的容量小，但耐压高。

(a) 元件实物　　(b) 元件符号

**图 2-1-2　常见的无极性电容器**

(2) 有极性电容器。有极性电容器又称电解电容器，引脚有正负极之分。常见的元件实物如图 2-1-3 (a) 所示，电路符号如图 2-1-3 (b) 所示。有极性电容器的容量大，但耐压较低。

(a) 元件实物　　(b) 元件符号

**图 2-1-3　常见的有极性电容器**

有极性电容器的正极应接高电位，负极应接低电位，若正负极接错，轻则不能正常工作，重则发生电容器炸裂。因此，有极性电容器使用前需判别正负极。常用的判别方法有两种。

1) 根据引脚长短判别。引脚长为正极，引脚短为负极，如图 2-1-4 (a) 所示。

(a) 根据引脚长短判别　　(b) 根据标注极性判别

**图 2-1-4　有极性电容器极性判断**

2) 根据标注极性判别。电容器封装外壳上明显标注有负极性引脚标识，如“−”符号或黑色标记，如图 2-1-4 (b) 所示。

(3) 可变电容器。可变电容器是指电容量在一定范围内可调节的电容器，一般由相互绝缘的两组极片组成。其中，固定不动的一组极片称为定片，可动的一组极片称为动片。将定片与动片相互交叉在一起，当转动转轴时，定片与动片之间的相对面积就会发生变化，整个电容器的容量由此发生改变。可变电容器主要用于收音机、通信设备等电子设备。图 2-1-5 是可变电容器的元件实物、电路符号以及工作原理图。

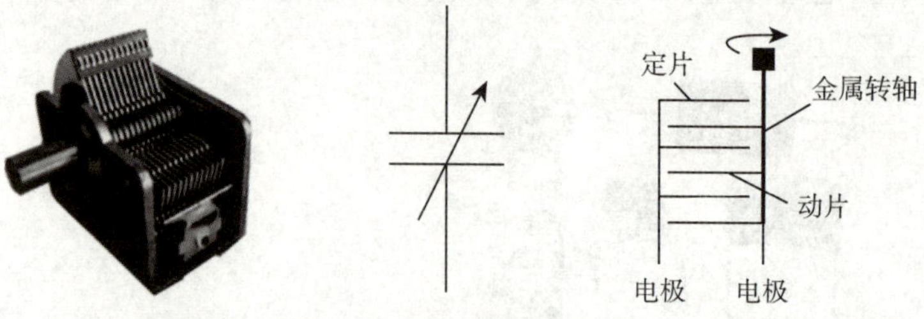


(a) 元件实物　(b) 电路符号　(c) 工作原理图

**图 2-1-5　可变电容器**

**【工程应用】收音机的选台旋钮**

普通收音机的选台旋钮实际上就是一个可变电容，如图 2-1-6 所示。可变电容的电介质一般为空气，当拧动选台旋钮时，带动收音机内一个可变电容的转轴，使可变电容接入电路的容量发生改变，从而实现对不同广播电台的选择。

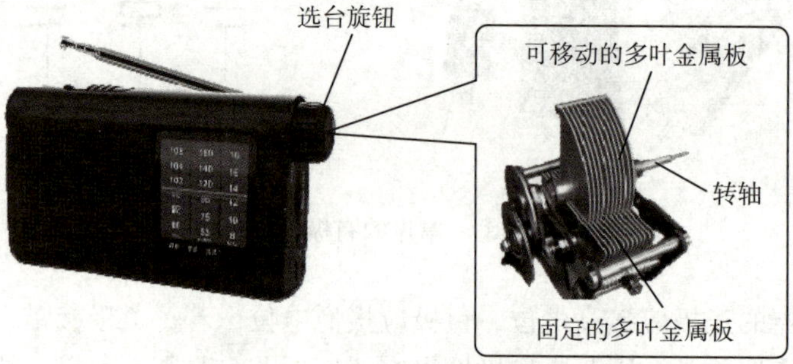


**图 2-1-6　收音机里的可变电容**

### 3. 电容器的主要参数

(1) 标称容量和容许误差。电容器储存电荷的多少称为容量。在相同外施电压下，电容器的容量越大，储存的电荷就越多。电容器的容量大小与导电极板的相对面积、极板间距离、极板间的绝缘介质有关。标注在电容器封装外壳上的容量称为**标称容量**。电容器的实际容量与标称容量会有不同。二者之间的偏差与标称容量之比的百分数称为电容器的**容许误差**，常用电容器的容许误差有 ±0.5%、±1%、±2%、±5%、±10%和 ±20%，如图 2-1-3 (a) 所示。

(2) 额定电压。额定电压又称电容器的耐压值，是指在正常条件下电容器长时间使用时两端允许承受的最高电压。一旦加到电容器两端的工作电压超过额定电压，两极板之间的绝缘介质就容易被击穿而失去绝缘能力，造成两极板短路。

(3) 温度系数。温度系数是指在一定的环境温度范围内，单位温度变化对电容器容量变化的影响。温度系数分为正温度系数和负温度系数。其中，具有正温度系数的电容器随着温度的上升，电容量增大；反之，具有负温度系数的电容器随着温度的上升，电容量减小。温度系数越小，电容器就越稳定。

### 4. 电容的串并联

(1) 电容的串联。电容串联后，总容量减小，计算方法与电阻的并联计算方式相同：

$$\frac{1}{C}=\frac{1}{C_1}+\frac{1}{C_2}+\cdots \tag{2-1-2}$$

以图 2-1-7 所示的电路为例，请读者验算一下等效电路中电容的容量。

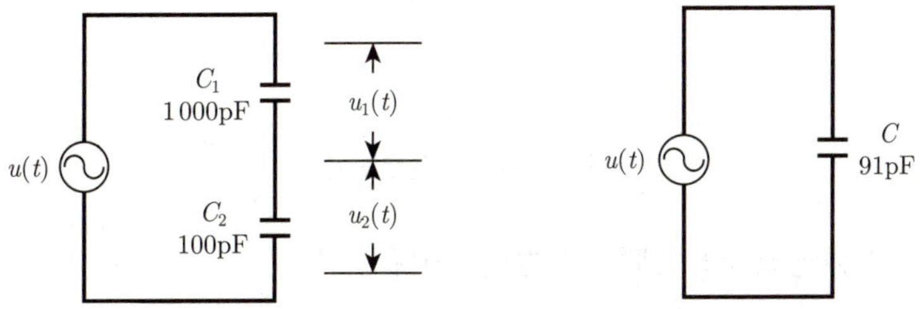


(a) 电容串联　　(b) 电容串联等效

**图 2-1-7　电容的串联及等效**

(2) 电容的并联。设计并联电容器常常要同时选用正温度系数和负温度系数的电容器。电容并联后的总容量增大，总容量等于所有并联电容的容量之和，计算方式如下

$$C=C_1+C_2+\cdots \tag{2-1-3}$$

以图 2-1-8 所示的电路为例，请读者验算一下等效电路中电容的容量。

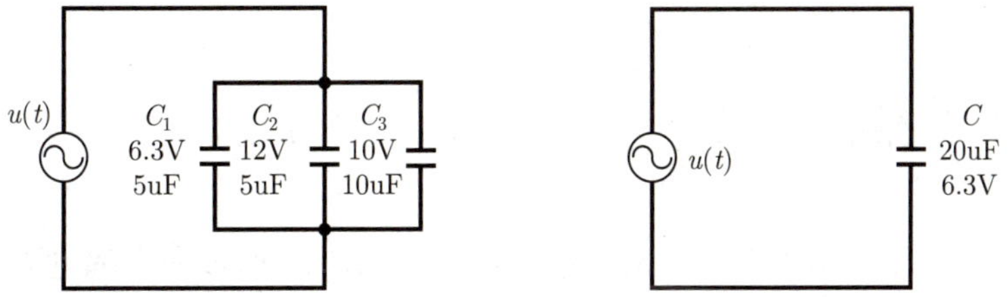


(a) 电容并联　　(b) 电容并联等效

**图 2-1-8　电容的并联及等效**

电容并联后的总耐压以耐压值最小的电容为准。以图 2-1-8 (a) 所示的电路为例，$C_1$、$C_2$、$C_3$ 耐压不同，其中 $C_1$ 的耐压值最小，故并联后电容的总耐压不能超过 6.3V。

### 5. 电容的伏安特性

图 2-1-9 所示为线性时不变电容符号。电容是动态元件 (dynamic element)，当电容极板上的电荷量 $q$ 和电压 $u$ 发生变化时，电路中就会引起电流。图 2-1-9 中电压和电流为关联参考方向，若 $C$ 为常数，根据电流定义式及式 (2-1-1)，得到电容的伏安特性 (VCR) 如下

$$i(t)=\frac{\mathrm{d}q}{\mathrm{d}t}=\frac{\mathrm{d}Cu(t)}{\mathrm{d}t}=C\frac{\mathrm{d}u(t)}{\mathrm{d}t} \tag{2-1-4}$$

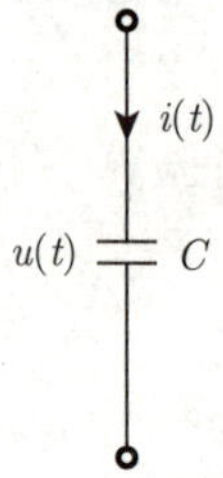


图 2-1-9　电容符号

若电容的电压和电流为非关联参考方向，则有

$$i(t)=-C\frac{\mathrm{d}u(t)}{\mathrm{d}t} \tag{2-1-5}$$

由式 (2-1-4) 和式 (2-1-5) 可知，电容两端的电压变化得越快，则流过它的电流越大；若其两端电压恒定不变 (直流电压)，则电流为零。因此，电容有隔直通交的性质。

将式 (2-1-4) 两端积分，可得

$$u(t)=\frac{1}{C}\int_{-\infty}^{t} i(\lambda)\,\mathrm{d}\lambda \tag{2-1-6}$$

或

$$u(t)=\frac{1}{C}\int_{-\infty}^{t_0} i(\lambda)\,\mathrm{d}\lambda+\frac{1}{C}\int_{t_0}^{t} i(\lambda)\,\mathrm{d}\lambda=u(t_0)+\frac{1}{C}\int_{t_0}^{t} i(\lambda)\,\mathrm{d}\lambda,\qquad t>t_0 \tag{2-1-7}$$

式 (2-1-6) 表明，电容在某一瞬时的电压与从 $-\infty$ 到 $t$ 时段所有的电流值有关。可见，电容两端的电压体现出对电流的记忆特性，由此电容被称为记忆元件 (memory element)。

### 6. 电容的能量

电容储存电场能量是其记忆特性的体现，如果电容的电压和电流为关联参考方向，线性电容吸收的功率为

$$p(t)=u(t)i(t)=Cu\frac{\mathrm{d}u}{\mathrm{d}t}$$

积分区间从 $-\infty$ 到任意 $t$ 时刻，电容吸收的电场能量为

$$
\begin{aligned}
W_{\mathrm{C}}(t) &= \int_{-\infty}^{t} p(\lambda)\,\mathrm{d}\lambda = \int_{-\infty}^{t} u(\lambda)\,i(\lambda)\,\mathrm{d}\lambda = \int_{-\infty}^{t} Cu\frac{\mathrm{d}u}{\mathrm{d}\lambda}\mathrm{d}\lambda = C\int_{u(-\infty)}^{u(t)} u\mathrm{d}u \\
&= \frac{1}{2}Cu^2(t) - \frac{1}{2}Cu^2(-\infty)
\end{aligned} \tag{2-1-8}
$$

式 (2-1-8) 表明，电容所吸收的能量只与时间端点的电压值有关。通常假定 $t$ 等于 $-\infty$ 时，电容电压为零，从而有

$$
W_{\mathrm{C}}(t) = \frac{1}{2}Cu^2(t) \tag{2-1-9}
$$

由式 (2-1-9) 可见，电容某一时刻储存的能量与电容值和该时刻的电容电压有关。

根据能量守恒定律，电容释放的能量不可能大于从外电路储存的能量，因此电容是无源元件 (passive element)，即不能自己产生能量的元件。

#### 7. 电容器的检测

通常选用具有电容测量功能的数字万用表来检测电容的好坏。首先根据待测电容器的标识信息读出标称容量，然后将万用表显示的实际测量值与标称值做对比，从而判断电容器的好坏。若实际测量值和标称值相差甚远，说明电容损坏。需要注意的是，待测电容器的容量不可超过万用表的量程范围，否则测量结果不准。万用表只能做粗略的测量，如需精确测量容量，要使用专用的电容测量仪。

### 2.1.2　电感

#### 1. 电感的概念

当电流通过一段导线时，变化的电流产生变化的磁场，因而产生电动势，即产生电磁感应现象。为了增加电磁感应的强度，人们常将带绝缘保护层的导线绕成一定圈数的线圈，称为电感线圈。为简便起见，通常将电感线圈简称为电感器或者电感 (inductor)，在电路中用 $L$ 表示，其数学表达式为

$$
L = \frac{\psi}{i} \tag{2-1-10}
$$

式中，$\psi$ 为磁链，它与线圈匝数 $N$ 和每匝的磁通 $\varPhi$ 有关；$i$ 为通过线圈的电流；$L$ 为正值常数，是表征电感元件产生自感能力的物理量。$L$ 的单位是亨利，简称亨 (H)。电感量较小，常以毫亨 (mH) 和微亨 (μH) 为单位，它们的换算关系是：$1\mathrm{H} = 10^3\mathrm{mH} = 10^6\mu\mathrm{H}$。

#### 2. 电感器的类别

电感器的种类繁多、形态各异，如图 2-1-10 所示。通常，按照电感量是否可变，电感器可分为固定电感器和可调电感器；按照外形特征，可分为空心电感器 (即空心线圈) 和磁芯电感器 (即线圈绕在磁芯上)；按照工作性质，可分为高频电感器 (如天线线圈和振荡线

圈) 和低频电感器 (如各种扼流圈、滤波线圈)；按照封装形式，可分为普通电感器 (色标电感器、色环电感器)、环氧树脂电感器和贴片电感器等。

图 2-1-10 电子产品电路板上常见的电感器

下面介绍三种有趣的电感器。

(1) 扼流圈。与电容的隔直通交特性相反，电感的一个特征是“阻交通直”，即阻止交流信号，导通直流信号。**扼流圈** (choke)，顾名思义，就是单纯实现阻交通直、扼制交流信号的电感。你可以找到图 2-1-10 中的扼流圈吗？扼流圈常在直流电源电路的输出端，对交流成分进行抑制，也可用于过滤掺杂在低频 (音频) 中的高频 (射频) 信号。

(2) 铁氧体磁环电感器。在 USB 连接线等电缆上经常可以看到一个圆柱体，如图 2-1-11 所示，这个形状像传统椰子糖的小东西有哪些作用呢？这种磁环与内部的连接电缆构成一个电感线圈 (电缆中的导线在磁环上绕几圈作为电感线圈)，形成一个低通滤波器，把高频噪声从信号线中滤除，是电子电路中常用的抗干扰组件，由于磁环通常使用铁氧体材料制成，故称为**铁氧体磁环** (ferrite bead)。

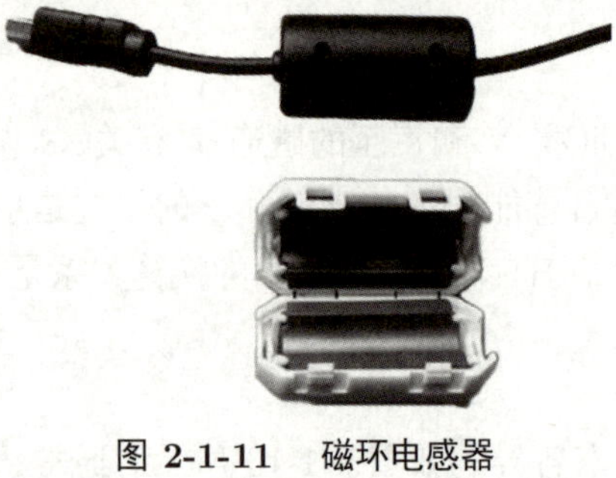

图 2-1-11 磁环电感器

(3) 微调电感器。微调电感器是在一定范围内可以调节电感量的电感器。微调电感器有一个可以插入的磁芯，磁芯上方有一个条形槽，通过工具调节可以改变磁芯在线圈中的相对位置，从而改变电感量的大小，如图 2-1-12 所示。当磁芯旋进线圈时，电感量增大；当磁芯旋出线圈时，电感量减小。需要注意的是，调整电感器的磁芯时，要用无感螺钉旋具。如果电感器没有磁芯，也可以通过改变线圈匝数或线圈之间的疏密程度来调节电感量。

**图 2-1-12　微调电感器**

### 3. 电感的主要参数

电感的主要参数有：电感量、容许误差、额定电流和感抗。

(1) 电感量。电感量，也称自感系数，是表示电感产生自感应能力的物理量。电感量的大小取决于线圈的圈数 (匝数)、绕制方式、有无磁芯等因素。通常，线圈圈数越多，绕制的线圈越密集，电感量就越大。一般情况下，有磁芯的线圈比无磁芯的线圈的电感量大。事实上，电感是可以自制的元器件，理论上可以制作出任意电感量的电感。

(2) 容许误差。容许误差是指电感上的标称电感量与实际电感量的允许误差值。一般耦合回路或高频阻流电路的电感量精度要求不高，容许误差为 ± (10%～15%)。振荡电路或滤波电路中的电感线圈的精度比较高，容许误差为 ± (0.2%～0.5%)。

(3) 额定电流。额定电流是指电感正常工作时允许通过的最大电流值。若工作电流超过额定电流，电感会因发热而使性能参数发生改变，甚至还会烧毁。

(4) 感抗。交流电也可以通过线圈，但线圈的电感对交流电有阻碍作用，这个阻碍可用感抗来表述。交流电越难以通过线圈，说明电感量越大，电感的阻碍作用就越强；交流电频率过高也难以通过线圈，电感的阻碍作用也强。

### 4. 电感的串并联

电感的串并联和电阻的串并联的计算方式相同。

(1) 电感的串联。电感的串联如图 2-1-13 所示。电感串联后的等效电感量等于每个电感的电感量之和。

$$L = L_1 + L_2 + \cdots \tag{2-1-11}$$

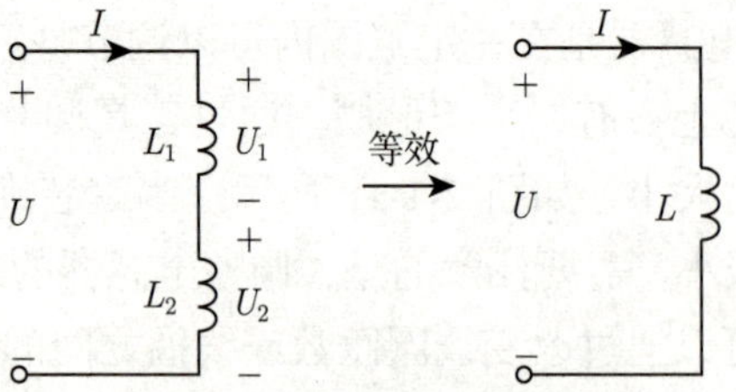


图 2-1-13 电感串联及等效

(2) 电感的并联。电感的并联如图 2-1-14 所示。电感并联后的总电感量的倒数等于每个电感的电感量的倒数之和。

$$\frac{1}{L}=\frac{1}{L_1}+\frac{1}{L_2}+\cdots \tag{2-1-12}$$

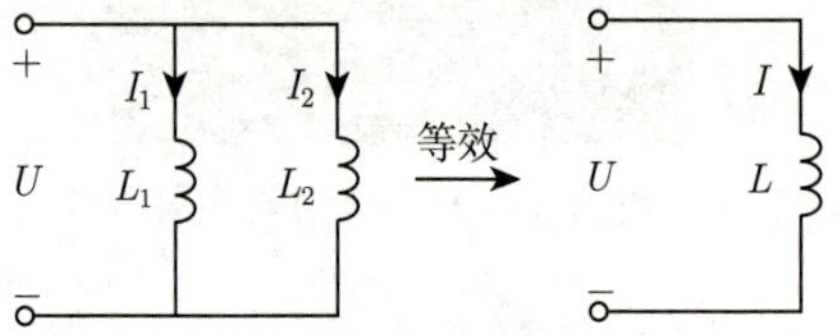


图 2-1-14 电感并联及等效

### 5. 电感的伏安特性

本书所讨论的电感均为线性时不变电感。图 2-1-15 所示为电感元件的电路符号。

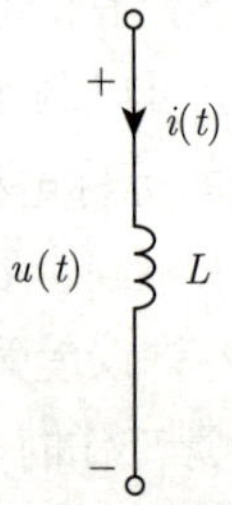


图 2-1-15 电感元件的电路符号

当电感线圈中的电流随时间变化时，磁链 $\psi$ 也会随时间变化，此时在电感线圈两端会产生感应电压。如果感应电压 $u$ 的参考方向与 $\psi$ 的方向符合右手螺旋法则，则根据法拉第电磁感应定律得到

$$u(t)=\frac{\mathrm{d}\psi}{\mathrm{d}t} \tag{2-1-13}$$

当电感电流与电压之间为关联参考方向时，如图 2-1-15 所示，将式 (2-1-10) 代入式 (2-1-13)，得

$$u(t)=L\frac{\mathrm{d}i(t)}{\mathrm{d}t} \tag{2-1-14}$$

式 (2-1-14) 是电感的电压电流伏安特性 (VCR)。其物理意义为某一时刻的电感电压取决于该时刻电流的变化率。在 $L$ 不变的情况下，电流变化越快，电感两端的电压就越大；若电流恒定不变 (直流电流)，则电压为零。因此，电感元件也是一个动态元件。若将电感电流表示成电压的函数，则有

$$\begin{aligned} i(t) &= \frac{1}{L}\int_{-\infty}^{t} u(\lambda)\,\mathrm{d}\lambda \\ &= \frac{1}{L}\int_{-\infty}^{t_0} u(\lambda)\,\mathrm{d}\lambda + \frac{1}{L}\int_{t_0}^{t} u(\lambda)\,\mathrm{d}\lambda \\ &= i(t_0) + \frac{1}{L}\int_{t_0}^{t} u(\lambda)\,\mathrm{d}\lambda, \qquad t > t_0 \end{aligned} \tag{2-1-15}$$

式 (2-1-15) 表明，某一时刻的电感电流取决于从 $-\infty$ 到 $t$ 所有时刻的电压值。流经电感的电流体现出对电感电压的记忆特性，因此电感也是一种记忆元件。

### 6. 电感的能量

电感的记忆特性是其储存的磁场能量的反映。当电感上电压、电流之间为关联参考方向时，电感的吸收功率为 $p(t) = u(t)i(t)$。当 $p > 0$ 时，电感从外电路吸收能量，建立磁场；当 $p < 0$ 时，电感释放储存的能量。从 $-\infty$ 到任意 $t$ 时刻储存的能量为

$$\begin{aligned} W_{\mathrm{L}}(t) &= \int_{-\infty}^{t} p(\lambda)\,\mathrm{d}\lambda = \int_{-\infty}^{t} L\frac{\mathrm{d}i}{\mathrm{d}\lambda} i\mathrm{d}\lambda = L\int_{i(-\infty)}^{i(t)} i\mathrm{d}i \\ &= \frac{1}{2}Li^2(t) - \frac{1}{2}Li^2(-\infty) \end{aligned} \tag{2-1-16}$$

通常认为 $t = -\infty$ 时，电感电流为零，从而有

$$W_{\mathrm{L}}(t) = \frac{1}{2}Li^2(t) \tag{2-1-17}$$

由式 (2-1-17) 可见，电感在某一时刻储存的能量与电感值和该时刻流经电感的电流值有关。根据能量守恒定律，电感释放的能量不可能大于从外电路积累的能量，因此电感是无源元件，即不能自己产生能量的元件。

### 7. 电感器的检测

较为简单的检测方法是，借助万用表对电感器阻值的检测来判断其性能的好坏。在设置万用表量程时，要尽量选择与测量值接近的量程。如果设置的量程与待测值相差过大，测量的结果将会有较大误差。通常线径粗、匝数少的电感器的阻值较小，接近 0 Ω；线径细、匝数多的电感器的阻值较大，用万用表 R×1 Ω 或 R×10 Ω 档即可。检测贴片电感器时，由于贴片电感器的几何尺寸小，在电路板上与其他元器件的间距也较小，为确保检测的准确性，可在万用表红、黑表笔的笔端绑扎大头针测量。

电感器的常见故障是开路和线圈匝间短路。选用万用表很容易检测开路，用蜂鸣器档(一般是二极管档)，红、黑表笔连接电感两端，如果线圈是通的，应有蜂鸣声，指示灯亮，否则为开路。当电感器匝间短路时，电阻减小不明显，依靠万用表很难判断匝间短路，建议更换为同型号的电感器。其他检测电感线圈的仪器还有电容电感测试仪、频率特性测试仪。

**【例 2-1】** 如图 2-1-16 所示的电路，已知 $i_1(t)=1-\mathrm{e}^{-t}(\mathrm{A})$，求 $t>0$ 时的电流 $i(t)$。

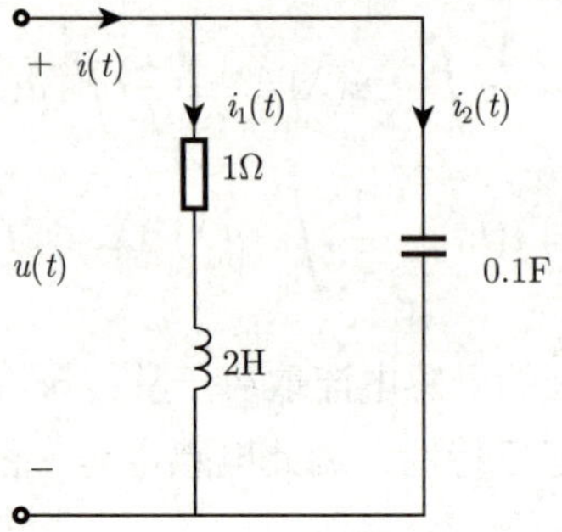


**图 2-1-16 例 2-1 电路**

**解：** 由电感的 VCR 得

$$u_{\mathrm{L}}(t)=L\frac{\mathrm{d}i_1(t)}{\mathrm{d}t}=2\mathrm{e}^{-t}\ (\mathrm{V})$$

对左侧的广义回路使用 KVL，有

$$u(t)=i_1\times 1+u_{\mathrm{L}}(t)=1+\mathrm{e}^{-t}\ (\mathrm{V})$$

根据电路结构可知，$u(t)$ 亦为电容端电压，由电容 VCR 得

$$i_2(t)=C\frac{\mathrm{d}u(t)}{\mathrm{d}t}=-0.1\mathrm{e}^{-t}\ (\mathrm{A})$$

根据 KCL 有

$$i(t)=i_1(t)+i_2(t)=1-1.1\mathrm{e}^{-t}\ (\mathrm{A}),\quad t>0$$

## 2.2 动态电路的初始条件

### 2.2.1 换路定则

含有动态元件 (如电容、电感) 的电路称为动态电路。当电源突然接入或断开，或者电路结构、元件参数改变时，动态电路中的电流或电压可能要经过一个变化过程才能重新恢复稳定状态。这是因为对于储能元件而言，其能量的积累或释放都需要一定的时间。分析

电路从一种稳定状态转变到另一种稳定状态的过程称为**瞬态分析**或**暂态分析**。现在是不是理解了本章的题目“一阶动态电路的暂态分析”了呢?

电源的突然接入、断开，电路结构、元件参数的突然改变都会引起电路的变化，这些情况称为**换路**，换路通常是瞬间完成的。如果设换路时刻为 $t=0$，那么用 $t=0_-$ 表示换路前的瞬间；用 $t=0_+$ 表示换路后的瞬间，称为**初始时刻**。虽然这两个瞬间之间的时间间隔非常短，但它们反映了相同电路变量在换路前后的不同状态。

由于电容和电感是动态储能元件，根据式 (2-1-7) 和式 (2-1-15) 知，电容电压和电感电流在换路情况下不会发生突变，因此有

$$u_c(0_+)=u_c(0_-) \tag{2-2-1}$$

$$i_L(0_+)=i_L(0_-) \tag{2-2-2}$$

式 (2-2-1) 和式 (2-2-2) 称为**换路定则** (transformation theorem)。换路定则只适用于求换路瞬间的 $u_c$ 和 $i_L$。

### 2.2.2 初始值

初始值 (initial value) 是指换路后的瞬间，电路中各变量的值，即 $t=0_+$ 时刻电路中各电压、电流的值，计算步骤如下。

#### 1. 求 $u_c(0_-)$ 和 $i_L(0_-)$

换路前，即 $t=0_-$ 时，如果电路已处于稳定状态，则电容视为开路，电感视为短路，求此时的电容电压 $u_c(0_-)$ 和电感电流 $i_L(0_-)$。

#### 2. 求 $u_c(0_+)$ 和 $i_L(0_+)$

根据换路定则 (式 (2-2-1) 和式 (2-2-2))，得到电容电压的初始值 $u_c(0_+)$ 和电感电流的初始值 $i_L(0_+)$。

#### 3. 求其他变量的初始值

在求其他变量的初始值之前，先将原电路中的电容用电压值为 $u_c(0_+)$ 的电压源代替，电感用电流值为 $i_L(0_+)$ 的电流源代替，画出 $t=0_+$ 时的等效电路。再运用电阻电路中的分析方法，求出其他支路电流、电压的初始值。

【例 2-2】 电路如图 2-2-1 (a) 所示，开关在 $t=0$ 时由“1”扳向“2”，已知开关在“1”时电路已处于稳定状态。求 $u_c$、$i_c$、$u_L$ 和 $i_L$ 的初始值。

解：(1) $t=0_-$ 时，电路已达稳态，电容视为开路，电感视为短路，根据电路结构求得

$$i_L(0_-)=\frac{8}{2+2}=2\text{A},\qquad u_c(0_-)=\frac{8}{2+2}\times 2=4\text{V}$$

(2) 根据换路定则：

$$u_c(0_+) = u_c(0_-) = 4\text{V}$$

$$i_L(0_+) = i_L(0_-) = 2\text{A}$$

(3) $t = 0_+$ 时，用电压为 $u_c(0_+)$ 的电压源替换电容，用电流为 $i_L(0_+)$ 的电流源替换电感，得换路后 $t = 0_+$ 时刻的等效电路，如图 2-2-1 (b) 所示。根据电路结构求得

$$i_c(0_+) \times 4 + 4 = 0 \Rightarrow i_c(0_+) = -1\text{A}$$

$$2 \times i_L(0_+) + u_L(0_+) = 0 \Rightarrow u_L(0_+) = -4\text{V}$$

观察图 2-2-1 (a) 发现 $t = 0_-$ 时刻，$i_c(0_-) = 0\text{A}$，$u_L(0_-) = 0\text{V}$。由此可见，在换路瞬间，除了电容电压和电感电流不发生跃变外，其他电压、电流均可能发生跃变。

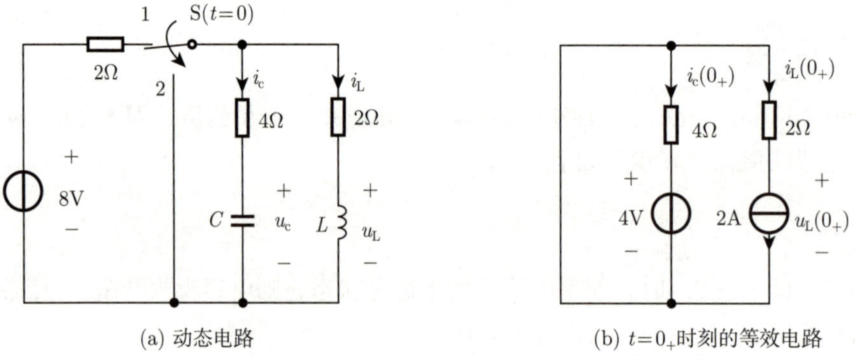


图 2-2-1　例 2-2 电路

## 2.3　一阶电路的响应

电路中的电源或信号源可以统称为电路的输入或**激励**。激励会在电路中的各元件上产生相应的电压或电流，这些电压或电流称为输出或**响应**。在动态电路中，即使电路中没有激励，动态元件的“初始储能”也会产生响应。一阶电路的响应包括零输入响应、零状态响应和完全响应。

### 2.3.1　一阶电路的零输入响应

**零输入响应** (zero input response) 是指动态电路没有外施激励，仅由动态元件的初始储能引起的响应。

### 1. $RC$ 电路的零输入响应

一个含有初始储能的电容和一个电阻可以组成一个简单的 $RC$ 电路，即一阶 $RC$ 电路。

如图 2-3-1 所示，电路换路前开关 S 在位置“1”，电源对电容充电。如果充电时间足够长，电路达到稳态。$t=0$ 时，开关从“1”切换到“2”，此时，电源断开，即外施输入激励为零。$t>0$ 时，电路中不再有电源提供能量，因而称为零输入响应。

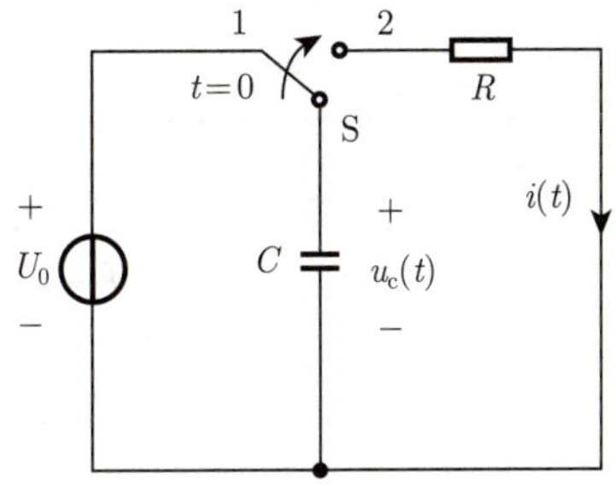


**图 2-3-1　一阶 $RC$ 电路**

换路前，电容已储存能量。设初始电压 $u_c(0_+)=u_c(0_-)=U_0$，换路后，电容经过电阻 $R$ 开始放电。

根据图 2-3-2 列写 KVL，$u_c(t)=i(t)R$，又因为 $i(t)=-C\dfrac{du_c(t)}{dt}$，因此有

$$RC\frac{du_c(t)}{dt}+u_c(t)=0 \tag{2-3-1}$$

该方程为一阶齐次常微分方程，解的形式为 $u_c(t)=Ae^{st}$，代入式 (2-3-1)，消去公因子 $Ae^{st}$ 可得特征方程 $RCs+1=0$，得到特征根为 $s=-\dfrac{1}{RC}$，因此有

$$u_c(t)=Ae^{-\frac{1}{RC}t} \tag{2-3-2}$$

根据初始条件确定系数 $A$

$$u_c(0_+)=A=U_0$$

代入式 (2-3-2)，得

$$u_c(t)=U_0e^{-\frac{t}{RC}}=u_c(0_+)e^{-\frac{t}{\tau}} \tag{2-3-3}$$

式中，$RC$ 称为**时间常数** $\tau$，单位为秒 (s)。

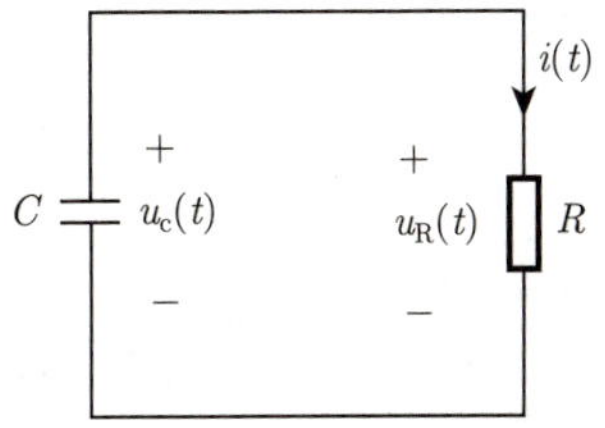


**图 2-3-2　$t>0$ 时的一阶 $RC$ 电路**

表 2-3-1 及图 2-3-3 显示出 $u_c(t)$ 随时间增加而逐渐衰减，反映了电容放电的物理过程，这一过程的快慢取决于时间常数 $\tau$。$\tau$ 为电压 $u_c$ 从初始值衰减到 $U_0$ 的 36.8%时所需的时间。理论上，$t$ 趋向于 $\infty$ 时，过渡过程才结束。但从图 2-3-3 中可以看到，$t=4\tau\sim5\tau$ 时电路就已达到稳态。$\tau$ 越小，衰减越快，反之越慢。

**表 2-3-1　$\tau$ 的不同倍数对应的 $u_c(t)$**

| $\tau$ 的倍数 | 0 | 1 | 2 | 3 | 4 | 5 | 6 |
|---|---|---|---|---|---|---|---|
| $u_c$ | $U_0$ | $0.368U_0$ | $0.135U_0$ | $0.050U_0$ | $0.018U_0$ | $0.007U_0$ | $0.002U_0$ |

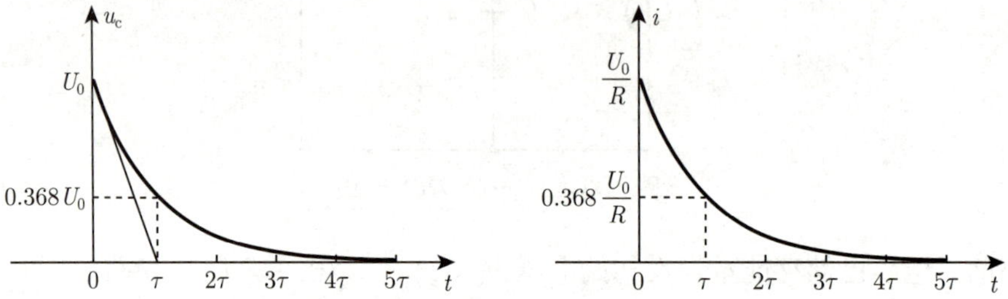


**图 2-3-3　*RC* 电路的零输入响应曲线**

$RC$ 电路的零输入响应体现了电容的放电过程，即电容释放的能量被电阻消耗转换成热能，直到耗完为止。

### 2. *RL* 电路的零输入响应

一个含有初始储能的电感和一个电阻可以组成一个简单的 $RL$ 电路，即一阶 $RL$ 电路。

图 2-3-4 中，换路前电感已储存能量，电感电流为 $i_L(0_-)=I_s$。当 $t=0$ 时，开关从“1”切换到“2”；当 $t>0$ 时，如图 2-3-5 所示，根据 KVL 及元件 VCR，列写方程

$$Ri_L(t)+L\frac{di_L(t)}{dt}=0 \tag{2-3-4}$$

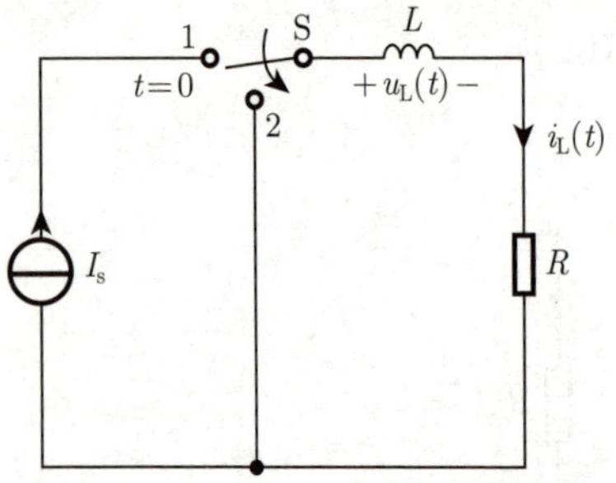


**图 2-3-4　一阶 *RL* 电路**

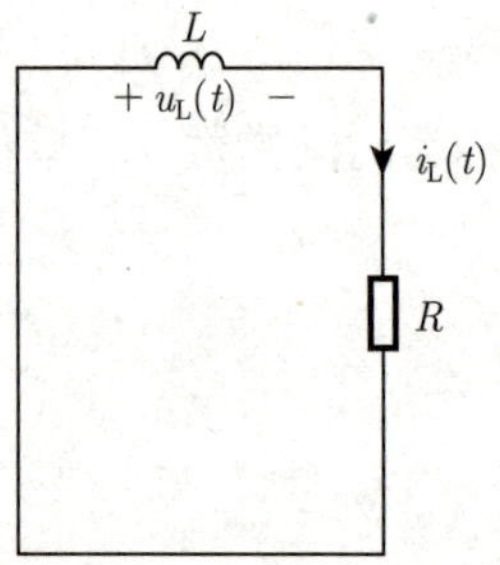


**图 2-3-5　$t>0$ 时的一阶 *RL* 电路**

该方程是一阶齐次常微分方程，其解 $i_L(t)=Ae^{st}$，代入式 (2-3-4) 并消去公因子 $Ae^{st}$，得

特征方程为 $Ls+R=0$，得到特征根为 $s=-\dfrac{R}{L}$。因此有

$$i_{\mathrm{L}}(t)=A\mathrm{e}^{st}=A\mathrm{e}^{-\frac{R}{L}t} \tag{2-3-5}$$

根据初始条件确定系数 $A$

$$i_{\mathrm{L}}(0_+)=A=I_0$$

得

$$i_{\mathrm{L}}(t)=I_0\mathrm{e}^{-\frac{R}{L}t}=i_{\mathrm{L}}(0_+)\,\mathrm{e}^{-\frac{t}{\tau}} \tag{2-3-6}$$

式中，时间常数 $\tau=\dfrac{L}{R}$，单位为秒 (s)。

代入电感的 VCR，得

$$u_{\mathrm{L}}=L\frac{\mathrm{d}i_{\mathrm{L}}}{\mathrm{d}t}=-RI_0\mathrm{e}^{-\frac{t}{\tau}} \tag{2-3-7}$$

图 2-3-6 为 $RL$ 电路的零输入电压电流响应曲线。从零输入响应的波形及数学表达式可以看出，$RL$ 与 $RC$ 电路响应都是在换路后从初始值开始按指数规律衰减的，其衰减速度与时间常数 $\tau$ 有关。$RC$ 电路中，$\tau=R_{\mathrm{o}}C$；$RL$ 电路中，$\tau=L/R_{\mathrm{o}}$。其中，$R_{\mathrm{o}}$ 是换路后，移去动态元件后的单口网络的等效电阻。

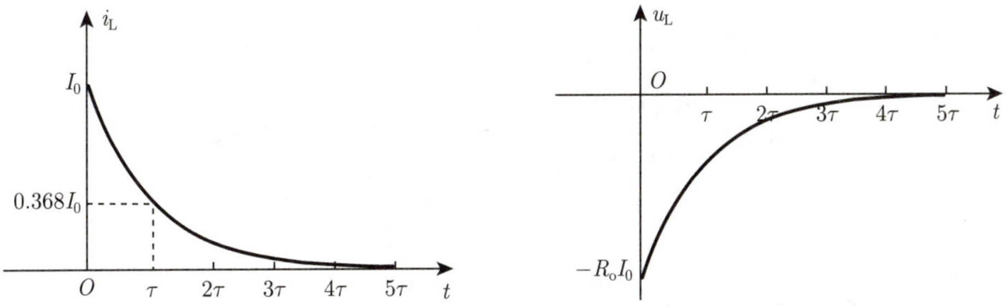


**图 2-3-6　*RL* 电路的零输入响应曲线**

**【例 2-3】**　如图 2-3-7 (a) 所示，当 $t<0$ 时开关位于“1”处并已达稳态，当 $t=0$ 时开关切换到“2”。求 $t>0$ 时的电流 $i$、$i_1$ 和 $i_2$。

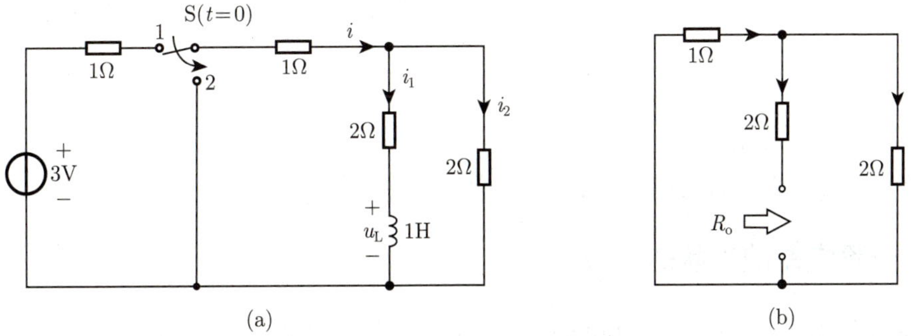


**图 2-3-7　例 2-3 电路**

**解：** (1) 当 $t<0$ 时，电路达到稳态，电感视为短路，根据分流公式，有

$$i_1(0_-)=\frac{3}{1+1+\dfrac{2\times 2}{2+2}}\times\frac{1}{2}=\frac{1}{2}\text{A}$$

(2) 图 2-3-7 (a) 中，电流 $i_1=i_{\text{L}}$，根据换路定则有

$$i_1(0_+)=i_1(0_-)=\frac{1}{2}\text{A}$$

(3) 当 $t>0$ 时，画出换路后移去电感的单口网络等效电阻，如图 2-3-7 (b) 所示，得到

$$R_{\text{o}}=2+\frac{1\times 2}{1+2}=\frac{8}{3}\Omega$$

代入时间常数 $\tau$ 得

$$\tau=\frac{L}{R_{\text{o}}}=\frac{3}{8}\text{s}$$

(4) 由此可得，当 $t>0$ 时各电流和电压分别为

$$i_1(t)=i_1(0_+)\,\text{e}^{-\frac{t}{\tau}}=\frac{1}{2}\text{e}^{-\frac{8t}{3}}(\text{A}),\qquad t>0$$

$$u_{\text{L}}(t)=L\frac{\text{d}i_1(t)}{\text{d}t}=-\frac{4}{3}\text{e}^{-\frac{8t}{3}}(\text{V}),\qquad t>0$$

$$i_2(t)=\frac{2i_1(t)+u_{\text{L}}(t)}{2}=-\frac{1}{6}\text{e}^{-\frac{8t}{3}}(\text{A}),\qquad t>0$$

$$i(t)=i_1(t)+i_2(t)=\frac{1}{3}\text{e}^{-\frac{8t}{3}}(\text{A}),\qquad t>0$$

**【建立动态电路方程的一般步骤】**

(1) 根据电路列写 KVL 或 KCL 方程；

(2) 根据电路元件列写元件的 VCR 方程；

(3) 联立方程，求解所需变量。

若用 $f(t)$ 表示零输入响应，其初始值为 $f(0_+)$，则一阶电路的零输入响应可表示为

$$f(t)=f(0_+)\,\text{e}^{-\frac{t}{\tau}},\qquad t>0 \tag{2-3-8}$$

对于一阶 $RC$ 电路，$\tau=R_{\text{o}}C$；对于一阶 $RL$ 电路，$\tau=L/R_{\text{o}}$。其中 $R_{\text{o}}$ 为换路之后，移去动态元件 ($L$ 或 $C$)，从端口处求得的单口网络等效电阻。

## 2.3.2 一阶电路的零状态响应

**零状态响应** (zero state response) 是指动态元件初始储能状态为零，仅依靠外施激励引起的响应。

### 1. RC 电路的零状态响应

图 2-3-8 中，开关闭合前电容 $C$ 储能为 0，即电容初始状态 $u_c(0_-)=0$。当 $t=0$ 时，开关闭合，电路在外施激励作用下的响应为零状态响应。

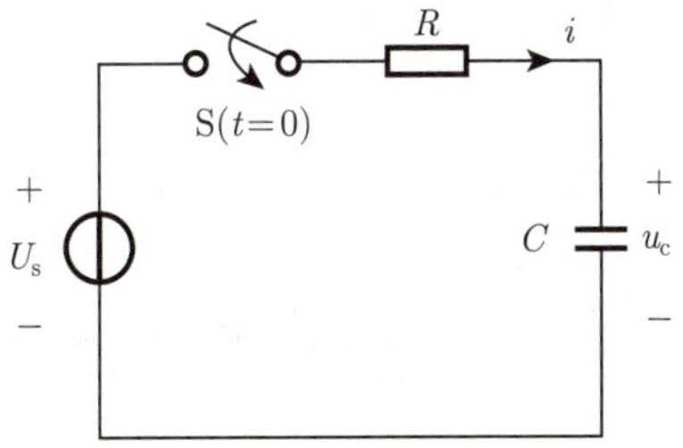


图 2-3-8　RC 零状态电路

由换路定则可知，$u_c(0_+)=u_c(0_-)=0$，当 $t>0$ 时，由 KVL 及元件 VCR 得

$$RC\frac{\mathrm{d}u_c(t)}{\mathrm{d}t}+u_c(t)=U_s \tag{2-3-9}$$

式 (2-3-9) 是一阶非齐次常系数微分方程，它的解由齐次方程的通解 $u_{Ch}$ 和非齐次方程的特解 $u_{Cp}$ 两部分构成。$u_{Ch}(t)=A\mathrm{e}^{-\frac{1}{RC}t}$，而 $u_{Cp}$ 具有与输入函数相同的形式，即为常数，代入式 (2-3-9)，得 $u_{Cp}=U_s$，有

$$u_c(t)=u_{Ch}+u_{Cp}=A\mathrm{e}^{-\frac{1}{RC}t}+U_s$$

当 $t=0_+$ 时，$u_c(0_+)=A+U_s=0$，得 $A=-U_s$，则

$$u_c(t)=U_s-U_s\mathrm{e}^{-\frac{t}{\tau}}=U_s\left(1-\mathrm{e}^{-\frac{t}{\tau}}\right),\quad t>0 \tag{2-3-10}$$

由式 (2-3-10) 可知，电容电压由两部分组成：一部分为 $u_{Cp}$，其值等于换路后电路处于稳定状态时的电容电压 $U_s$，称为稳态响应分量；另一部分是 $u_{Ch}$，其值为 $-U_s\mathrm{e}^{-\frac{t}{\tau}}$，它是一个随着时间的增长按指数规律衰减的分量，当衰减至零时，过渡过程结束，因此称为暂态响应分量。

根据电容的 VCR，电流的零状态响应为

$$i_c(t)=C\frac{\mathrm{d}u_c}{\mathrm{d}t}=\frac{U_s}{R}\mathrm{e}^{-\frac{t}{\tau}} \tag{2-3-11}$$

$u_c(t)$、$i_c(t)$ 随时间 $t$ 变化的曲线如图 2-3-9 所示。

在 RC 电路的零状态响应中，在换路后瞬时 (即 $t=0_+$)，电容电压不能跃变，$u_c(0_+)=0$。此时，电源电压全部施加到电阻 $R$ 两端，使得整个电路中的电流由 0 跃变为 $\frac{U_s}{R}$。随着时间的推移，电容开始充电，其电压逐渐上升，而电流逐渐减小。直至充电过程结束，电容电压达到稳定，电容电流为零。所以 RC 零状态响应是一个电容充电的过程。

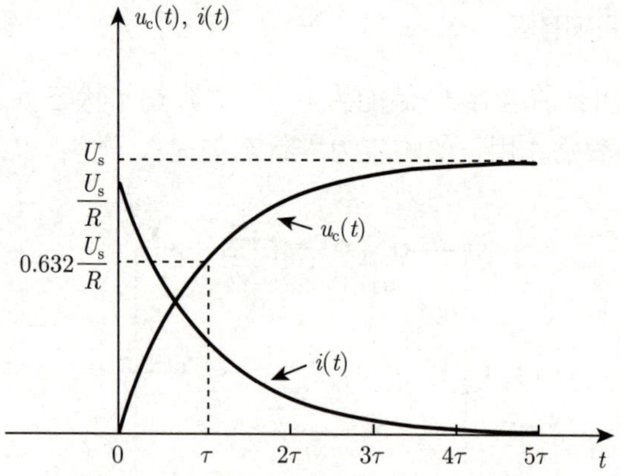


**图 2-3-9　*RC* 电路的零状态响应曲线**

## 2. *RL* 电路的零状态响应

如图 2-3-10 所示，电路换路前电感储能为 0，即 $i_L(0_-)=0$。$t=0$ 时开关闭合。

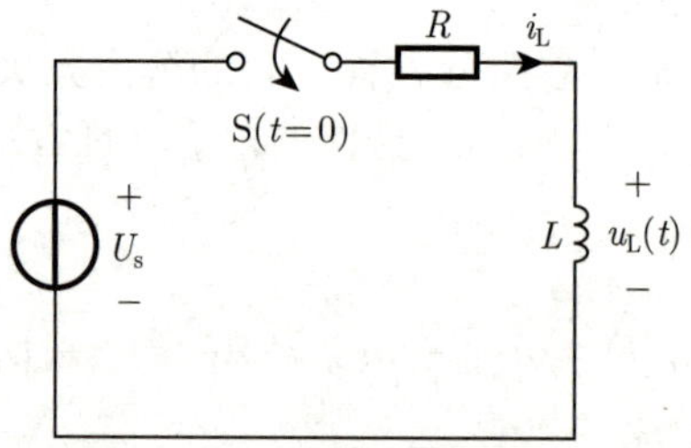


**图 2-3-10　*RL* 零状态响应**

根据换路定则有：$i_L(0_+)=i_L(0_-)=0$。

当 $t>0$ 时，由 KVL 及元件 VCR 可得

$$L\frac{\mathrm{d}i_L(t)}{\mathrm{d}t}+Ri_L(t)=U_s \tag{2-3-12}$$

上式为一阶非齐次常系数微分方程，其解的形式和 *RC* 电路零状态响应是类似的，即

$$i_L(t)=i_{Lh}+i_{Lp}=A\mathrm{e}^{-\frac{R}{L}t}+\frac{U_s}{R}$$

当 $t=0_+$ 时，$i_L(0_+)=A+\frac{U_s}{R}=0$，得 $A=-\frac{U_s}{R}$，于是

$$i_L(t)=\frac{U_s}{R}-\frac{U_s}{R}\mathrm{e}^{-\frac{t}{\tau}}=\frac{U_s}{R}\left(1-\mathrm{e}^{-\frac{t}{\tau}}\right) \tag{2-3-13}$$

$$u_L(t)=L\frac{\mathrm{d}i_L}{\mathrm{d}t}=U_s\mathrm{e}^{-\frac{t}{\tau}} \tag{2-3-14}$$

$u_L(t)$、$i_L(t)$ 随时间 $t$ 变化的曲线如图 2-3-11 所示。

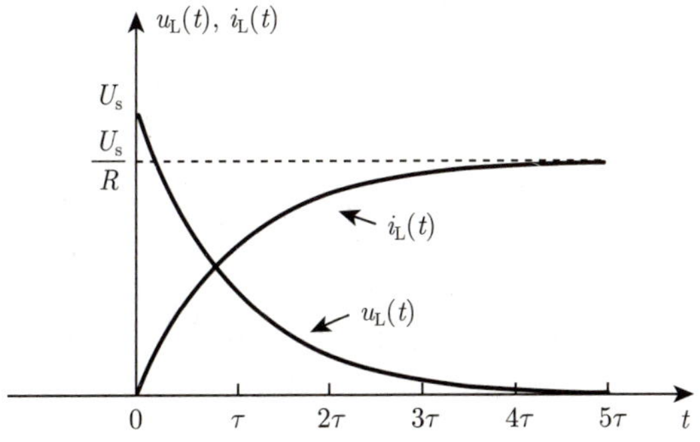


**图 2-3-11　$RL$ 电路的零状态响应曲线**

在 $RL$ 电路的零状态响应中，在换路后瞬时 (即 $t=0_+$)，电感电流不能跃变，$i_L(0_+)=0$。此时，电源电压全部施加到电阻 $R$ 两端，使得整个电路中的电压由 0 跃变为 $U_s$。随着时间的推移，电感开始充电，其电流逐渐上升，而电压逐渐减小。直至充电过程结束，电感电流达到稳定，电感电压为零。所以 $RL$ 电路的零状态响应是一个电感充电的过程。

对于直流激励下的零状态响应，电容电压 $u_c$ 和电感电流 $i_L$ 都是从零开始按指数规律上升，最终达到稳态，反映了动态元件的充电过程。一般认为 $t$ 趋于 $\infty$ 时达到稳态，所以用 $u_c(\infty)$ 和 $i_L(\infty)$ 代表稳态值。当达到稳态时，电容断开，电感短路。根据式 (2-3-10) 和式 (2-3-13)，可以写出零状态响应的一般表达式

$$f(t)=f(\infty)\left(1-\mathrm{e}^{-\frac{t}{\tau}}\right) \tag{2-3-15}$$

注意，式 (2-3-15) 只能用于求电容电压 $u_c$ 和电感电流 $i_L$ 的零状态响应。倘若要求其他变量的零状态响应，只需把已求得的 $u_c$ 和 $i_L$ 的零状态响应作为已知，运用电阻电路分析方法以及元件的 VCR，即可解出其他变量的零状态响应。

**【例 2-4】**　如图 2-3-12 所示的 $RC$ 零状态电路，当 $t<0$ 时开关一直处于打开状态，当 $t=0$ 时开关闭合，求 $t>0$ 时的 $u_c$ 及 $i$。

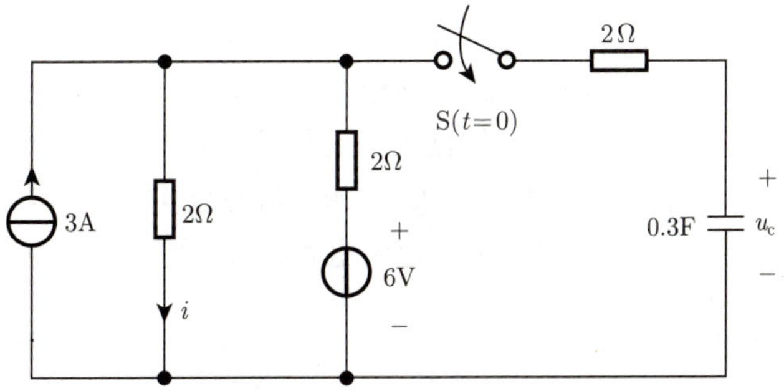


**图 2-3-12　例 2-4 电路**

**解：** (1) 当 $t<0$ 时，开关一直处于打开状态，电容无储能，根据换路定则有

$$u_{\rm c}(0_+)=u_{\rm c}(0_-)=0$$

(2) 当 $t>0$ 后，开关闭合直至达到稳态时，电容视为开路。根据叠加定理，电容电压的稳态值为

$$u_{\rm c}(\infty)=3\times\frac{2\times 2}{2+2}+6\times\frac{2}{2+2}=6{\rm V}$$

(3) 时间常数为

$$\tau=R_{\rm o}C=0.3\times\left(2+\frac{2\times 2}{2+2}\right)=0.9{\rm s}$$

(4) 根据式 (2-3-15)，得

$$u_{\rm c}(t)=u_{\rm c}(\infty)\left(1-{\rm e}^{-\frac{t}{\tau}}\right)=6\left(1-{\rm e}^{-\frac{t}{0.9}}\right)({\rm V}),\qquad t>0$$

(5) 根据电路结构，得

$$i(t)=\frac{2i_{\rm c}+u_{\rm c}}{2}=\frac{2C\dfrac{{\rm d}u_{\rm c}}{{\rm d}t}+u_{\rm c}}{2}=3-{\rm e}^{-\frac{t}{0.9}}({\rm A}),\qquad t>0$$

### 2.3.3 一阶电路的完全响应

零输入响应是电路无电源激励，但动态元件有初始储能的电路响应；零状态响应是电路有电源激励，但动态元件无初始储能的电路响应。如果电路既有激励，又有动态元件的初始储能，在二者的共同作用下，电路的响应称为**完全响应**，简称**全响应**。

由于线性电路的基本性质之一是满足叠加定理，即**完全响应 = 零输入响应 + 零状态响应**，将式 (2-3-8) 与式 (2-3-15) 叠加后，整理得

$$f(t)=f(\infty)+[f(0_+)-f(\infty)]\,{\rm e}^{-\frac{t}{\tau}},\qquad t\geqslant 0 \tag{2-3-16}$$

从式 (2-3-16) 可以看出，只要求出初始值 $f(0_+)$、稳态值 $f(\infty)$ 以及时间常数 $\tau$ 三个要素，就可以得到完全响应，因此，式 (2-3-16) 又称**三要素公式**。

**【三要素法求解完全响应的步骤】**

#### 1. 求初始值 $f(0_+)$

首先，当 $t<0$ 时，即换路前，电路达到稳态，电容视为开路，电感视为短路。根据电路结构，计算 $u_{\rm c}(0_-)$ 或 $i_{\rm L}(0_-)$。然后根据换路定则得到 $u_{\rm c}(0_+)$ 或 $i_{\rm L}(0_+)$。接着用电压值为 $u_{\rm c}(0_+)$ 的电压源替代电容，电流值为 $i_{\rm L}(0_+)$ 的电流源替代电感，其余电路结构不变，画出 $t=0_+$ 时的等效电路，等效电路为直流电阻电路，分析电路可得到其他变量的初始值。

#### 2. 求稳态值 $f(\infty)$

换路后，当 $t\to\infty$ 时，电路再次达到稳态，电容相当于开路，电感相当于短路，此时的电路仍为直流电阻电路，可求得任意支路电压或者电流的稳态值。

### 3. 求时间常数 $\tau$

由零输入响应和零状态响应的分析可知，时间常数 $\tau = R_oC$ 或 $\tau = L/R_o$。$R_o$ 的求解步骤为：对于 $t>0$ 时的电路，首先将电路中的独立电源置零，即电压源短路，电流源断开；然后去掉电容或电感，使电路变成一个纯电阻的单口网络，从端口处求得整个电路的等效电阻 $R_o$；最后代入公式，计算时间常数 $\tau$。

### 4. 求一阶电路的完全响应

将初始值 $f(0_+)$、稳态值 $f(\infty)$ 和时间常数 $\tau$ 代入三要素公式式 (2-3-16)，得到完全响应。三要素法不仅可用于计算完全响应，还可以计算零输入响应和零状态响应。这是因为对于零输入响应，稳态值 $f(\infty)$ 为零；对于零状态响应，初始值 $f(0_+)$ 为零。读者可以自行验证。

**【例 2-5】** 如图 2-3-13 所示的电路，当 $t<0$ 时电路达到稳态，当 $t=0$ 时开关闭合，求 $t>0$ 时的 $u_c$ 及 $i$。

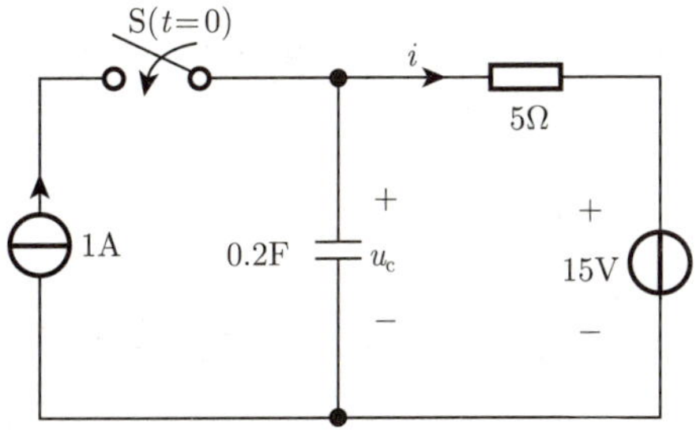


**图 2-3-13 例 2-5 电路**

**解：** (1) 当 $t<0$ 时，根据换路定则和电路结构，电容电压的初始值为

$$u_c(0_+) = u_c(0_-) = 15\text{V}$$

(2) 当 $t>0$ 后，电路达到稳态时，电容开路。电容电压的稳态值为

$$u_c(\infty) = 1\times 5 + 15 = 20\text{V}$$

(3) 当 $t>0$ 后，电源置零，从电容端看进去的电阻 $R_o = 5\Omega$，时间常数：

$$\tau = R_oC = 5\times 0.2 = 1\text{s}$$

(4) 代入三要素公式可得

$$u_c(t) = u_c(\infty) + [u_c(0_+) - u_c(\infty)]\,\text{e}^{-\frac{t}{\tau}} = 20 - 5\text{e}^{-t}\ (\text{V}),\qquad t>0$$

(5) 根据电路结构，得

$$i(t) = \frac{u_c - 15}{5} = 1 - \text{e}^{-t}\ (\text{A}),\qquad t>0$$

【例 2-6】 如图 2-3-14 所示的一阶电路，开关闭合前电路已达稳态，当 $t=0$ 时开关闭合，利用三要素法求 $t>0$ 时的 $i_{\rm L}$ 及 $i$。

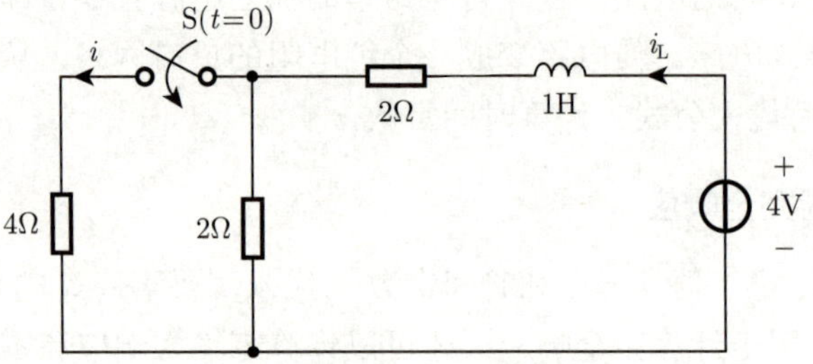


**图 2-3-14 例 2-6 电路**

解：(1) 当 $t<0$ 时，求初始值

$$i_{\rm L}(0_+)=i_{\rm L}(0_-)=\frac{4}{2+2}=1{\rm A}$$

画 $t=0_+$ 时的等效电路图，用 1A 电流源代替电感，如图 2-3-15 (a) 所示，根据分流公式得

$$i(0_+)=\frac{2}{2+4}i_{\rm L}(0_+)=\frac{1}{3}{\rm A}$$

(2) 当 $t>0$ 时，电路如图 2-3-15 (b) 所示，求稳态值，有

$$i_{\rm L}(\infty)=\frac{4}{2+\dfrac{4\times 2}{4+2}}=\frac{6}{5}{\rm A}$$

根据分流公式，得

$$i(\infty)=\frac{2}{2+4}i_{\rm L}(\infty)=\frac{2}{5}{\rm A}$$

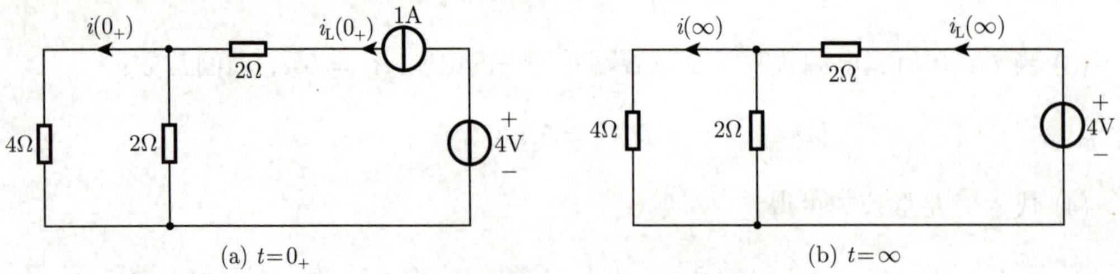


**图 2-3-15 解例 2-6 电路**

(3) 求时间常数 $\tau$。图 2-3-14 中，换路后，开关闭合，电压源置零，移去电感后，端口处的等效电阻为

$$R_o = 2 + \frac{4 \times 2}{4+2} = \frac{10}{3}\Omega$$

时间常数为

$$\tau = \frac{L}{R_o} = \frac{3}{10}\mathrm{s}$$

(4) 代入三要素公式，得

$$i(t) = i(\infty) + [i(0_+) - i(\infty)]\,\mathrm{e}^{-\frac{t}{\tau}} = \frac{2}{5} - \frac{1}{15}\mathrm{e}^{-\frac{10}{3}t}\ (\mathrm{A}),\qquad t>0$$

$$i_L(t) = i_L(\infty) + [i_L(0_+) - i_L(\infty)]\,\mathrm{e}^{-\frac{t}{\tau}} = \frac{6}{5} - \frac{1}{5}\mathrm{e}^{-\frac{10}{3}t}\ (\mathrm{A}),\qquad t>0$$

## 2.4　工程实例

### 2.4.1　延时电路

在道路施工处，常常会看到一闪一闪的警示灯提醒过路的行人车辆注意安全。这种每隔一段时间，灯就会闪一下的电路就是延时电路。图 2-4-1 是一个简单的 *RC* 延时电路，电路中的电压源可提供足够的电压点亮氖灯。

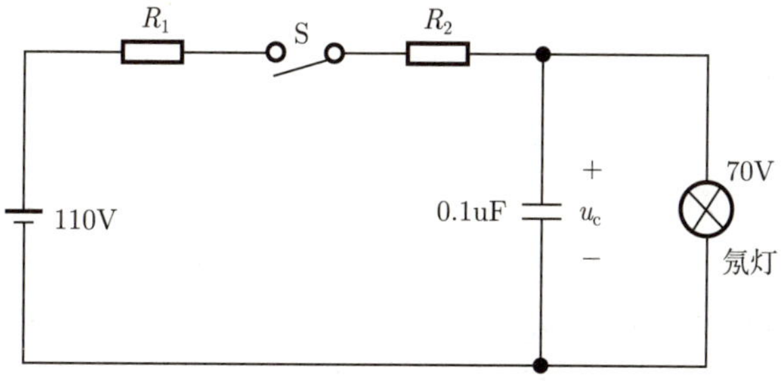


**图 2-4-1　*RC* 延时电路**

在初始状态下，开关 S 打开，电容没有初始储能，氖灯不亮。开关闭合后，电压源开始给电容器充电，电容两端的电压逐渐升高，当充电电压达到氖灯点亮的阈值 (如图 2-4-1 中的 70V) 时，氖灯被点亮。与此同时，由于氖灯被点亮后其电阻较小，电容器开始通过它放电，电容电压很快下降至氖灯熄灭。氖灯熄灭后，电容器再次被充电。周而复始，电容从充电到放电，氖灯由亮到灭，呈现出来的就是氖灯定时地一闪一闪的效果。

如果需要改变灯闪的间隔时长，从图 2-4-1 的分析可知，延迟时间 $\tau = (R_1 + R_2)C$，可以通过调节电阻或电容实现。在实际生活中，*RC* 延时电路广泛应用于各种电子设备，例如自动控制系统、电子闹钟、计时器、定时开关等。

### 2.4.2 继电器电路

本章开篇的人物介绍中提及，美国物理学家约瑟夫·亨利在研究电路控制时利用电磁感应现象发明了继电器。继电器是一种电控制器件，通常由一个控制回路和一个被控回路组成，如图 2-4-2 (a) 所示，开关 $S_1$ 所在的回路为控制回路，开关 $S_2$ 所在的回路为被控回路。当 $S_1$ 闭合时，通过线圈的电流逐渐增加且产生磁场，当磁场增强到足够大时，就能拉动处于另一回路中的开关 $S_2$，这一时刻称为继电器的吸合。开关 $S_1$ 的闭合到开关 $S_2$ 的闭合之间的时间间隔 $\tau$ 称为继电器的延迟时间。图 2-4-2 (b) 中的 $R$ 和 $L$ 是线圈的电阻和电感。

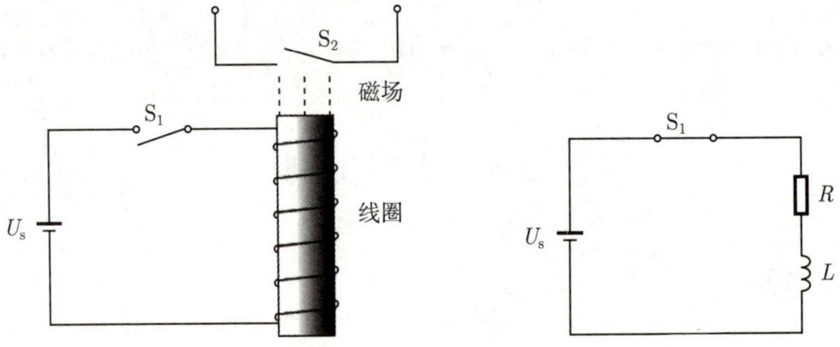


(a) 电路原理图　　(b) 等效电路模型

**图 2-4-2　继电器电路**

继电器用于自动调节、安全保护以及转换电路等。

## 2.5 电路仿真

从图 2-3-3 可知，在一阶 $RC$ 动态电路的放电过程中，时间常数 $\tau$ 等于电压 $u_c$ 从初始值 $U_0$ 衰减到 $0.368U_0$ 所需的时间。从图 2-3-9 可知，在一阶 $RC$ 动态电路的充电过程中，电容两端的电压上升到稳态值的 0.632 倍所需的时间也对应一个时间常数 $\tau$。根据这一特性，可运用 Multisim 对动态电路的时间常数进行测量。

在 Multisim 中搭建如图 2-5-1 所示的一阶 $RC$ 动态电路。其中，函数信号发生器 XFG1 设置的信号是频率为 100Hz、幅值为 1V、偏置为 1V 的方波信号，如图 2-5-2 所示。

(1) 运行仿真，在示波器 XSC1 上显示输入波形和输出波形。

(2) 调节“时基标度”为 1ms/Div，并配合“X 轴位移”使示波器完整地显示一个充电阶段 (如图 2-5-3 所示)，方便后续测量。

(3) 将示波器的测量光标 1 移至充电曲线的起点，此时通道 B (输出曲线) 显示的值为 49.8mV (可认为约等于 0)；再移动测量光标 2，使其与通道 B 的交点达到终值“2V”的 63.2%，如图 2-5-3 所示，此时测量光标 2 达到 1.26V。

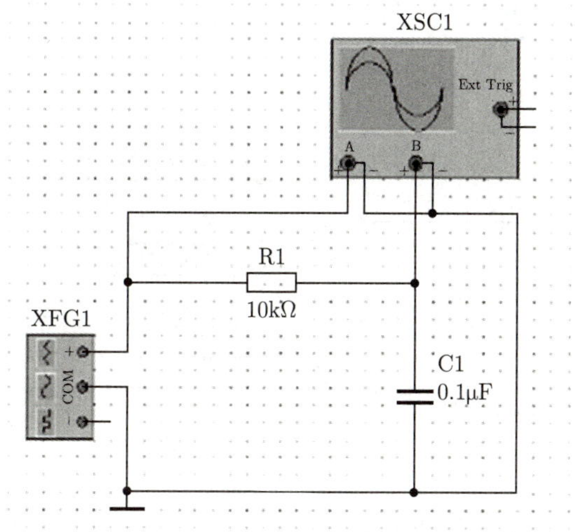


图 **2-5-1**　一阶 $RC$ 动态电路的响应

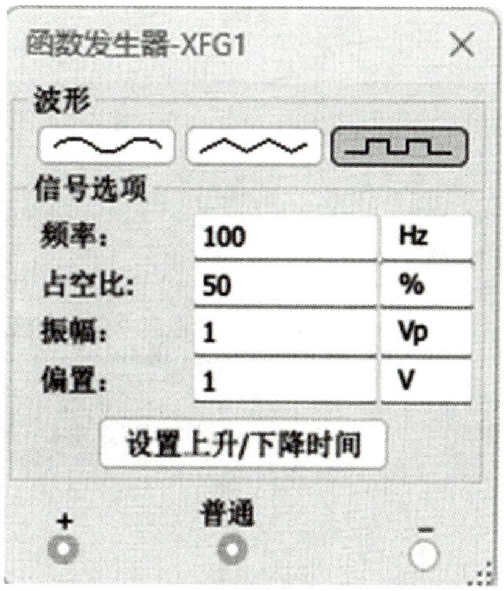


图 **2-5-2**　函数信号发生器的设置

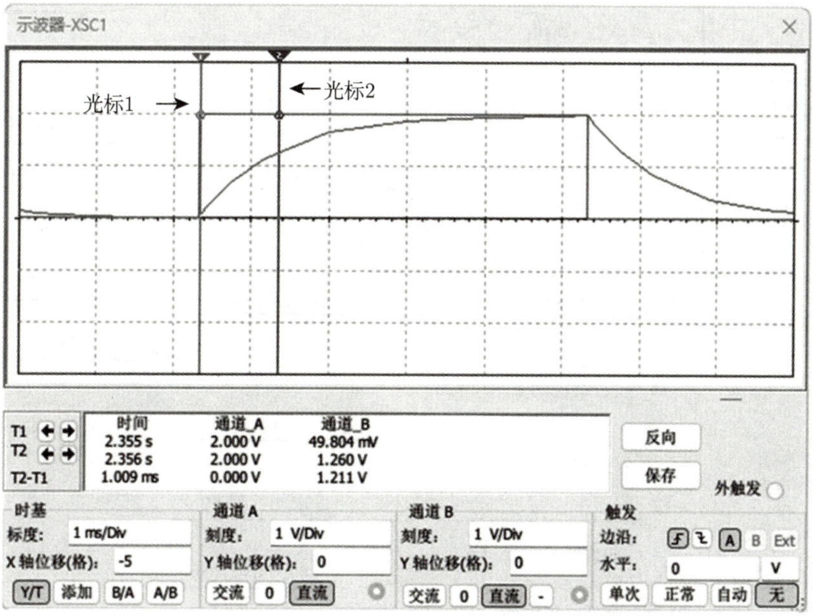


图 **2-5-3**　用示波器测量时间常数

(4) 观察图 2-5-3 中“时间”下的“T2-T1”，该数值就是此时两测量光标之间的时间差值，即时间常数 $\tau$。可以看到，时间常数 $\tau$ 显示为 1.009ms，与 1ms 的理论值吻合。

尝试改变图 2-5-1 中电阻、电容的取值并运行仿真，观察输出曲线的变化，探讨电阻、电容取值改变所产生的影响。尝试改变输入信号的频率，观察输出曲线的变化，探讨输入信号频率改变所产生的影响。

# 本章小结

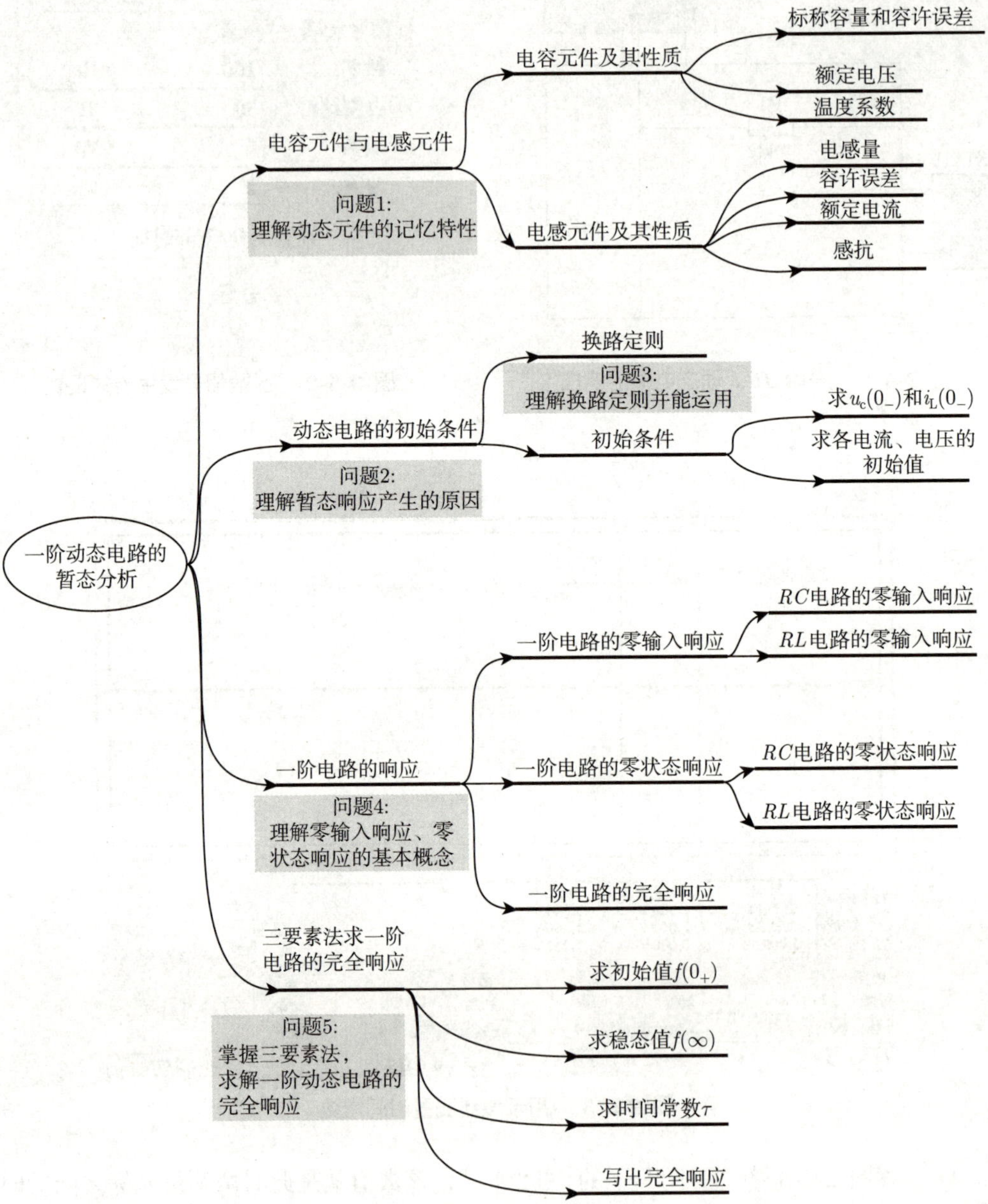
一阶动态电路的暂态分析
电容元件与电感元件
问题1:
理解动态元件的记忆特性
电容元件及其性质
标称容量和容许误差
额定电压
温度系数
电感元件及其性质
电感量
容许误差
额定电流
感抗
动态电路的初始条件
问题2:
理解暂态响应产生的原因
换路定则
问题3:
理解换路定则并能运用
初始条件
求$u_c(0_-)$和$i_L(0_-)$
求各电流、电压的初始值
一阶电路的响应
问题4:
理解零输入响应、零状态响应的基本概念
一阶电路的零输入响应
$RC$电路的零输入响应
$RL$电路的零输入响应
一阶电路的零状态响应
$RC$电路的零状态响应
$RL$电路的零状态响应
一阶电路的完全响应
三要素法求一阶电路的完全响应
问题5:
掌握三要素法，求解一阶动态电路的完全响应
求初始值$f(0_+)$
求稳态值$f(\infty)$
求时间常数$\tau$
写出完全响应

# 习题二

**【客观题】**

1. 电容、电感可以储存能量，因此是（　　）元件。

A. 储能　　B. 有源　　C. 无源　　D. 无记忆

2. 在一阶动态电路中，如果换路前电容已经储能，那么换路后的瞬间可将其等效为（　　）；如果换路前电感已经储能，那么换路后的瞬间可将其等效为（　　）。

A. 电压源，电压源　　B. 电压源，电流源　　C. 电流源，电压源　　D. 电流源，电流源

3. 交流电可以通过线圈，但线圈的电感对交流电有阻碍作用，这个阻碍可用（　　）来表述。

A. 感抗　　B. 容抗　　C. 电阻　　D. 阻力

4. 动态电路是指（　　）元件的电路，其电路方程是微分方程。

A. 含有电阻　　B. 仅含电容　　C. 仅含电感　　D. 含有电容或电感

5.（　　）元件的电压不能跃变，（　　）元件的电流不能跃变。

A. 电阻，电容　　B. 电容，电阻　　C. 电容，电感　　D. 电感，电容

6.（　　）是指动态电路在没有外施激励时，仅由动态元件的初始储能所引起的响应。

A. 零输入响应　　B. 零状态响应　　C. 完全响应　　D. 零响应

7. 对于一阶 $RL$ 电路与 $RC$ 电路来说，时间常数 $\tau$（　　），（　　）。

A. 越大，充电越快　　B. 越小，充电越慢　　C. 越大，放电越快　　D. 越小，放电越快

8. 如果换路前储能元件没有储能，则认为 $u_c(0_-)=0$，$i_L(0_-)=0$，即电容视为（　　），电感视为（　　）。

A. 开路，短路　　B. 开路，开路　　C. 短路，开路　　D. 短路，短路

9. 以下情况不能称作“换路”的是（　　）。

A. 电源突然接入　　B. 电源突然断开　　C. 元件参数突变　　D. 电路故障

10. 暂态分析方法中的三要素不包括（　　）。

A. 初始值 $f(0_+)$　　B. 稳态值 $f(\infty)$　　C. 时间常数 $\tau$　　D. 换路时刻为 $t_0$

11. 普通收音机的选台旋钮实际上是一个______电容。

12. 微调电感器实质上是通过调节______在线圈中的位置，从而改变电感量的大小。

13. 如果换路前电容和电感均未储能，那么换路后的瞬间电容可等效为______，而电感可等效为______。

14. 动态电路中，如果动态元件没有初始储能，仅由电路激励引起的响应，称为______响应。

15. 在一阶电路中，时间常数 $\tau$ 等于电压衰减到初始值的_____ 或上升到稳态值的_____ 所经历的时间，一般认为经过_____ 左右就可以认为暂态过程结束。

**【分析计算题】**

16. 在如题 16 图所示的电路中，已知 $u(t) = 3\sin 2t$ (V)，求 $i_1(t)$、$i_2(t)$ 和 $i(t)$。

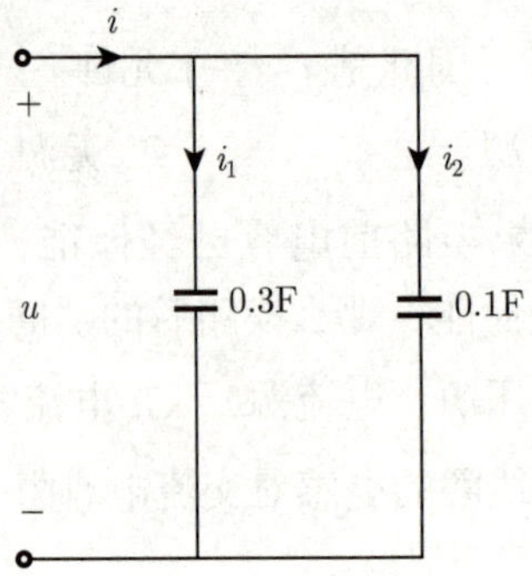


**题 16 图**

17. 题 17 图所示为一实际电容器的等效电路，充电后通过泄漏电阻 $R$ 释放其储存的能量，设 $u_C(0_-) = 100\text{V}$，$C = 100\mu\text{F}$，$R = 1\text{M}\Omega$，试计算：

(1) 电容 $C$ 的初始储能；

(2) 零输入响应 $u_C$，电流 $i$ 的最大值；

(3) 电容电压降到人身安全电压 36V 时所需的时间。

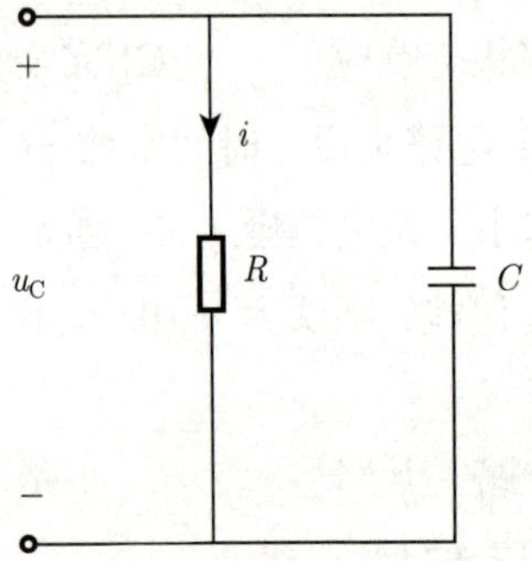


**题 17 图**

18. 在如题 18 图所示的电路中，开关闭合前电路处于稳定状态，在 $t = 0$ 时刻将开关闭合，试求出 $t > 0$ 时的 $i_L(t)$。

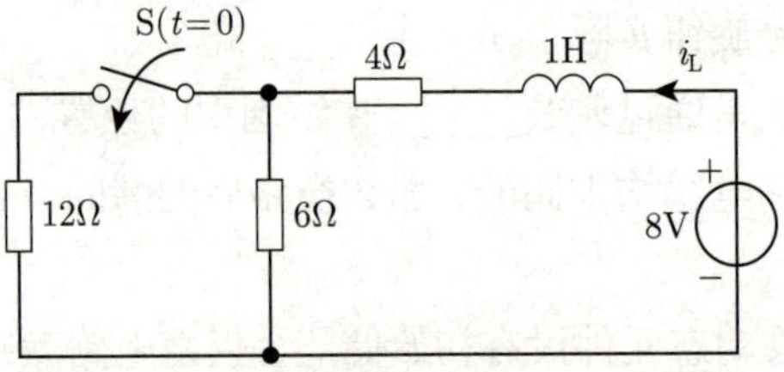


**题 18 图**

19. 电路如题 19 图所示，在开关闭合前电路已处于稳定状态，在 $t=0$ 时刻将开关闭合，试用三要素法求解开关闭合后的电容电压 $u_C(t)$。

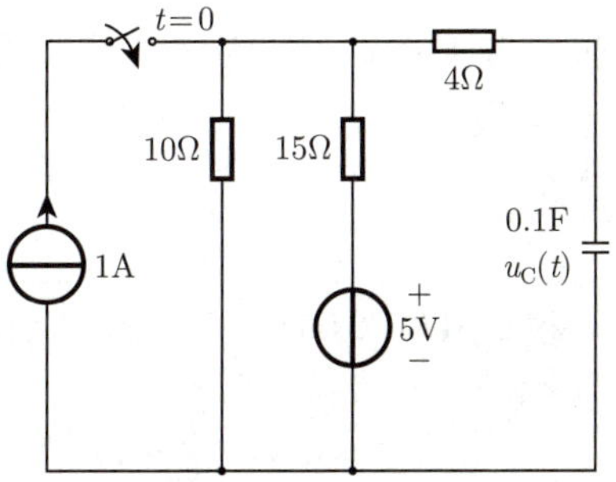


题 19 图

20. 在如题 20 图所示的电路中，开关接在位置“1”时已达稳态，在 $t=0$ 时开关转到“2”的位置，试用三要素法求 $t>0$ 时的电容电压 $u_C(t)$ 及 $i(t)$。

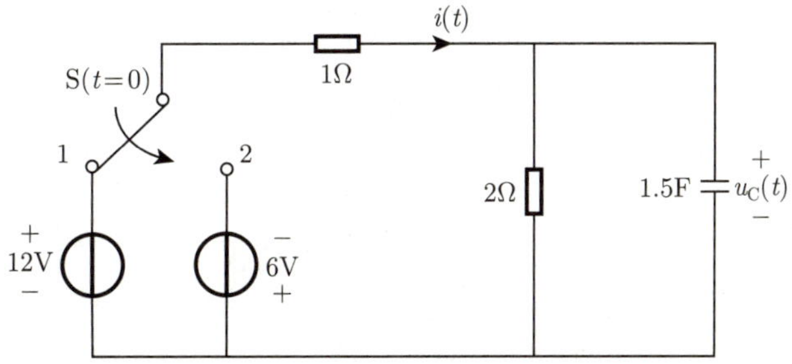


题 20 图

【实验题】

21. 电路如题 21 图所示，电容充电后可通过泄漏电阻 $R$ 释放其储存的能量。已知电容经过充分充电后达到 $u_C(0_-)=10\text{V}$，$C=10\mu\text{F}$，$R=1\text{M}\Omega$。若不考虑灯泡内阻，试回答：

(1) 电源 $u_C$ 断开后，该电路为何种电路 (零输入响应/零状态响应)?

(2) 若灯泡两端的电压不低于 5V，则可正常工作，电源 $u_C$ 断开后灯泡可正常工作多久?

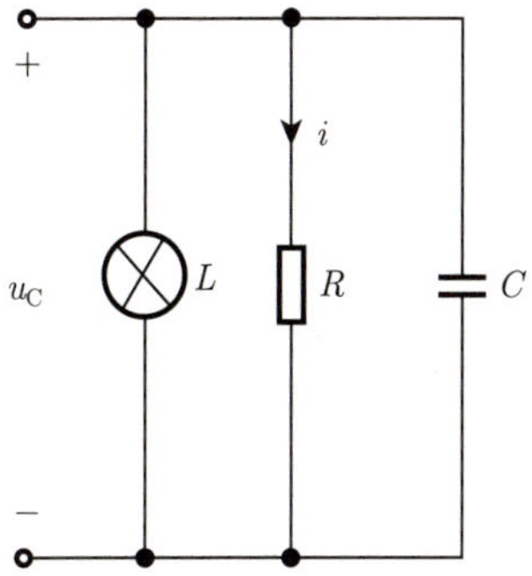


题 21 图

**【仿真题】**

22. 题 21 图所示的电路图在断开电源 $u_C$ 之后，其右侧的电容、电阻组成了一个 $RC$ 零输入响应电路。试探讨该 $RC$ 电路在方波激励下的充放电情况。

(1) 对于方波激励信号的频率为 1Hz 时 (见题 22 图) 的充放电曲线，结合实验题的需求，思考此时的充放电曲线有何问题。

(2) 如何调节可使电容充分充电？

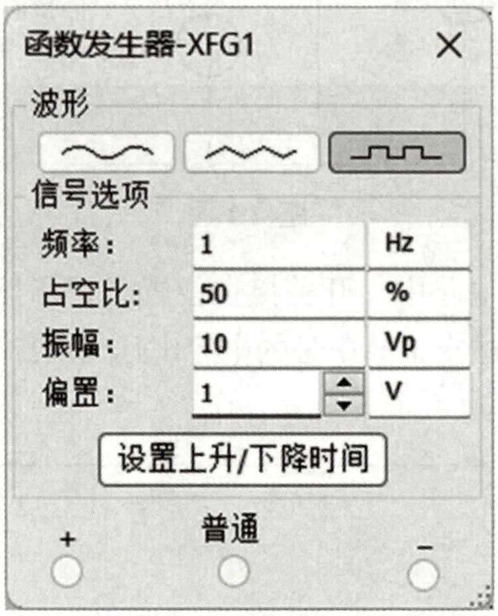


题 22 图

# /第 3 章/

# 正弦稳态电路的分析

本章解决的主要问题：

1. 正弦量是什么？如何表示？
2. 正弦相量是什么？如何表示？
3. 正弦稳态电路应如何分析？
4. 正弦稳态电路有哪些方面的应用？

第 1 章介绍了直流电路的基本理论与分析方法，第 2 章介绍了在直流电源的作用下，动态电路发生暂态响应的分析求解方法。实际生活中除直流电源外，正弦交流电源也十分常见。

交流电的诞生与普及是第二次工业革命的核心驱动力之一。19 世纪 80 年代，尼古拉·特斯拉提出了多相交流电动机与变压器设计，使电能可通过升压实现远距离传输，再经降压供给终端用户，这一特性直接挑战了托马斯·爱迪生主导的直流电体系，由此引发了著名的“电流战争”。最终，交流电在成本与效率上的压倒性优势使其成为现代电力系统的基石，推动了 20 世纪初全球电气化浪潮的爆发。

托马斯·爱迪生　　尼古拉·特斯拉

交流电的胜利不仅源于技术优越性，更折射出科学与社会需求的协同演进。其通过变压器实现了电压的灵活调节，大幅降低了输电损耗，使电力网络得以覆盖城市与乡村，彻底改变了人类的生产与生活方式。

除此之外，任何实际的复杂周期信号都可以运用傅里叶级数分解为一系列频率成倍数的正弦信号。通俗来讲，正弦波是组成各类信号的基本波形，在信号分析理论中占据重要地位，因此研究正弦交流电是十分必要和有意义的。

## 3.1 正弦交流电

大小随时间呈现正弦规律变化的电压或电流称为**正弦交流电**，用数学函数可表示为

$$u(t) = U_{\mathrm{m}}\sin(\omega t + \theta_{\mathrm{u}}) \tag{3-1-1}$$

$$i(t) = I_{\mathrm{m}}\sin(\omega t + \theta_{\mathrm{i}}) \tag{3-1-2}$$

如图 3-1-1 所示，式 (3-1-1) 和式 (3-1-2) 表明一个正弦电压或电流 (下文统称正弦量) 包含三个要素：最大值 (也称幅值、幅度、振幅等) $U_{\mathrm{m}}$ 或 $I_{\mathrm{m}}$、角频率 $\omega$ 以及初相位 (也称初相角、初相) $\theta_{\mathrm{u}}$ 和 $\theta_{\mathrm{i}}$。正弦量的三要素是区分不同正弦量的依据。

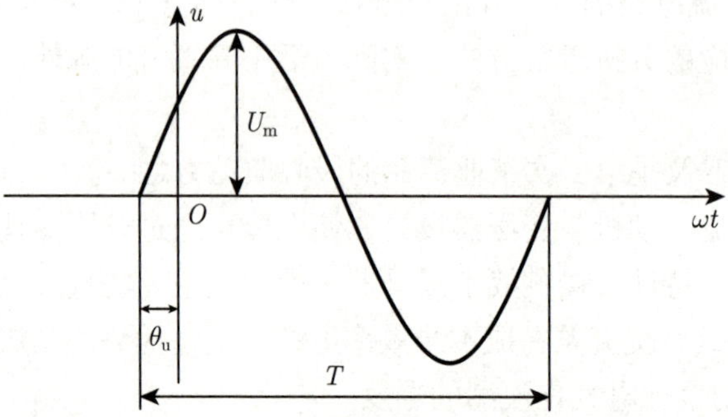


**图 3-1-1 正弦量**

### 3.1.1 周期和频率

**周期**是指一个基本波形所占用的时间，单位是秒 (s)，通常用 $T$ 表示。周期的倒数称为**频率**，记作 $f$，单位是赫兹 (Hz)，它表示 1 秒内基本波形的个数。

角频率 $\omega$ 是衡量交流电变化快慢的物理量。正弦波每过一个周期，角度变化 2π 弧度 (rad)，即

$$\omega = 2\pi f = \frac{2\pi}{T} \tag{3-1-3}$$

$\omega$ 的单位是弧度/秒，记作 rad/s。

### 3.1.2　幅值与有效值

#### 1. 幅值

正弦量的瞬时值在最大值 $U_\mathrm{m}$ 和最小值 $-U_\mathrm{m}$ 之间按照正弦规律随时间变化，其最大值 $U_\mathrm{m}$ 称为**幅值**或**峰值**，用 $V_\mathrm{p}$ 表示，而将最大值 (正峰值，即波峰) 与最小值 (负峰值，即波谷) 之差称为峰–峰值，用 $V_\mathrm{pp}$ 表示。例如，1$V_\mathrm{p}$ 代表峰值为 1V，而峰–峰值 $V_\mathrm{pp}$ 为 2V。

#### 2. 有效值

在计算交流电产生的功率时，会用到**有效值**。有效值也称为**均方根值** (root mean square, rms)，是根据交流电的热效应定义的，即在一个周期中，直流电压通过某电阻产生的热量与交流电在相同时间内通过同某电阻产生的热量相同，这个直流电压就称为该交流电的有效值。有效值通常记作 $U_\mathrm{rms}$ 或 $I_\mathrm{rms}$，也常用 $U$ 或 $I$ 表示，计算公式为

$$U=\sqrt{\frac{1}{T}\int_0^T u^2(t)\mathrm{d}t} \tag{3-1-4}$$

$$I=\sqrt{\frac{1}{T}\int_0^T i^2(t)\mathrm{d}t} \tag{3-1-5}$$

对于正弦信号 $u(t)=U_\mathrm{m}\sin(\omega t+\theta)$ ，根据上述公式可知其有效值 $U$ 与最大值 $U_\mathrm{m}$ 之间的关系为

$$U_\mathrm{m}=\sqrt{2}U \tag{3-1-6}$$

### 3.1.3　相位和相位差

正弦量瞬时值表达式 (3-1-1) 或式 (3-1-2) 中，$\omega t+\theta$ 表示正弦量随时间变化的角度，称为**相位角**，简称相位，单位是弧度，实际使用中常转换为度。$\theta$ 称为**初相角**，简称初相，表示 $t=0$ 时的相位角，其值与计时起点有关。由于正弦函数具有周期性，因此一般定义初相角的大小不超过 180°，其取值范围为 $-180°<\theta\leqslant 180°$。

初相位正、负的判断：当 $t=0$ 时，正弦量的瞬时值为正，则初相位取正；反之，正弦量的瞬时值为负，则初相位取负。由此判断图 3-1-2 中的正弦量的初相位 $\theta$ 值为负。

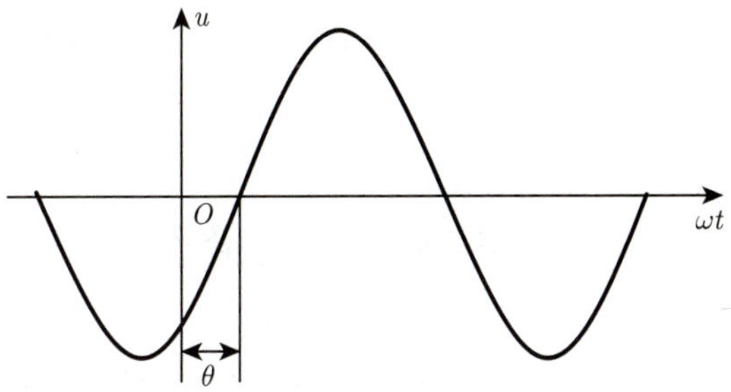


**图 3-1-2　初相位**

同频正弦量之间的相位差 (即它们的初相之差) 用 $\varphi$ 表示。相位差反映的是两个同频正弦量在同一时间坐标轴上的位置关系，不同频率正弦量之间比较相位差没有意义。这里做个类比，在高速路上两辆行驶速度一样的汽车之间的间距是相对固定的，这就好比同频正弦量之间的相位差是不变的；而速度不同的汽车之间的间距是不断变化的，这就类似不同频率的正弦量之间的相位差会不断变化，因而没有研究意义。图 3-1-3 所示的两同频正弦电压，从 $t=0$ 时刻看，电压 $u_1$ 的初相位为正，电压 $u_2$ 的初相位为负，相位差 $\varphi=\theta_1-\theta_2>0$，称电压 $u_1$ **超前**于 $u_2$ 或电压 $u_2$ **滞后**于 $u_1$。若 $\varphi=0°$，则称两正弦量**同相**，如图 3-1-4 (a) 所示；若 $\varphi=\pm 90°$，则称两正弦量**正交**，如图 3-1-4 (b) 所示；若 $\varphi=180°$，则称两正弦量**反相**，如图 3-1-4 (c) 所示。

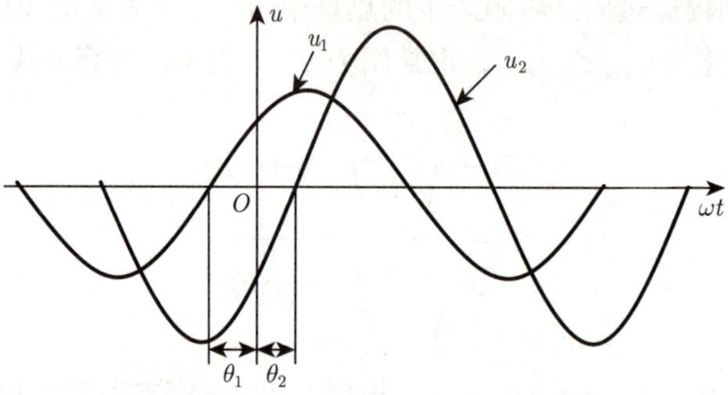


**图 3-1-3　同频正弦量的相位差**

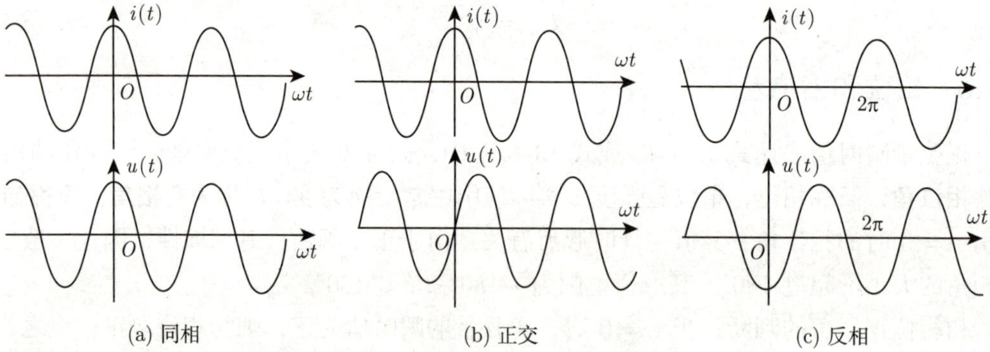


**图 3-1-4　相位差的同相、正交、反相**

这里需要注意的是，若计时起点 ($t=0$ 时刻) 发生改变，两同频正弦量的相位和初相位值都会发生改变，但它们的相位差不会改变。

## 3.2　正弦量的相量表示

线性时不变动态电路在角频率为 $\omega$ 的正弦电压源或电流源激励下，随着时间的增长，当暂态响应消失，只剩下正弦稳态响应，电路中全部电压和电流都是角频率为 $\omega$ 的正弦波时，称电路处于**正弦稳态**。工作于正弦稳态的电路称为**正弦稳态电路**。正弦稳态电路中，由于电路中电压、电流的瞬时值均为正弦函数，因此在计算中会用到三角函数相关的运算公式和法则，计算过程较为繁杂，不利于工程上的快速求解。

前文提到，正弦量的三要素是区分不同正弦量的依据，如果能够采用某种方式将正弦量的三要素表示出来，就可以使用这种方式表示不同的正弦量。正弦量的三个要素中，幅值 (或有效值) 可对应一旋转矢量的大小 (即模)，初相位可对应旋转矢量与横轴的初始夹角，而角频率则可对应旋转矢量旋转速度的快慢，因此可以采用旋转矢量来表示正弦量。旋转矢量通常用复数表示，所以可以使用复数表示正弦量。

在直角坐标系中，复数的实部作为横坐标，虚部作为纵坐标。若有向线段 $A$ 在复平面上，实部为 $a$，虚部为 $b$，长度为 $r$，与横轴的夹角为 $\theta$ (见图 3-2-1)，则 $A$ 可以表示为

$$A = a+\mathrm{j}b = r\cos\theta+\mathrm{j}r\sin\theta \tag{3-2-1}$$

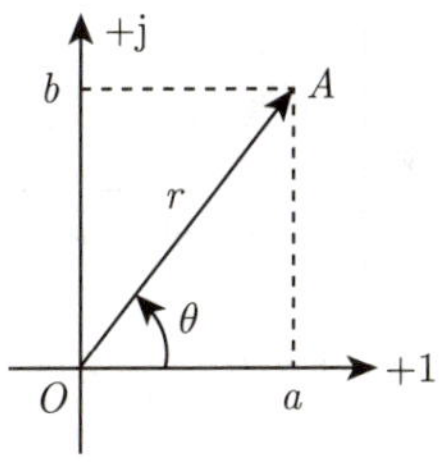


**图 3-2-1　复平面**

根据欧拉公式

$$\mathrm{e}^{\mathrm{j}\theta} = \cos\theta+\mathrm{j}\sin\theta \tag{3-2-2}$$

可以将式 (3-2-1) 改写为

$$A = r\mathrm{e}^{\mathrm{j}\theta} = r\angle\theta \tag{3-2-3}$$

直角坐标形式与极坐标形式之间的转换关系如下

$$\begin{cases} a = r\cos\theta \\ b = r\sin\theta \\ r = \sqrt{a^2+b^2} \\ \theta = \arctan\dfrac{b}{a} \end{cases} \tag{3-2-4}$$

在复数四则运算中，若是加减运算，则采用直角坐标形式较为简单；若是乘除运算，则采用极坐标形式较为方便。

为了简化计算的复杂程度，正弦稳态电路分析引入“相量”(phasor) 的概念。所谓相量，即表示正弦量的复数。为区别于一般复数，相量表示的变量符号使用大写字母加点表

示。在正弦稳态电路中，由于各元件电压、电流响应的频率均与激励源频率相同，因此用相量的大小 (模) 表示该频率下正弦量的幅度 (记作 $U_m$) 或有效值 (记作 $U$，下同)，辐角表示该频率下正弦量的初相位。相量亦可在复平面上用有向线段表示，称为相量图。例如，正弦交流电压 $u(t) = U_m\sin(\omega t+\theta)$，其模用有效值表示，有效值的相量形式为

$$\dot{U} = \frac{U_m}{\sqrt{2}}e^{j\theta} = \frac{U_m}{\sqrt{2}}\angle\theta = U\angle\theta \tag{3-2-5}$$

其相量图如图 3-2-2 所示。

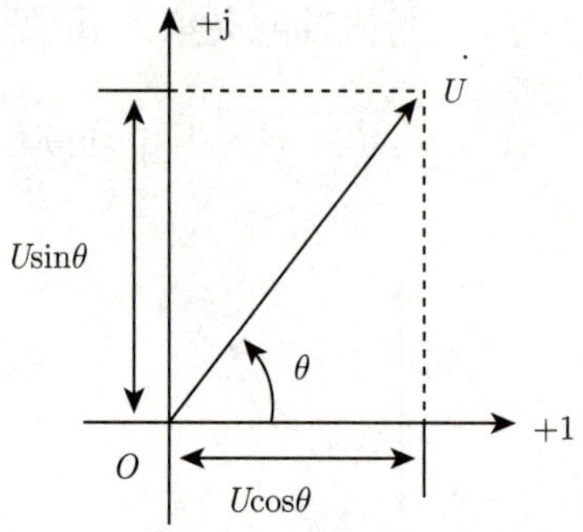


**图 3-2-2 相量图**

注意，相量是一个与时间无关的复值常数，因此它可以表示正弦量，但不等于正弦量，相量与正弦量是一一对应的关系。

## 3.3 基尔霍夫定律的相量表示

在正弦稳态电路中，所有支路的电压和电流均为同频正弦量，因此可以将基尔霍夫定律用相量表示。

### 3.3.1 KCL 的相量表示

前文介绍了基尔霍夫电流定律 (KCL) 可表示为

$$\sum i = 0 \tag{3-3-1}$$

其有效值的相量形式可表示为

$$\sum \dot{I} = 0 \tag{3-3-2}$$

【例 3-1】　如图 3-3-1 所示，试写出总电流与各支路电流的相量关系式。

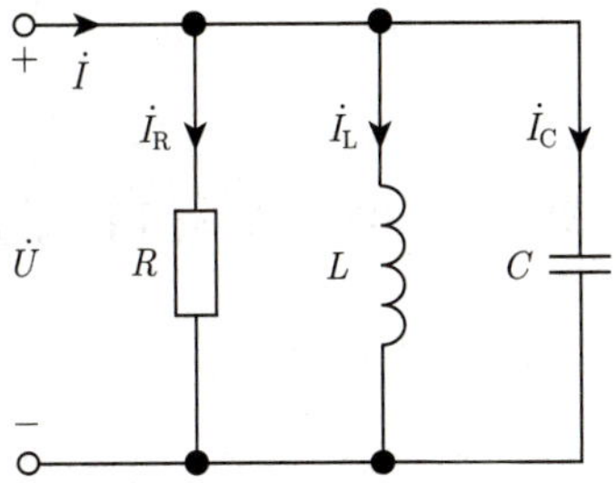


图 3-3-1　例 3-1 电路

解：根据 KCL，使用其相量形式可将总电流相量表示为

$$\dot{I} = \dot{I}_{\rm R} + \dot{I}_{\rm L} + \dot{I}_{\rm C}$$

## 3.3.2　KVL 的相量表示

基尔霍夫电压定律 (KVL) 可表示为

$$\sum u = 0 \tag{3-3-3}$$

其有效值的相量形式可表示为

$$\sum \dot{U} = 0 \tag{3-3-4}$$

【例 3-2】　如图 3-3-2 所示，试写出总电压 $U$ 与各元件分电压的相量关系式。

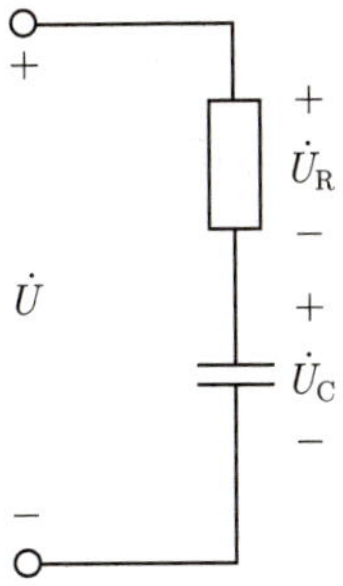


图 3-3-2　例 3-2 电路

解：根据 KVL，使用其相量形式可将总电压相量表示为

$$\dot{U} = \dot{U}_{\rm R} + \dot{U}_{\rm C}$$

# 3.4 基本元件 $VCR$ 的相量表示

## 3.4.1 电阻元件 $R$

选取电阻上电压、电流为关联参考方向，设电阻上流过的电流为

$$i(t) = \sqrt{2}I\sin(\omega_i t + \theta_i) \tag{3-4-1}$$

根据欧姆定律可知其两端的电压为

$$u(t) = \sqrt{2}U\sin(\omega_u t + \theta_u) = i(t)R = \sqrt{2}IR\sin(\omega_i t + \theta_i) \tag{3-4-2}$$

仔细观察式 (3-4-2) 发现，电阻上的电压与电流的频率相同，相位差为 0°，电压有效值与电流有效值也满足欧姆定律，即

$$\begin{cases} \omega_u = \omega_i = \omega \\ \theta_u = \theta_i \\ U = RI \end{cases}$$

综合以上性质，可用式 (3-4-3) 来表示电阻元件 $VCR$ 的相量形式

$$\dot{U} = \dot{I}R \tag{3-4-3}$$

其对应的电阻电路模型及相量图如图 3-4-1 所示。

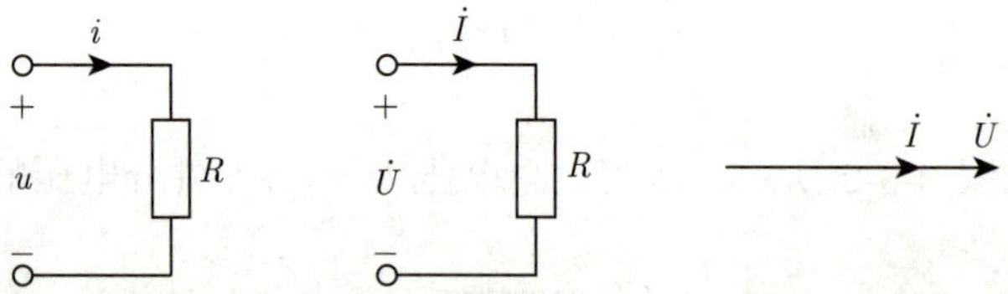


(a) 时域模型　(b) 相量模型　(c) 相位关系

图 3-4-1　电阻电路模型及向量图

## 3.4.2 电容元件 $C$

选取电容上的电压、电流为关联参考方向，设电容上的电压

$$u(t) = \sqrt{2}U\sin(\omega_u t + \theta_u) \tag{3-4-4}$$

根据电容的伏安特性式 (2-1-4)，可以得出其电流为

$$i(t) = \sqrt{2}I\sin(\omega_i t + \theta_i) = C\frac{\mathrm{d}u(t)}{\mathrm{d}t} = \sqrt{2}\omega_u CU\sin(\omega_u t + \theta_u + 90^\circ) \tag{3-4-5}$$

仔细观察式 (3-4-5) 发现，电容上的电压与电流的频率相同，电流超前电压 90°，电压有效值与电流有效值满足比例关系，即

$$\begin{cases} \omega_{\mathrm{u}} = \omega_{\mathrm{i}} = \omega \\ \theta_{\mathrm{i}} = \theta_{\mathrm{u}} + 90^\circ \\ U = \dfrac{1}{\omega C} I \end{cases}$$

综合以上性质，电容元件 $VCR$ 的相量形式可表示为

$$\dot{U} = \frac{1}{\omega C}\dot{I}\angle -90^\circ = \frac{1}{\omega C}\dot{I}\mathrm{e}^{\mathrm{j}\cdot(-90^\circ)} = \frac{1}{\mathrm{j}\omega C}\dot{I} = -\frac{\mathrm{j}}{\omega C}\dot{I} \tag{3-4-6}$$

也可以写成

$$\dot{I} = \mathrm{j}\omega C\dot{U} = \mathrm{j}\frac{1}{X_{\mathrm{C}}}\dot{U} \tag{3-4-7}$$

上式中，将 $\left|\dfrac{\dot{U}}{\dot{I}}\right| = \dfrac{U}{I} = \dfrac{1}{\omega C}$ 定义为电容电抗，简称**容抗** (capacitive reactance)，用 $X_{\mathrm{C}}$ 表示，单位是欧姆 (Ω)。容抗描述电容对信号的阻碍作用，它不但取决于电容的容量，还受制于信号的频率。容抗的计算公式可展开为

$$X_{\mathrm{C}} = \frac{1}{2\pi f C} \tag{3-4-8}$$

假设一个 50Hz 的交流信号经过容量为 1 000μF 的电容，则容抗为

$$X_{\mathrm{C}} = \frac{1}{2\pi f C} = \frac{1}{2 \times 3.14 \times 50 \times 1\,000 \times 10^{-6}} \approx 3.2\ \Omega$$

如果有一个直流信号 ($f = 0\mathrm{Hz}$) 经过相同的电容，则容抗为

$$X_{\mathrm{C}} = \frac{1}{2\pi f C} = \frac{1}{2 \times 3.14 \times 0 \times 1\,000 \times 10^{-6}} = \frac{1}{0} = \infty\ (\text{无穷大})$$

$X_{\mathrm{C}}$ 为无穷大，相当于开路。

由此可知，当电容值一定时，信号的角频率 $\omega$ (或频率 $f$) 越大，容抗 $X_{\mathrm{C}}$ 越小，对信号的阻碍作用也就越小，这也验证了电容隔直通交的性能。电容电路模型及相量图如图 3-4-2 所示。

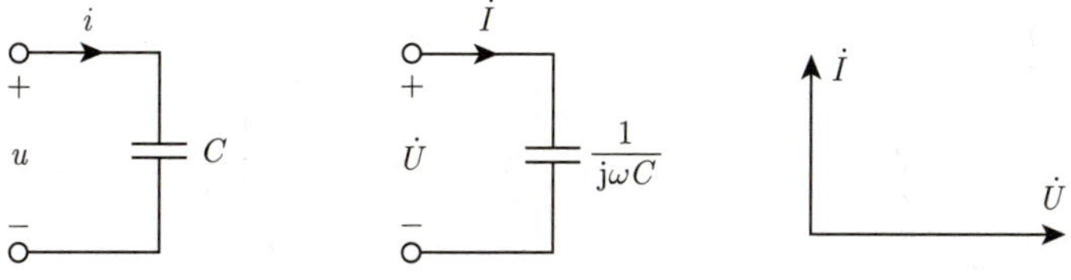

(a) 时域模型 (b) 相量模型 (c) 相位关系

**图 3-4-2 电容电路模型及相量图**

### 3.4.3 电感元件 $L$

选取电感上的电压、电流为关联参考方向，设电感上的电流为

$$i(t)=\sqrt{2}I\sin\left(\omega_{\rm i}t+\theta_{\rm i}\right) \tag{3-4-9}$$

根据电感的伏安特性可以得出其两端的电压为

$$\begin{aligned}u(t)&=\sqrt{2}U\sin\left(\omega_{\rm u}t+\theta_{\rm u}\right) \\ &=L\frac{{\rm d}i(t)}{{\rm d}t}=\sqrt{2}\omega_i LI\sin\left(\omega_{\rm i}t+\theta_{\rm i}+90^\circ\right)\end{aligned} \tag{3-4-10}$$

仔细观察式 (3-4-10) 发现，电感上的电压与电流频率相同，电压超前于电流 90°，电压有效值与电流有效值满足比例关系，即

$$\begin{cases}\omega_{\rm u}=\omega_{\rm i}=\omega \\ \theta_{\rm u}=\theta_{\rm i}+90^\circ \\ U=\omega LI\end{cases}$$

综合以上性质，电感元件 $VCR$ 的相量形式可表示为

$$\dot{U}={\rm j}\omega L\dot{I}={\rm j}X_{\rm L}\dot{I} \tag{3-4-11}$$

上式中，将 $\left|\dfrac{\dot{U}}{\dot{I}}\right|=\dfrac{U}{I}=\omega L$ 定义为电感电抗，简称**感抗** (inductive reactance)，用 $X_{\rm L}$ 表示，单位是欧姆 ($\Omega$)。感抗用来描述电感对交流信号的反抗作用。

感抗公式可进一步展开为

$$X_{\rm L}=2\pi fL \tag{3-4-12}$$

假设一个频率为 50Hz 的信号经过电感量为 10H 的电感，其感抗为

$$X_{\rm L}=2\pi fL=2\times3.14\times50\times10=3.1{\rm k}\Omega$$

若一个直流信号 ($f=0$Hz) 经过相同的电感，则计算得 $X_{\rm L}=0$，因此电感对直流信号的电阻为 0Ω。

由此可知，当电感值一定时，感抗的大小随信号的角频率 $\omega$ (或频率 $f$) 的升高而增加。当 $\omega=0$ 时，感抗趋于 0，视为短路；当 $\omega$ 趋于无穷大时，感抗趋近于无穷大，视为开路。这验证了电感阻交通直的特性。图 3-4-3 为电感电路模型及相量图。

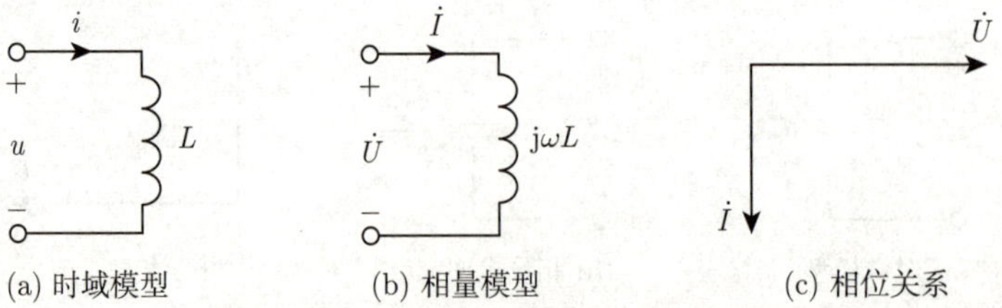


**图 3-4-3 电感电路模型及相量图**

# 3.5　*RLC* 串并联电路

## 3.5.1　*RLC* 串联电路

*RLC* 串联电路如图 3-5-1 (a) 所示，由于电流一致，故设流过该串联支路的电流为 $i(t)=\sqrt{2}I\sin(\omega t+\theta_{\rm i})$，由元件 *VCR* 相量模型可知 $\dot{U}_{\rm R}=R\dot{I}$，$\dot{U}_{\rm L}={\rm j}\omega L\dot{I}$，$\dot{U}_{\rm C}=-{\rm j}\dfrac{1}{\omega C}\dot{I}$，其相量模型如图 3-5-1 (b) 所示。

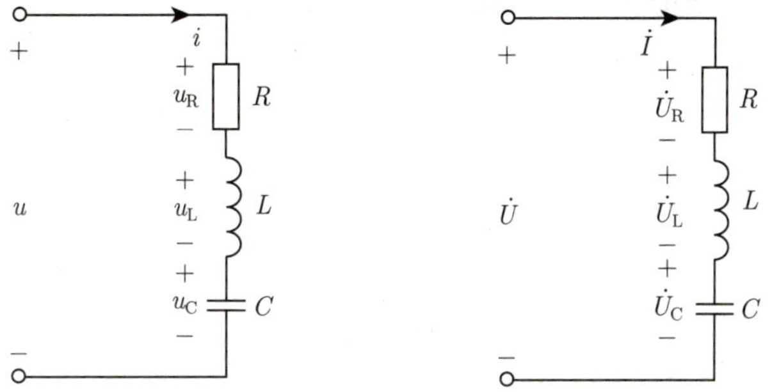


(a) 时域模型　　(b) 相量模型

**图 3-5-1　*RLC* 串联电路**

由 KVL 相量形式可知

$$
\begin{aligned}
\dot{U}&=\dot{U}_{\rm R}+\dot{U}_{\rm L}+\dot{U}_{\rm C}=(R+{\rm j}X_{\rm L}-{\rm j}X_{\rm C})\,\dot{I}\\
&=(R+{\rm j}X)\,\dot{I}=Z\dot{I}
\end{aligned}
\tag{3-5-1}
$$

式 (3-5-1) 中，$X=X_{\rm L}-X_{\rm C}=\omega L-\dfrac{1}{\omega C}$，称为**电抗**，单位是欧姆 (Ω)。$Z$ 称为**复阻抗**，单位也是欧姆 (Ω)，复阻抗 (没有频率信息) 为一复数，但不是相量 (包含频率信息)，因此符号不加“点”，亦可表示为

$$Z=|Z|\angle\varphi \tag{3-5-2}$$

复阻抗的模

$$|Z|=\sqrt{R^2+X^2} \tag{3-5-3}$$

复阻抗的辐角

$$\varphi=\arctan\frac{X}{R} \tag{3-5-4}$$

在 *RLC* 串联电路中，由于三个元件流过同一电流，且电容电压滞后于电流 90°，电感电压超前于电流 90°，电阻上电压、电流同相，故各元件端的电压、电流相量图如图 3-5-2 所示。

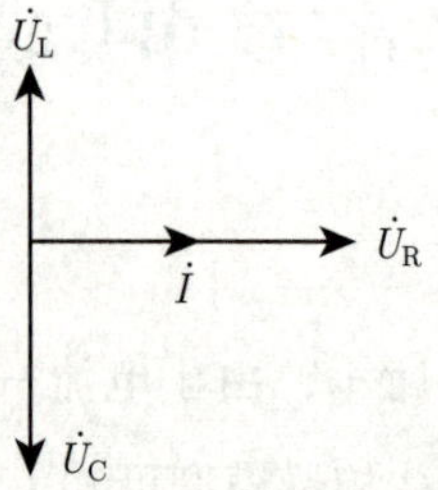


**图 3-5-2　电压电流相量图**

将电压与电流用相量形式表示，则由式 (3-5-1) 可得

$$Z=\frac{\dot{U}}{\dot{I}}=\frac{U\angle\theta_u}{I\angle\theta_i}=\frac{U}{I}\angle(\theta_u-\theta_i) \tag{3-5-5}$$

即

$$|Z|=\frac{U}{I} \tag{3-5-6}$$

$$\varphi=\theta_u-\theta_i \tag{3-5-7}$$

根据正弦稳态电路的电压与电流的相位关系，即阻抗角的大小，可以将电路划分为感性、容性和阻性电路。

当 $X_L>X_C$ 时，电路感抗大于容抗，整个电路呈现电感性 (即电压相位超前)，此时称电路为**感性电路**。

当 $X_L=X_C$ 时，电路感抗等于容抗，对外作用抵消，整个电路呈现电阻性 (即电压、电流同相位)，此时称电路为**阻性电路**。

当 $X_L<X_C$ 时，电路感抗小于容抗，整个电路呈现电容性 (即电流相位超前)，此时称电路为**容性电路**。

类似于电阻串联分压，阻抗元件串联也能起到分压作用。正弦稳态电路中，有 $n$ 个阻抗元件串联，总电压相量为

$$\dot{U}=(Z_1+Z_2+\cdots+Z_n)\dot{I}=Z\dot{I} \tag{3-5-8}$$

总等效阻抗

$$Z=Z_1+Z_2+\cdots+Z_n=\sum_{k=1}^{n}Z_k \tag{3-5-9}$$

第 $m$ 个串联阻抗上分得的电压为

$$\dot{U}_m=\frac{Z_m}{Z}=\frac{Z_m}{\sum\limits_{k=1}^{n}Z_k}\dot{U} \tag{3-5-10}$$

### 3.5.2　*RLC* 并联电路

*RLC* 并联电路如图 3-5-3 (a) 所示，由于电压一致，故设并联支路的电压为 $u(t)=\sqrt{2}U\sin(\omega t+\theta_{\text{u}})$，由元件 *VCR* 相量模型可知 $\dot{I}_{\text{R}}=\dfrac{\dot{U}}{R}$，$\dot{I}_{\text{L}}=\dfrac{\dot{U}}{\text{j}\omega L}$，$\dot{I}_{\text{C}}=\text{j}\omega C\dot{U}$，其相量模型如图 3-5-3 (b) 所示。

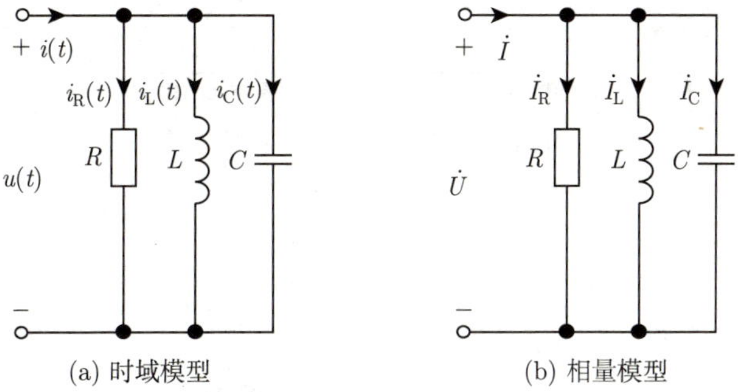


**图 3-5-3　*RLC* 并联电路**

由 KCL 相量形式可知

$$\dot{I}=\dot{I}_{\text{R}}+\dot{I}_{\text{L}}+\dot{I}_{\text{C}}=\left(\frac{1}{R}+\frac{1}{\text{j}\omega L}+\text{j}\omega C\right)\dot{U} \tag{3-5-11}$$

并联阻抗起到分流作用，阻抗大的分得的电流小，为了方便计算，在此引入导纳的概念。直流电路中电阻的倒数称为电导，而正弦稳态电路中复阻抗的倒数称为**导纳**，用 $Y$ 表示，单位是西门子 (S)，表达式为

$$Y=\frac{1}{Z}=G+\text{j}\left(\omega C-\frac{1}{\omega L}\right)=G+\text{j}\left(B_{\text{C}}-B_{\text{L}}\right)=G+\text{j}B \tag{3-5-12}$$

式中，$B_{\text{C}}$ 称为容纳；$B_{\text{L}}$ 称为感纳；$B=B_{\text{C}}-B_{\text{L}}$ 称为电纳，单位为西门子。

由式 (3-5-11) 和式 (3-5-12) 可知，总等效导纳

$$Y=\frac{1}{R}+\frac{1}{\text{j}\omega L}+\text{j}\omega C=\frac{1}{Z_{\text{R}}}+\frac{1}{Z_{\text{L}}}+\frac{1}{Z_{\text{C}}}=Y_{\text{R}}+Y_{\text{L}}+Y_{\text{C}} \tag{3-5-13}$$

式 (3-5-13) 表明，多个并联导纳的总导纳为各导纳之和。多个导纳 $Y_1$，$Y_2$，$\cdots$，$Y_n$ 并联分流，第 $m$ 个导纳上分得的电流为

$$\dot{I}_m=\frac{Y_m}{Y}\dot{I}=\frac{Y_m}{\sum\limits_{k=1}^{n}Y_k}\dot{I} \tag{3-5-14}$$

### 3.5.3 正弦稳态电路分析

正弦稳态电路与直流电路的分析类似，若正弦稳态电路中各电压、电流均用相量表示，电阻和电抗均采用阻抗表示，那么直流电路中的基本定律、分析方法和公式可以完全应用于正弦稳态电路的分析中。直流电路与正弦稳态电路分析方法的对比如表 3-5-1 所示。

**表 3-5-1 直流电路与正弦稳态电路的对比**

| 特征 | | 直流电路 | 正弦稳态电路 |
|---|---|---|---|
| | | 瞬时值稳定 | 有效值稳定 |
| 电量 | 电压 | 直流电压 $U$ | 电压相量 $\dot{U}$ |
| | 电流 | 直流电流 $I$ | 电流相量 $\dot{I}$ |
| 伏安特性 | 电阻 | $U_{\mathrm{R}}=RI$ | $\dot{U}_{\mathrm{R}}=R\dot{I}$ |
| | 电容 | 开路 | $\dot{U}_{\mathrm{C}}=\dfrac{1}{\mathrm{j}\omega C}\dot{I}$ |
| | 电感 | 短路 | $\dot{U}_{\mathrm{L}}=\mathrm{j}\omega L\dot{I}$ |
| 电路定律 | KCL | $\sum I=0$ | $\sum \dot{I}=0$ |
| | KVL | $\sum U=0$ | $\sum \dot{U}=0$ |
| 元件串并联 | 串联分压 | $U_k=\dfrac{R_k}{R}U$ | $\dot{U}_k=\dfrac{Z_k}{Z}\dot{U}$ |
| | 并联分流 | $I_k=\dfrac{G_k}{G}I$ | $\dot{I}_k=\dfrac{Y_k}{Y}\dot{I}$ |

**【例 3-3】** 在如图 3-5-4 所示的电路中，$u_{\mathrm{s}}(t)=2\sqrt{2}\sin(t+30°)\mathrm{V}$，$i_{\mathrm{s}}(t)=\sqrt{2}\sin t\mathrm{A}$，$R=2\Omega$，$L=1\mathrm{H}$，$C=1\mathrm{F}$，试求解电容电流 $i_{\mathrm{C}}(t)$ 的瞬时表达式。

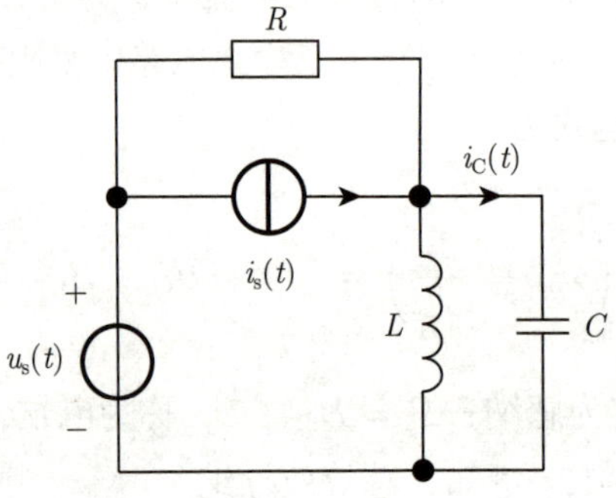


**图 3-5-4 例 3-3 电路**

**【正弦稳态电路的分析计算方法】**

(1) 将电路中的电压、电流均用相量表示，将元件均用阻抗表示，画出相量形式的电路图。

(2) 利用相量形式的欧姆定律、基尔霍夫定律，结合直流电路中的“单口网络等效变换”“叠加定理”“节点分析法”“戴维南定理”等进行求解。

**解：** 根据时域模型，画出对应的相量模型，如图 3-5-5 所示。

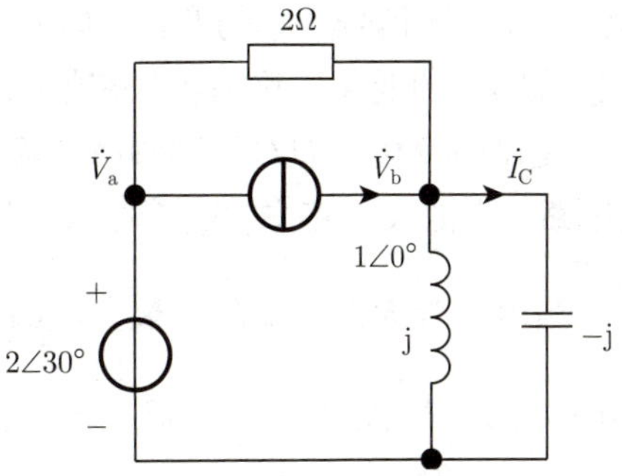


图 3-5-5　解例 3-3 图

对于节点 a：

$$\dot{V}_a = 2\angle 30^\circ$$

对于节点 b，列写 KCL 方程：

$$1\angle 0^\circ + \frac{\dot{V}_a - \dot{V}_b}{2} = \frac{\dot{V}_b}{\mathrm{j}} + \frac{\dot{V}_b}{-\mathrm{j}}$$

联立上述两式，求解可得

$$\begin{cases} \dot{V}_a = 2\angle 30^\circ \\ \dot{V}_b = 2 + \sqrt{3} + \mathrm{j} \approx 3.86\angle 15^\circ \end{cases}$$

则电容上的电流相量为

$$\dot{I}_C = \frac{\dot{V}_b}{-\mathrm{j}} = 3.86\angle 105^\circ \mathrm{A}$$

故瞬时表达式为

$$i_C(t) = \sqrt{2} \times 3.86\sin(t + 105^\circ) = 5.46\sin(t + 105^\circ)\,\mathrm{A}$$

## 3.6　滤波与谐振电路

### 3.6.1　滤波电路

在 $RLC$ 正弦稳态电路中，若输入信号的频率发生变化，那么由于 $LC$ 阻抗也会随之变化，使得输出信号的大小、与输入信号的相位差都会发生变化，二者是输入信号频率的函数，即网络的输出相量与输入相量之比是输入信号频率的函数，称为网络的**频率响应**或**频率特性**，其表示式如下

$$A_u = \frac{\dot{U}_o}{\dot{U}_i} = |A_u|\angle\theta \tag{3-6-1}$$

式中，$|A_u|$ 是该网络放大的倍数随输入信号频率的变化，称为**幅频特性**；$\angle\theta$ 是该网络输出与输入信号的相位差随输入信号频率的变化，称为**相频特性**。频率特性表明电网络的电压放大倍数会随输入信号频率的变化而变化，即对不同频率的输入信号呈现出一定的选择作用，这种电网络也称为**滤波电路**。在滤波电路中，随着输入信号频率的变化 (增大或减小)，电压放大倍数呈现下降趋势，当电压放大倍数下降到最大值的 $0.707\left(\dfrac{\sqrt{2}}{2}\right)$ 倍时，对应的频率称为 (上限或下限) **截止频率**，截止频率可看作滤波电路通带 (允许通过的频率范围) 和阻带 (不允许通过的频率范围) 的频率分界点。

按照网络的频率特性，可以将网络分为**低通** (即低频信号可以通过) 滤波电路 (low pass filter，LPF)、**高通**滤波电路 (high pass filter，HPF)、**带通** (频率处于某一区间的信号可以通过) 滤波电路 (band pass filter，BPF) 以及**带阻** (频率处于某一区间的信号不能通过) 滤波电路 (band stop filter，BSF)，如图 3-6-1 所示。

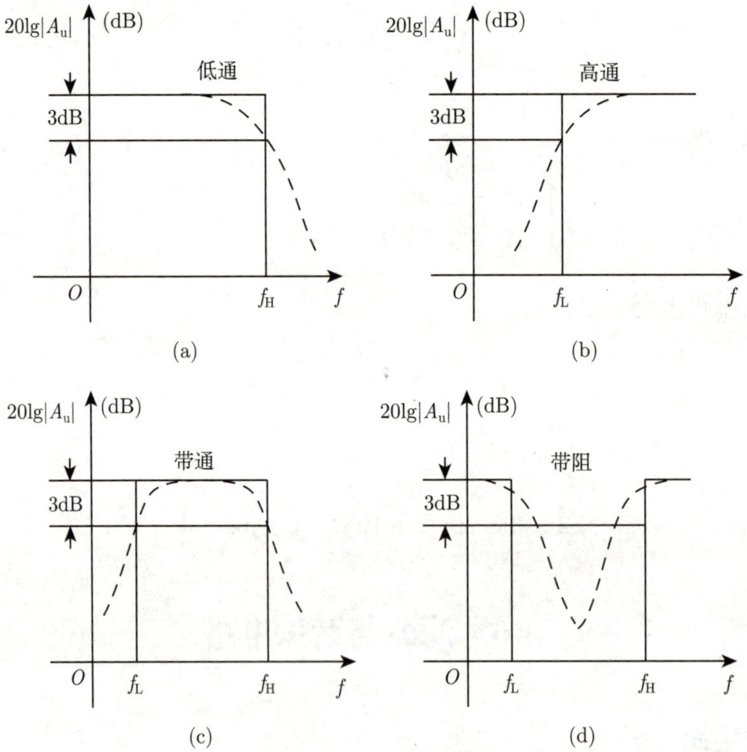


**图 3-6-1　滤波电路分类**

图 3-6-1 中，纵坐标的单位是**分贝** (dB)，用于度量两个幅值之比，也称**增益** (gain)。"分" (deci-) 指十分之一，"贝" (bel) 为纪念发明家亚历山大 · 格拉汉姆 · 贝尔。使用分贝有很多便利之处，正如图 3-6-1 中纵坐标标注的 $20\lg|A_u|$ 所示，分贝实际上是对数运算，因此可以用常用的数量表示非常大的比值，亦可清晰地表示非常大的数量变化。

频率特性测试在工程中可采用"逐点法"和"扫频法"。逐点法是每改变一次频率点，测一次放大倍数的大小和相移，然后在坐标图中逐点连接，形成频率响应的曲线图。扫频法是借助扫频仪直接测量显示网络的幅频特性曲线，而相频特性则需要借助示波器测量。

### 3.6.2　电路中的谐振

3.5 节介绍了感性、容性和阻性电路的相关概念。在正弦稳态电路中，当输入某特定频率的信号使电路回路中的感抗 $X_L$ 与容抗 $X_C$ 大小相等时，两者的对外作用抵消，即整个电路对外呈现纯电阻性，此时电路发生**谐振** (resonance)。发生在 $RLC$ 串联回路中的谐振称为**串联谐振**，发生在 $RLC$ 并联回路中的谐振称为**并联谐振**。

#### 1. 串联谐振

$RLC$ 串联谐振电路如图 3-6-2 所示。

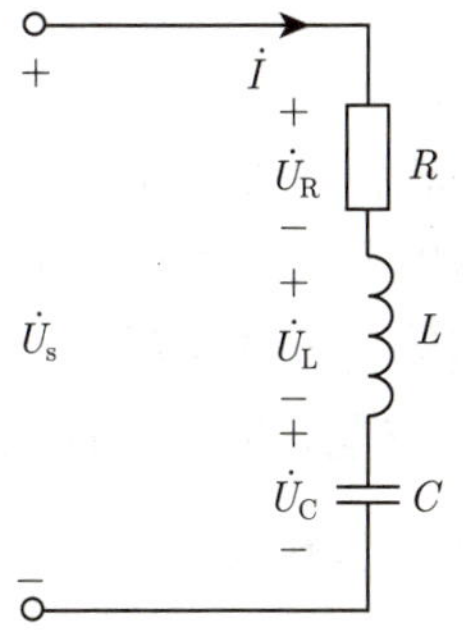


**图 3-6-2　*RLC* 串联谐振电路**

由 3.5.1 节可知，电路总阻抗为

$$Z = R + jX = R + j(X_L - X_C) = R + j\left(\omega L - \frac{1}{\omega C}\right) \tag{3-6-2}$$

当式 (3-6-2) 中的虚部为 0 时，电路发生谐振，此时输入信号频率 $\omega$ 等于电路固有频率 $\omega_0$，即

$$\omega_0 L = \frac{1}{\omega_0 C} \tag{3-6-3}$$

由式 (3-6-3) 可得，发生谐振时的角频率

$$\omega_0 = \frac{1}{\sqrt{LC}} \tag{3-6-4}$$

对应的谐振频率

$$f_0 = \frac{1}{2\pi\sqrt{LC}} \tag{3-6-5}$$

电感上的电压

$$\dot{U}_{\mathrm{L}} = \mathrm{j}\omega_0 L\dot{I} = \mathrm{j}\omega_0 L\frac{\dot{U}_{\mathrm{s}}}{R} = \mathrm{j}Q\dot{U}_{\mathrm{s}} \tag{3-6-6}$$

电容上的电压

$$\dot{U}_{\mathrm{C}} = \frac{1}{\mathrm{j}\omega_0 C}\dot{I} = -\mathrm{j}\frac{1}{\omega_0 C}\frac{\dot{U}_{\mathrm{s}}}{R} = -\mathrm{j}Q\dot{U}_{\mathrm{s}} \tag{3-6-7}$$

$$Q = \frac{U_{\mathrm{L}}}{U_{\mathrm{s}}} = \frac{U_{\mathrm{C}}}{U_{\mathrm{s}}} = \frac{\omega_0 L}{R} = \frac{1}{\omega_0 RC} = \frac{1}{R}\sqrt{\frac{L}{C}} \tag{3-6-8}$$

式中，$Q$ 称为 $RLC$ 串联谐振电路的**品质因数**，表示发生谐振时，电感电压和电容电压大小相等且为电源电压的 $Q$ 倍。

电路发生串联谐振时，有以下特点：

(1) 网络端口电压与端口电流同相位，网络呈现电阻性。

(2) 网络阻抗最小，当端口电源电压一定时，电流最大。

(3) 电感电压与电容电压大小相等，方向相反。

(4) 若 $Q \gg 1$，则表明电感电压或电容电压会远远高于电源电压。

### 2. 并联谐振

$RLC$ 并联谐振电路如图 3-6-3 所示。

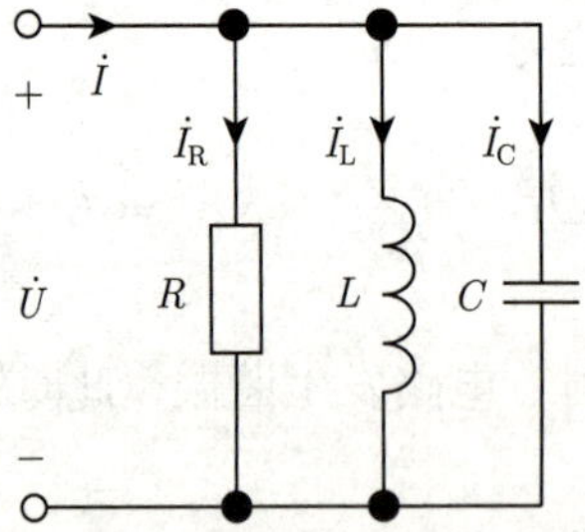


**图 3-6-3　*RLC* 并联谐振电路**

由 3.5.2 节可知，电路总导纳为

$$Y = \frac{1}{R} + \frac{1}{\mathrm{j}\omega L} + \mathrm{j}\omega C = \frac{1}{R} + \mathrm{j}\left(\omega C - \frac{1}{\omega L}\right) \tag{3-6-9}$$

当式 (3-6-9) 中的虚部为 0 时，电路发生谐振，此时输入信号频率 $\omega$ 等于电路固有频率 $\omega_0$，即

$$\omega_0 C = \frac{1}{\omega_0 L} \tag{3-6-10}$$

由式 (3-6-10) 可得，发生谐振时的角频率

$$\omega_0 = \frac{1}{\sqrt{LC}} \tag{3-6-11}$$

对应的谐振频率

$$f_0 = \frac{1}{2\pi\sqrt{LC}} \tag{3-6-12}$$

电感上的电流

$$\dot{I}_{\mathrm{L}} = \frac{\dot{U}}{\mathrm{j}\omega_0 L} = -\mathrm{j}\frac{R}{\omega_0 L}\dot{I}_{\mathrm{s}} = -\mathrm{j}Q\dot{I}_{\mathrm{s}} \tag{3-6-13}$$

电容上的电流

$$\dot{I}_{\mathrm{C}} = \mathrm{j}\omega_0 C\dot{U} = \mathrm{j}\omega_0 CR\dot{I}_{\mathrm{s}} = \mathrm{j}Q\dot{I}_{\mathrm{s}} \tag{3-6-14}$$

$$Q = \frac{I_{\mathrm{L}}}{I_{\mathrm{s}}} = \frac{I_{\mathrm{C}}}{I_{\mathrm{s}}} = \frac{R}{\omega_0 L} = \omega_0 RC = R\sqrt{\frac{C}{L}} \tag{3-6-15}$$

式中，$Q$ 称为 $RLC$ 并联谐振电路的品质因数，表示发生谐振时，电感电流和电容电流大小相等且为电源电流的 $Q$ 倍。

电路发生并联谐振时，有以下特点：

(1) 网络端口电压与端口电流同相位，网络呈现电阻性。

(2) 网络阻抗最大，当端口电源电压一定时，电流最小。

(3) 电感电流与电容电流大小相等，方向相反。

(4) 若 $Q \gg 1$，则表明电感电流或电容电流会远远高于电源电流。

# 3.7　工程实例

## 3.7.1　音箱三分频电路

喜欢看电影或玩大型游戏的人，往往想拥有一套梦寐以求的音响设备。专业的音响系统可以给人带来身临其境的听觉感受，提升幸福感与满足感。读者是否留意到，越是专业的音响设备，其音箱单体越不会采用单个喇叭，即使较为常见的电脑音箱，也至少包含中高音喇叭和低音喇叭单元 (俗称低音炮)，这究竟是为什么呢?

在分频音箱的电路设计中，由于人耳能听到的声音频段是 20Hz~20kHz，但单个扬声器 (喇叭) 因受自身通频带的限制而无法保证全音频段的声音放送，因此为了获得最佳的音效，需要在低频段、中频段、高频段采用不同的扬声器系统，最终在人耳完成声音效果的叠

加。设计中可使用 $RLC$ 构成的无源 (不需要额外提供供电电源) 滤波电路进行分频点的设置。低频扬声器 (woofer) 外形尺寸较大，工作频段是 20Hz~300Hz；中频扬声器 (mid-range speaker) 外形尺寸较小，工作频段是 100Hz~5kHz；高频扬声器 (tweeter) 外形尺寸最小，工作频段是 2kHz~25kHz。

为降低滤波电路造成的功率损耗，无源滤波电路通常仅采用 $L$ 和 $C$ 作为滤波元件，用 $LC$ 低通、带通、高通滤波电路实现音频信号的三分频，低音、中音、高音扬声器均视为 8Ω 电阻，如图 3-7-1 所示。

### 1. 低通滤波电路

音乐中的低音主要起到烘托氛围的作用，给听者代入感，营造身临其境的感觉。图 3-7-1 中 $L_1$ 与负载 $R_{L1}$ 构成低通滤波电路，负载 $R_{L1}$ 获得音乐信号中的低音分量。

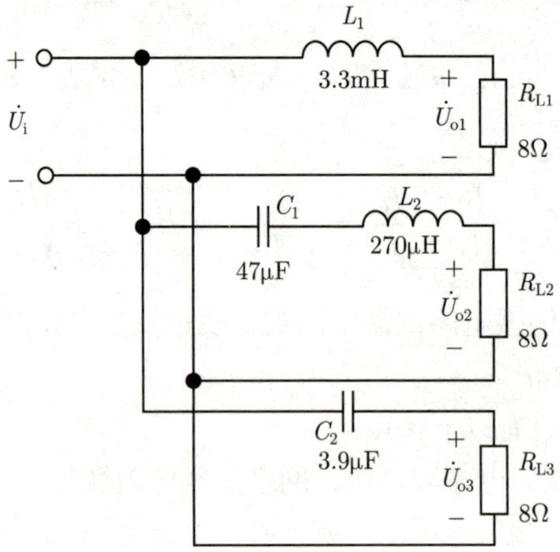


**图 3-7-1 音箱三分频电路**

(1) 截止频率计算。根据式 (3-6-1)，输出电压放大倍数为

$$\dot{A}_u = \frac{\dot{U}_{o1}}{\dot{U}_i} = \frac{R_{L1}}{R_{L1} + j\omega L_1} = \frac{1}{1 + j \cdot 2\pi f \cdot \dfrac{L_1}{R_{L1}}}$$

根据截止频率的定义，对于该低通滤波电路，当 $f$ 增加到截止频率 $f_{L1}$ 时，电压放大倍数下降到 0.707，因此令

$$\left|\dot{A}_u\right| = 0.707$$

代入元件参数值，可求解出低通滤波电路的上限截止频率为

$$f_{L1} = \frac{1}{2\pi\dfrac{L_1}{R_{L1}}} = \frac{1}{2\pi \times \dfrac{3.3}{8}}\text{kHz} \approx 0.39\text{kHz}$$

(2) 电路仿真。仿真软件 Multisim 自带波特图测量工具，因此网络频率特性仿真测试可直接用该工具进行测量，类似于扫频法。低通滤波电路的仿真绘制如图 3-7-2 所示，其中“XBP1”为波特测试仪。

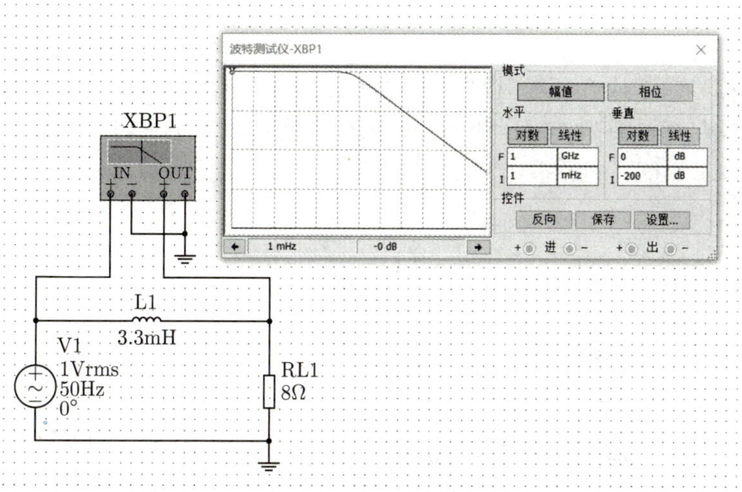


**图 3-7-2　低通滤波电路**

仿真运行后，波特测试仪可直接显示出该网络的频率特性曲线，如图 3-7-3 所示。

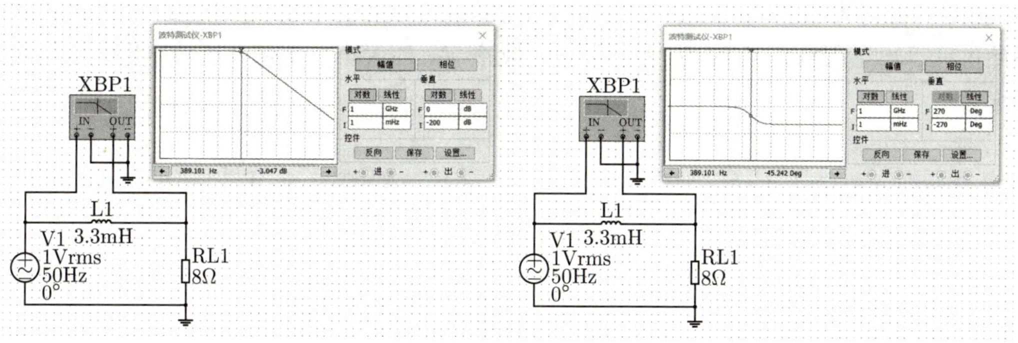


(a) 幅频特性　　　　(b) 相频特性

**图 3-7-3　低通滤波电路频率特性**

## 2. 带通滤波电路

中音是音乐信号中最主要的成分，音乐内容的主要呈现是中音带来的，例如人声、流水等，中音的获得依靠带通滤波电路，由图 3-7-1 中的 $C_1$、$L_2$、$R_{L2}$ 构成。

(1) 截止频率计算。随着输入信号频率的升高，带通滤波电路的电压放大倍数呈现出“先升高后降低”的特点，放大倍数达到最大值时对应的频率称为**中心频率**，通常记作 $f_0$。

由 $C_1$、$L_2$、$R_{L2}$ 构成的带通滤波电路的电压放大倍数为

$$\dot{A}_u = \frac{\dot{U}_{o2}}{U_i} = \frac{R_{L2}}{j\omega L_2 + \dfrac{1}{j\omega C_1} + R_{L2}}$$

随着输入信号频率从 0 不断升高，其感抗 $X_L$ 越来越大，而容抗 $X_C$ 越来越小，当两者相等，即电路呈现纯电阻性时，相当于输入信号直接作用于负载 $R_{L2}$，此时具有最大的电压放大倍数——1 倍。因此令

$$\omega L_2 = \frac{1}{\omega C_1}$$

从而求出带通滤波电路的中心频率为

$$f_0 = \frac{1}{2\pi\sqrt{L_2 C_1}} = \frac{1}{2\pi \times \sqrt{270 \times 47} \times 10^{-6}}\text{Hz} \approx 1.41\text{kHz}$$

当该网络的电压放大倍数下降到截止频率时，有

$$\left|\dot{A}_u\right| = 0.707$$

以此可计算出下限截止频率 $f_L$ 和上限截止频率 $f_H$ 的大小。该带通滤波电路的下限截止频率为

$$f_{L2} = \frac{-R_{L2} + \sqrt{R_{L2}^2 + \dfrac{4L_2}{C_1}}}{4\pi L_2} = \frac{-8 + \sqrt{64 + \dfrac{4 \times 270 \times 10^{-6}}{47 \times 10^{-6}}}}{4\pi \times 270 \times 10^{-6}} \approx 0.39\text{kHz}$$

上限截止频率为

$$f_{H1} = \frac{R_{L2} + \sqrt{R_{L2}^2 + \dfrac{4L_2}{C_1}}}{4\pi L_2} = \frac{8 + \sqrt{64 + \dfrac{4 \times 270 \times 10^{-6}}{47 \times 10^{-6}}}}{4\pi \times 270 \times 10^{-6}} \approx 5.1\text{kHz}$$

通频带为

$$f_{BW} = f_{H1} - f_{L2} = (5.1 - 0.39)\text{kHz} = 4.71\text{kHz}$$

(2) 电路仿真。带通滤波电路的仿真绘制如图 3-7-4 所示。

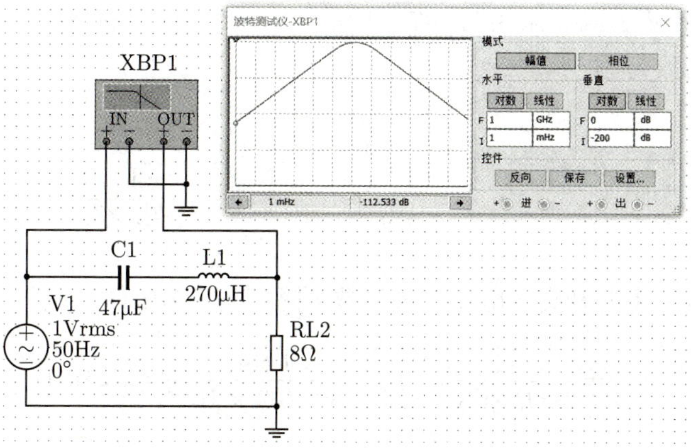


图 **3-7-4**　**带通滤波电路**

仿真运行后，波特测试仪可直接显示出该网络的频率特性曲线，如图 3-7-5 所示。

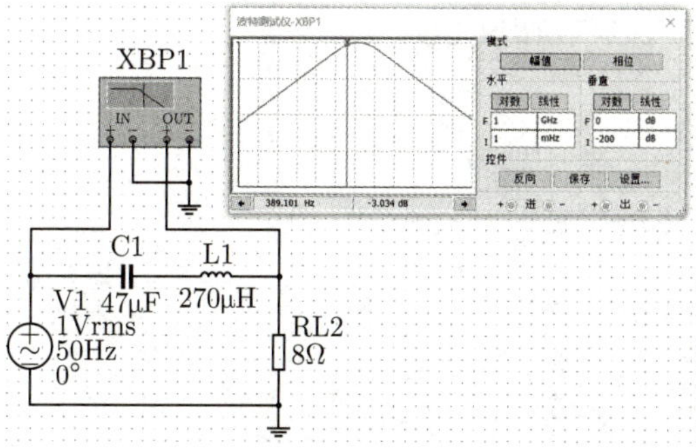


(a) 下限截止频率点

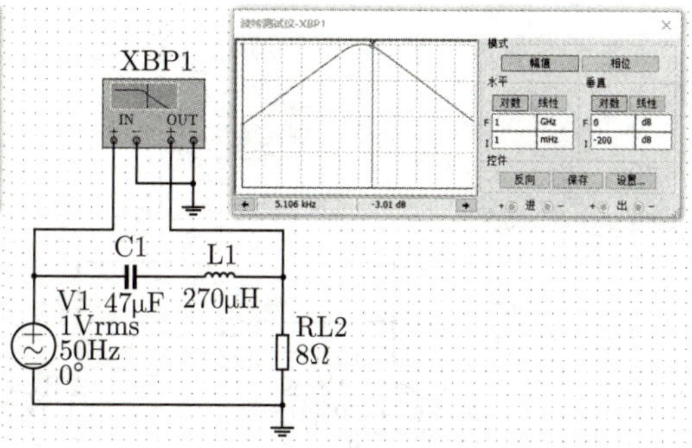


(b) 上限截止频率点

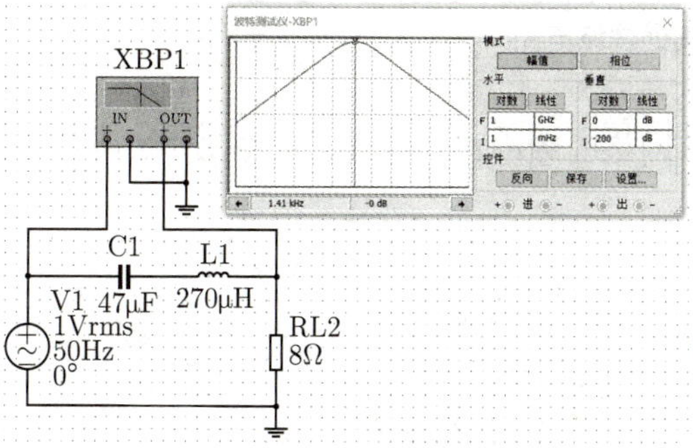


(c) 中心频率点

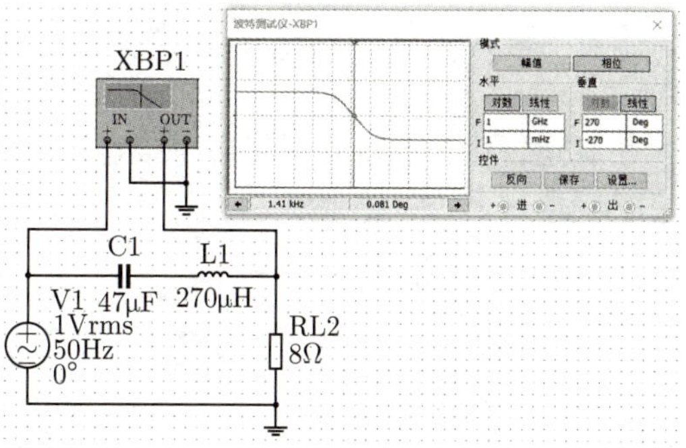


(d) 相频特性曲线

图 **3-7-5**　**带通滤波电路频率特性**

### 3. 高通滤波电路

高音具有很强的穿透力，带给人空灵、缥缈的感官体验，在音乐中占比较小，但不可或缺，对音乐起到修饰的作用。

(1) 截止频率计算。高音采用图 3-7-1 中的 $C_2$、$R_{L3}$ 构成的高通滤波电路来获得，该网络的电压放大倍数为

$$\dot{A}_u = \frac{\dot{U}_{o3}}{\dot{U}_i} = \frac{R_{L3}}{\frac{1}{j\omega C_2} + R_{L3}} = \frac{1}{1 - j\frac{1}{\omega R_{L3} C_2}}$$

随着输入信号频率的升高，电压放大倍数下降到约 0.707 时对应的下限截止频率为

$$f_{H2} = \frac{1}{2\pi R_{L3} C_2} = \frac{1}{2\pi \times 8 \times 3.9 \times 10^{-6}} \approx 5.1\text{kHz}$$

综上，该三分频电路的分频点分别为 0.39kHz、5.1kHz。

(2) 电路仿真。高通滤波电路的仿真绘制如图 3-7-6 所示。

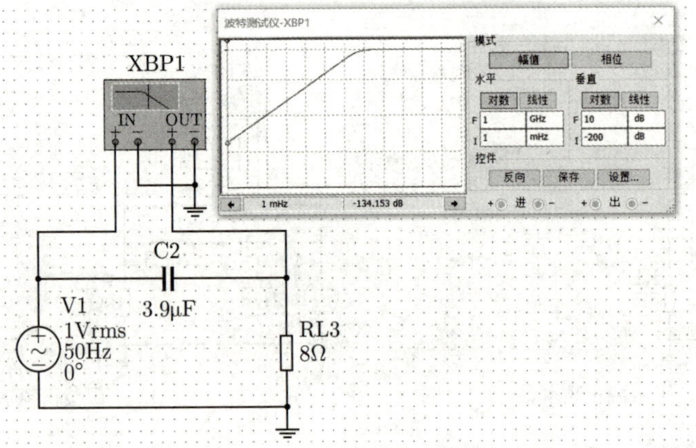


图 3-7-6 高通滤波电路

仿真运行后，波特测试仪可直接显示出该网络的频率特性曲线，如图 3-7-7 所示。

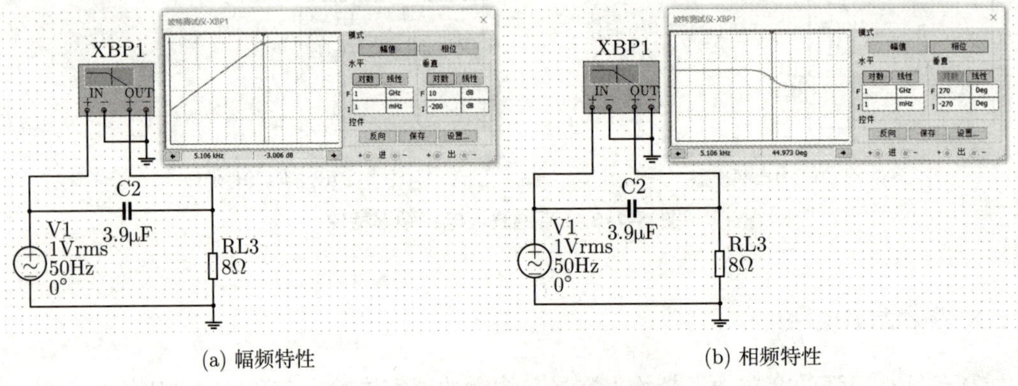


图 3-7-7 高通滤波电路频率特性

### 3.7.2　无线能量传输

在日常生活中，常常会用到一些具有无线或微距充电功能的电子产品，例如智能手机、电动牙刷等，由于不受充电线的“束缚”，这类产品使用起来更加方便，如图 3-7-8 所示。另外，在一些含有辐射、剧毒、生化等物质的危险场所中，电子设备的操控及供电都应避免与人体直接接触，此时使用无线充电及控制显得十分必要。那么，无线能量究竟是通过什么样的电路实现的呢？这一切都离不开电路的谐振。

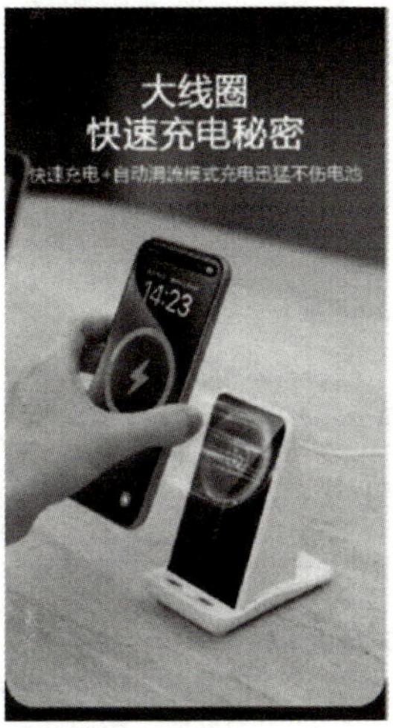


图 3-7-8

无线能量传输主要依靠发射线圈和接收线圈之间的电磁作用来实现，发射回路和接收回路均由线圈 $L$ 和电容 $C$ 串联或并联组成。在图 3-7-9 所示的电路中，发射回路和接收回路均采用的是 $LC$ 串联连接方式，$R$ 为回路等效串联电阻，包括线圈电阻、导线电阻等，$R_L$ 为接收回路等效负载，包括负载、线圈电阻及导线电阻等。发射端交流激励电源的工作频率与发射线圈回路的谐振频率一致，使发射线圈及电容产生谐振；同时通过参数设计保证接收回路的谐振频率与发射回路的谐振频率严格一致。整体来看，外界激励源的频率与发射、接收回路的固有谐振频率一致，从而使整个电路系统发生电磁共振，在合适的距离下，交流激励源提供的能量大部分被负载接收，而损耗到空间中的能量较少，从而实现了无线能量传输。

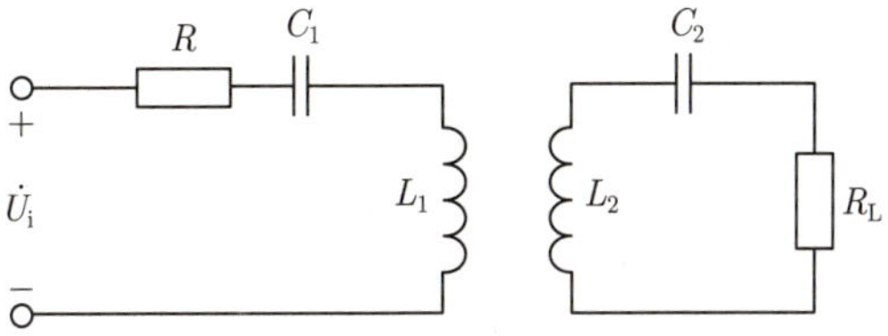


图 3-7-9　无线能量传输模型

## 本章小结

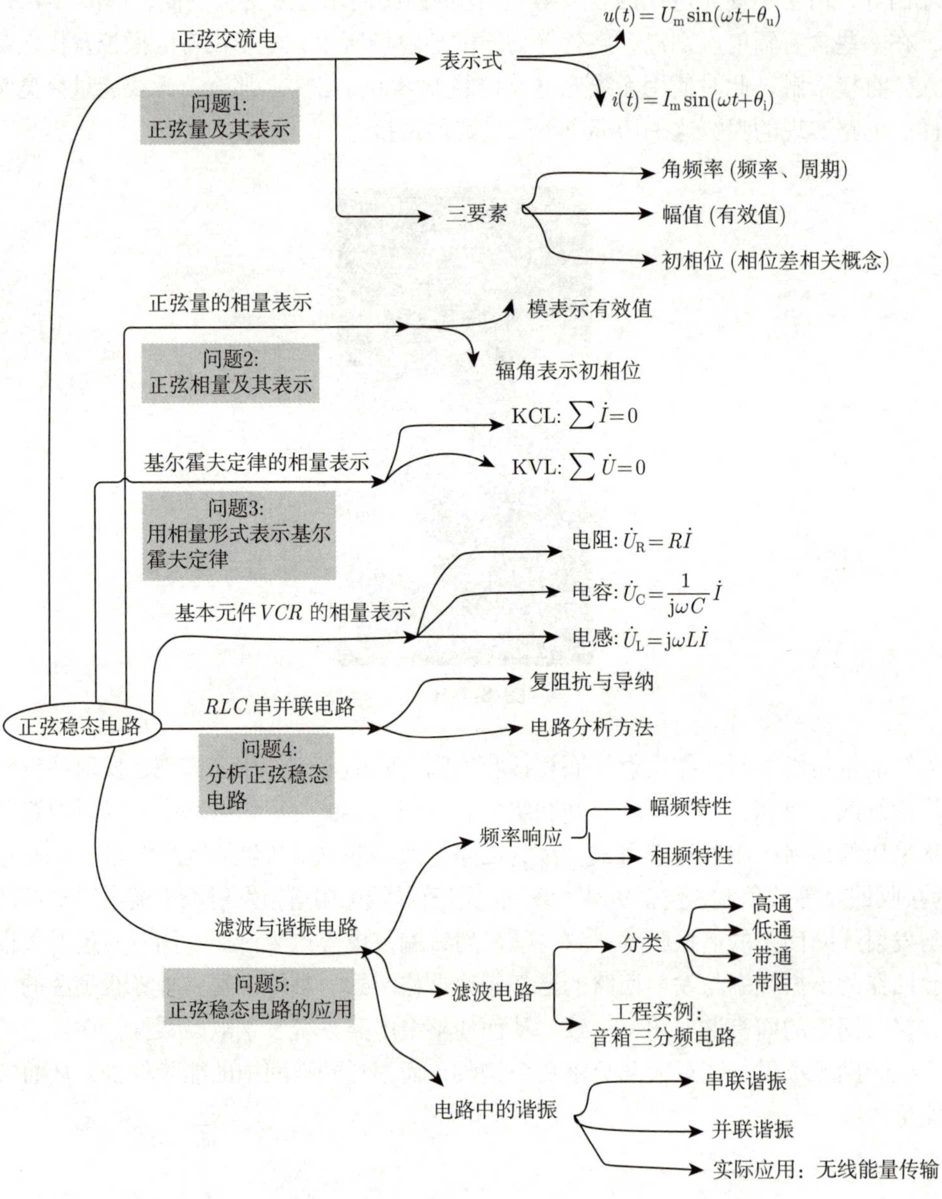
正弦稳态电路
正弦交流电
问题1:
正弦量及其表示
表示式
$u(t)=U_m\sin(\omega t+\theta_u)$
$i(t)=I_m\sin(\omega t+\theta_i)$
三要素
角频率 (频率、周期)
幅值 (有效值)
初相位 (相位差相关概念)
正弦量的相量表示
问题2:
正弦相量及其表示
模表示有效值
辐角表示初相位
基尔霍夫定律的相量表示
问题3:
用相量形式表示基尔霍夫定律
KCL: $\sum \dot{I}=0$
KVL: $\sum \dot{U}=0$
基本元件 $VCR$ 的相量表示
电阻: $\dot{U}_R=R\dot{I}$
电容: $\dot{U}_C=\frac{1}{j\omega C}\dot{I}$
电感: $\dot{U}_L=j\omega L\dot{I}$
$RLC$ 串并联电路
问题4:
分析正弦稳态电路
复阻抗与导纳
电路分析方法
滤波与谐振电路
问题5:
正弦稳态电路的应用
频率响应
幅频特性
相频特性
滤波电路
分类
高通
低通
带通
带阻
工程实例:
音箱三分频电路
电路中的谐振
串联谐振
并联谐振
实际应用：无线能量传输

# 习题三

**【客观题】**

1. 随着输入信号频率的升高，电容电抗会（　）。

A. 增加　　B. 减小　　C. 不变　　D. 不确定

2. 在正弦稳态电路中，电感元件两端的电压（　）于自身的电流 90°。

A. 超前　　B. 滞后　　C. 等同　　D. 不确定

3. 对低频信号衰减较小，但对高频信号抑制较为明显的是（　）滤波电路。

A. 低通　　B. 高通　　C. 带通　　D. 带阻

4. 随着输入信号频率的升高，某网络的电压放大倍数呈现下降趋势，当下降到最大值的 0.707 时，对应的频率称为（　）。

A. 上限截止频率　　B. 下限截止频率　　C. 中心频率　　D. 固有频率

5. 电路发生谐振时，对外呈现（　）。

A. 电感性　　B. 电阻性　　C. 电容性　　D. 以上均不正确

6. 正弦量的三要素分别是_____、_____、_____。

7. 正弦量的角频率 $\omega$ 与频率 $f$（或周期 $T$）的关系是 _____，其单位是 _____。

8. 正弦量的幅值是其有效值的 _____ 倍。

9. 同相是指两同频正弦量之间的相位差为_____，反相则是指相位差为 _____，而正交又是指相位差为 _____。

10. 在正弦稳态电路中，电感两端的电压_____ 其电流 90°，_____ 两端的电压滞后其电流 90°，电阻两端的电压与其电流 _____ 相。

11. 感抗与容抗之差称为 _____。若正弦稳态电路感抗大于容抗，则称该电路为_____性电路；若感抗与容抗相等，则称为 _____ 性电路。

12. 从相位差的角度来看，$RL$ 串联电路的电压_____ 于电流。

13. 复阻抗的倒数称为 _____，其单位是 _____。

14. 对输入信号的频率有选择性的电路称为_____ 电路。高频信号能够通过，而低频信号会被抑制的为 _____ 电路，英文缩写为 _____。

15. 电路发生谐振时，对外呈现 _____ 性。发生串联谐振时，电路阻抗最 _____，电流最 _____。

16. 使用万用表的交流电压档，可以测得交流信号的_____ 值。通常所说的“市电”，即工频 (50Hz) 220V，这里的“220V”是指交流电的 _____ 值。

17. 无线充电发射回路和接收回路均发生了_____ 现象。

18. 在声控灯的电路设计中，要滤除环境中的低频噪声，保留有效的声音触发信号，可以在音频采集后加入 _____ 滤波环节。

19. 使用 Multisim 进行电路仿真时，可以使用_____ 虚拟仪器直接测得某一电路的频率特性。

**【简答题】**

20. 电子系统中，研究正弦量的原因是什么？

21. 为什么要采用相量法进行正弦稳态电路的分析？

22. 正弦稳态电路与直流电路的分析有什么异同？

23. 试列举一些自己了解的无线能量传输的例子。

24. 无源滤波电路主要有什么优缺点？

**【分析计算题】**

25. 已知正弦电压 $u(t)=22\sqrt{2}\sin(100\pi t+\theta)\text{V}$，当 $t=0$ 时，$u(0)=11\sqrt{2}\text{V}$，试求该电压的有效值、频率及初相。

26. 若一交流电压表达式为 $u(t)=\begin{cases}\sqrt{2}\sin\omega t, & 0<\omega t\leqslant\pi\\ 1, & \pi<\omega t\leqslant 2\pi\end{cases}$，试根据所学知识求该电压的有效值。

27. 若某一元件上的正弦电压为 $u(t)=\sqrt{2}\sin(t+30°)\text{V}$，电流为 $i(t)=\sqrt{2}\cos(t+30°)\text{A}$，试求该元件电压、电流的相位差，指明超前、滞后关系，并说明该元件有可能是电容还是电感。

28. 正弦电压为 $u(t)=2\sin(t+60°)\text{V}$，试写出其有效值相量，并画出相量图。

29. 正弦稳态电路如题 29 图所示，已知 $u(t)=2\sqrt{2}\sin(10t+60°)\text{V}$，$L=0.1\text{H}$，试用相量法求电感 $L$ 的电流的瞬时值表达式。

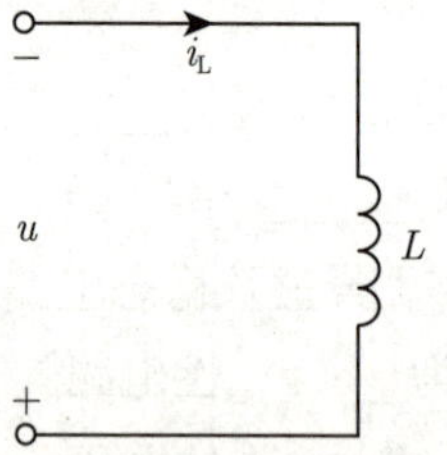


**题 29 图**

30. 求题 30 图所示的电路中 a、b 端的等效阻抗 $Z$。

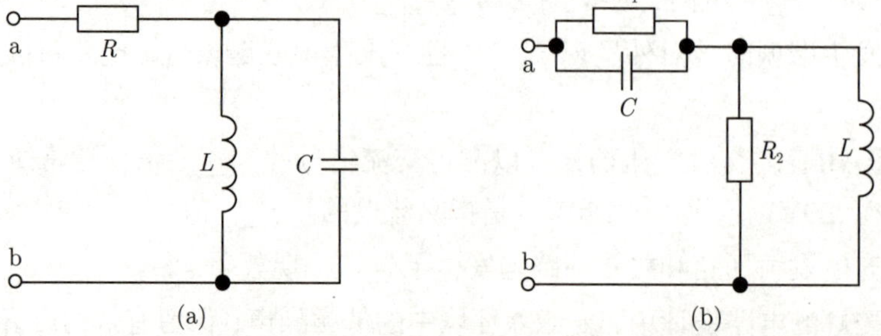


**题 30 图**

31. 求题 31 图所示电路中电压表和电流表的示数。

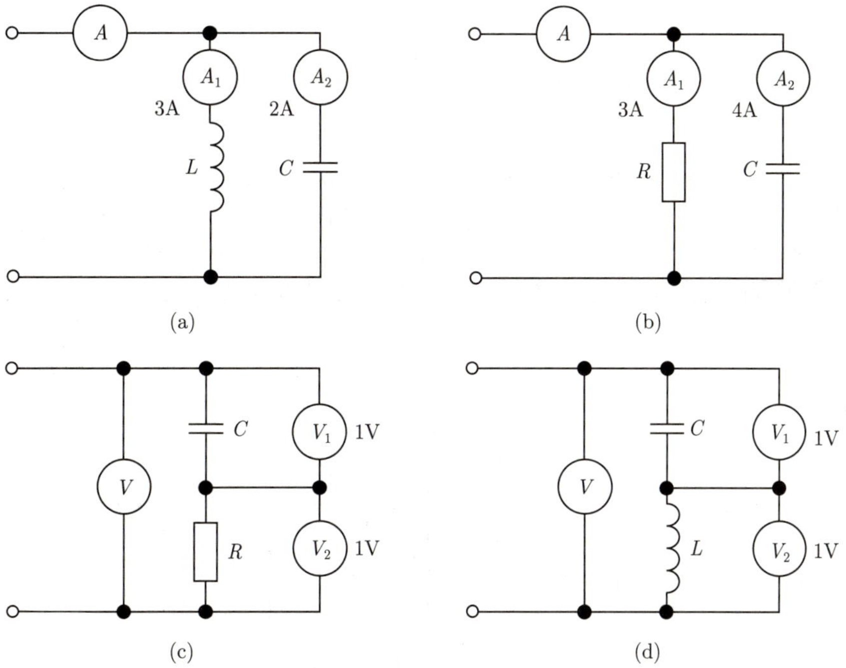


**题 31 图**

32. 试用支路电流法求解题 32 图所示电路中各电流的瞬时值，其中 $i(t)=\sqrt{2}\sin(t+60°)$A，$R_1=R_2=1\Omega$，$L=1$H，$C=1$F。

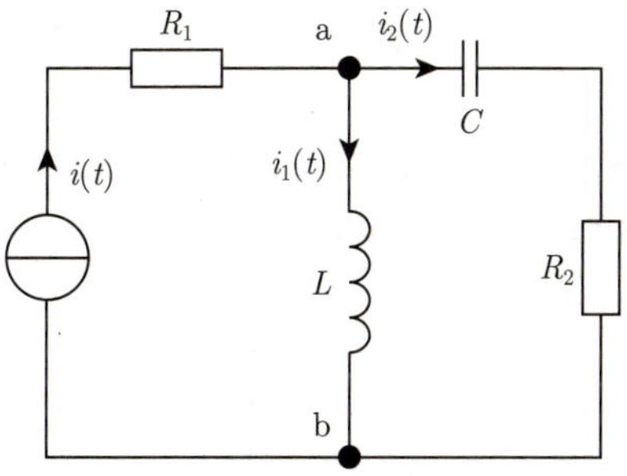


**题 32 图**

33. 试用叠加定理求解题 33 图所示电路中电压的瞬时值 $u_C(t)$，其中 $R=2\Omega$，$L=1$H，$C=1$F，$i(t)=2\sin t$ A，$u(t)=\sin(t+30°)$V。

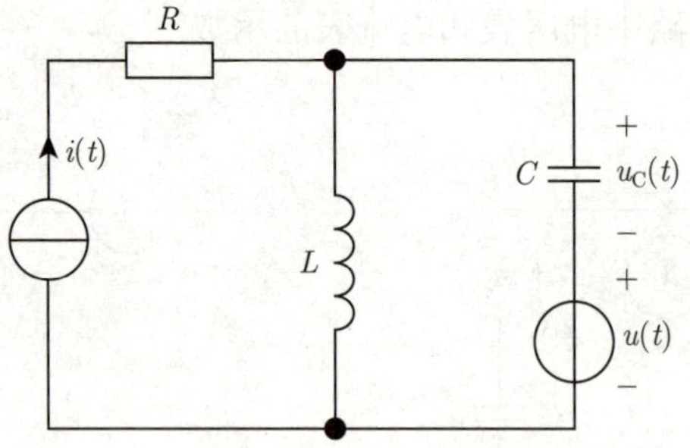


题 33 图

34. 试用戴维南定理求解题 34 图所示电路中的电压相量 $\dot{U}_R$，其中 $\dot{U}=2\angle 30°V$，$L=2H$，$C=2F$。

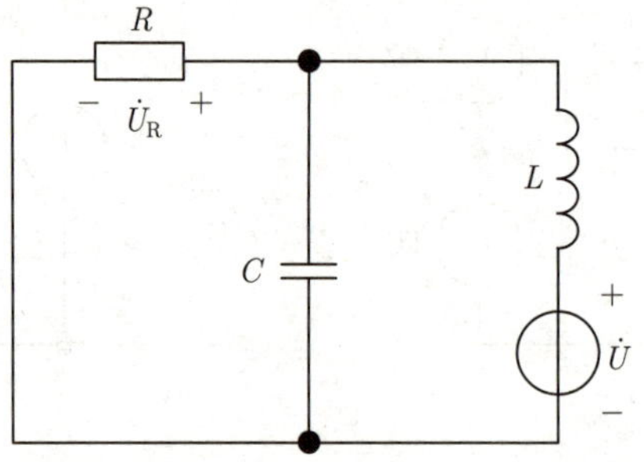


题 34 图

35. 一电感线圈 (等效为 $L$ 和 $R$ 串联) 接在 20V 的直流电源上时，其电流为 1A；接在 20V、50Hz 的正弦交流电源上时，其电流为 0.5A。求线圈的电阻和电感。

36. 下列各种情况应如何选择滤波电路类型？

(1) 获得有用音频 (20Hz~20kHz) 信号；

(2) 抑制 50Hz 工频干扰；

(3) 获得 300kHz 以上的信号。

37. $RLC$ 电路如题 37 图所示，其中 $R=0.1\Omega$，$L=20\mu H$，$C=20\mu F$，当输入信号 $u_i(t)$ 的频率为多少时，电路会发生谐振现象？

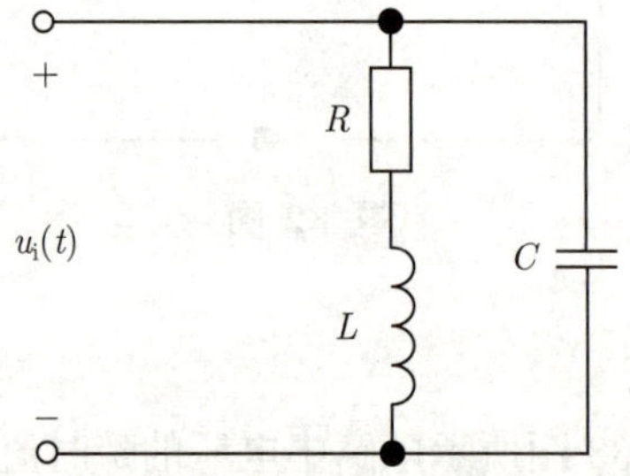


题 37 图

38. 电路如题 38 图所示，$u_\mathrm{i}(t)=3\sqrt{2}\sin\omega t\mathrm{V}$，$u_\mathrm{o}(t)=\sqrt{2}\sin\omega t\mathrm{V}$，$R_1=R_2=10\mathrm{k\Omega}$，$C_1=C_2=0.1\mathrm{\mu F}$，试指出该电路的滤波特性，并计算 $\omega$ 的值。

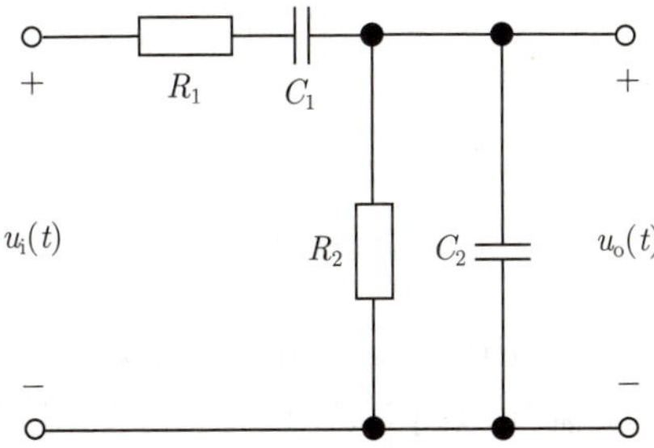


**题 38 图**

**【仿真题】**

39. 电路如题 39 图所示，通过 Multisim 仿真测量该电路的幅频和相频特性曲线，若输入频率 $f=1.59\mathrm{kHz}$、幅值为 3V 的三角波，用虚拟示波器测量输出波形，并分析原因。

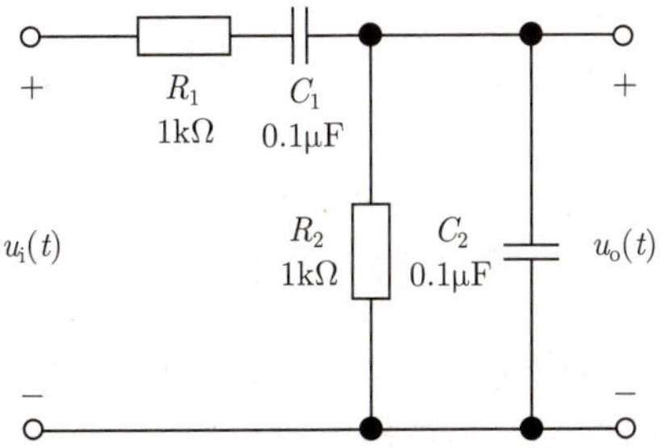


**题 39 图**

40. 电路如题 40 图所示，试结合仿真分析说明该电路的功能。

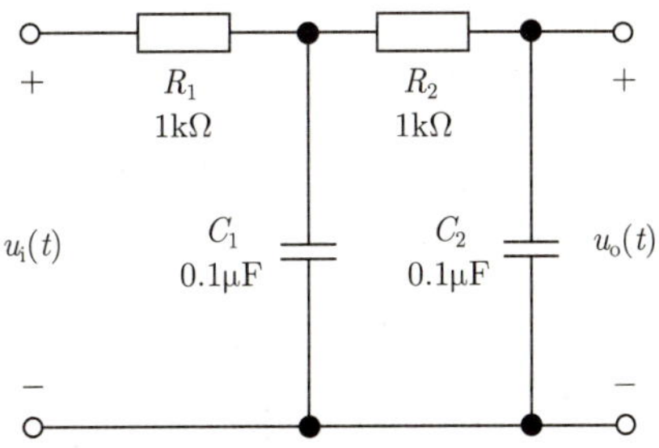


**题 40 图**

**【工程题】**

41.【交流阻抗测量】交流阻抗测量电路如题 41 图所示，设置交流电源电压频率 $f=1\mathrm{kHz}$，电压 $U_\mathrm{i}=4\mathrm{V_{rms}}$，电阻 $R=1\mathrm{k\Omega}$，电容 $C=0.1\mathrm{\mu F}$。用数字万用表测量输入及输出电压的实际值，以此计算电容的容抗及容值大小，并与理论值进行对比。

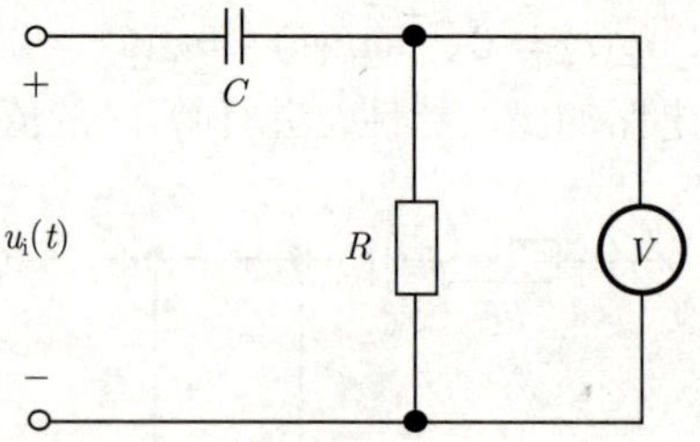


题 41 图

42.【阻容降压电路】在一些功率要求不高的供电场合，为缩小电路体积、降低成本、降低电路复杂程度，会采用阻容降压电路对负载进行供电，其电路原理如题 42 图所示，负载 $R_L$ 为后级所接电路，工作电流通常不超过 200mA，根据所学知识，试简单分析该电路的工作原理。

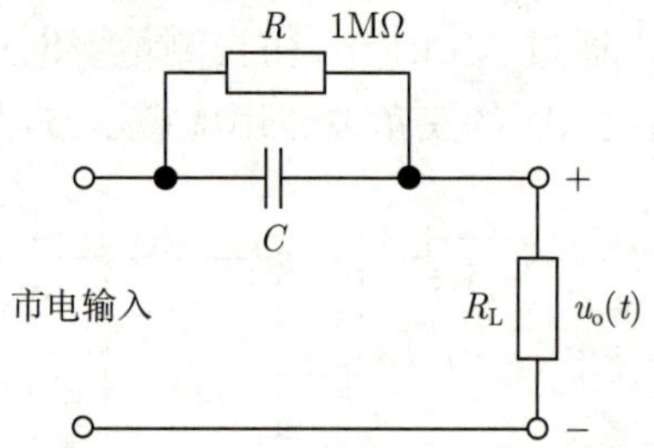


题 42 图

43. 声音采集电路如题 43 图所示，$M_1$ 为驻极体话筒，其通过电阻 $R_1$ 接入 5V 电源，可将声音转换为交流信号，负载 $R_L$ 为后级电路。

(1) 指出电容 $C_1$ 和 $R_2$ 构成的滤波电路的名称，并写出其截止频率的表达式；

(2) 若 $R_L = \infty$，$C_1 = 10\mu F$，请设计合理的 $R_2$ 的参数值，使该电路能够将拾取的音频信号无较大损失地输出到后级。

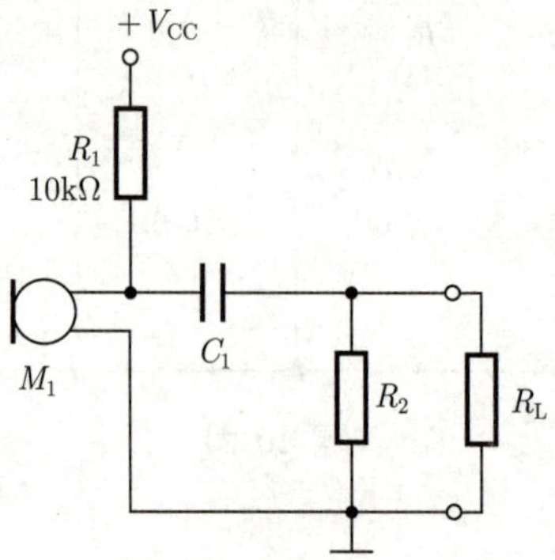


题 43 图

【设计题】

44. 电子系统工作时对直流电源的质量有较高的要求，试设计一滤波电路，能够滤除直流电源上较高频率的 ($f \geqslant 20\text{Hz}$) 干扰信号。

45. 已知红外感应电路中，红外信号的发射频率为 40kHz，试设计一滤波电路，尽可能保留该频率成分，有效抑制其他频率成分。

/ 第 4 章 /

# 模拟集成运算放大电路

**本章解决的主要问题：**

1. 集成运算放大电路的内部组成是怎样的？
2. 集成运放工作在线性区与非线性区各有什么特点？
3. 如何运用“虚短”“虚断”的特点实现比例运算、加减运算、积分和微分运算？

第二次世界大战期间，在哥伦比亚大学任教的 Ragazzini 组建了一个主攻控制系统的小组，其中的一个课题涉及模拟计算机，主要应用于自动瞄准高射炮系统的实时计算。当时的高增益电路系统运行速度缓慢、体积笨重，并且耗电。有人提议开发具有“差分”输入 (这一特性后来成为运算放大器成功的关键) 的更小且更快的高增益电路。不久后，团队就研发出了比原电路快 100 倍以上，同时大大降低功耗的高增益差分放大器原型。该装置很快被整合到 M-9 模电计算机中，并成功安装到战斗机上，通过雷达数据实时计算敌机轨迹，使美军战机的攻击精度提升了 10 倍。一台计算机可以匹敌一个王牌飞行员。

1947 年，Ragazzini 及两位合著者 Randall 和 Russell 共同在《IRE 会议录》上发表了一篇题为“Analysis of Problems in Dynamics by Electronic Circuits”的论文。这篇文章首次提出运算放大器 (operational amplifier) 的概念，是推广运算放大器应用的开创性研究成果。文中写道：“把放大器的输出端反过来连到输入端后竟然可以进行电压的数学运算了……”

1952 年，从战争中走出来的运算放大器开始走向民用，主要是为了搭建执行加减乘除、积分微分等运算的电路。这就是本章内容的由来。但那个年代的运放都是真空管，直到 1964 年，一个名叫 Bob Widlar 的美国小伙不负众望，主导研发出世界上第一款基于半导体的运算放大器 μA702，从此世界进入了一个新的时代，即“超大规模集成电路”时代。

运算放大器起初主要用于数学运算如加减、积分、微分等，所以它的名字包含“运算”二字。如今，运算放大器是应用最为广泛的一类集成电路，小到手机、电视机，大到通信卫星、航天飞机，到处都有运算放大器的身影。

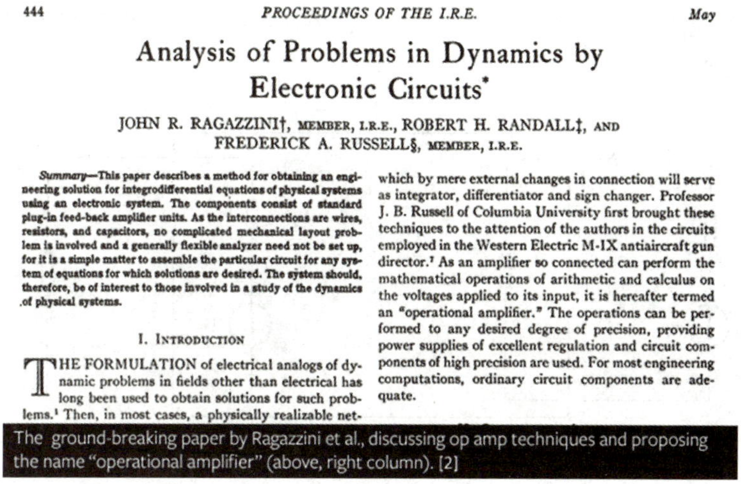
444　PROCEEDINGS OF THE I.R.E.　May

Analysis of Problems in Dynamics by Electronic Circuits*

JOHN R. RAGAZZINI†, MEMBER, I.R.E., ROBERT H. RANDALL‡, AND FREDERICK A. RUSSELL§, MEMBER, I.R.E.

Summary—This paper describes a method for obtaining an engineering solution for integrodifferential equations of physical systems using an electronic system. The components consist of standard plug-in feed-back amplifier units. As the interconnections are wires, resistors, and capacitors, no complicated mechanical layout problem is involved and a generally flexible analyzer need not be set up, for it is a simple matter to assemble the particular circuit for any system of equations for which solutions are desired. The system should, therefore, be of interest to those involved in a study of the dynamics of physical systems.

I. INTRODUCTION

THE FORMULATION of electrical analogs of dynamic problems in fields other than electrical has long been used to obtain solutions for such problems.[1] Then, in most cases, a physically realizable net-

which by mere external changes in connection will serve as integrator, differentiator and sign changer. Professor J. B. Russell of Columbia University first brought these techniques to the attention of the authors in the circuits employed in the Western Electric M-1X antiaircraft gun director.[7] As an amplifier so connected can perform the mathematical operations of arithmetic and calculus on the voltages applied to its input, it is hereafter termed an "operational amplifier." The operations can be performed to any desired degree of precision, providing power supplies of excellent regulation and circuit components of high precision are used. For most engineering computations, ordinary circuit components are adequate.

The ground-breaking paper by Ragazzini et al., discussing op amp techniques and proposing the name "operational amplifier" (above, right column). [2]

首次提出“运算放大器”概念的论文

## 4.1　放大电路概述及其主要性能指标

放大电路的功能是将微弱的电信号不失真地放大到所需要的数值，以便电子设备的终端执行器件 (如继电器、仪表、扬声器等) 能够工作。

图 4-1-1 为放大电路的结构示意图。放大电路是由集成电路组件、三极管、场效应管等组成的双口网络，a、b 端口为信号输入端，c、d 端口为信号输出端。需要注意的是，放大电路需在外部电源供电下工作。放大电路应尽可能减少信号失真。

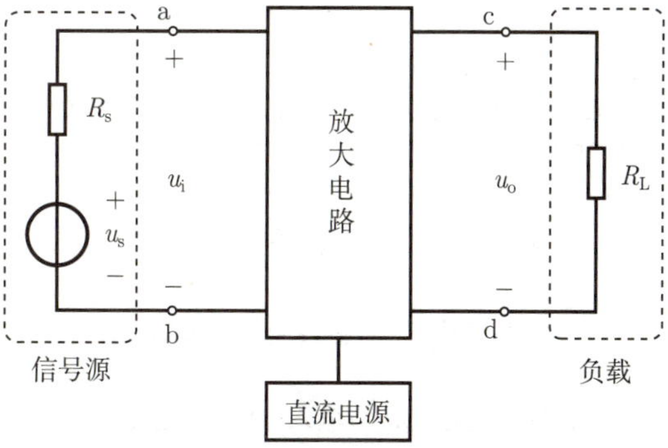


图 4-1-1　放大电路结构示意图

信号源是待放大的输入信号，比如声音通过话筒采集转换后的电信号，也可以是传感器采集到的温度、压力等。但信号源通常很微弱，不足以驱动负载，因而需要借助放大电路将其放大，再加载到终端执行器件 (即负载) 执行相应的功能。

放大电路不能放大能量，输出信号相比输入信号的能量增加实际上源于电源。放大电路的作用是将电源的能量转换为负载需要的能量。因此，放大作用本质上是能量控制作用。

面对不同的应用需求，放大电路种类繁多，但任何一个放大电路都可以用双口网络来表示，如图 4-1-2 所示。

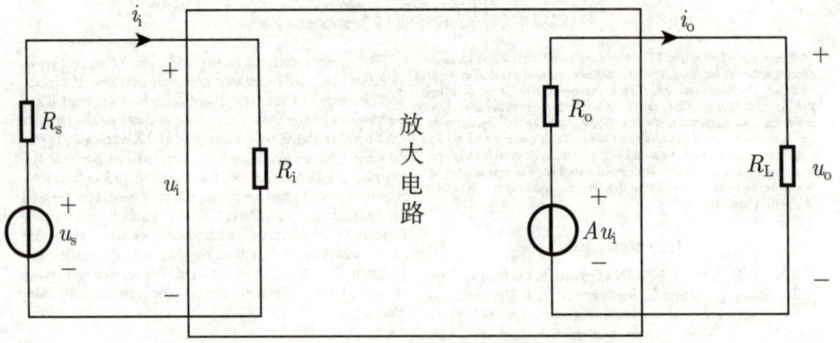


图 4-1-2 放大电路输入输出关系图

图 4-1-2 中，$u_s$ 为信号源电压，$R_s$ 为信号源内阻，$R_L$ 为负载电阻，这三个量通常为已知量。$u_i$ 和 $i_i$ 分别为放大电路的输入电压和输入电流，$R_o$ 为输出电阻，$u_o$ 和 $i_o$ 分别为输出电压和输出电流。

放大电路的放大信号性能的优劣是用它的性能指标来衡量的。性能指标是在规定条件下，按照规定程序和测试方法获得的。放大电路的性能指标较多，这里主要讨论放大电路的放大倍数 $\dot{A}$、输入电阻 $R_i$、输出电阻 $R_o$ 和通频带 $f_{BW}$。

### 1. 放大倍数 $\dot{A}$

放大倍数又称为**增益**，开环状态下的电压增益称为开环电压增益，是衡量放大电路放大能力的重要指标。根据输入、输出量的不同可分为**电压放大倍数** $\dot{A}_u$、**电流放大倍数** $\dot{A}_i$、**互阻放大倍数** $\dot{A}_r$ 和**互导放大倍数** $\dot{A}_g$，它们的定义均为输出量 $\dot{X}_o$ 与输入量 $\dot{X}_i$ 之比，如表 4-1-1 所示。

表 4-1-1 四种放大倍数的定义及表达式

| 放大倍数 | 定义 | 数学表达式 |
|---|---|---|
| 电压放大倍数 $\dot{A}_u$ | 输出电压 $\dot{U}_o$ 与输入电压 $\dot{U}_i$ 之比 | $\dot{A}_u=\dfrac{\dot{U}_o}{\dot{U}_i}$ |
| 电流放大倍数 $\dot{A}_i$ | 输出电流 $\dot{I}_o$ 与输入电流 $\dot{I}_i$ 之比 | $\dot{A}_i=\dfrac{\dot{I}_o}{\dot{I}_i}$ |
| 互阻放大倍数 $\dot{A}_r$ | 输出电压 $\dot{U}_o$ 与输入电流 $\dot{I}_i$ 之比 | $\dot{A}_r=\dfrac{\dot{U}_o}{\dot{I}_i}$ |
| 互导放大倍数 $\dot{A}_g$ | 输出电流 $\dot{I}_o$ 与输入电压 $\dot{U}_i$ 之比 | $\dot{A}_g=\dfrac{\dot{I}_o}{\dot{U}_i}$ |

表 4-1-1 中，$\dot{A}_u$ 和 $\dot{A}_i$ 为无量纲的增益，其值往往非常大。在工程上常用以 10 为底的对数来表示增益，使其数值变小，方便读写、记忆及运算 (3.6.1 节也有所提及)。

$$A_u\,(\mathrm{dB})=20\lg|A_u|\,(\mathrm{dB}) \tag{4-1-1}$$

$$A_{\mathrm{i}}\,(\mathrm{dB}) = 20\lg|A_{\mathrm{i}}|\,(\mathrm{dB}) \tag{4-1-2}$$

### 2. 输入电阻 $R_{\mathrm{i}}$

输入电阻 $R_{\mathrm{i}}$ 是从放大电路输入端看进去的等效电阻，如图 4-1-2 所示，可利用输入电压 $\dot{U}_{\mathrm{i}}$ 和输入电流 $\dot{I}_{\mathrm{i}}$ 计算得到

$$R_{\mathrm{i}} = \frac{\dot{U}_{\mathrm{i}}}{\dot{I}_{\mathrm{i}}} \tag{4-1-3}$$

输入电阻的大小决定了放大电路从信号源获取信号的能力。从图 4-1-3 可以看出，电压放大或互导放大电路的 $R_{\mathrm{i}}$ 越大，放大电路从信号源获取的电压越大；电流放大或互阻放大电路的 $R_{\mathrm{i}}$ 越小，放大电路从信号源获取的电流越大。

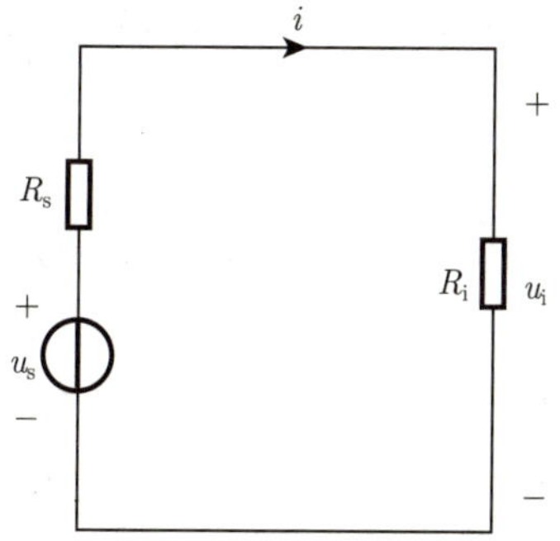


图 4-1-3　输入电阻 $R_{\mathrm{i}}$ 的测量电路

测试输入电阻的方法有很多，常用的方法是在输入端加正弦波信号 $u_{\mathrm{s}}$ 和电阻 $R_{\mathrm{s}}$，测出输入端的电压有效值 $U_{\mathrm{i}}$，如图 4-1-3 所示，由总电流与流经 $R_{\mathrm{i}}$ 的电流相等可得

$$\frac{U_{\mathrm{s}}}{R_{\mathrm{s}} + R_{\mathrm{i}}} = \frac{U_{\mathrm{i}}}{R_{\mathrm{i}}} \tag{4-1-4}$$

整理式 (4-1-4)，得到输入电阻

$$R_{\mathrm{i}} = \left(\frac{U_{\mathrm{i}}}{U_{\mathrm{s}} - U_{\mathrm{i}}}\right) R_{\mathrm{s}} \tag{4-1-5}$$

### 3. 输出电阻 $R_{\mathrm{o}}$

从放大电路输出端看进去的等效电阻即是放大电路的输出电阻 $R_{\mathrm{o}}$。放大电路输出电阻的大小决定了其带负载的能力。带负载的能力是指当负载变化时，放大电路的输出量随负载变化的程度。电压放大和互阻放大电路的 $R_{\mathrm{o}}$ 越小，负载能获得的输出电压越大；电流放大和互导放大电路的 $R_{\mathrm{o}}$ 越大，负载能获得的输出电流越大。

通常测定输出电阻的方法是在输入端加正弦波信号，测出负载开路时的输出电压有效值 $U_{\mathrm{o}}'$，再测出接入负载 $R_{\mathrm{L}}$ 时的输出电压有效值 $U_{\mathrm{o}}$，如图 4-1-4 所示，有

$$\frac{U_{\mathrm{o}}'}{R_{\mathrm{o}} + R_{\mathrm{L}}} = \frac{U_{\mathrm{o}}}{R_{\mathrm{L}}}$$

即

$$R_o = \left(\frac{U_o'}{U_o} - 1\right) R_L \tag{4-1-6}$$

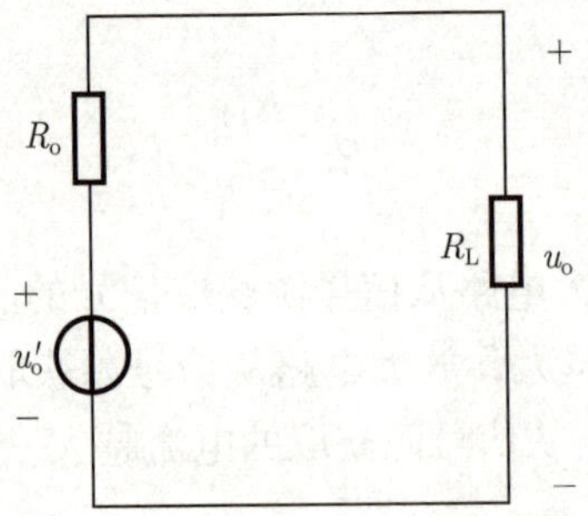


图 4-1-4　输出电阻 $R_o$ 的测量电路

### 4. 通频带 $f_{BW}$

信号都有自身的频率，但并非任何频率的信号进入放大电路后都能如愿被放大。如果输入信号的频率过高或过低，该信号并不能被放大到期望的程度。当改变输入信号的频率时，放大电路的放大倍数是变化的，输出波形的相位也会发生变化。

一般情况下，放大电路只适用于放大某个特定频率范围内的信号，当信号的频率太高或太低时，放大倍数都显著减少，如图 4-1-5 所示。上方的**幅频特性曲线** (反映幅值随频率变化的曲线) 中，当信号频率处于 $f_L \sim f_H$ 之外时，幅值明显下降。下方的**相频特性曲线** (反映相位随频率变化的曲线) 中，不同的频率对应的相位差也不同 (3.6.1 节有所介绍)。

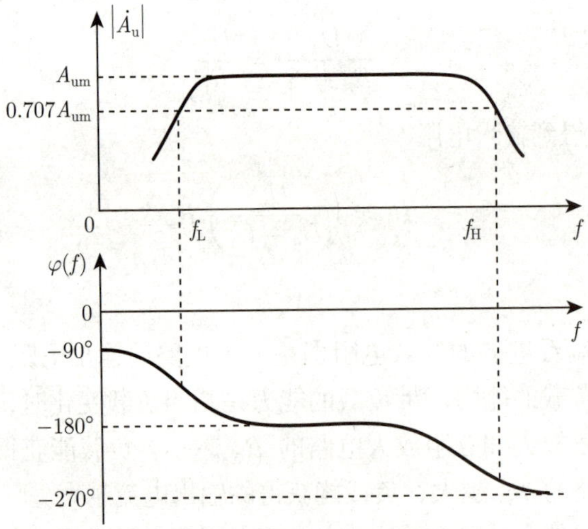


图 4-1-5　放大电路的频率特性

$A_{um}$ 为中频时的放大倍数，使放大倍数下降为 $A_{um}$ 的 0.707 倍时的高频信号频率称为**上限截止频率**，记作 $f_H$；同样，使放大倍数下降为 $A_{um}$ 的 0.707 倍时的低频信号频率称为**下限截止频率**，记作 $f_L$。$f_H$ 和 $f_L$ 之间形成的频带差称为**通频带**，记作 $f_{BW}$，即

$$f_{BW} = f_H - f_L \tag{4-1-7}$$

通频带 $f_{BW}$ 表征放大电路对不同频率信号的适应能力。通频带越宽，表明放大电路对信号频率的适应能力越强 (可参考 3.7.1 节的音箱三分频电路)。

## 4.2　模拟集成运算放大电路

### 4.2.1　集成运算放大电路的内部组成单元

集成运算放大电路是一种高增益的多级电压放大电路，是发展最早、应用最广泛的一种模拟集成电路。它采用集成工艺将大量半导体三极管、电阻、电容等元器件及其连线制作在一块单晶硅的芯片上。因为它最初用于信号的运算，所以称为集成运算放大电路，简称**集成运放** (operational amplifier，Op-amp)。

集成运放的种类很多，电路也不一样。理想集成运放应该具有高电压增益、高输入电阻、低输出电阻、零点漂移小等性能。集成运放主要由输入级、中间级、输出级和偏置电路四部分组成，如图 4-2-1 所示。

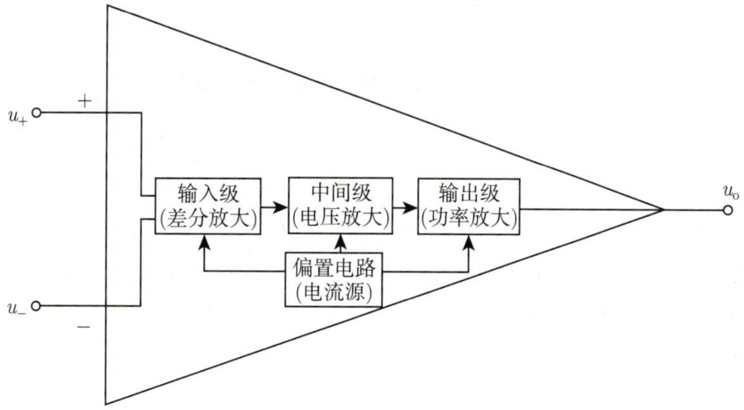


**图 4-2-1　集成运放的内部结构**

当外界温度、电源电压等参数发生变化时，电路的直流工作点会随温度发生缓慢变化，使整个电路工作不稳定，这种现象叫作**零点漂移**。为了抑制零点漂移，将差分放大电路作为输入级，并且要求差分放大电路有很高的输入电阻。中间级一般由单级或多级共射放大电路组成，以获得较高的电压放大倍数。输出级的主要作用是提供足够大的功率驱动负载，因此要具有较强的带负载能力。偏置电路的作用主要是为各级放大电路提供稳定的直流工作点，通常由恒流源电路组成。

## 4.2.2 集成运算放大电路基础

### 1. 集成运放的符号

目前广泛使用的集成运放一般都有两个输入端和一个输出端，符号如图 4-2-2 所示。

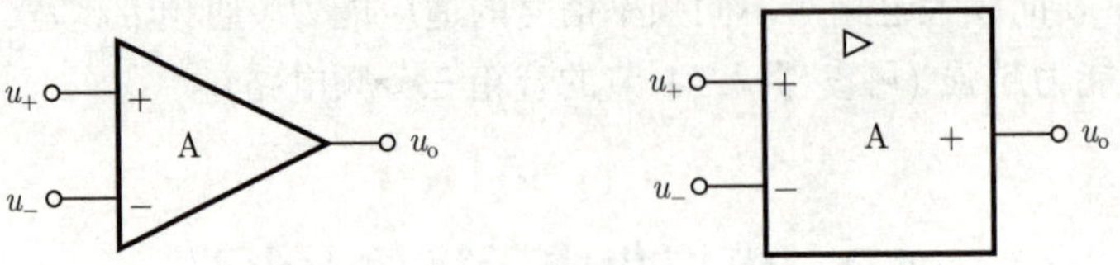


(a) 通用符号　　(b) 国标符号

**图 4-2-2　集成运放的符号**

图 4-2-2 (a) 是集成运放的通用符号，图 4-2-2 (b) 是集成运放的国标符号。图 4-2-2 中，标有“+”的输入端称为**同相输入端**，该输入端信号的相位与输出端信号的相位相同，如图 4-2-3 (a) 所示；标有“−”的输入端称为**反相输入端**，该输入端信号的相位与输出端信号的相位相反，如图 4-2-3 (b) 所示。如果在同相输入端和反相输入端之间加入差模信号，输出与输入的相位关系如图 4-2-3 (c) 所示。

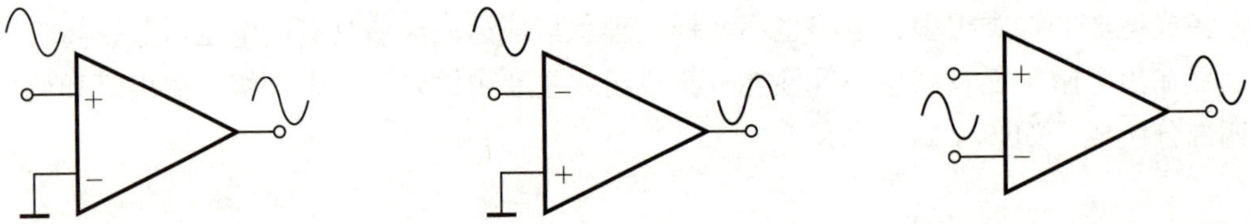

(a) 信号加在同相输入端　　(b) 信号加在反相输入端　　(c) 差模输入

**图 4-2-3　集成运放输出、输入的相位关系**

### 2. 集成运放的输入

集成运放电路有反相和同相两个输入端，故有以下三种输入情况。

(1) 单端输入 (single-ended input)。单端输入是指只从同相输入端或反相输入端输入信号。图 4-2-3 (a) 是只从同相输入端输入一个正弦信号，反相输入端接地，输出得到放大后的同相信号。图 4-2-3 (b) 是只从反相输入端输入一个正弦信号，同相输入端接地，输出得到放大后的反相信号。

(2) 共模信号输入 (common-mode input)。共模信号就是两个幅度、频率、相位等参数完全相同的信号，可简称相同的信号，共模信号中包括直流。对于两个共模信号输入差分放大器，由于它们没有差别，因此差分放大器对共模部分放大的效果是输出为零。

(3) 差分输入 (differential input，double-ended input)。差分输入是指两个不共模的信号同时进入两个输入端，如图 4-2-3 (c) 所示。

**【例 4-1】**　一集成运放构成的放大器电压增益为 50，已知同相输入端的信号为 $u_1 = 5\sin\left(t+\dfrac{\pi}{2}\right)+9.8(\mathrm{V})$，反相输入端的信号为 $u_2 = 4.8\sin\left(t+\dfrac{\pi}{2}\right)+10(\mathrm{V})$，求输出信号。

解：输入信号 $u_1$、$u_2$ 为差分信号，它们的频率和相位相同，幅度和直流成分不同。

差分放大器对 $u_1$、$u_2$ 的差分部分进行放大，它们的差分部分为

$$u_1 - u_2 = \left[5\sin\left(t+\frac{\pi}{2}\right)+9.8\right] - \left[4.8\sin\left(t+\frac{\pi}{2}\right)+10\right] = 0.2\sin\left(t+\frac{\pi}{2}\right) - 0.2(\text{V})$$

已知电压增益为 50，所以差分放大器的输出为 $50\,(u_1-u_2) = 10\sin\left(t+\dfrac{\pi}{2}\right) - 10(\text{V})$。

在实际生活中，共模信号为来自电网、外部辐射、线路内部等的干扰信号，会同时加载到信号线上，表现为对地电压。单端输入时会引起信号失真，所以一些信号线采用两线传输，其有效信号极性相反，两线间的电压相减就是差模信号 (即差分信号)，从而减少共模信号的影响。在理想状况下，放大器的两输入端电路完全相同，信号中的共模成分被完全抵消，只放大差模信号，而实际工艺无法制造出完全相同的电路，导致集成运放在放大有效差分信号的同时也放大了共模信号。所以需要让放大器放大差模信号的能力比放大共模信号的能力强，这就是**共模抑制比** (common-mode rejection ratio，CMRR) 的概念，即差模增益与共模增益的绝对值。共模抑制比的单位是 dB，计算公式为

$$\text{CMRR} = 20\text{lg}\left|\frac{A_{V差模}}{A_{V共模}}\right| \tag{4-2-1}$$

共模抑制比用来评价一个集成运放去除共模信号、放大差模信号的能力。从式 (4-2-1) 可以看出，当差模信号的增益越大、共模信号的增益越小时，共模抑制比越高，说明集成运放对于共模信号的去除能力越强，性能越优。例如，共模抑制比为 100dB 的集成运放，差模放大倍数设计为 10 倍，则共模信号会被放大 0.000 1 倍。

【例 4-2】 体检时可从人体的左右手臂上获得心电信号。心电信号的幅度大约为 2.5mV，使用导线把心电信号输入集成运放中进行放大，输出端用示波器显示心电信号的波形。由于在输入集成运放之前，导线暴露在外部环境中，市电 50Hz 工频干扰会耦合到导线中形成共模噪声信号，幅度约为 4mV。为了能在示波器上观察到心电信号，并且要求心电信号的幅度约为 5V，噪声信号不超过 40mV，需要共模抑制比为多大的集成运放？集成运放 LM741 是否能满足这个设计的要求？

解：(1) 心电信号的增益为 (差模增益)

$$A_{V差模} = \frac{5\text{V}}{2.5\text{mV}} = 2\,000$$

(2) 50Hz 工频噪声的增益最大为 (共模增益)

$$A_{V共模} = \frac{40\text{mV}}{4\text{mV}} = 10$$

(3) 由式 (4-2-1) 得到集成运放的共模抑制比至少为

$$\text{CMRR} = 20\text{lg}\left|\frac{A_{V差模}}{A_{V共模}}\right| = 20\,\text{lg}\left|\frac{2\,000}{10}\right| = 46.02\text{dB}$$

从 LM741 的技术手册中查到其 CMRR 为 90dB，符合系统设计要求，所以可用于这个放大电路。

### 3. 集成运放的供电

集成运放不能产生能量，输出信号的能量增加实际上是由直流电源提供的。集成运放的供电方式有双电源供电和单电源供电两种。双电源供电是指正电源和负电源同时供电，如图 4-2-4 (a) 所示；单电源供电是指供电端一端接电源，另一端接地，如图 4-2-4 (b) 所示。特别指出的是，有些集成运放只能采用双电源供电。

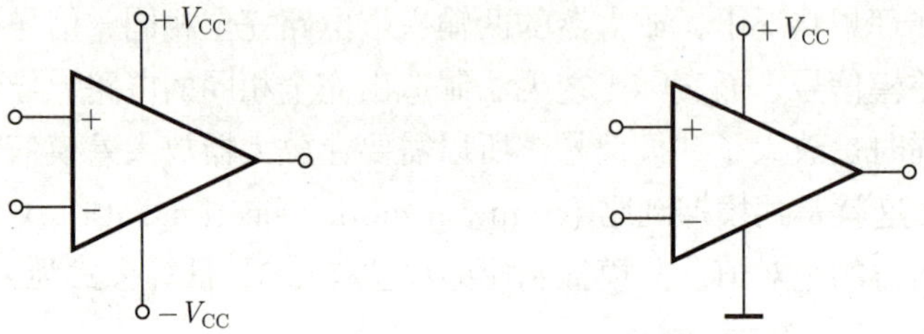


(a) 双电源供电　　(b) 单电源供电

**图 4-2-4　集成运放的供电方式**

在模拟集成电路中，电流源被广泛采用，主要是因为电流源能提供稳定的电流，不易受电源电压波动和温度变化的影响，有助于提高电路的稳定性和可靠性。

### 4. 集成运放的分类

集成运放自 1965 年问世以来，已经经历了五代的发展过程。目前，集成运放的种类繁多，表 4-2-1 列出了不同类型的集成运放及其性能特点。

**表 4-2-1　集成运放的分类**

| 类型 | 名称 | 特点 | 典型芯片 |
|---|---|---|---|
| 按制造工艺 | 双极型 | 高速、高增益、低噪声 | LM741、NE5532、OP07 |
| | CMOS 型 | 高输入阻抗、低功耗 | TLV2462、LMC6482 |
| | BiCMOS 型 | 高速、低功耗 | AD8065、OPA633 |
| 按工作原理 | 电压型 | 实现电压放大 | LM324、μA741 |
| | 电流型 | 实现电流放大 | LM3900 |
| | 互导型 | 将输入电压转换成输出电流 | LM3080 |
| | 互阻型 | 将输入电流转换成输出电压 | AD8009、AD8001 |
| 按性能指标 | 通用型 | 价格低、应用范围广，用于一般测量、运算电路 | μA741、AD508、LM358、NE5532 |
| | 特殊型 | 某一方面的性能特别突出，用于某些特殊要求的场合。例如：高阻型、高压型、低功耗型、高速型、宽带型集成运放都属于特殊型集成运放 | AD811(高速)、OPA445(高压)、TL082(高阻)、CA3078(低功耗)、MC1520(宽带) |

选择集成运放时，要从整机或系统的技术要求出发，并考虑信号源和负载的性质、环境条件等因素。如果没有特殊要求，应该先考虑选择价格便宜且容易购买的通用型集成运放。如果某些性能不能满足特殊要求，再考虑选用特殊型集成运放。

#### 5. 集成运放的开环电压传输特性

开环电压传输特性是指集成运放在不引入反馈的前提下，输出电压 $u_o$ 和差分输入电压 $(u_+ - u_-)$ 之间的关系，也称集成运放的电压传输特性，即

$$u_o = f(u_+ - u_-) \tag{4-2-2}$$

如图 4-2-5 所示，当横坐标上的差分输入电压在一定范围内时，输出电压和差分输入电压之间呈线性关系，放大电路对差分信号进行无失真的放大，这是集成运放的**线性区**。当差分输入电压超过线性区时，输出开始出现饱和，放大电路进入**非线性区**，这时输出电压不再随输入的变化而变化，只能保持正饱和值 $(+U_{OM})$ 或负饱和值 $(-U_{OM})$。

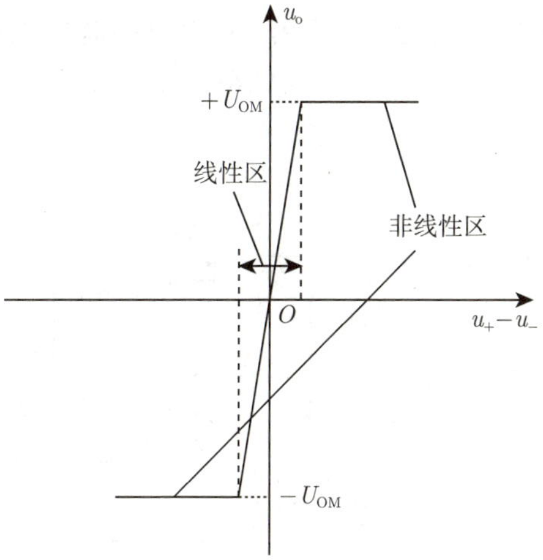


**图 4-2-5　集成运放的开环电压传输特性**

事实上，由于集成运放的开环电压放大倍数非常大，因此只有当差分输入电压很小时(通常在微伏级以下)，才能处于线性区。

## 4.3　理想集成运放

### 4.3.1　理想集成运放的主要参数

集成运放可用来构成功能、结构复杂的电路。分析这些电路时，通常是将其中的集成运放视为“理想”的。所谓理想集成运放，就是将集成运放的性能指标理想化，如开环电

压增益 $A_{od}=\infty$，输入电阻 $r_{id}=\infty$，输出电阻 $r_o=0$。

显然，集成运放的各项性能参数在现实世界里达不到理想化。但随着科学技术和制作工艺的突飞猛进，这些误差越来越小，这使得理想化在工程计算中是被允许的。因此，后面的集成运放电路分析都将集成运放当作理想的来处理。只有在误差分析时，才考虑实际集成运放的有限增益、带宽、输入电阻、输出电阻等带来的影响。理想集成运放的符号如图 4-2-2 所示。

### 4.3.2 理想集成运放电路工作在线性区的特点

前面讲了集成运放的电压传输特性，如图 4-2-5 所示，集成运放的工作区域可分为线性区和非线性区。若直接将输入信号作用于理想集成运放的两个输入端，则由于 $A_{od}$ 无穷大，必然使集成运放工作在非线性区。因此，为使理想集成运放工作在线性区，则必须加外部电路，引入反馈，使两个输入端的电压差趋于零。图 4-3-1 所示的电路就引入了负反馈。输入信号 $u_i$ 加在集成运放的同相输入端“+”，电阻 $R_f$ 跨接在输出端和反相输入端“−”之间。输出电压 $u_o$ 通过 $R_f$ 与 $R_1$ 的分压被反馈到反相输入端，从而使两个输入端的电压趋于零。将放大电路的输出量通过一定的方式引回到输入端来影响输入量，称为**反馈**。若反馈的结果使得输出量的变化减小，称为**负反馈** (negative feedback)，否则称为**正反馈** (positive feedback)。

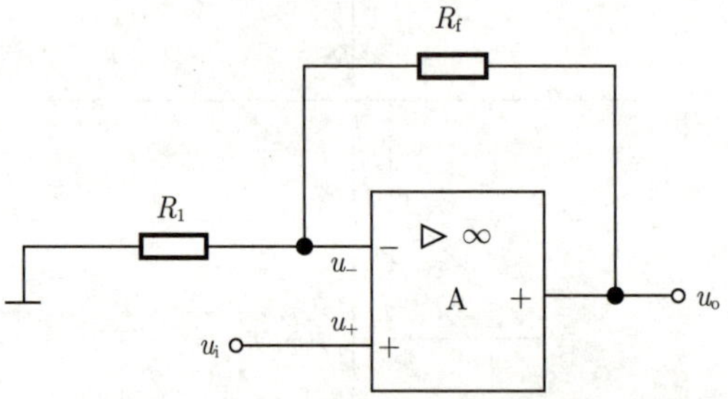


**图 4-3-1　集成运放引入负反馈**

当理想集成运放工作在线性区，即输出电压与输入电压呈线性关系时，具有以下两个主要特点。

#### 1. 虚短

如图 4-2-5 所示，当理想集成运放工作在线性区时，输出电压与输入差分电压呈线性关系，即

$$u_o = A_{od}u_{id} = A_{od}(u_+ - u_-) \tag{4-3-1}$$

由于 $u_o$ 为有限值，对于理想集成运放 $A_{od}=\infty$，因而必然存在 $u_{id}=u_+-u_-=0$，即

$$u_+ \approx u_- \tag{4-3-2}$$

式 (4-3-2) 表明，理想集成运放的两个输入端没有短路，却具有与短路相同的特征，这种情况称为两个输入端虚短路，简称虚短 (virtual short)。

### 2. 虚断

由于理想集成运放的输入电阻为无穷大 ($r_{id}=\infty$)，因此理想集成运放两个输入端的电流为

$$i_+ = i_- = \frac{u_{id}}{r_{id}} \approx 0 \tag{4-3-3}$$

式 (4-3-3) 表明，理想集成运放的两个输入端没有断开，却具有与断开相同的特征，这种情况称为两个输入端虚断开，简称虚断 (virtual open)。

虚短和虚断是工作在线性区的理想集成运放的两个非常重要的性质。

## 4.3.3　理想集成运放电路工作在非线性区的特点

前面介绍了理想集成运放工作在线性区的情况，但如果理想集成运放处于开环状态，则会工作在非线性区，若引入正反馈，理想集成运放也会工作在非线性区。当理想集成运放工作在非线性区时，具有以下两个主要特点。

### 1. 只有两种输出电压

理想集成运放的 $A_{od}$ 为无穷大，若其工作在开环状态或正反馈状态，由于 $u_o = A_{od}(u_+ - u_-)$，即当同相输入端和反相输入端之间的电压 $(u_+ - u_-)$ 为非无穷小量时，输出电压 $u_o$ 将达到正向饱和压降 $U_{OH}$ 或负向饱和压降 $U_{OL}$，因此，电压传输特性如图 4-3-2 所示，输出电压和净输入电压之间不再呈线性关系，理想集成运放工作在非线性区时输出电压只有高、低两种电平，即

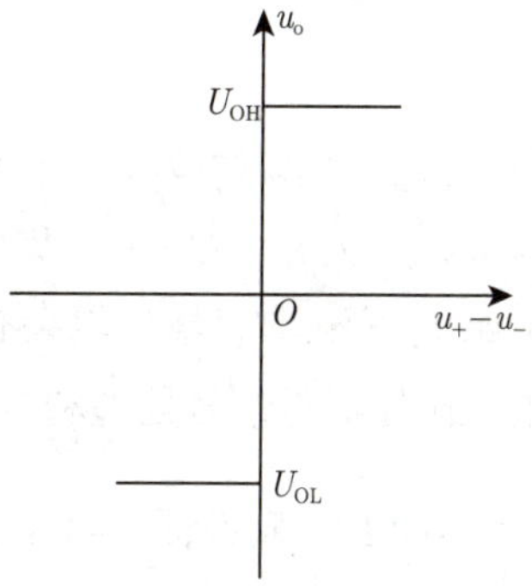


图 4-3-2　理想集成运放工作在非线性区时的电压传输特性

$$u_o = \begin{cases} U_{OH}, & u_+ > u_- \\ U_{OL}, & u_+ < u_- \end{cases} \tag{4-3-4}$$

### 2. 虚断

由于理想集成运放的输入电阻为无穷大，故净输入电流为零，即

$$i_+ = i_- \approx 0$$

即工作在非线性区的理想集成运放仍然具有虚断的特点，但一般不具有虚短的特点。

当理想集成运放工作在非线性区时，它的应用电路主要包括电压比较器、信号发生器等。

**【工程应用】电压比较器及充电指示灯应用**

电压比较器 (comparator) 是集成运放非线性应用电路，它将一个模拟电压信号与一个参考电压相比较，在二者幅度相等的附近，输出电压将产生跃变，对应输出为高电平或低电平。典型的电压比较器芯片有 LM339、LM311、LM393、TLV3201 等。

图 4-3-3 (a) 为简单电压比较器的电路结构。$+V_{CC}$、$-V_{CC}$ 为集成运放的工作电源，$U_R$ (R 表示 reference) 为参考电压，施加在集成运放的反相输入端，输入电压 $u_i$ 施加在同相输入端。

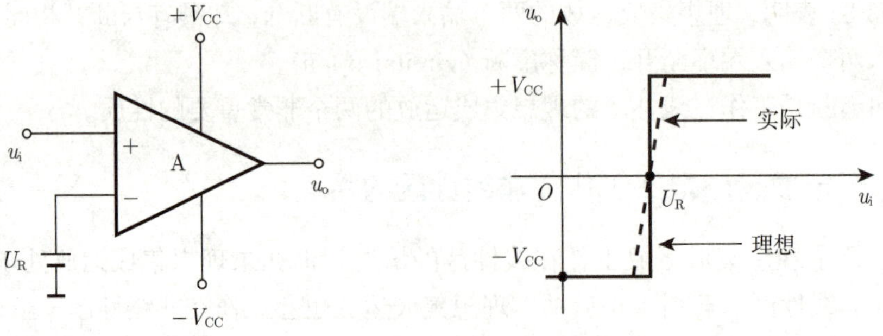


(a) 电压比较器 (b) 电压传输特性

**图 4-3-3 简单电压比较器**

图 4-3-3 (b) 为简单电压比较器的传输特性。当 $u_i < U_R$ 时，集成运放输出低电平，即 $u_o = -V_{CC}$；当 $u_i > U_R$ 时，集成运放输出高电平，即 $u_o = +V_{CC}$。因此，以 $U_R$ 为界，当输入电压 $u_i$ 变化时，输出端会有两种结果：高电位和低电位。

电压比较器是信号处理和波形产生电路中常用的基本单元电路。

**【例 4-3】** 假设图 4-3-3 (a) 所示的电压比较器中，集成运放是理想的，输入电压 $u_i = 2\sin\omega t$ V。

(1) 当 $U_R = 0$V 时，画出输出电压的波形；

(2) 当 $U_R = 1$V 时，画出输出电压的波形。

**解：** (1) 当 $u_i < U_R = 0$V 时，$u_o = -V_{CC}$；当 $u_i > U_R = 0$V 时，$u_o = +V_{CC}$，波形如图 4-3-4 (a) 所示。

(2) 当 $u_i < U_R = 1$V 时，$u_o = -V_{CC}$；当 $u_i > U_R = 1$V 时，$u_o = +V_{CC}$，波形如图 4-3-4 (b) 所示。

现代生活离不开充电器，人们几乎每天都要给手机、电脑、耳机、电瓶车、汽车、电池等生活用品充电。指示灯可以帮助观察充电过程的实时状态。

比如给 12W 的锂电池充电。充电器前端用一款型号为 ME8327BS7G 的芯片，把交流电 (AC) 转换成直流电 (DC)，输出 12.6V、1A 的稳定电压和电流给锂电池充电。充电器后端用一款 MEB358ASG 的双通道电压比较器控制指示灯。

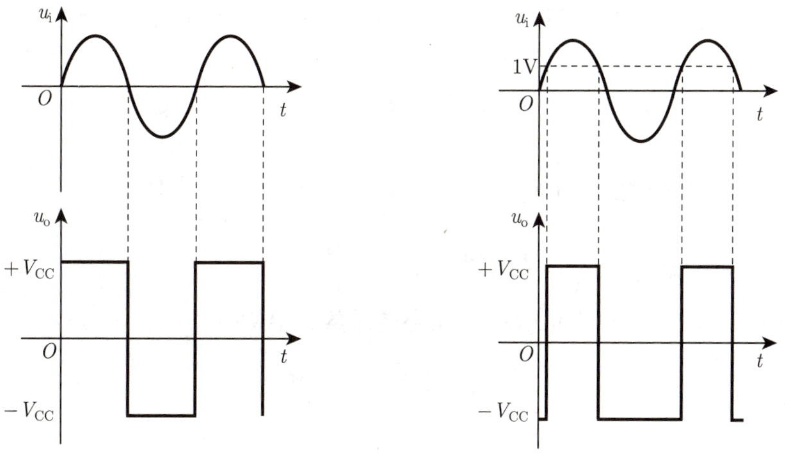


(a) $U_R$=0V时的输出波形　　(b) $U_R$=1V时的输出波形

**图 4-3-4　输出波形**

当充电电流比较大时，电压比较器“+”输入端的电压高于“−”输入端的电压，输出为高电平，红灯亮，显示正在充电。快充满时，电流变小，电压比较器“+”输入端的电压低于“−”输入端的电压，输出为低电平，绿灯亮，显示电池快充满了。有了指示灯显示充电状态，使用起来非常方便直观。

## 4.4　基本运算电路

集成运放的应用非常广泛，本节主要介绍由它构成的基本运算电路：比例运算电路、加减运算电路、积分和微分运算电路。

### 4.4.1　比例运算电路

将输入信号进行比例运算的电路称为比例运算电路。根据输入信号接入集成运放的输入端的不同 (反相输入端或同相输入端)，比例运算电路又分为反相比例电路和同相比例电路。

#### 1. 反相比例电路

图 4-4-1 所示的为反相比例电路。输入信号 $u_i$ 经电阻 $R_1$ 施加到集成运放的反相输入端，输出信号 $u_o$ 经 $R_f$ 反馈到反相输入端。同相输入端经平衡电阻 $R_p$ 接地，$R_p$ 使同相输入端的电阻与反相输入端的电阻具有对称性，从而提高运算精度，其阻值等于反相输入端所接的等效电阻，即 $R_p = R_1//R_f$。

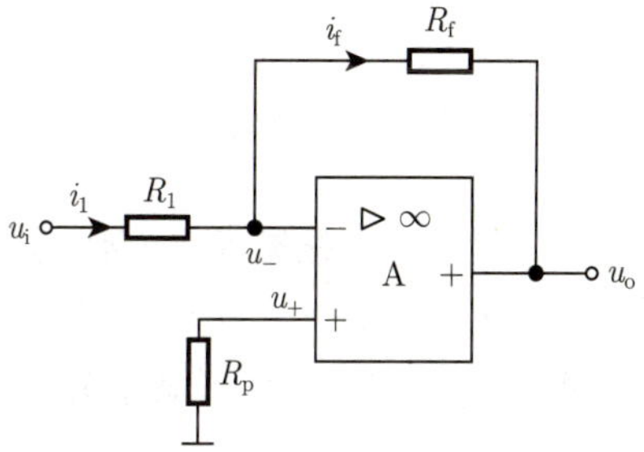


**图 4-4-1　反相比例电路**

图 4-4-1 中，根据虚断可知，$i_- = i_+ \approx 0$。因此，对反相输入端施加电压 $u_i$，产生的电流 $i_1$ 流经 $R_1$ 后，全部流向了 $R_f$，即 $i_1 = i_f$。

由虚断可知 $i_+ = 0$，即 $R_p$ 上无压降，则 $u_+ = u_- = 0$。反相输入端与地等电位，称为**虚地**。

结合图 4-4-1 的电路结构可得，$i_1 = \dfrac{u_i - u_-}{R_1}$，$i_f = \dfrac{u_- - u_o}{R_f}$。

由 $i_1 = i_f$，有 $\dfrac{u_i}{R_1} = -\dfrac{u_o}{R_f}$，整理得 $u_o = -\dfrac{R_f}{R_1}u_i$。

接入负反馈后的电压放大倍数称为**闭环电压放大倍数** $A_{uf}$

$$A_{uf} = \frac{u_o}{u_i} = -\frac{R_f}{R_1} \tag{4-4-1}$$

式 (4-4-1) 中，等号右边的负号代表输出电压与输入电压的相位相反，即电路实现反相比例运算。只要 $R_1$、$R_f$ 的阻值确定，电路就可得到明确的比例运算关系，与集成运放本身的 $A_{od}$、$r_{id}$ 及 $r_o$ 无关。$|A_{uf}|$ 的数值可以大于 1，也可以小于 1，“放大倍数”并非指绝对值上的“放大”。

【例 4-4】 在图 4-4-1 所示的反相放大器中，$R_1 = 10\text{k}\Omega$，$R_f = 100\text{k}\Omega\text{V}$，若输入信号为 $u_i = 2\sin(10t + \dfrac{\pi}{2})\text{V}$，则输出信号为多少？

解：根据式 (4-4-1) 可计算放大器的输出信号为

$$u_o = -\frac{R_f}{R_1}u_i = -\frac{100}{10}u_i = -20\sin\left(10t + \frac{\pi}{2}\right)\text{V}$$

### 2. 同相比例电路

同相比例电路的信号是从同相输入端接进来的，如图 4-4-2 所示。输入信号 $u_i$ 经电阻 $R_p$ 加载到集成运放的同相输入端，输出信号 $u_o$ 经 $R_f$ 反馈到反相输入端，平衡电阻为 $R_p = R_1 // R_f$。

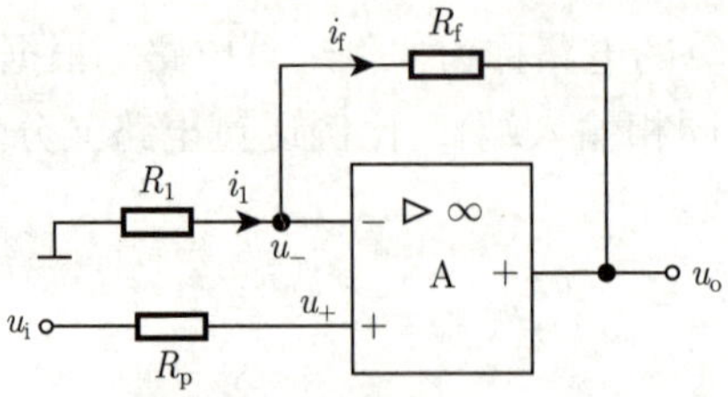


**图 4-4-2 同相比例电路**

图 4-4-2 中，根据虚短，有 $u_+ \approx u_-$，又因虚断，$i_+ = i_- \approx 0$，$R_p$ 上没有电压，因此有 $u_+ = u_- = u_i$。

根据电路结构，得到电流关系

$$i_1 = i_f \tag{4-4-2}$$

结合图 4-4-2，将 $i_1=\dfrac{0-u_-}{R_1}$ 和 $i_f=\dfrac{u_--u_o}{R_f}$ 代入式 (4-4-2)，整理得

$$u_o=\left(1+\frac{R_f}{R_1}\right)u_+=\left(1+\frac{R_f}{R_1}\right)u_i \tag{4-4-3}$$

因此，本电路中，闭环电压放大倍数 $A_{uf}$ 为

$$A_{uf}=\frac{u_o}{u_i}=1+\frac{R_f}{R_1} \tag{4-4-4}$$

式 (4-4-4) 中，$A_{uf}$ 为正，即输出电压与输入电压的相位相同，大小呈一定的比例关系，即电路实现了同相比例运算。只要 $R_1$、$R_f$ 的阻值确定，电路就可得到明确的比例运算关系。$A_{uf}$ 大于或等于 1。

【例 4-5】 在图 4-4-2 所示的同相放大器中，$R_1=10\text{k}\Omega$，$R_f=47\text{k}\Omega$，若输入信号为 $u_i=0.5\sin(10t+\dfrac{\pi}{4})\text{V}$，则输出信号为多少？

解：根据式 (4-4-4) 可计算输出信号为

$$u_o=\left(1+\frac{R_f}{R_1}\right)u_i=\left(1+\frac{47}{10}\right)u_i=2.85\sin\left(10t+\frac{\pi}{4}\right)\text{V}$$

由式 (4-4-4) 可知，当 $R_1=\infty$，$R_f=0$ 时，$A_{uf}=1$。此时输出电压与输入电压大小相等、相位相同，这种电路即是**电压跟随器** (voltage follower)，如图 4-4-3 所示。

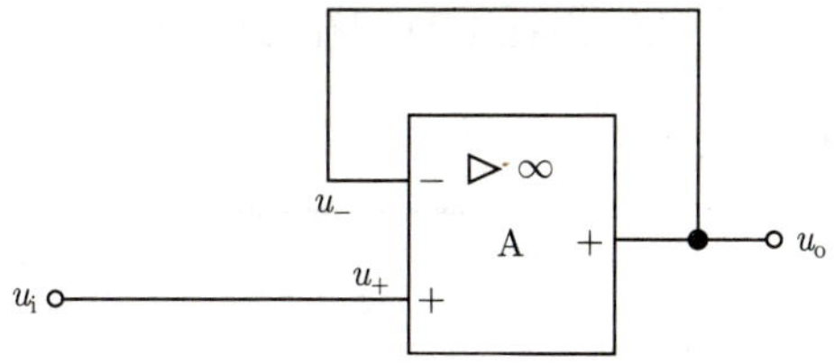


**图 4-4-3　电压跟随器**

【例 4-6】 将一个开路电压为 1V、内阻为 7kΩ 的信号源与阻值为 3kΩ 的负载电阻相连接。求：

(1) 直接连接时负载上的电压；

(2) 通过电压跟随器连接时负载上的电压。

解：(1) 直接连接时的电路如图 4-4-4 (a) 所示，负载上的电压为

$$u_o=\frac{R_L}{R_s+R_L}u_s=\frac{3}{7+3}u_s=0.3\text{V}$$

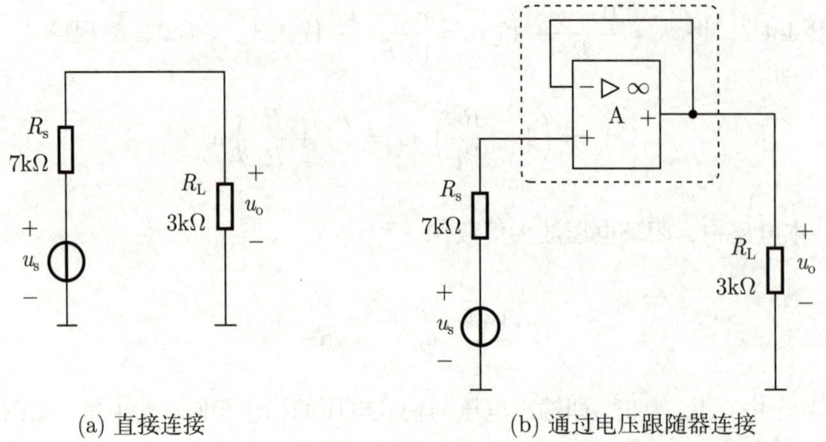


**图 4-4-4　例 4-6 电路**

(2) 通过电压跟随器连接的电路如图 4-4-4 (b) 所示。因电压跟随器的输入电阻 $R_i \to \infty$，根据虚断，$R_s$ 上几乎没有电压。又由于虚短，可求得负载电压

$$u_o = u_- = u_+ = u_s = 1V$$

对比发现，电压跟随器的输出能毫发无损地获得 100%的输入信号，非常适用于连接在具有高阻抗的信号源和低阻抗的负载之间作为缓冲放大电路，因此也称为**缓冲器** (buffer)。

**【工程应用】心电图**

假设放大器把人体心电信号 (幅度约 1mV) 放大 5 000 倍，打印在心电图纸上以供医生诊断使用，可以在放大器后面接一个跟随器，如图 4-4-5 所示。由于跟随器的输入阻抗很高，微弱的心电信号可以没有任何损耗地打印在心电图纸上。

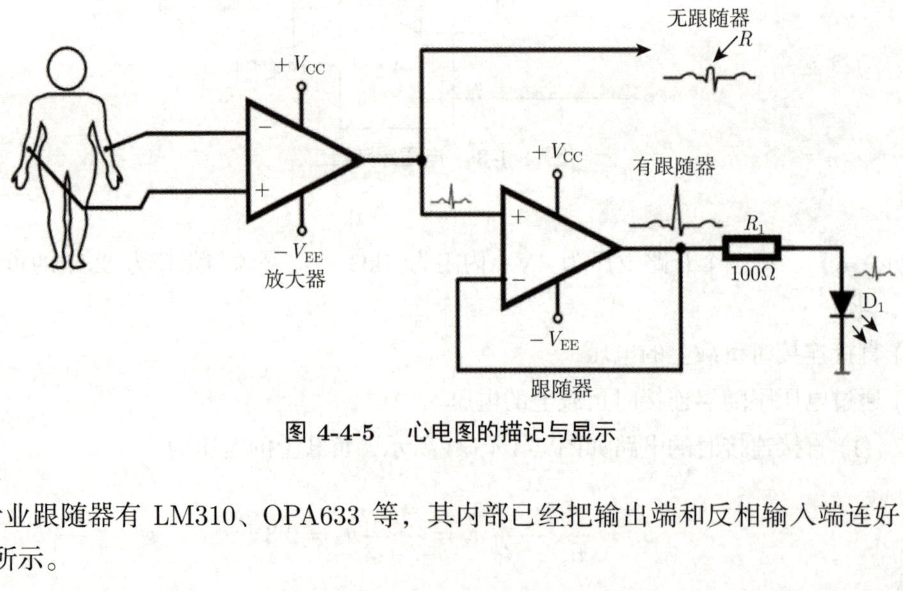


**图 4-4-5　心电图的描记与显示**

专业跟随器有 LM310、OPA633 等，其内部已经把输出端和反相输入端连好，如图 4-4-6 所示。

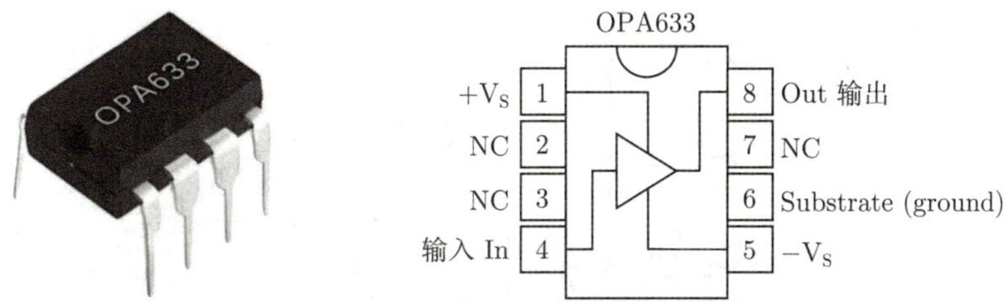


图 4-4-6　跟随器 OPA633

【例 4-7】　电路如图 4-4-7 所示，已知 $u_o = -30u_i$，$R_3$ 和 $R_6$ 为平衡电阻，试求 $R_4$ 的阻值。

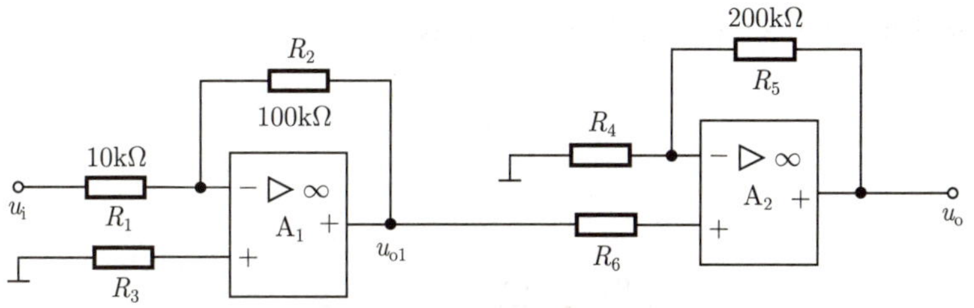


图 4-4-7　例 4-7 电路

解：由图 4-4-7 可知，$A_1$ 构成反相比例电路，$A_2$ 构成同相比例电路。有

$$u_{o1} = -\frac{R_2}{R_1}u_i = -10u_i$$

$$u_o = (1 + \frac{R_5}{R_4})u_{o1} = -(1 + \frac{200}{R_4}) \times 10u_i = -30u_i$$

可得 $R_4 = 100\text{k}\Omega$。

## 4.4.2　加减运算电路

将多个输入信号按各自不同的比例求和或求差的电路统称为加减运算电路，它是比例运算电路的拓展形式。

### 1. 加法电路

加法电路 (summing amplifier) 能够实现加法运算，因此会有多个输入信号。这些信号要么都从同相输入端输入，要么都从反相输入端输入。根据信号输入端口的不同，加法电路可分为反相加法电路和同相加法电路。

(1) 反相加法电路。

如果多个输入信号同时从集成运放的反相输入端输入，则构成了反相加法电路，如图 4-4-8 所示，平衡电阻为 $R_p = R_1//R_2//R_3//R_f$。

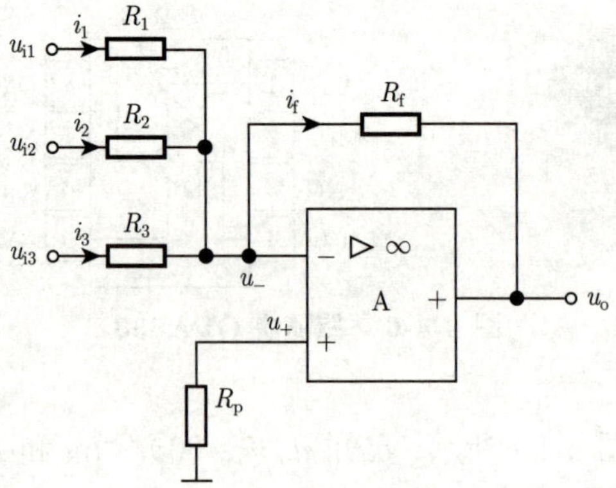


图 4-4-8 反相加法电路

根据虚短和虚断以及 KCL，可建立电流关系

$$i_f = i_1 + i_2 + i_3$$

即

$$-\frac{u_o}{R_f} = \frac{u_{i1}}{R_1} + \frac{u_{i2}}{R_2} + \frac{u_{i3}}{R_3}$$

整理得

$$u_o = -R_f\left(\frac{u_{i1}}{R_1} + \frac{u_{i2}}{R_2} + \frac{u_{i3}}{R_3}\right) \tag{4-4-5}$$

式 (4-4-5) 表明，输出电压等于各输入电压的加权和。因此，加法电路也称为加权加法电路。如果选取 $R_1 = R_2 = R_3 = R$，则

$$u_o = -\frac{R_f}{R}(u_{i1} + u_{i2} + u_{i3}) \tag{4-4-6}$$

进一步，如果 $R_1 = R_2 = R_3 = R = R_f$，则有 $u_o = -(u_{i1} + u_{i2} + u_{i3})$，实现更直观的反相加法。

【例 4-8】 电路如图 4-4-8 所示，请设计合适的电阻关系，使输出电压为输入电压的算术平均值。

解：当 $R_1 = R_2 = R_3 = R$ 时，图 4-4-8 中输出电压与输入电压的关系为式 (4-4-6)，想要使输出电压为输入电压的算术平均值，电阻需满足如下关系式：

$$\frac{R_f}{R} = \frac{1}{3}$$

【例 4-9】 在图 4-4-9 (a) 所示的加法电路中，其输入信号如图 4-4-9 (b) 所示，其中 $V_1 = 5\text{V}$，$V_2 = 0.5\sin(t + \pi/2)\text{V}$，试描绘出输出波形。

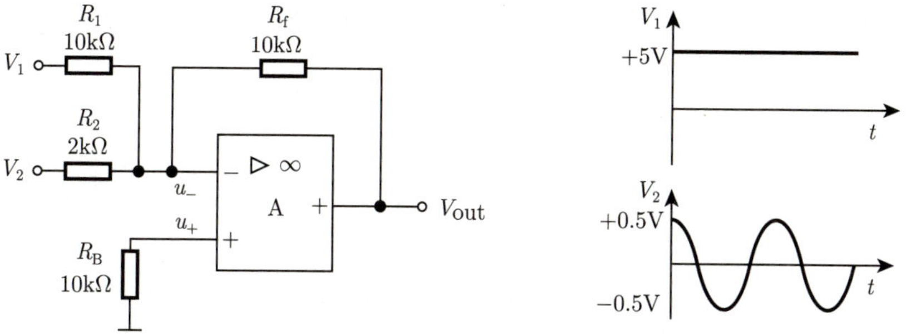


(a) 加法电路　　　(b) 输入信号

**图 4-4-9　例 4-9 图**

解：输入信号 $V_2$ 是一个幅度为 0.5V 的正弦信号，所以根据式 (4-4-5) 可得

$$V_{\mathrm{out}} = -\left(\frac{R_{\mathrm{f}}}{R_1}V_1 + \frac{R_{\mathrm{f}}}{R_2}V_2\right) = -\left(\frac{10}{10}\times 5 + \frac{10}{2}\times 0.5\sin\left(t+\frac{\pi}{2}\right)\right)$$

$$= -\left(2.5\sin\left(t+\frac{\pi}{2}\right)+5\right)\mathrm{V}$$

由此可得如图 4-4-10 所示的输出波形。

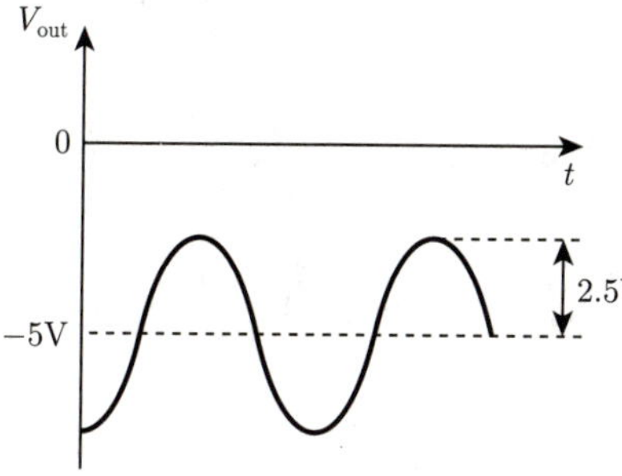


**图 4-4-10　例 4-9 输出波形**

(2) 同相加法电路。

当多个输入信号同时从集成运放的同相输入端输入，则构成同相加法电路，如图 4-4-11 所示。

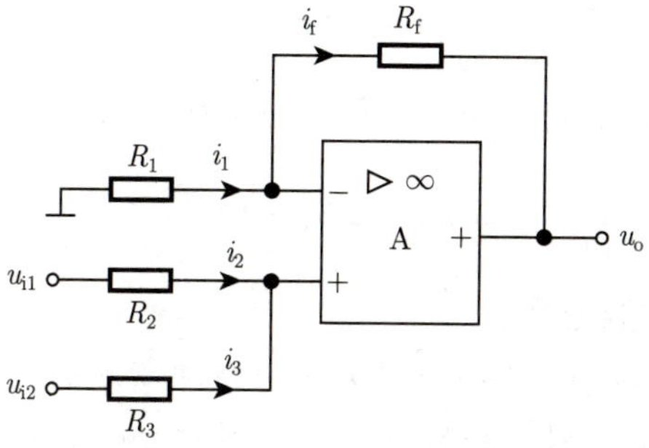


**图 4-4-11　同相加法电路**

由于虚断，同相输入端根据 KCL，有 $i_2+i_3=0$，即

$$\frac{u_{i1}-u_+}{R_2}+\frac{u_{i2}-u_+}{R_3}=0$$

反相输入端 $i_1=i_f$，即

$$\frac{0-u_-}{R_1}=\frac{u_--u_o}{R_f}$$

又因为虚短，$u_+=u_-$，整理上面两式可得

$$u_o=\left(1+\frac{R_f}{R_1}\right)\left(\frac{R_3}{R_2+R_3}u_{i1}+\frac{R_2}{R_2+R_3}u_{i2}\right) \tag{4-4-7}$$

**【例 4-10】** 在图 4-4-11 的同相加法电路中，试用叠加定理求出输出电压的表达式。其中 $R_f=140\text{k}\Omega$，$R_1=20\text{k}\Omega$，$R_2=15\text{k}\Omega$，$R_3=5\text{k}\Omega$。

**解：** 利用叠加定理，当 $u_{i1}$ 单独作用时 (令 $u_{i2}=0$，即接地)，根据式 (4-4-3) 有

$$u_{o1}=\left(1+\frac{R_f}{R_1}\right)u_+$$

而 $u_+$ 为 $u_{i1}$ 在 $R_3$ 上的分压：$u_+=\frac{R_3}{R_2+R_3}u_{i1}$。所以

$$u_o'=\left(1+\frac{R_f}{R_1}\right)\frac{R_3}{R_2+R_3}u_{i1}$$

同理可得，当 $u_{i2}$ 单独作用时

$$u_o''=\left(1+\frac{R_f}{R_1}\right)\frac{R_2}{R_2+R_3}u_{i2}$$

根据叠加定理，两个电压同时输入时，输出电压为

$$u_o=u_o'+u_o''=\left(1+\frac{R_f}{R_1}\right)\left(\frac{R_3}{R_2+R_3}u_{i1}+\frac{R_2}{R_2+R_3}u_{i2}\right) \tag{4-4-8}$$

式 (4-4-8) 与式 (4-4-7) 相同，可见两种方法殊途同归，将阻值代入可得

$$u_o=2u_{i1}+6u_{i2}$$

**【工程应用】集成运放混音器**

如图 4-4-12 所示的电路就是基于加法器的原理实现的具有混音效果的电路。其中，$u_{in1}$ 和 $u_{in2}$ 可输入麦克风信号，经过反相放大器放大后进入加法器。$u_{in3}$ 和 $u_{in4}$ 是普通音源信号。$R_{13}$、$R_{14}$、$R_{10}$、$R_{12}$ 是加法器的输入电阻。

经过加法器的相加运算，不同信号混合后经 $u_{\mathrm{out}}$ 输出。$u_{\mathrm{out}}$ 信号进行功率放大后驱动扬声器，就可以听到不同音源的混合音。

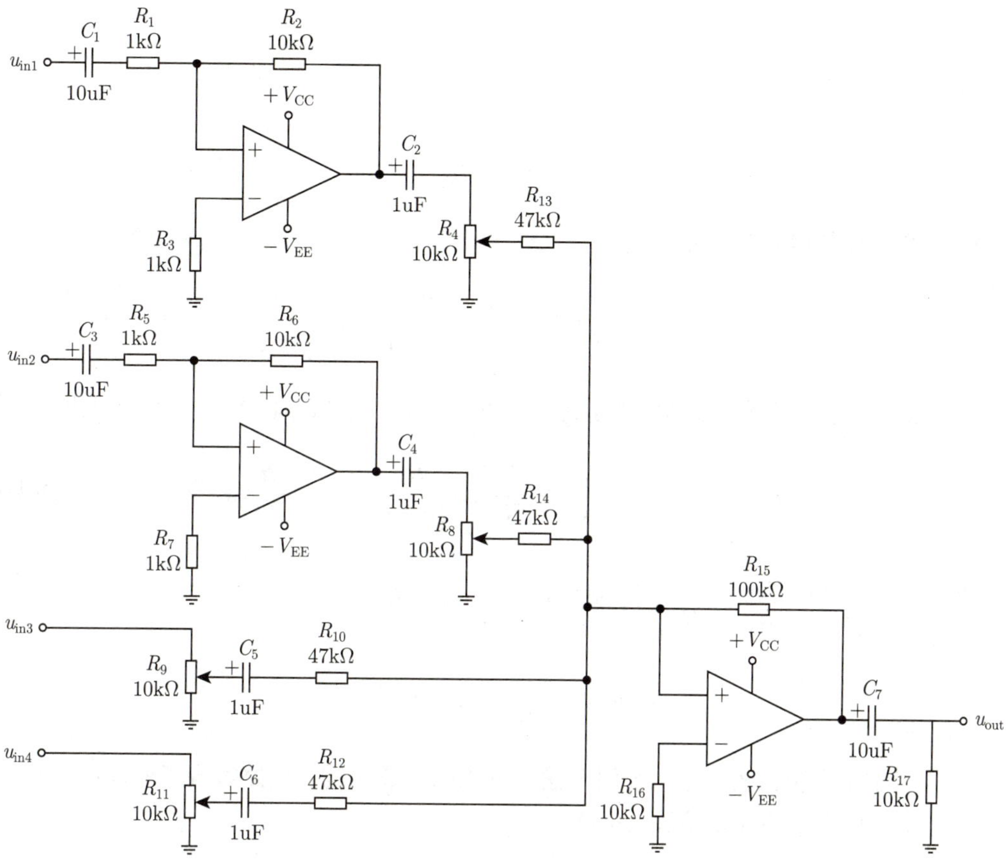


**图 4-4-12　集成运放混音器**

### 2. 减法电路

与加法电路不同，减法电路 (subtraction circuit) 的同相输入端和反相输入端都有信号输入。减法电路可采用单集成运放电路或双集成运放电路实现。

如图 4-4-13 所示，外接电路参数具有对称性，即 $R_1//R_{\mathrm{f}}=R_2//R_3$。

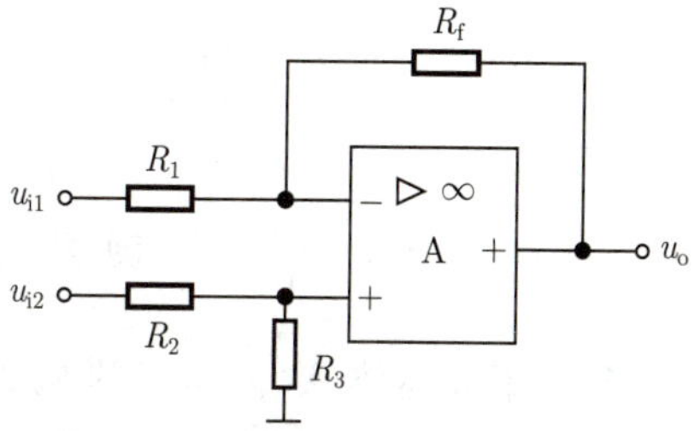


**图 4-4-13　单集成运放减法运算电路**

根据叠加原理，利用反相比例电路和同相比例电路的函数关系式，可得到输出电压的表达式。

$u_{\mathrm{i1}}$ 作用时，令 $u_{\mathrm{i2}}=0$，产生的输出电压为 $u_{\mathrm{o}}'$，此时的电路为反相比例电路，有

$$u_{\mathrm{o}}'=-\frac{R_{\mathrm{f}}}{R_1}u_{\mathrm{i1}} \tag{4-4-9}$$

$u_{\mathrm{i2}}$ 作用时，令 $u_{\mathrm{i1}}=0$，产生的输出电压为 $u_{\mathrm{o}}''$，

此时的电路为同相比例电路，有

$$u_o'' = \left(1 + \frac{R_f}{R_1}\right) u_+ \tag{4-4-10}$$

同时，根据分压公式可得

$$u_+ = \frac{R_3}{R_2 + R_3} u_{i2}$$

将上式代入式 (4-4-10) 可得

$$u_o'' = \left(1 + \frac{R_f}{R_1}\right) \frac{R_3}{R_2 + R_3} u_{i2} \tag{4-4-11}$$

$u_{i1}$、$u_{i2}$ 同时作用时，根据叠加定理，由式 (4-4-9)、式 (4-4-11) 可得输出电压

$$u_o = u_o' + u_o'' = \left(1 + \frac{R_f}{R_1}\right) \frac{R_3}{R_2 + R_3} u_{i2} - \frac{R_f}{R_1} u_{i1} \tag{4-4-12}$$

当电阻满足条件 $\frac{R_f}{R_1} = \frac{R_3}{R_2}$ 时，式 (4-4-12) 可写成

$$u_o = -\frac{R_f}{R_1}(u_{i1} - u_{i2}) \tag{4-4-13}$$

式 (4-4-13) 表明，输出电压与两个输入电压的差成比例，电路实现了差动放大，该电路也称为差分放大电路或差动放大电路。

【例 4-11】 电路如图 4-4-14 所示，试求出当 $R_1 = R_2$，$R_3 = R_4 = R$ 时，输出电压 $u_o$ 的表达式。

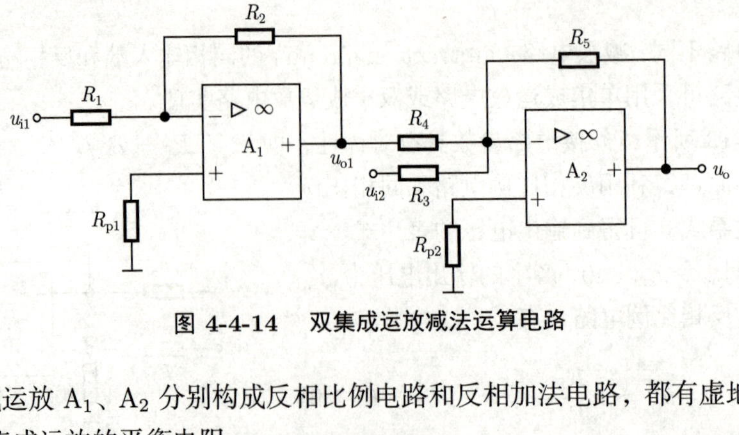


图 4-4-14 双集成运放减法运算电路

解：集成运放 $A_1$、$A_2$ 分别构成反相比例电路和反相加法电路，都有虚地的特点，$R_{p1}$ 和 $R_{p2}$ 为两集成运放的平衡电阻。

当 $A_1$、$A_2$ 为理想集成运放时，两级电路可分别分析。

$A_1$ 构成反相比例电路，有

$$u_{o1} = -\frac{R_2}{R_1}u_{i1} \tag{4-4-14}$$

而 $A_2$ 构成反相加法电路，根据式 (4-4-5) 可得

$$u_o = -R_5\left(\frac{u_{o1}}{R_4} + \frac{u_{i2}}{R_3}\right) \tag{4-4-15}$$

将式 (4-4-14) 代入式 (4-4-15)，整理得

$$u_o = -R_5\left(-\frac{R_2}{R_1R_4}u_{i1} + \frac{u_{i2}}{R_3}\right) \tag{4-4-16}$$

当 $R_1 = R_2$，$R_3 = R_4 = R$ 时，式 (4-4-16) 可改写为

$$u_o = \frac{R_5}{R}(u_{i1} - u_{i2})$$

同样实现了减法运算。在单集成运放构成的减法电路中，电阻的选取和调整不方便，故可采用双集成运放减法电路。

### 4.4.3　积分和微分运算电路

积分器 (integrator) 和微分器 (differentiator) 互逆，它们是自动控制和测量系统中的重要单元。集成运放可以实现积分和微分这两种运算。

#### 1. 积分电路

如果将图 4-4-1 反相比例电路中的电阻 $R_f$ 换成电容 $C_f$，电路就变成了反相积分电路，如图 4-4-15 所示。

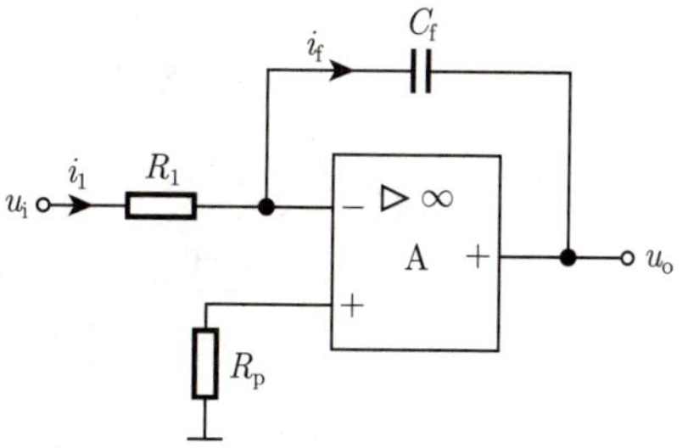


**图 4-4-15　积分电路**

根据虚短和虚断的特性，由图 4-4-15 有

$$i_1 = i_f$$

而 $i_f = -C_f\dfrac{du_o}{dt}$，$i_1 = \dfrac{u_i}{R_1}$。

假设电容 $C_f$ 上的初始电压为零，则

$$u_o = -\frac{1}{C_f}\int i_f dt = -\frac{1}{C_f}\int \frac{u_i}{R_1}dt = -\frac{1}{R_1C_f}\int u_i dt \tag{4-4-17}$$

式 (4-4-17) 表明，输出电压正比于输入电压对时间的积分，其比例常数定义为时间常数 $\tau = R_1C_f$。当输入信号为阶跃电压时，设电容 $C_f$ 的电压初始值为零，由式 (4-4-17) 得

$$u_o = -\frac{1}{R_1C_f}\int U_1 dt = -\frac{U_1}{R_1C_f}t = -\frac{U_1}{\tau}t \tag{4-4-18}$$

式中，$\tau = R_1C_f$，为积分时间常数。如图 4-4-16 所示，当 $t = \tau$ 时，$u_o = -U_1$；当 $t > \tau$ 时，$u_o$ 朝负方向增大到饱和值 $-U_{om}$ 后，集成运放进入非线性工作状态，$u_o = -U_{om}$ 保持不变，积分停止。

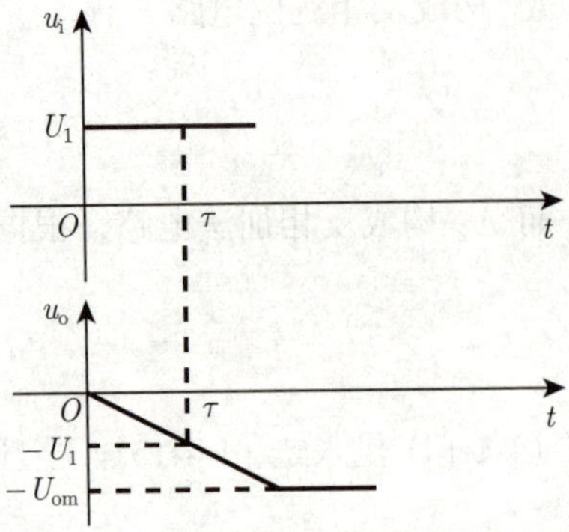


图 4-4-16 阶跃电压时积分电路的输入、输出波形

如果把积分电路的输出电压作为电子开关或其他类似装置的输入控制电压，则积分电路可以起到延时作用，即当积分电路的输出电压达到一定值时才能使受控制的装置工作。

设电容 $C_f$ 的电压初始值为零，当输入信号分别为方波和正弦波信号时，积分电路的输出波形如图 4-4-17 所示，即它可以将输入的方波信号变换为三角波实现波形变换，也可以使正弦信号发生移相。

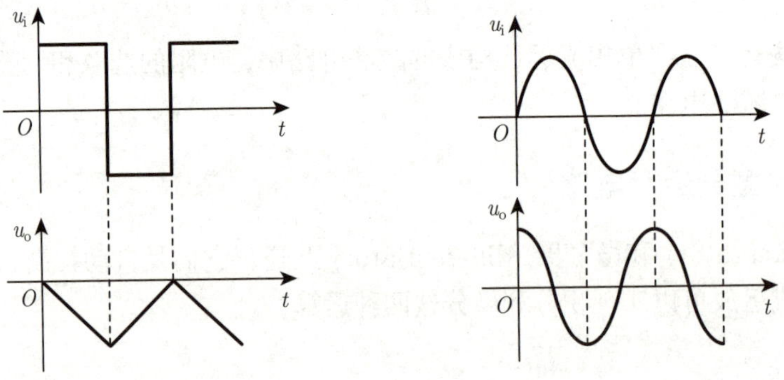


(a) 方波信号及积分输出波形　　(b) 正弦波信号及积分输出波形

图 4-4-17 积分电路的输入、输出波形

如果将差动放大电路 (见图 4-4-13) 中的两个电阻 $R_3$、$R_f$ 分别换成两个相等的电容 $C$，且令 $R_1 = R_2 = R$，则构成了差动积分电路，如图 4-4-18 所示，其输出电压为

$$u_o = -\frac{1}{RC}\int (u_{i1} - u_{i2})\mathrm{d}t$$

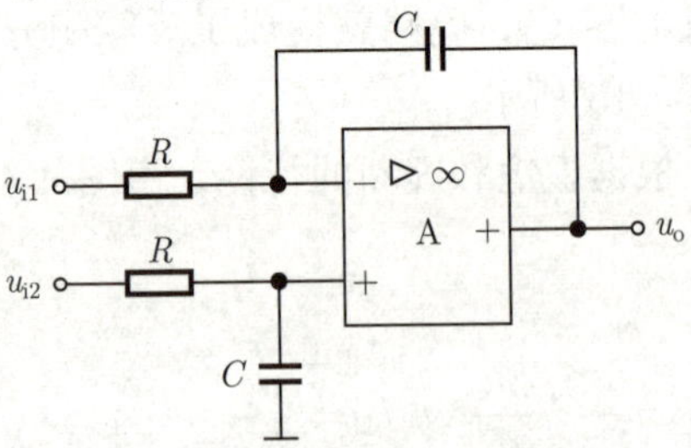


图 4-4-18 差动积分电路

## 2. 微分电路

将图 4-4-15 所示的积分电路中的电容和电阻的位置互换，就变成了微分电路，如图 4-4-19 所示。

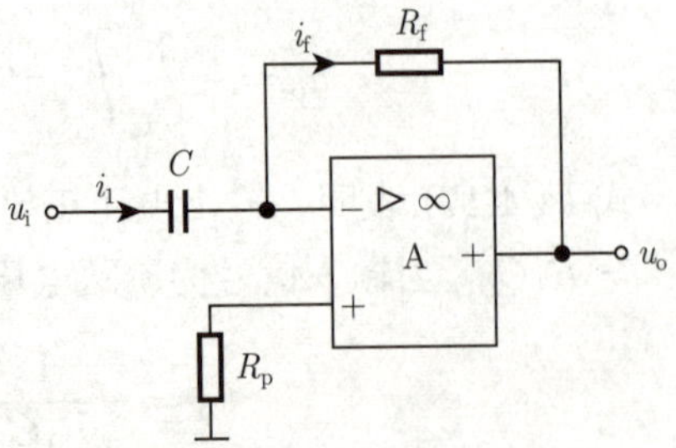


图 4-4-19 微分电路

流过电容的电流为

$$i_1 = C\frac{\mathrm{d}u_i}{\mathrm{d}t}$$

根据虚短和虚断的特点，有

$$u_o = -i_f R_f = -i_1 R_f = -R_f C \frac{du_i}{dt} \tag{4-4-19}$$

式 (4-4-19) 表明，输出电压正比于输入电压对时间的微分，其比例常数取决于时间常数 $\tau = R_f C$。

当输入信号分别为三角波和正弦波信号时，微分电路的输入、输出波形如图 4-4-20 所示。

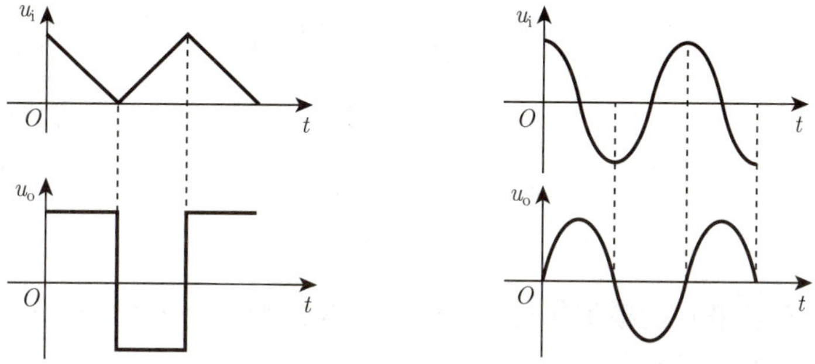


(a) 三角波信号及微分输出波形　　(b) 正弦波信号及微分输出波形

**图 4-4-20　微分电路的输入、输出波形**

式 (4-4-19) 中，若输入正弦信号 $u_i$=sin$\omega t$，则输出信号 $u_o = -R_f C\omega \cos\omega t$，表明 $u_o$ 的输出幅度将随频率的增加而线性增加，频率越高，微分电路的输出会越大。若输入信号中含有高频噪声，则输出噪声也将很大，而且电路可能不稳定，所以微分电路很少直接使用。

## 4.5　工程实例

集成运放在很多场合都要用到，特别是对于处理信号的传感器，涉及信号放大是最重要的步骤。常用的两种信号放大器是三极管和集成运放。三极管放大精度低，高精度的三极管放大电路复杂而且对电路要求较高；集成运放的技术成熟，稳定性高，放大倍数大，精度高。

电压跟随器主要有两个作用：一个是提高电路带载能力 (例 4-6)，另一个是起到缓冲、隔离作用。图 4-5-1 是某传感器采样的原理图，其中的电压跟随器就很好地起到了输入与输出之间的隔离作用。

虚线框 “1” 中的电路负责采集小信号，该小信号输入到虚线框 “2” 中的同相电压跟随器的输入端，利用电压跟随器输入阻抗高而输出阻抗低的特点，确保输出电压与输入电压相等，同相电压跟随器的输出信号送到虚线框 “3” 中放大电路的输入端，经过再一次放大，获得最终的信号。通过电压跟随器也可以避免由负载的变化而引起的输出稳定量的变化，以使负载效应最小化。

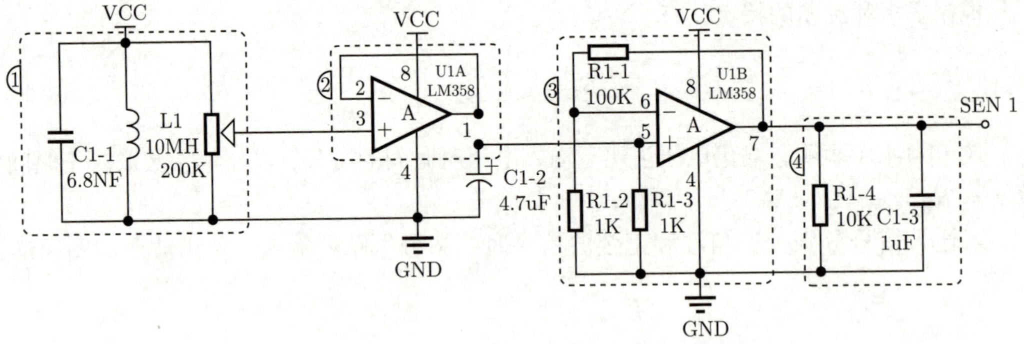


图 4-5-1 某传感器的原理图

## 4.6 电路仿真

在 Multisim 仿真软件的模拟集成电路库中搜索“741”即可找到集成运放元件 741，点击“确认”后即可将其放置于工作区，如图 4-6-1 所示。

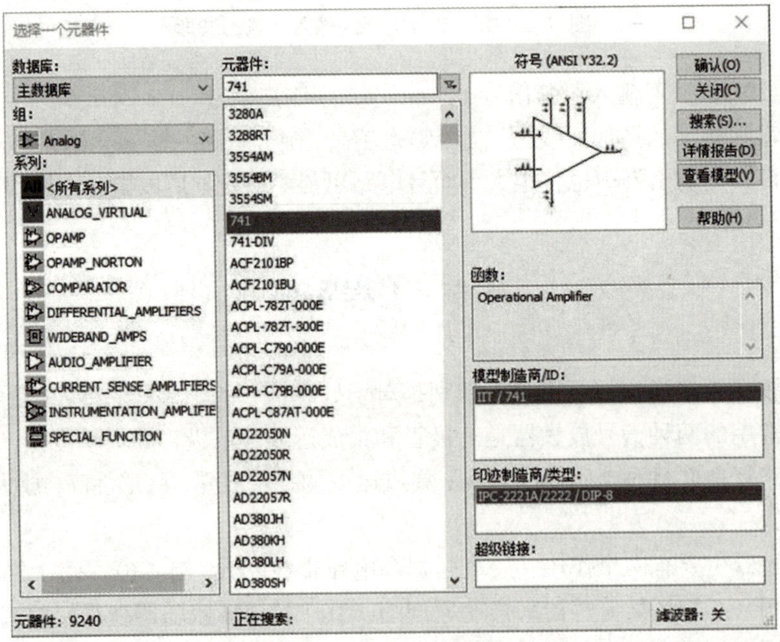


图 4-6-1 在 Multisim 中找到集成运放元件 741

### 4.6.1 反相比例电路仿真

按图 4-4-1 所示的反相比例电路在 Multisim 仿真平台中搭建以集成运放 741 为核心的反相比例电路，如图 4-6-2 所示。

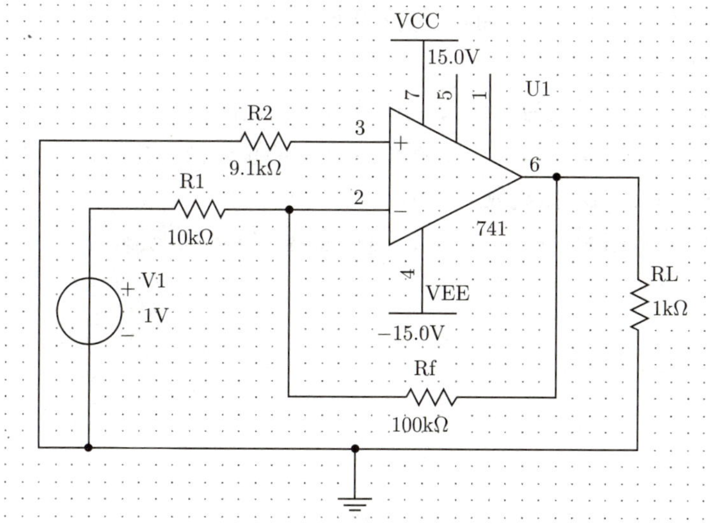


图 4-6-2 反相比例电路的仿真电路

(1) 当 $R_f$ 分别为 1kΩ、10kΩ、100kΩ 和 200kΩ 时，用探针探测输出端电压，可以得出什么结论?

(2) 保持 $R_f$ 为 100kΩ 不变，改变 $R_1$，当其分别为 1kΩ、10kΩ、100kΩ 和 200kΩ 时，用探针探测输出端电压，可以得出什么结论?

(3) 保持图 4-6-2 中各电阻的取值不变，改变输入电压 $V_1$，当其分别为 0.1V、1V、2V 和 3V 时，用探针探测输出端电压，可以得出什么结论?

(4) 图中 $R_2 = 9.1\text{k}\Omega$ 有何根据? 尝试改变它的取值，观察输出端电压。

## 4.6.2 积分电路仿真

按图 4-4-15 所示的积分电路在 Multisim 仿真平台中搭建以集成运放 741 为核心的积分电路，如图 4-6-3 所示。

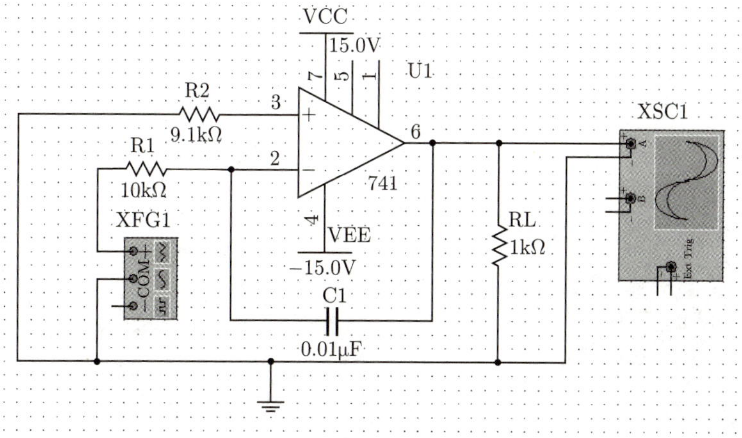


图 4-6-3 积分电路的仿真电路

(1) 设输入信号为频率为 100Hz、幅值为 1V 的方波。用示波器观察输出电压的波形，并将其与图 4-4-17 (a) 做比较。

(2) 将方波信号的频率改为 1kHz，用示波器观察输出波形。

(3) 设输入信号是频率为 100Hz、幅值为 1V 的正弦波。用示波器观察输出电压的波形，并将其与图 4-4-17 (b) 做比较。

(4) 将正弦波信号的频率改为 1kHz，用示波器观察输出波形。

# 本章小结

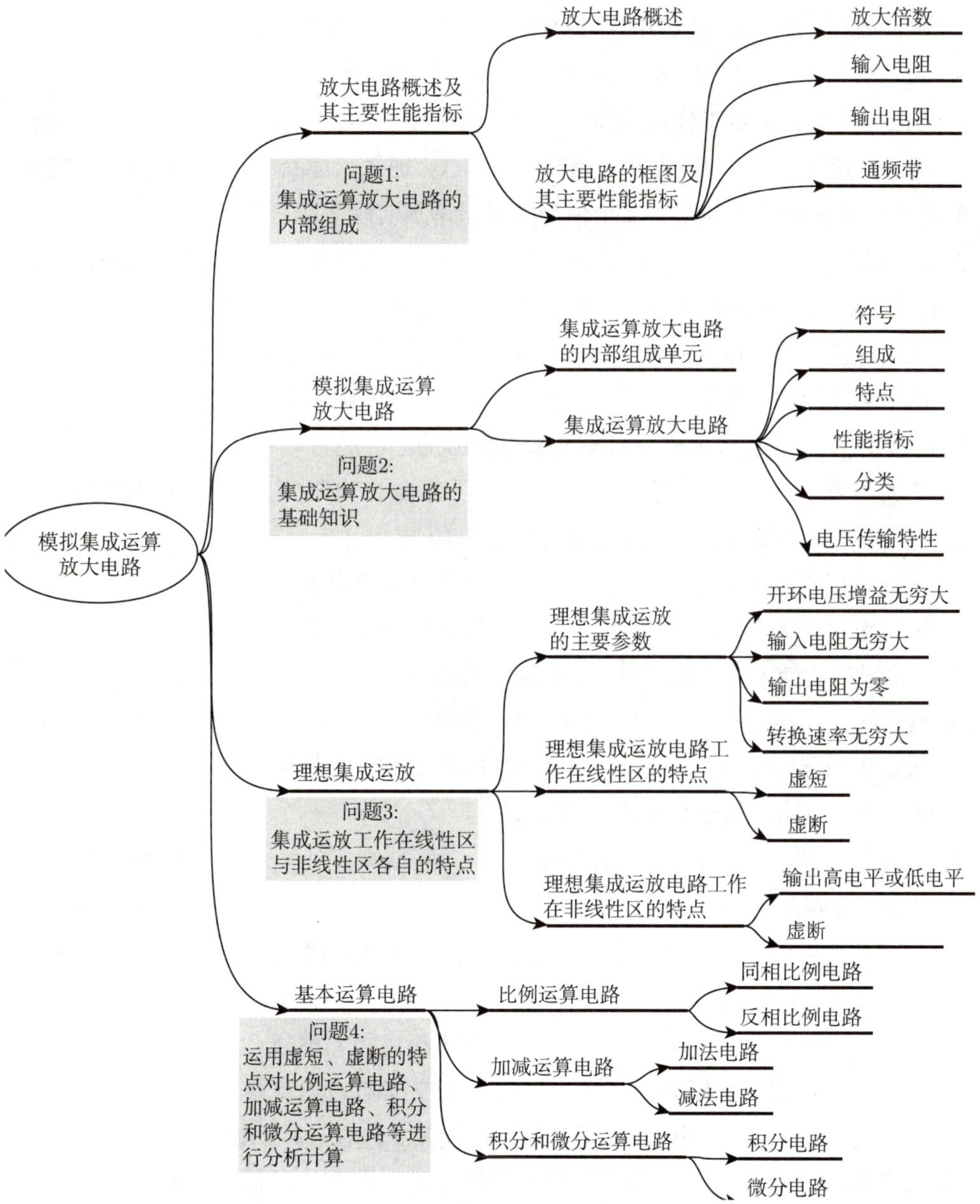
模拟集成运算放大电路
放大电路概述及其主要性能指标
问题1: 集成运算放大电路的内部组成
放大电路概述
放大电路的框图及其主要性能指标
放大倍数
输入电阻
输出电阻
通频带
模拟集成运算放大电路
问题2: 集成运算放大电路的基础知识
集成运算放大电路的内部组成单元
集成运算放大电路
符号
组成
特点
性能指标
分类
电压传输特性
理想集成运放
问题3: 集成运放工作在线性区与非线性区各自的特点
理想集成运放的主要参数
开环电压增益无穷大
输入电阻无穷大
输出电阻为零
转换速率无穷大
理想集成运放电路工作在线性区的特点
虚短
虚断
理想集成运放电路工作在非线性区的特点
输出高电平或低电平
虚断
基本运算电路
问题4: 运用虚短、虚断的特点对比例运算电路、加减运算电路、积分和微分运算电路等进行分析计算
比例运算电路
同相比例电路
反相比例电路
加减运算电路
加法电路
减法电路
积分和微分运算电路
积分电路
微分电路

# 习题四

【客观题】

1. 单集成运放构成的电压跟随器具有输入电阻（ ）、输出电阻（ ）的特点。

A. 大，大　　B. 大，小　　C. 小，小　　D. 小，大

2. 集成运算放大电路工作在非线性区时，具有（ ）的特点，而不具有（ ）的特点。

A. 虚断，虚短　　B. 虚断，虚断　　C. 虚短，虚断　　D. 虚短，虚短

3. 放大电路不能放大能量，输出信号的能量增加实际上源于（ ）。

A. 信号源　　B. 负载　　C. 放大电路　　D. 电源

4. 放大电路的性能指标中放大倍数是指（ ）之比。

A. 输出电压与输入电压　　B. 输出电压与输入电流

C. 输出电流与输入电压　　D. 输出电流与输入电流

5. 通常用（ ）表征放大电路对不同频率信号的适应能力。

A. 放大倍数　　B. 输入电阻　　C. 输出电阻　　D. 通频带

6. 下列不是理想集成运放的理想化性能指标的是（ ）。

A. 开环电压增益无穷大　　B. 输入电阻无穷大

C. 输出电阻为零　　D. 输出电压无穷大

7. 当集成运放处于开环状态时，一定会工作在（ ）。

A. 线性区　　B. 非线性区

C. 线性区或非线性区　　D. 线性区和非线性区

8. 同相比例电路的信号是从（ ）接入的。

A. 同相输入端　　B. 反相输入端　　C. 地端　　D. 输出端

9. 电压跟随器是（ ）。

A. 同相比例电路　　B. 反相比例电路　　C. 加法电路　　D. 减法电路

10. 关于加法电路，描述错误的是（ ）。

A. 有多个输入信号　　B. 不遵循虚短和虚断

C. 包含同相加法、反相加法两类　　D. 也称为加权加法电路

11. 利用运算放大器实现电压比较功能，应使其工作在_____区。

12. 减法电路可采用_____集成运放电路和_____集成运放电路实现。

13. 集成运算放大电路具有输入阻抗_____、输出阻抗_____的特点。

14. 集成运算放大电路引入深度负反馈时，具有_____和_____的特点。

15. 将反相比例电路中的电阻 $R_f$ 换成电容 $C_f$，就变成了_____电路。

16. 同相比例电路具有输入电阻_____、输出电阻_____的特点。

【分析计算题】

17. 如图 4-1-2 所示，当在放大电路的输入端接入信号源电压 $u_s = 50\text{mV}$、信号源电阻 $R_s = 1\text{k}\Omega$ 时，测得电路的输入端的电压为 $u_i = 40\text{mV}$，试回答以下问题：

(1) 求放大电路的输入电阻 $R_i$。

(2) 当放大电路输出端接 $R_L = 2\text{k}\Omega$ 的负载时，测得输出电压为 $u_o = 4\text{V}$，试计算该放大电路的电压增益 $A_u$ 和电流增益 $A_i$，并分别用 dB 表示。

18. 如图 4-4-4 所示，请回答以下问题：

(1) 图 (b) 中，集成运放 A 构成什么电路?

(2) 分别写出图 (a) 和图 (b) 中输出电压 $u_o$ 与 $u_s$ 的关系式，并对比分析集成运放 A 起到了什么作用。

19. 如题 19 图所示，试推导该集成运放电路的输入、输出关系。

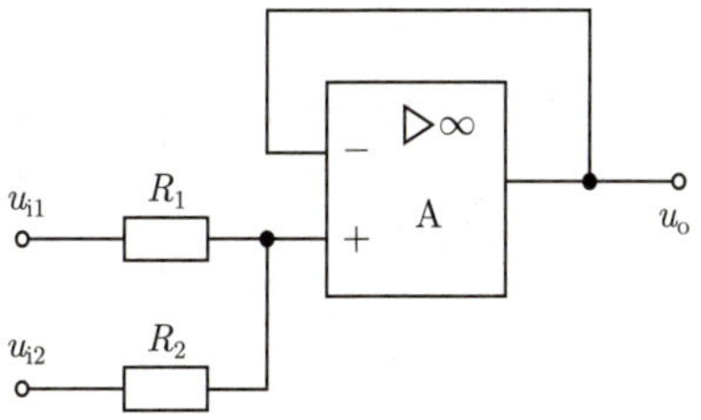


**题 19 图**

20. 如题 20 图所示，$A_1$、$A_2$ 均为理想集成运放，$R_p$、$R_3$ 为平衡电阻。

(1) 说明集成运放 $A_1$、$A_2$ 各构成何种基本运算电路。

(2) 分别写出 $u_{o1}$ 及输出电压 $u_o$ 的表达式。

(3) 求电阻 $R_3$ 的阻值。

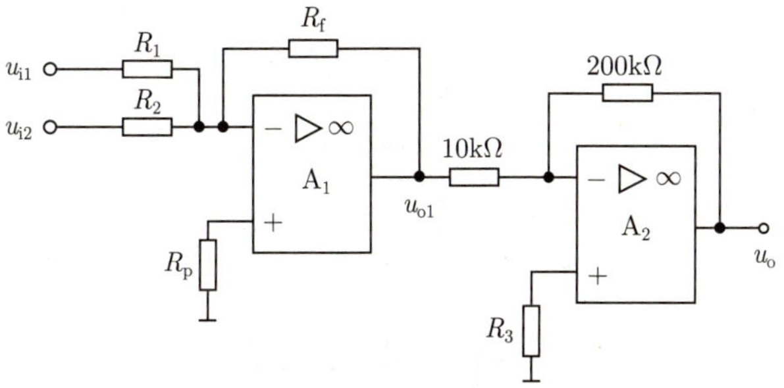


**题 20 图**

21. 电路如题 21 图所示。

(1) 试推导该集成运放电路的输入电压与输出电压的关系。

(2) 若电路要实现“减半”，即 $u_o = 0.5u_i$，试确定 $R_1$ 和 $R_2$ 的关系。

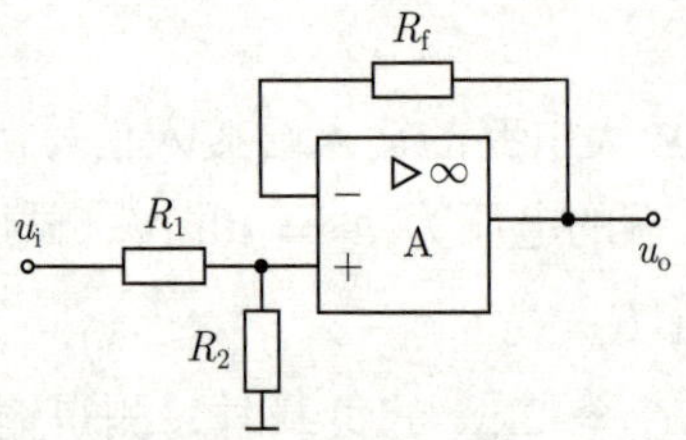


题 21 图

22. 电路如题 22 图所示，试回答下列问题：

(1) 说明集成运放 A 构成何种基本运算电路。

(2) 若要使该电路能够实现 $U_o = k(U_{i1} - U_{i2})$ 的运算关系，则 $R$ 应为多少？

(3) 在以上条件下，当 $U_{i1} = 0.5\text{V}$，$U_{i2} = 0.7\text{V}$ 时，输出电压 $U_o$ 是多少？

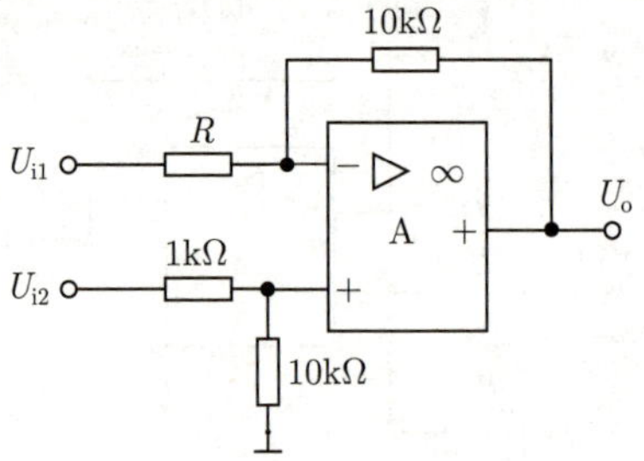


题 22 图

【实验题】

23. 如题 23 图所示，当输入电压为 $u_i$ 时，在电阻 $R_1$ 上产生的输入电流将向电容 $C_f$ 充电；充电过程是输入电流在电容上随时间的电荷积累，而电容一端接在虚地点，另一端是积分器的输出，因此，输出电压 $u_o$ 将反映输入信号对时间的积分过程。已知 $R_1 = R_2 = R$，试求输出电压 $u_o$ 与输入电压 $u_i$ 的关系。

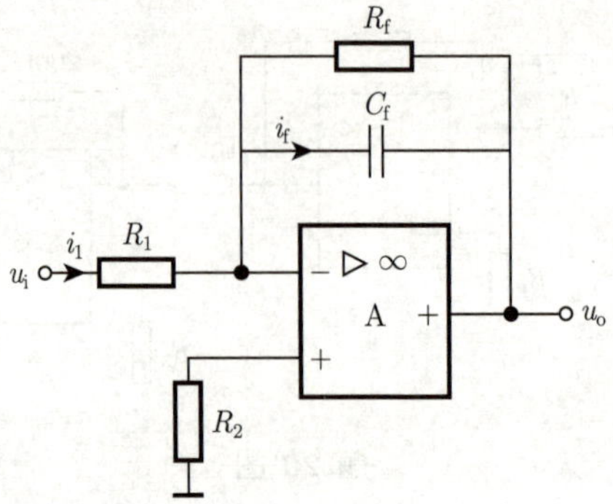


题 23 图

**【仿真题】**

24. 仿真电路如题 24 图所示，将 3 个信号 $u_{i1}$、$u_{i2}$、$u_{i3}$ 分别通过电阻 $R_1$、$R_2$、$R_3$ 加到集成运放的反相输入端，以便对这 3 个输入信号电压进行代数加运算。请回答以下问题：

(1) 输出电压 $u_o$ 应在仿真平台中选用何种仪器测量？

(2) 使用正确的仪器测量输出电压 $u_o$，验证其是否与理论值相符，并讨论影响结果精度的原因。

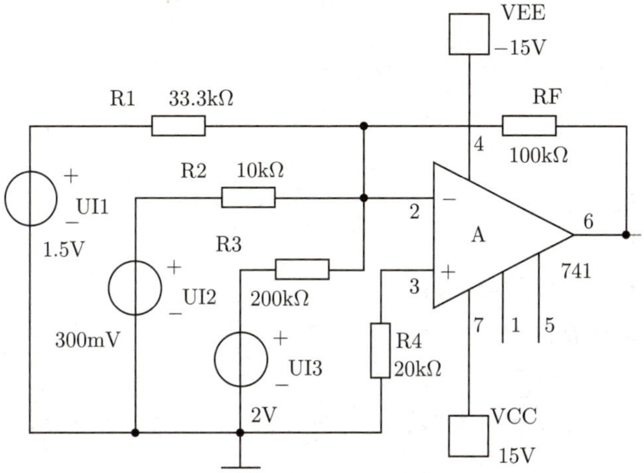


**题 24 图**

/ 第 5 章 /

# 半导体二极管

**本章解决的主要问题：**

1. 什么是二极管？
2. 怎么分析包含二极管的电路？
3. 如何识别二极管？
4. 二极管的常见工程实例有哪些？
5. 怎么用软件仿真二极管电路？

**【拓展阅读一】**

硅在地球表面的含量仅次于氧。20 世纪初，人们发现硅的导电性随温度的升高而增强，但这一发现并没有引起足够的重视。在当时的科学家看来，硅是一种古怪的材料，性质多变，很不稳定，用硅做实验得到的结果往往不可复现。直到美国科学家罗素 · 奥尔 (Russell Shoemaker Ohl) 证实了硅的价值之后，人们才开始重视硅。

1940 年 2 月 23 日，罗素 · 奥尔和同事杰克 · 斯卡夫 (Jack Scaff) 在一块硅锭上发现

罗素 · 奥尔 (左) 和杰克 · 斯卡夫 (右)

了一条裂缝，这条裂缝的两端含有不同的杂质。其中一端含磷元素，即有多余电子；另一端含硼元素，缺少少量电子 (后来被称为空穴)。他们把前者命名为 N (negative) 型区，后者命名为 P (positive) 型区，而以裂缝为中线的交界区域就是 PN 结 (P-N junction)。当有亮光照射时，N 型区的电子被激发，流向 P 型区，电流显著增大。罗素 · 奥尔的这一发现就是光电效应。

PN 结和光电效应是结型半导体的前身。罗素 · 奥尔一生中获得了 82 项美国专利和 50 项其他国家的专利。他的发明带来的经济影响无法估量。[①]

**【拓展阅读二】**

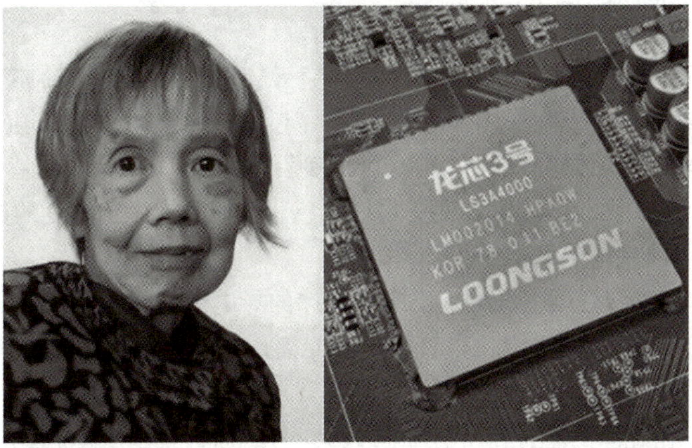


**黄令仪和龙芯 3 号**

黄令仪 ( 1936—2023 )，中国半导体与集成电路领域的先驱，被誉为“中国龙芯之母”。她早年毕业于华中工学院，后于清华大学深耕半导体技术，参与中国首台晶体管计算机“109 乙机”的研制，为国产集成电路的研究奠定了基础。

“什么都自己动手干，研制出了半导体二极管，大家都非常兴奋。”黄令仪曾回忆。她是中国第一个芯片研究团队负责人，在缺资料、欠设备、少人才的情况下，带领队员们不畏困难地研制出了半导体二极管、三极管……

2002 年，66 岁的她临危受命，加入中国科学院“龙芯”项目，主导龙芯系列处理器的物理设计，突破电路优化、功耗控制等技术难关，提出“以设计换性能”的创新理念，在工艺落后的条件下推动龙芯从实验室走向航天、国防等关键领域。

黄令仪曾说：“我这辈子最大的心愿，就是匍匐在地，擦干祖国身上的耻辱。”2023 年她逝世后，被尊为“真正的国士”，其奋斗历程彰显了中国科学家以创新捍卫技术主权的精神丰碑，推动了中国芯片从依赖进口到自主创新的历史跨越。她的成就不仅在于技术突破，更在于树立了科学家以国家需求为己任的典范。

---

① https://www.pbs.org/transistor/science/events/pnjunc.html.

# 5.1 半导体基础知识

二极管在电子产品中很常见。拆开一个电源，里面一定有整流二极管的身影，电子广告牌上布满了不同颜色的发光二极管，家用遥控器里藏着一个红外发射二极管，而在电视机或空调里躲着一个红外接收光电二极管。虽然这些二极管很普遍，用量也很大，但在庞大的二极管家族中，它们只是凤毛麟角。本节将从二极管的起源——半导体开始说起。

## 5.1.1 半导体的性质

自然界中的物质按照导电性能分为绝缘体、导体、半导体。半导体 (semiconductor)，顾名思义，其导电性能介于绝缘体和导体之间。常见的半导体材料有硅 (Si) 和锗 (Ge) 等。

半导体最显著的性质是热敏性、光敏性和掺杂性。

(1) 热敏性。大多数半导体对温度变化很敏感，其导电能力随温度的升高而增强。利用半导体的热敏性可以制成热敏电子元器件。

(2) 光敏性。在光照强度变化时，许多半导体的导电性能也会显著增强。利用半导体的光敏性可以制成光敏电阻、光电二极管等电子元器件。利用半导体被光照后产生电动势的性质可以制成太阳能电池。

(3) 掺杂性。在纯净的本征半导体中掺入某些元素后，半导体的导电性能会急剧增强，这种特性称为半导体的掺杂性。利用这种特性制成掺杂半导体，再用掺杂半导体形成 PN 结，可以制成各种半导体器件。

## 5.1.2 半导体的类型

半导体主要有三种类型：本征半导体、N 型半导体和 P 型半导体。

### 1. 本征半导体

纯净的具有晶体结构的半导体称为本征半导体。高中化学课曾经学过，在纯晶体硅或锗中，每个原子都与周围的邻居原子形成共价键。在室温下，几乎所有的价电子都参与了结构性结合，只有很少的价电子可以在晶体中自由移动。因此，纯硅在室温下的导电能力很差。

但科学家发现，如果在本征半导体中加入微量杂质，导电能力会大大增强。比如下面介绍的 N 型半导体和 P 型半导体。

### 2. N 型半导体

如果在本征半导体中掺入五价元素，如磷、砷或锑等，半导体中就会出现大量不参与共价键的移动的自由电子。自由电子带负电，这时的半导体变成一种良好的导体。这种材料称为 N 型半导体，如图 5-1-1 (a) 所示。

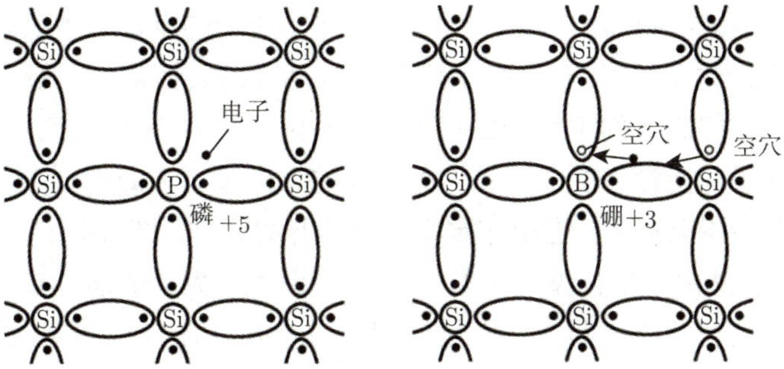


(a) N型半导体　　(b) P型半导体

**图 5-1-1　掺杂半导体结构**

### 3. P 型半导体

如果在本征半导体中掺入三价元素，如硼、铝和镓等，则半导体中电子偏少，会有大量的空穴产生。空穴带正电，这种空穴偏多的半导体称为 P 型半导体，如图 5-1-1 (b) 所示。

## 5.2　二极管基础知识

### 5.2.1　二极管的内部结构

若将 P 型半导体 (含有大量空穴) 与 N 型半导体 (含有大量自由电子) 制作在同一块硅片上，P 型半导体中的空穴向 N 型半导体中扩散，N 型半导体中的自由电子向 P 型半导体中扩散，于是在两种半导体之间就形成了一个薄层，称为 PN 结，该过程如图 5-2-1 所示。

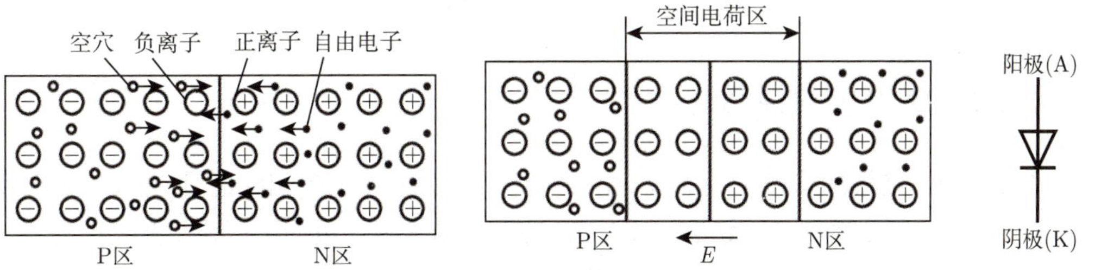


(a) 空穴和自由电子的扩散运动　　(b) PN结的形成　　(c) 二极管符号

**图 5-2-1　PN 结的形成及二极管符号**

将 PN 结用外壳封装起来，并在两端接上电极引线，就构成了半导体二极管，简称二极管。图 5-2-1(c) 是二极管的电路符号，与 P 型半导体连接的电极称为正极 (或阳极)，电路符号是三角形一侧，用“+”或“A”(anode) 表示；与 N 型半导体连接的电极称为负极 (或阴极)，电路符号是竖线端一侧，用“−”或“K”(cathode) 表示。

二极管的常见结构如图 5-2-2 所示。图 5-2-2 (a) 所示的点接触型 (point contact type) 二极管通过一根极细的金属丝与一块 N 型半导体晶片的表面接触，触点和半导体牢固地熔接构成 PN 结。这样制成的 PN 结面积很小，只能通过较小的电流，承受较低的反向电压。这种二极管一般为锗管，即以锗晶体为基片的二极管，它的高频性能好，一般应用在高频检波和小功率整流电路中，也用作数字电路的开关元件。图 5-2-2 (b) 所示的是平面型 (plane type) 二极管。由于平面型二极管的 PN 结面积较大，能通过较大的电流，但工作频率较低，因此常用在整流电路中。面接触型 (junction type) 二极管如图 5-2-2(c) 所示，结面积大的可用于大功率整流，结面积小的适用于脉冲数字电路。图 5-2-3 为生活中常见的二极管。

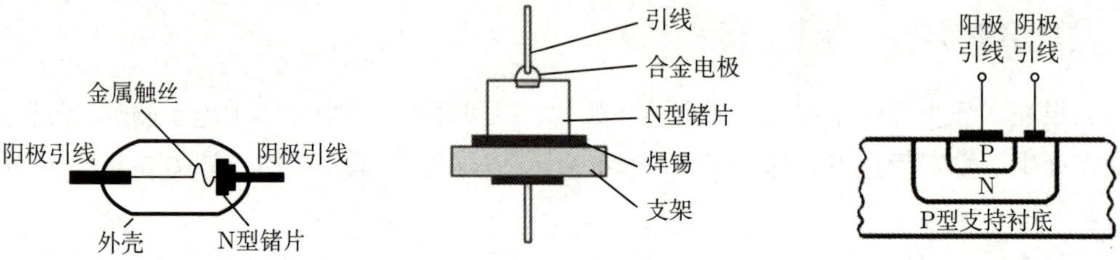


(a) 点接触型　(b) 平面型　(c) 面接触型

**图 5-2-2　二极管的常见结构**

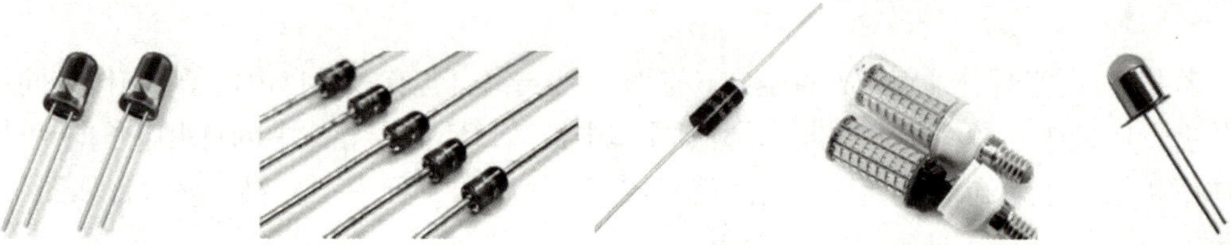

发光二极管　稳压二极管　整流二极管　贴片二极管　红外二极管

**图 5-2-3　常见二极管**

## 5.2.2　二极管的伏安特性曲线

图 5-2-4 为二极管的伏安特性曲线，由图可见，二极管的电流、电压呈非线性指数关系。图中横坐标 $u_D$ 为正的区域显示二极管的正向特性，横坐标为负的区域显示其反向特性。

下面把图 5-2-4 中的曲线分成三段来分析二极管的特性。

### 1. 正向特性

将二极管正极接在高电位，负极接在低电位，这种连接方式称为**正向偏置** (forward bias)。正向特性对应图 5-2-4 中的曲线段①。

仔细观察图 5-2-4 中横坐标电压 $u_D$ 从 $0 \sim U_{th}$ 时曲线的走势，你会发现如果加在二极管两端的正向电压很小，对应的纵坐标上流过二极管的正向电流 $i_D$ 也十分微弱，等效于

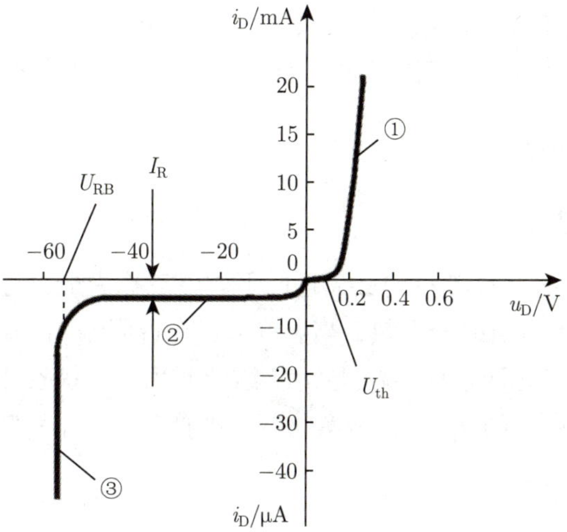


**图 5-2-4　二极管的伏安特性曲线**

二极管没有导通。只有当正向电压达到或超过 $U_{th}$ 以后，流过二极管的电流 $i_D$ 才近似以指数规律急剧增大，表明这时二极管才真正导通。$U_{th}$ 称为**阈值电压** (th 代表 threshold)。

不同材料的二极管的阈值电压不一样。锗管的 $U_{th}$ 为 0.1~0.2V，硅管的 $U_{th}$ 为 0.6~0.7V。从二极管的伏安特性曲线来看，二极管一旦导通，两端的电压基本稳定不变，锗管约为 0.2V，硅管约为 0.7V，这个电压值称为二极管的**正向压降**。所以，现在试着判断图 5-2-4 是哪种材料的伏安特性曲线吧。

### 2. 反向特性

与正向偏置相反，**反向偏置** (reverse bias) 是给二极管正极接低电位，负极接高电位。反向特性对应图 5-2-4 中的曲线段②和③。

观察图 5-2-4 中曲线段②发现，横坐标 $u_D$ 对应的纵坐标 $i_D$ 是非常微弱的微安数量级电流 (请仔细对比纵坐标 $i_D$ 正半段和负半段的单位区别)，这意味着几乎没有电流流过二极管，且随着反向电压 $u_D$ 的增大，电流 $i_D$ 几乎不变，二极管此时处于**截止状态**。

### 3. 反向击穿特性

当反向电压增大到一定程度时，反向电流会突然急剧增大，二极管将失去单向导电特性，这种现象称为**反向击穿**，对应图 5-2-4 中曲线段③。发生击穿所需的电压 $U_{RB}$ (RB 代表 reverse breakdown) 称为**反向击穿电压**。$U_{RB}$ 一般很高 (十几伏至几千伏)，远大于正向导通电压。普通二极管被反向击穿后通常是损坏性的，一般不能再使用。

以上三种二极管的特性类似于生活中的开门现象：假设门正常是从室外朝室内开，当小明从室外推门而入时，如果力气太小，则无法推动门，但只要施加一点力气，就能完全打开门，这与给二极管施加正向电压，只要达到阈值电压后就能导通类似。

反之，当小明倔强地非要从室内往外推门时，也许刚开始确实能推开一条小缝，但远远达不到人体可以通过的宽度，如果固执且力大如牛的小明硬要使蛮劲推门，门也许真的会被打开，但付出的代价就是门也被彻底损坏，再也不能用了。这与二极管加反向电压时不能导通，但反向电压增加到反向击穿电压的数值时，二极管会被击穿损坏是一个道理。

### 5.2.3 二极管的主要参数

#### 1. 额定正向工作电流 $I_F$

二极管长时间使用时允许流过的最大正向平均电流称为最大正向电流 $I_F$ (F 代表 forward)。因为二极管通上电流时会发热，当温度超过允许限制 (硅管为 140℃，锗管为 90℃ 左右) 时，二极管会因过热而损坏。$I_F$ 与 PN 结的面积、散热条件有关。面接触型二极管的 $I_F$ 大，点接触型二极管的 $I_F$ 小；金属封装二极管的 $I_F$ 大，塑封二极管的 $I_F$ 小。

#### 2. 最高反向工作电压 $U_R$

$U_R$ (R 代表 reverse) 是指二极管正常工作时两端能承受的最高反向电压。若反向电压超过 $U_R$，二极管有可能被击穿损坏。为保证使用安全，一般器件手册上给出的 $U_R$ 约为反向击穿电压 $U_{RB}$ 的一半。

#### 3. 反向 (饱和) 电流 $I_R$

二极管处于反向偏置，未被击穿时，仍然会有微弱的反向电流流过二极管，称为反向电流 (或漏电电流) $I_R$ (R 代表 reverse)。从图 5-2-4 可以看出，$I_R$ 越小，二极管的单向导电性越好。通常器件手册中的 $I_R$ 是 $U_R$ 下的反向电流值。

$I_R$ 有两个显著特点：一是对温度敏感；二是 $U_R$ 不超过一定范围时，其电流大小基本不变，即与 $U_R$ 的大小无关，因此反向电流又称为反向饱和电流。

#### 4. 最高工作频率 $f_M$

交流电路中，当电路工作频率超过一定范围时，二极管的单向导电性能明显退化，不能正常工作。$f_M$ 是二极管工作的上限频率，$f_M$ 的大小通常与二极管的 PN 结的面积有关，PN 结的面积越大，$f_M$ 越低，故点接触型二极管的 $f_M$ 较高，而面接触型二极管的 $f_M$ 较低。

二极管的参数在器件选型时会发挥重要作用。例如，二极管在电路中承载着电路电流，所以二极管的 $I_F$ 不能小于电路工作电流；当二极管反向偏置时，它所能承受的 $U_R$ 也受到一定限制，否则二极管会被反向击穿。表 5-2-1 给出了国产二极管的参数示例。

表 5-2-1 国产二极管的参数示例

| 型号 | 参数 | | | |
|---|---|---|---|---|
| | 额定正向工作电流 $I_F$(mA) | 最高反向工作电压 $U_R$(V) | 反向电流 $I_R$(μA) | 最高工作频率 $f_M$(kHz) |
| 2CP24 | 300 | 400 | 5 | 3 |
| 2CZ11A | 1 000 | 100 | 10 | 3 |

【工程应用】电源反接保护电路

二极管的单向导电性可以避免因电源反接或电流不正常增大而导致的事故。图 5-2-5 (b) 和 (c) 是两种常见的二极管保护电路，它们分别利用了二极管正向偏置和反向偏置的特性。

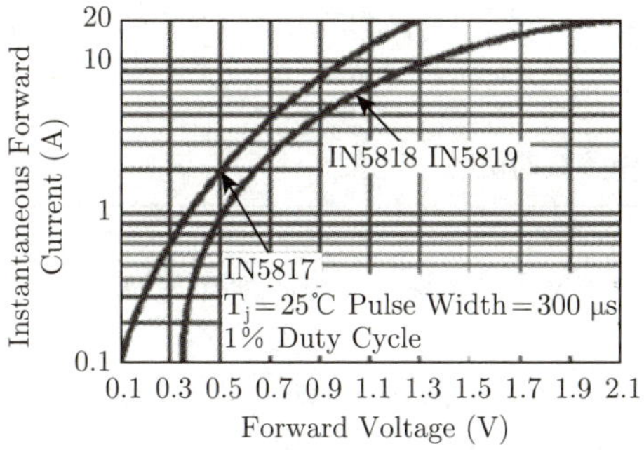


(a) IN5817的伏安特性曲线

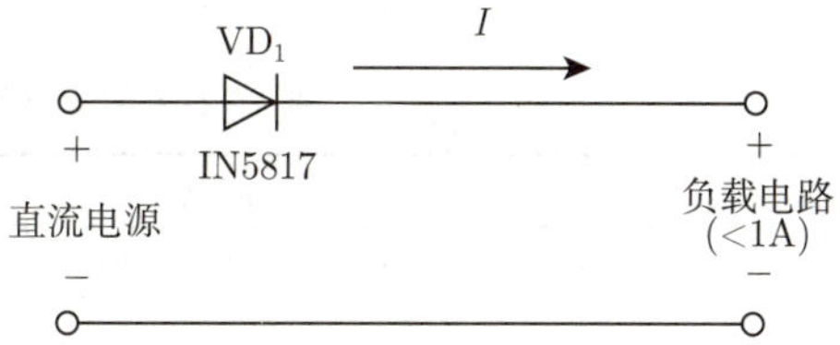


(b) 串联保护

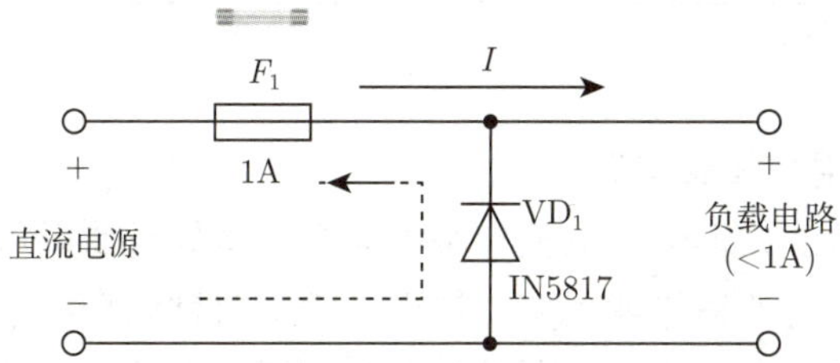


(c) 并联保护

**图 5-2-5　二极管保护电路**

图 5-2-5 (b) 和 (c) 的电路中，二极管 $VD_1$ 的型号为 IN5817，它的伏安特性曲线可从图 5-2-5 (a) 中查到，当它的正向电压 $U_F$ 为 0.38V 时，额定正向工作电流 $I_F$ 约为 1A。也就是说，当电路工作电流为 1A 时，二极管 $VD_1$ 要分掉 0.38V 的电压，即负载电路获得的实际电压比电源低 0.38V。如果电流不到 1A，$VD_1$ 分走的电压会小一些，可以根据图中的伏安特性曲线进行估算。

图 5-2-5 (b) 中，二极管 $VD_1$ 串联在直流电源和负载电路之间，当电源的极性连接正确时，二极管 $VD_1$ 处于正向偏置导通状态。电流 $I$ 经过 $VD_1$ 流向负载。如果电源极性接反，二极管 $VD_1$ 反向偏置，几乎没有电流流过，可防止电源反接给电路带来的破坏。

图 5-2-5 (c) 是另一种二极管保护电路，二极管 $VD_1$ 与负载电路是并联关系。熔断器 $F_1$ (F 代表 fuse，保险丝是熔断器的一种) 是一个导体，如果电流小于它的额定电流，则可以顺利通过，否则当电路异常使电流不正常增大时，熔断器会熔断，从而防止危险事故发生。当电源连接正确时，二极管 $VD_1$ 反向偏置导通，相当于二极管处开路，对电路没有影响。如果电源极性接反，二极管 $VD_1$ 正向偏置导通，电流就从二极管 $VD_1$ 的正极流向负极 (图中的虚线箭头)，由于二极管的阻值很小，因此电路中的电流很大并将熔断器 $F_1$ 熔断，从而预防事故发生。

### 5.2.4 伏安特性的数学表达式

根据半导体物理学，把图 5-2-4 中的伏安特性曲线用数学方法表达如下

$$i_{\mathrm{D}} = I_{\mathrm{s}}(\mathrm{e}^{\frac{u_{\mathrm{D}}}{U_{\mathrm{T}}}} - 1) \tag{5-2-1}$$

式中，$i_{\mathrm{D}}$ 为二极管电流，$u_{\mathrm{D}}$ 为二极管电压。根据表 5-2-2 中 $U_{\mathrm{T}}$ 的表达式，代入表格内其他参数数值，计算得到 $U_{\mathrm{T}} = 0.025\mathrm{V}$。

**表 5-2-2　式 (5-2-1) 中参数的说明**

| 符号 | 定义 | 数值 |
|---|---|---|
| $I_{\mathrm{s}}$ | 反向饱和电流 | 对于硅来说，$I_{\mathrm{s}}$ 通常为 $10^{-12}\mathrm{A}$ |
| $U_{\mathrm{T}}$ | 热电压 | $U_{\mathrm{T}} = kT/q$ |
| $k$ | 玻尔兹曼常数 | $K = 1.380 \times 10^{-23}\mathrm{J/K}$ |
| $q$ | 电子电荷 | $q = 1.602 \times 10^{-19}\mathrm{C}$ |
| $T$ | 绝对温度 | $T[\mathrm{K}] = 273.15[℃] +$ 温度 [℃]，常温下 $T = 300\mathrm{K}$ |

注：$I_{\mathrm{s}}$ 中的 s 代表 saturation。

**【工程应用】二极管温度测量电路**

为了实现最佳计算性能，笔记本电脑和服务器中的微处理器以可变频率时钟运行。时钟越快，微处理器每秒进行的操作就越多。然而，随着时钟频率的增加，微处理器的温度也会升高。一般来说，微处理器的温度应限制在 110℃ 左右。

如何测量温度是一个关键问题。实际电路中，由于半导体的热敏性，可以用微处理器里的二极管来测温。例如，笔记本电脑中用到的集成温度传感器 MAX1617 就是通过使二极管流过两个不同的电流，分别测量对应的电压，最终获取温度值，原理如下。

将表 5-2-2 中 $U_{\mathrm{T}}$ 的表达式代入式 (5-2-1)，对于足够大的电压，二极管的方程可近似为

$$i_{\mathrm{D}} = I_{\mathrm{s}}\mathrm{e}^{\frac{qu_{\mathrm{D}}}{kT}}$$

上式两端求对数后，得到

$$u_{\mathrm{D}} \approx \frac{kT}{q}\ln\frac{i_{\mathrm{D}}}{I_{\mathrm{s}}}$$

为测量温度，MAX1617 先后使电流 $i_{\mathrm{D1}}$ 和 $i_{\mathrm{D2}}$ 流过二极管，分别测量对应的电压 $u_{\mathrm{D1}}$ 和 $u_{\mathrm{D2}}$，得到差分结果

$$u_{\mathrm{D1}} - u_{\mathrm{D2}} = \frac{kT}{q}\ln\frac{i_{\mathrm{D1}}}{i_{\mathrm{D2}}}$$

如果 $i_{\mathrm{D1}}$ 和 $i_{\mathrm{D2}}$ 的比率固定，那么电压差就与绝对温度 $T$ 成正比，由此可以推断出微处理器的温度。例如，$i_{\mathrm{D1}} = 100\mu\mathrm{A}$，$i_{\mathrm{D2}} = 10\mu\mathrm{A}$。那么，当电压差为 59.5mV 时，$T = 300\mathrm{K}$，即 27℃；当电压差为 76.0mV 时，温度上升到 $T = 383\mathrm{K}$，即 110℃，达到微处理器温度的上限。

## 5.3 二极管电路分析方法

从图 5-2-4 的伏安特性曲线可以看出，二极管是一个非线性器件，这使得含有二极管的电路的分析比较复杂。为了简化分析过程，工程上常用等效模型来代替实际电子器件，这里介绍二极管常用的三种简化模型。

### 1. 理想二极管模型

实际电路中，如果电源电压远远大于二极管的管压降，且电路电阻远远大于二极管的平均电阻，就可以采用二极管的理想模型，即实际二极管的伏安特性曲线可以用图 5-3-1 (a) 所示的实线代替 (实线与部分 $Y$ 坐标轴重合)，图中虚线表示二极管实际的伏安特性。由图可见，当外加正向电压时，二极管导通，管压降为 0V，流经电流为任意值；当外加反向电压时，流经二极管的电流为 0A，二极管处于截止状态，此时它的电阻为无穷大。因此，二极管可等效为一个理想开关，如图 5-3-1 (b) 所示。

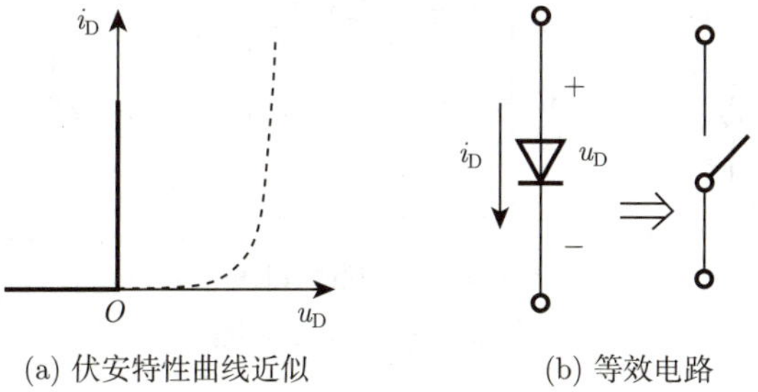


图 5-3-1 理想二极管模型

### 2. 恒压降模型

二极管恒压降模型是指二极管正向导通后，其管压降几乎不随电流变化，认为是恒定值 (通常硅管为 0.7V，锗管为 0.3V)，并且二极管的反向电流为零。其伏安特性曲线如图 5-3-2 (a) 的实线所示，图 5-3-2 (b) 为其等效电路模型，即理想二极管串联电压源 $U_{D(on)}$。与理想二极管模型相比，此种模型的误差要小得多，近似分析中常用这种模型。

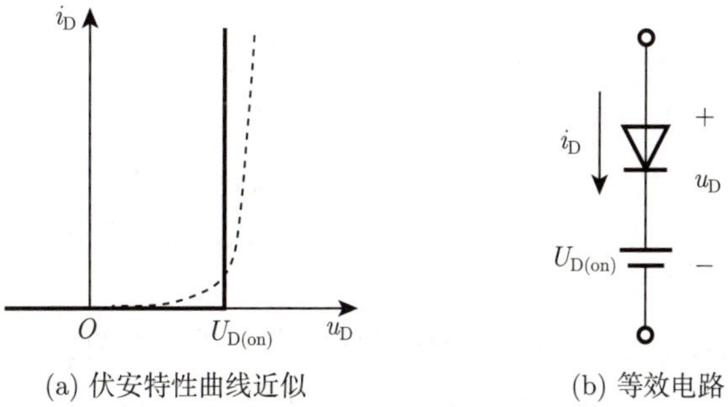


图 5-3-2 恒压降模型

例 5-1 的电路中将出现一个二极管，现将分析方法总结如下。

**【电路中包含一个二极管的分析方法】**

电路中若出现一个二极管，可分两个步骤进行分析：定性分析和定量分析。

(1) 定性分析，即判断二极管的工作状态是导通还是截止。具体方法是先将二极管从原电路中移除，并在空缺处标注原二极管的正、负极；然后根据剩余电路结构分析空缺处电压的极性和大小，根据分析结果判断满足二极管导通还是截止的条件，从而确定二极管的偏置状态。

(2) 定量分析，根据定性分析的结果，结合题目的要求，用等效模型代替原二极管，画出等效电路，最后做线性电路分析。

**【例 5-1】** 电路如图 5-3-3 (a) 所示，电压源 $V_{DD}$ 为 10V，电阻 $R$ 为 1 000Ω，二极管 VD 导通压降为 0.7V。试分别用理想二极管模型和恒压降模型求电路中的电流 $I_D$。

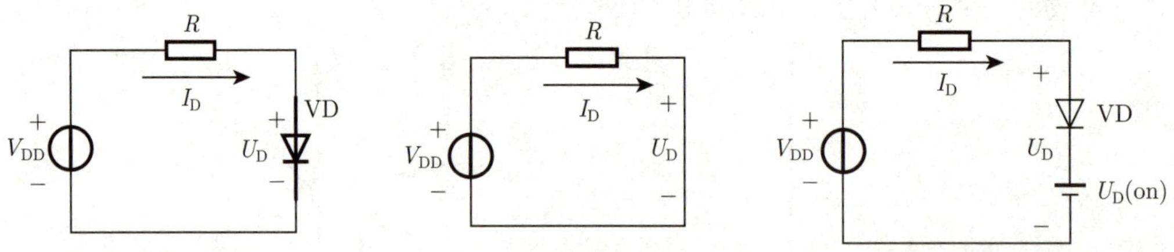


(a) 原二极管电路　　(b) 理想二极管模型电路　　(c) 恒压降模型电路

**图 5-3-3　例 5-1 图**

**解：** 移除原电路图 5-3-3 (a) 中的二极管 VD，电路处于开路状态，电阻端电压 $U_R = 0$，原二极管的正极与电源 $V_{DD}$ 的高电位连接，负极与电源的低电位连接，由此判断二极管处于正向偏置状态。

(1) 理想二极管模型。二极管正向压降为 0V，因此用导线代替二极管，得到等效电路，如图 5-3-3 (b) 所示，计算得到

$$I_D = \frac{V_{DD}}{R} = \frac{10}{1\ 000} = 10\text{mA}$$

(2) 恒压降模型。二极管导通，考虑二极管的导通压降，画出等效电路图 5-3-3 (c)，有

$$I_D = \frac{V_{DD} - U_{D(on)}}{R} = \frac{10 - 0.7}{1\ 000} = 9.3\text{mA}$$

### 3. 交流小信号等效模型

注意观察，图 5-3-4 (a) 所示的电路中有两个源，即一个直流电压源 $U_s$ 加一个低频小信号源 $u_i$，这在实际电路中很常见。两个源的作用各不相同，直流电压源 $U_s$ 数值相对较大，它决定二极管 VD 的导通状态，图 5-3-4 (a) 所示的电路中，二极管处于正向导通状

态。在这个前提下，低频小信号源 $u_i$ 类似于寄生在电压源 $U_s$ 上的输入变化量。图 5-3-4 (b) 中，直流电压源 $U_s$ 在二极管上产生的固定电压对应的伏安特性曲线上的点称为**静态工作点** (quiescent point)，记作 **Q 点**。由于 $u_i$ 的存在且数值较小，它会在 Q 点附近引起微小的电压和电流变化，图 5-3-4 (b) 中，$\Delta u_D$ 和 $\Delta i_D$ 对应的伏安特性曲线范围常用 Q 点的切线斜率来描述，可以等效为一个动态电阻，用图 5-3-4 (c) 中的 $r_d$ 表示。这就是交流小信号等效模型，它用于计算叠加在直流电压源 $U_s$ 上的微小增量电压或电流响应。

$$r_d = \frac{\Delta u_D}{\Delta i_D} \approx \frac{du_D}{di_D} = \frac{du_D}{d[I_s(e^{\frac{u_D}{U_T}} - 1)]} = \frac{U_T}{I_s}\frac{1}{e^{\frac{u_D}{U_T}}} \approx \frac{U_T}{I_D} \tag{5-3-1}$$

在室温下，当 $T = 300\text{K}$ 时，$r_d \approx \dfrac{U_T}{I_D} = \dfrac{26(\text{mV})}{I_D(\text{mA})}$。

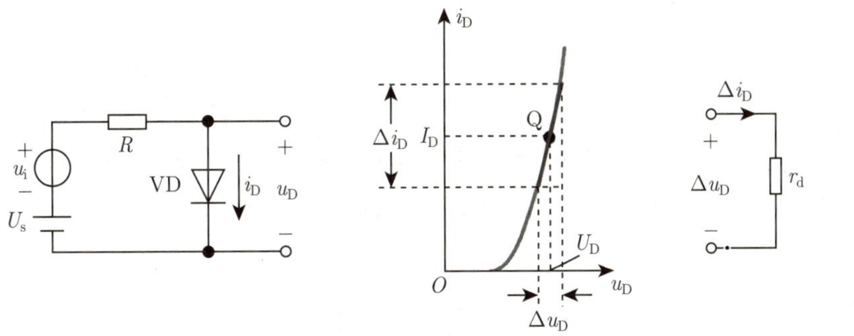


(a) 电路　　(b) 二极管的伏安特性曲线　　(c) 二极管动态电阻

**图 5-3-4　交流小信号等效模型**

## 5.4　二极管门电路

在计算机的世界里，从简单的数学运算到画面流畅的 3D 游戏，都是由数不清的“0”和“1”构成的，这与《易经》中“太极生两仪，两仪生四象，四象生八卦”有异曲同工之妙。计算机之所以选择二进制“0”和“1”，是因为具有两种稳定状态的物理器件有很多，易于实现。比如，电压的高与低，门电路的导通与截止，这些恰好对应表示“1”和“0”两个字符。假设采用十进制，就需要制造具有 10 种稳定状态的物理电路，实现过程非常困难。

现实世界中，“0”逻辑或“1”逻辑实际对应的是一些电压范围，即在数字电路中规定 2.4~5V 范围内的电压表示高电平，用数字“1”逻辑表示，0~0.8V 范围内的电压表示低电平，用数字“0”逻辑表示。

用以实现基本逻辑运算和复合逻辑运算的单元电路通称为**逻辑门电路**，简称**门电路**。“门”，顾名思义，起开关作用，门电路是根据开放条件不同而起开关作用的集成电路。“与门” (AND gate) 和“或门” (OR gate) 是常用的门电路，最简单的与门和或门可以由二极管和电阻构成。

例 5-2 和例 5-3 的电路中都将出现两个二极管，现将分析方法总结如下。

**【电路中包含两个二极管的分析方法】**

若电路中出现两个二极管，先将两个二极管同时从原电路中移除，并在空缺处标注原二极管的正、负极，然后根据当前电路的结构分析空缺处电压的极性和大小，根据分析结果判断每个二极管的导通状态。判断结果包含以下三种情况：

(1) 若两个二极管均不满足导通条件，则两个二极管均截止。

(2) 若一个二极管满足导通条件，另一个不满足，则一个二极管导通，另一个二极管截止。

(3) 若两个二极管均满足导通条件，则空缺处压差大者优先导通。然后在一个二极管优先导通的前提下，再次判断另一空缺处的压差及极性，最终判断另一个二极管是否导通。

### 1. 二极管与门电路

【例 5-2】 二极管构成与门电路，设图 5-4-1 (a) 中 $VD_1$ 和 $VD_2$ 均为理想二极管，当输入电压 $U_A$、$U_B$ 为低电压 0V 和高电压 5V 的不同组合时，求输出电压 $U_o$。

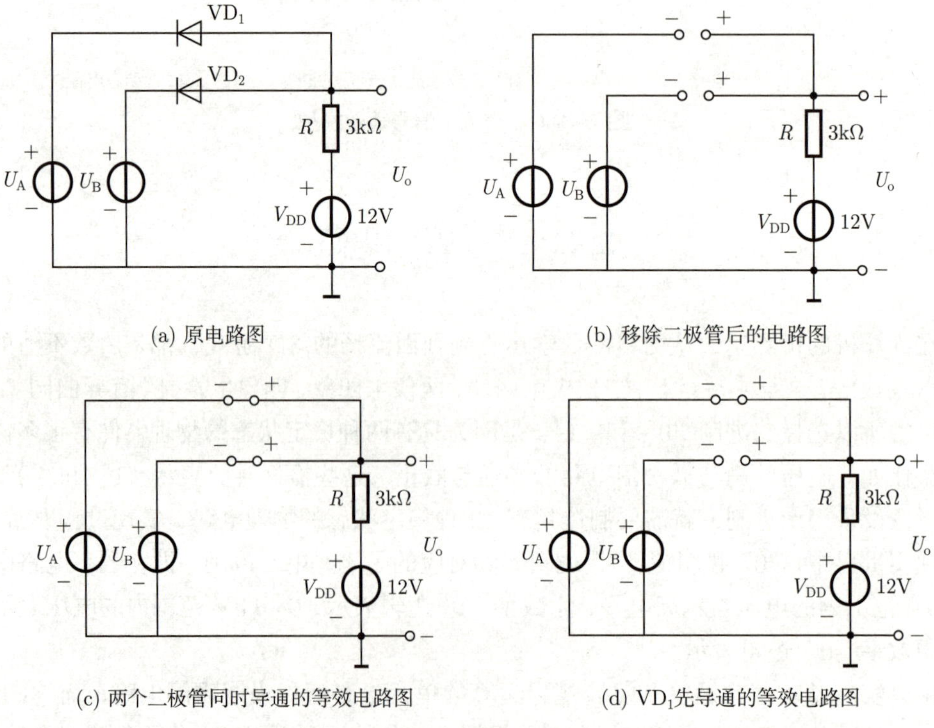


(a) 原电路图

(b) 移除二极管后的电路图

(c) 两个二极管同时导通的等效电路图

(d) $VD_1$先导通的等效电路图

**图 5-4-1　二极管与门电路分析**

**解：** $U_A$、$U_B$ 分别为 0V 和 5V 时，共有四种组合情况。

(1) 当 $U_A = 0V$，$U_B = 0V$ 时，同时移除图 5-4-1 (a) 电路中的两个二极管 $VD_1$ 和 $VD_2$，并根据原图中二极管的正负极，在空缺处标注好右“+”左“−”电位符号，如图 5-4-1 (b) 所示。通过对此时电路结构的分析，两个空缺处正极均与电源 $V_{DD}$ 相连，电位为 12V，负极均与地相连，电位均为 0V。两个空缺处高低电位压差相同，均为 12V，从而判断出两个二极管同时导通。由于题目设两个二极管均为理想二极管模型，因此空缺处用导线代替，如图 5-4-1 (c) 所示，此时输出 $U_o$ 与 $U_A$ 或 $U_B$ 并联，因此 $U_o$ 为 0V。

(2) 当 $U_A = 5V$，$U_B = 5V$ 时，分析步骤同 (1)，同时移除 $VD_1$ 和 $VD_2$ 后，两个空缺处压差均为 7V，所以两个二极管均导通，用导线代替空缺处后，输出 $U_o$ 为 5V。

(3) 当 $U_A = 0V$，$U_B = 5V$ 时，同时移除图 5-4-1 (a) 中的 $VD_1$ 和 $VD_2$，则原二极管 $VD_1$ 空缺处正极为 12V，负极为 0V，压差为 12V；而原二极管 $VD_2$ 空缺处正极为 12V，负极为 5V，压差为 7V。可见，$VD_1$ 压差较大，所以 $VD_1$ 优先导通，在 $VD_1$ 处用导线代替原二极管，再次分析 $VD_2$ 处压差得到 −5V，所以 $VD_2$ 处于截止状态，如图 5-4-1 (d) 所示，输出 $U_o$ 与 $U_A$ 并联，数值为 0V。

(4) 当 $U_A = 5V$，$U_B = 0V$ 时，分析方法与 (3) 相同，此时 $VD_2$ 压差较大，所以 $VD_2$ 优先导通，在 $VD_2$ 处用导线代替二极管，再次分析 $VD_1$ 处压差得到 −5V，所以 $VD_1$ 处于截止状态，因此输出 $U_o$ 与 $U_B$ 并联，数值为 0V。

将以上分析结果罗列在表 5-4-1 中。根据逻辑电平规定，5V 就是逻辑“1”，0V 就是逻辑“0”。对应表 5-4-1，用“1”和“0”表示输入输出值的表称为**真值表**，如表 5-4-2 所示，输入输出之间实现的运算称为与运算，类似于数学中的乘法运算，进一步的学习将在数字电路中展开。

**表 5-4-1　二极管与门电路输入输出电压关系表**

| 输入电压 | | 理想二极管 | | 输出电压 |
|---|---|---|---|---|
| $U_A$ | $U_B$ | $VD_1$ | $VD_2$ | $U_o$ |
| 0V | 0V | 正偏导通 | 正偏导通 | 0V |
| 0V | 5V | 正偏导通 | 反偏截止 | 0V |
| 5V | 0V | 反偏截止 | 正偏导通 | 0V |
| 5V | 5V | 正偏导通 | 正偏导通 | 5V |

**表 5-4-2　二极管与门真值表**

| 输入 | | 输出 |
|---|---|---|
| $U_A$ | $U_B$ | $U_o$ |
| 0 | 0 | 0 |
| 0 | 1 | 0 |
| 1 | 0 | 0 |
| 1 | 1 | 1 |

### 2. 二极管或门电路

【例 5-3】　二极管构成或门电路，设图 5-4-2 (a) 中 $VD_1$ 和 $VD_2$ 均为理想二极管，当输入电压 $U_A$、$U_B$ 为低电压 0V 和高电压 5V 的不同组合时，求输出电压 $U_o$。

解：$U_A$、$U_B$ 分别为 0V 和 5V 时，共有四种组合情况，分析方法和例 5-2 相同。

(1) 同时移除图 5-4-2 (a) 电路中两个二极管 $VD_1$ 和 $VD_2$，并标注对应的正负极，得到图 5-4-2 (b)。当 $U_A = 0V$，$U_B = 0V$ 时，空缺处原两个二极管的正极均为 0V，负极也均为低电位 0V，压差都为 0V。所以两个二极管均处于截止状态，输出 $U_o$ 为 0V。

(2) 当 $U_A = 5V$，$U_B = 5V$ 时，空缺处原两个二极管的正极均为高电位 5V，负极均

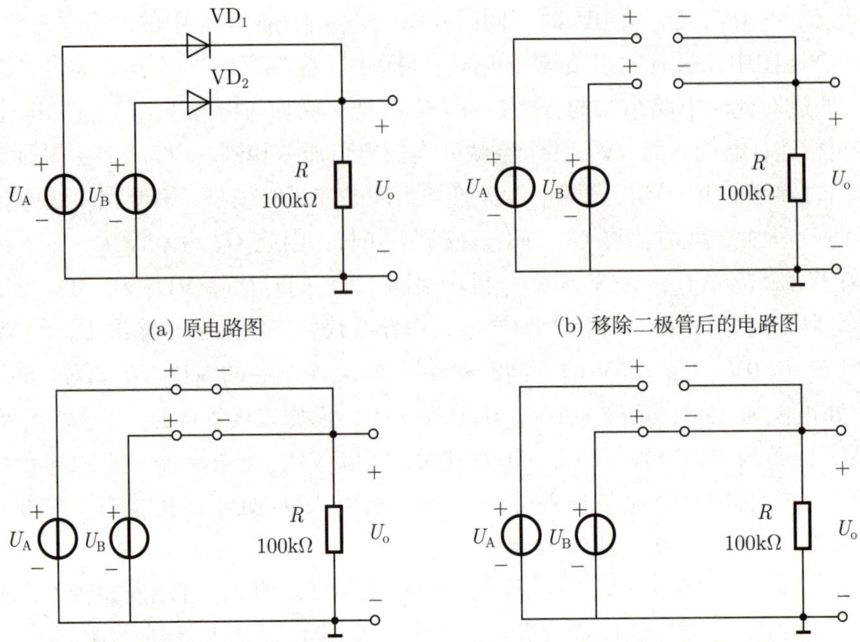


(a) 原电路图　(b) 移除二极管后的电路图

(c) 两个二极管同时导通的等效电路图　(d) $VD_2$先导通的等效电路图

**图 5-4-2　二极管或门电路分析**

为低电位 0V，压差均为 5V。所以两个二极管均处于导通状态，如图 5-4-2 (c) 所示。输出 $U_o$ 与 $U_A$ 或 $U_B$ 并联，因此 $U_o$ 为 5V。

(3) 当 $U_A=0V$，$U_B=5V$ 时，移除拿走原电路中的 $VD_1$ 和 $VD_2$，则原二极管 $VD_1$ 空缺处的正极、负极均为 0V，压差为 0V；而原二极管 $VD_2$ 空缺处的正极为 5V，负极为 0V，压差为 5V。$VD_2$ 压差较大，所以 $VD_2$ 优先导通，在 $VD_2$ 处用导线模型代替二极管。再次分析得到 $VD_1$ 空缺处的压差为 −5V，所以 $VD_1$ 处于截止状态，如图 5-4-2 (d) 所示。因此输出 $U_o$ 与 $U_B$ 并联，大小为 5V。

(4) 当 $U_A=5V$，$U_B=0V$ 时，分析方法与 (3) 相同，此时 $VD_1$ 压差较大，所以 $VD_1$ 优先导通，在 $VD_1$ 处用导线模型代替二极管，再次分析 $VD_2$ 处压差得到 −5V，所以 $VD_2$ 处于截止状态，因此输出 $U_o$ 与 $U_A$ 并联，大小为 5V。

以上分析罗列在表 5-4-3 中，表 5-4-4 是对应的真值表，输入输出之间实现的运算称为或运算，类似于数学中的加法运算，进一步的学习将在数字电路中展开。

**表 5-4-3　二极管或门电路输入输出电压关系表**

| 输入电压 | | 理想二极管 | | 输出电压 |
|---|---|---|---|---|
| $U_A$ | $U_B$ | $VD_1$ | $VD_2$ | $U_o$ |
| 0V | 0V | 截止 | 截止 | 0V |
| 0V | 5V | 截止 | 正偏导通 | 5V |
| 5V | 0V | 正偏导通 | 截止 | 5V |
| 5V | 5V | 正偏导通 | 正偏导通 | 5V |

**表 5-4-4　二极管或门真值表**

| 输入 | | 输出 |
|---|---|---|
| $U_A$ | $U_B$ | $U_o$ |
| 0 | 0 | 0 |
| 0 | 1 | 1 |
| 1 | 0 | 1 |
| 1 | 1 | 1 |

# 5.5 工程实例

## 5.5.1 二极管的识别

当拿到一只二极管时，如何区分它的正负极？当拆开一块电路板时，如何识别里面的二极管？当不同材料的二极管摆在你面前时，怎么判断哪个是锗管，哪个是硅管？下面介绍常用的二极管识别方法。

### 1. 电路图中的标识

二极管在电路中的标识通常分为两部分：电路图形符号和文字标识。电路图形符号表示二极管的类型，如图 5-5-1 (a) 中的普通二极管、稳压二极管以及图 5-5-1 (b) 中的光敏二极管、发光二极管的电路符号都不相同。文字标识包括字母和数字，表示该二极管在电路中的序号及型号，见图 5-5-1 中文字框中的解释。

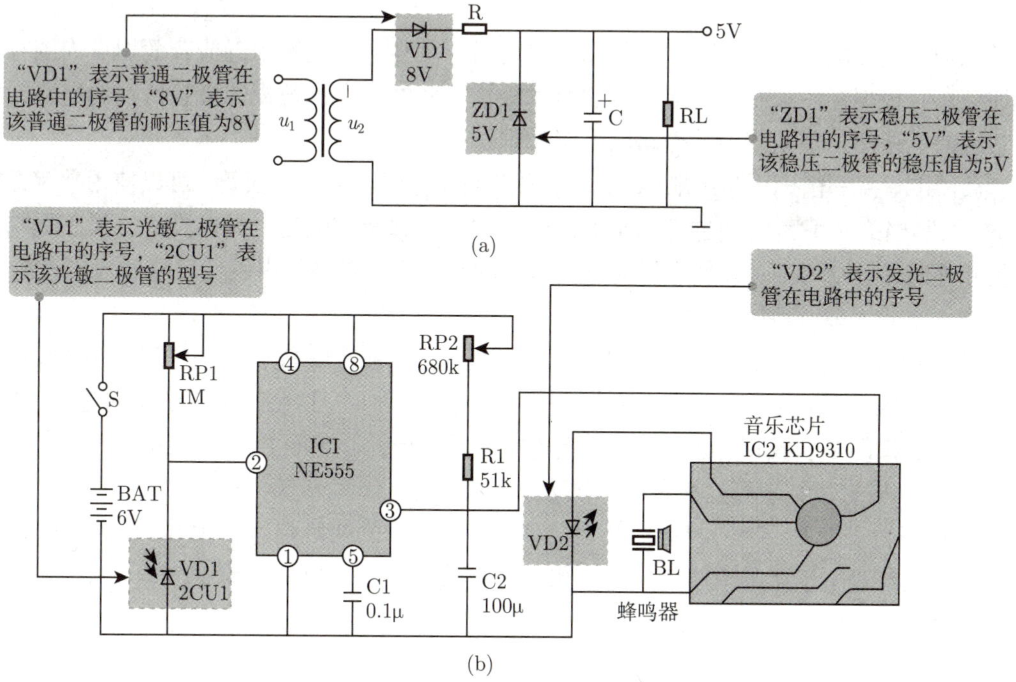


图 5-5-1　二极管在电路图中的标识

### 2. 引脚极性的识别

二极管的引脚有正负之分，在电路中若乱接，轻则不能正常工作，重则烧毁电路。二极管极性的判别常用外观法和万用表测量法。

(1) 外观法。外观法是根据标注或外形判断极性。为了快速区分二极管的正负极，大部分二极管会在外壳上标注极性。如图 5-5-2 所示，有的将电路图形符号印在二极管的外壳上标示极性；有的在二极管负极一端印上一道色环作为负极标记；有些引脚长短不一致，长脚为正极，短脚为负极。使用中应注意区别。

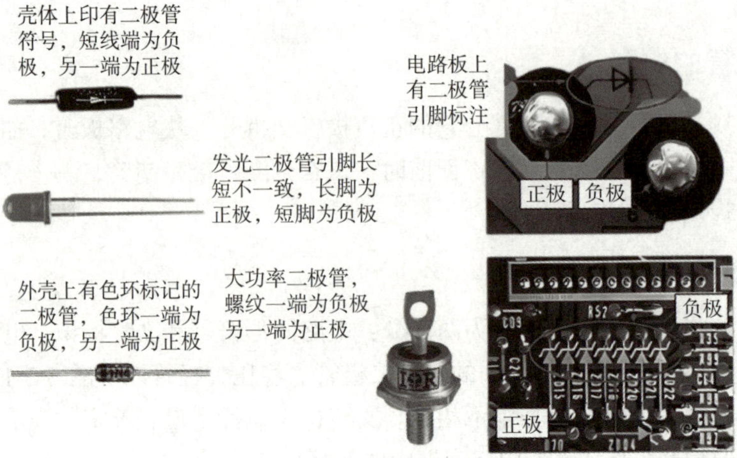


**图 5-5-2　二极管引脚极性的识别**

识别安装在电路板上的二极管的引脚极性时，可观察二极管附近或背面焊点周围有无标注信息，根据标注信息很容易识别引脚的极性。此外，也可根据二极管所在的电路，找到对应的电路图，根据图中的电路图形符号识别引脚极性。

(2) 用数字万用表识别引脚。对于一些没有明显标识信息的二极管，可以使用数字万用表的“Ω”档或“▶|”档进行识别。由于万用表内部装有电池，所以当红、黑表笔与二极管相连时，可以产生足以使二极管正向偏置的小电压。先将万用表红表笔插入“VΩ”插孔，黑表笔插入参考地线“COM”。

1) 旋钮置于“Ω”档，两表笔分别连接二极管两端，由于二极管正向电阻远小于反向未击穿时的电阻，所以当万用表的屏幕上有较小电阻值显示时，这是二极管的正向电阻值，此时红表笔连接的是二极管的正极，黑表笔连接的是负极；若屏幕上显示“OL”(Over Load，超出量程)，则表示红表笔连接负极，黑表笔连接正极。

2) 旋钮置于“▶|”档，将红、黑表笔分别与二极管的两极相连，如果读数在 0.1~0.7V 之间，说明红表笔连接的引脚为正极，黑表笔连接负极；如果显示为“OL”，说明红表笔连接负极，黑表笔连接正极。

### 3. 材料识别

二极管的制作材料主要有锗半导体和硅半导体。在对二极管进行选配、代换时，准确区分二极管的制作材料是十分关键的步骤。判别二极管的制作材料时，可以用数字万用表的“▶|”档进行检测。

当万用表的旋钮开关设置在“▶|”档，红、黑表笔分别搭在二极管的正负引脚上时，观察万用表的读数。若实测二极管的正向导通电压在 0.2~0.3V 的范围内，则说明所测为锗管；若实测数据在 0.6~0.7V 的范围内，则说明所测为硅管。

#### 4. 故障识别

二极管的常见故障有开路、短路和性能不良。

(1) 单管检测。检测二极管是否有故障的测量方法与极性判断相同。这里以万用表的旋钮开关拨至“▶|”档为例。如果红、黑表笔交叉接触二极管的两极，万用表均发出蜂鸣声，则说明二极管已被击穿，呈短路状态；如果红、黑表笔交叉接触后，屏幕上均显示“OL”，则说明二极管内部断路损坏，如图 5-5-3 所示。

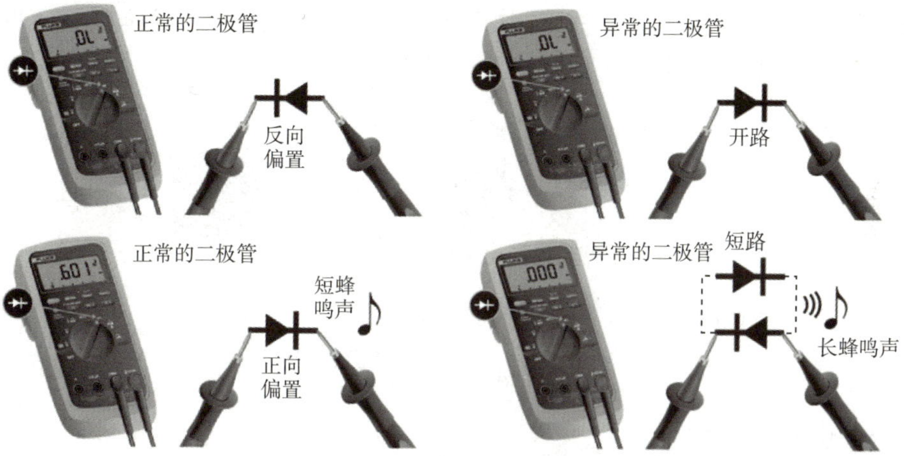


图 5-5-3　万用表“▶|”档判别二极管故障

(2) 在路检测。对电路板上的二极管进行检测也称在路检测。使用数字万用表的“▶|”档做在路检测时，基本不受外围元器件的影响。在正常情况下，正向导通电压为一个固定值，反向为无穷大，否则说明二极管损坏。图 5-5-4 所示为二极管的正常情况。左①图中，红表笔搭在二极管正极引脚，黑表笔搭在负极引脚，万用表显示读数为 0.625V；右②图中，交换两个表笔的位置，测得电压超出量程，显示“OL”。

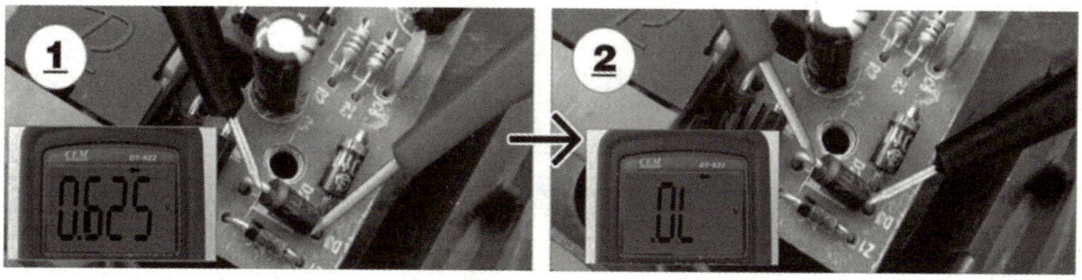


图 5-5-4　在路检测二极管的正、反向导通特性

### 5.5.2　发光二极管电路限流电阻选型

#### 1. 发光二极管简介

当今应用最广泛、最节能的照明器件非发光二极管 (light-emitting diode，LED) 莫属。交通灯、汽车尾灯、广告屏，以及电脑显示器中都用到了发光二极管。它具有体积小、工

作电压低、工作电流小、功耗小、驱动电路简单、发光稳定且亮度高、响应速度较快、寿命较长、可靠性较高等优点。

发光二极管发亮时处于正向偏置状态，正向导通压降 $U_F$ 较大，一般为 1~2.5V。发光二极管的发亮程度与流过它的正向工作电流 $i_F$ 成正比（几至几十毫安），其反向击穿电压一般较低，约为 7V，工程上为保障安全常取 5V。

发光二极管的电路符号如图 5-5-5 (a) 所示。图 5-5-5 (b) 中，透过树脂透镜制作的外壳可以看到发光二极管内部的两片导体。一般来说，右边的“大旗子”连接的引脚为负极，左边的“小旗子”连接的引脚为正极。如果看不到发光二极管的内部结构，也可以通过其引脚的长短来判断极性，长脚为正极，短脚为负极。

(a) 电路符号　(b) 透视图　(c) 仰视图

图 5-5-5　发光二极管极性判断

### 2. 限流电阻阻值计算

发光二极管的型号不同，规格也不同。例如，红色普通发光二极管的规格为 2V/20mA；高亮度白色发光二极管的规格为 3.5V/20mA；高亮度绿色发光二极管的规格为 3.6V/30mA。在应用时，不应超过此范围。如图 5-5-6 所示，使用发光二极管时，通常要串联一个限流电阻 $R$。

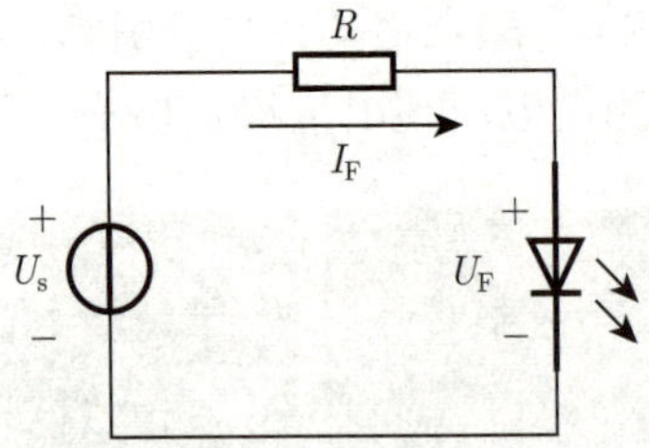


图 5-5-6　简易发光二极管电路

限流电阻的阻值计算公式为

$$R = \frac{U_s - U_F}{I_F}$$

式中，$U_s$ 为电源电压，$U_F$ 为发光二极管的正向导通电压，$I_F$ 为最大整流电流。若图 5-5-6 中，$U_s = 3\text{V}$，二极管为普通红色发光二极管，代入红色二极管的规格参数 2V/20mA，即 $U_F = 2\text{V}$，$I_F = 20\text{mA}$，得到限流电阻的阻值为

$$R = \frac{U_s - U_F}{I_F} = \frac{3\text{V} - 2\text{V}}{20\text{mA}} = 50\Omega$$

如果计算结果不在 E12 和 E24 基准内的阻值取值 (见 1.3 节，E12 允许误差为 ±10%，E24 允许误差为 ±5%)，可选择与之接近的阻值。

## 5.5.3　整流电路

仔细观察一根电脑的电源线，看看能不能找到电源的输入输出说明。在密密麻麻的说明文字中，你一定能找到和图 5-5-7 (a) 方框中类似的标注：“INPUT” 代表电源的输入电压范围为 “100-240VAC”，即交流 100~240V，频率为 50/60Hz，电流为 1.0A。“OUTPUT” 代表电源输出是电压为 12V、电流为 8A 的直流电。

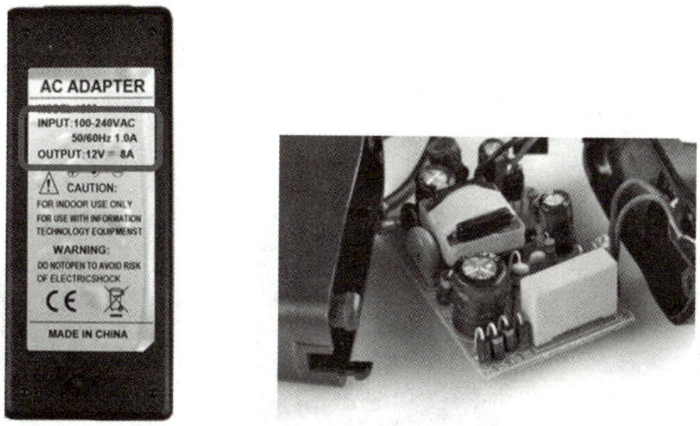


(a) 电源适配器　　(b) 全波整流电路

**图 5-5-7　电源适配器和全波整流电路**

能把交流电转换成直流电的电路称为**整流电路** (rectifier circuits)，实际电路如图 5-5-7 (b) 所示。整流电路主要由整流二极管组成，利用它的单向导电性将交流电转换成直流电。整流二极管结面积大，结电容大，工作频率低，多采用硅半导体材料制成。

图 5-5-8 为最简单的整流电路，称为**半波整流电路** (half-wave rectifier)。输入信号是 220V/50Hz 的交流电 $u_1$，经过变压器后，转换成低压交流信号 $u_2$。当 $u_2$ 为正半周时，根据电路判断，此时二极管 VD 正向偏置，处于导通状态，输出 $u_o$ 即为输入 $u_2$；当 $u_2$ 为负半周时，二极管 VD 反向偏置，处于截止状态，没有电流流经电阻 $R$，输出 $u_o$ 即为零。

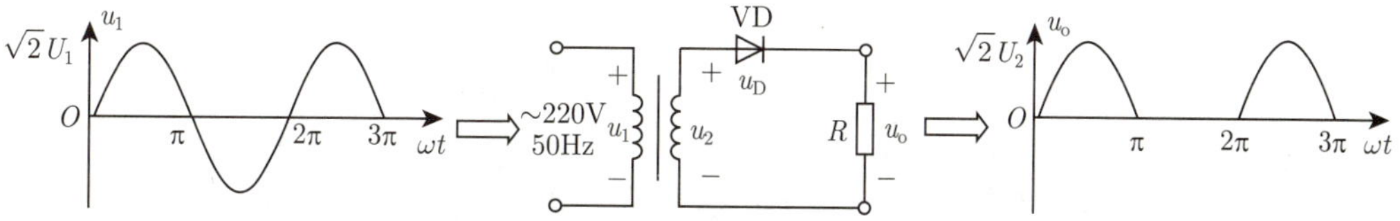


**图 5-5-8　半波整流电路及输入输出波形**

可以看出图 5-5-8 的输出并不是直流电，需要进一步改进。图 5-5-9 是把 220V 的交流电转换成直流电的工作原理图。电源变压器将 220V 的交流信号转换成交流低压信号，二极管构成的**全波整流电路** (full-wave rectifier) 将交流低压转换成单向脉动电压，再经电容构成的滤波电路，交流信号就转换成了直流信号。

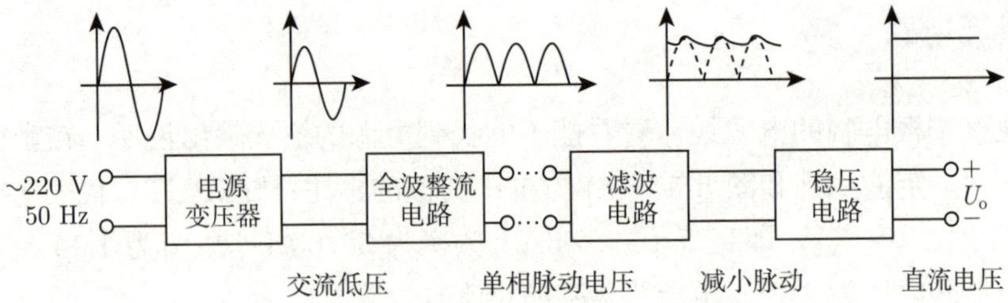


**图 5-5-9　直流电源电路工作原理图**

图 5-5-9 原理图中的全波整流电路由四只整流二极管构成，实物电路板如图 5-5-10 (b) 所示。受图 5-5-10 (b) 的启发，请你尝试找出图 5-5-7 (b) 中的四只整流二极管。有些产品将四只桥式整流二极管集成后封装成一个独立器件，称为整流堆，如图 5-5-10 (c) 所示。

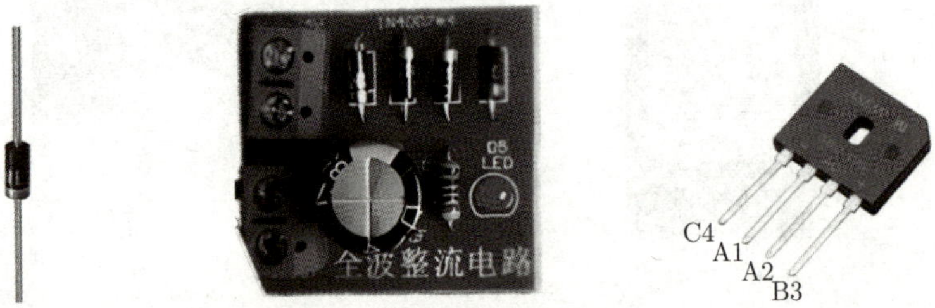


(a) 整流二极管　　(b) 四只整流二极管构成的整流电路　　(c) 桥式整流堆

**图 5-5-10　整流器件**

图 5-5-11 是一个最简易的全波整流电路。四个整流二极管 $VD_1$~$VD_4$ 连接组成电桥结构，又称**桥堆**，因为组成桥堆的二极管一般为硅管，所以也称"硅堆"。输入交流电压 $u_1$ 经过变压器转换成交流低压信号 $u_2$。当 $u_2 > 0$ 时，二极管 $VD_1$、$VD_3$ 导通，$VD_2$、$VD_4$ 截止，$u_o = u_2$；当 $u_2 < 0$ 时，二极管 $VD_2$、$VD_4$ 导通，$VD_1$、$VD_3$ 截止，$u_o = -u_2$。因此，无论在交流电源 $u_2$ 的正半周还是负半周，负载 $R_L$ 两端的输出电压 $u_o$ 始终是上正下负，保持方向不变，从而实现了全波整流。全波整流的输出电压 $u_o$ 的均值 $U_{o(AV)}$ 为 $0.9U$ ($U$ 是交流电源电压 $u_2$ 的有效值)，本书省略推导过程。

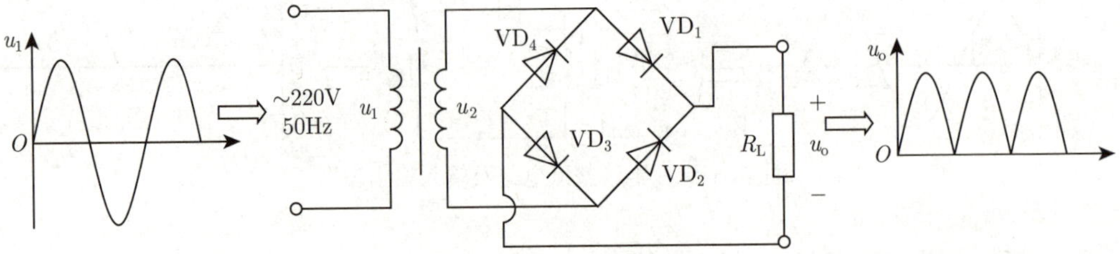


**图 5-5-11　全波整流电路**

# 5.6 电路仿真

## 5.6.1 二极管与门电路仿真

启动 Multisim 软件，新建文件并命名和保存，将开关、二极管、电阻、电源和电压表参考图 5-6-1 放置在图纸上合适的位置，设置好参数值，然后将各元件连接起来。

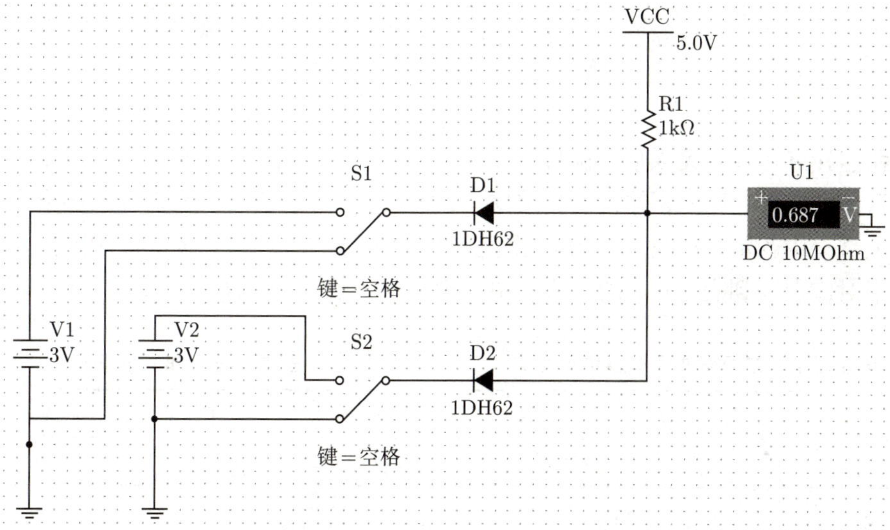


图 5-6-1 二极管与门仿真电路

电路连接好后，检查无误，则执行 Simulate 下的 Run 命令。根据 $V_1$、$V_2$ 四种不同的输入情况，分别测得电压值，并将所测结果填入表 5-6-1 中，进行观察对比。如果设 3V 以上为高电平，用逻辑“1”表示，0.7V 以下为低电平，用逻辑“0”表示，则将表 5-6-1 中的测试结果对应填写到表 5-6-2 的真值表中，观察输入输出的逻辑关系。

表 5-6-1 二极管与门电路仿真结果

| $V_1$ (V) | $V_2$ (V) | $U_1$ (V) |
|---|---|---|
| | | |
| | | |
| | | |
| | | |

表 5-6-2 与门真值表

| $A$ ($V_1$) | $B$ ($V_2$) | $Y$ ($U_1$) |
|---|---|---|
| | | |
| | | |
| | | |
| | | |

## 5.6.2 二极管或门电路仿真

启动 Multisim 软件，新建文件并命名和保存，将开关、二极管、电阻、电源和电压表参考图 5-6-2 放置在图纸上合适的位置，设置好参数值，然后将各元件连接起来。

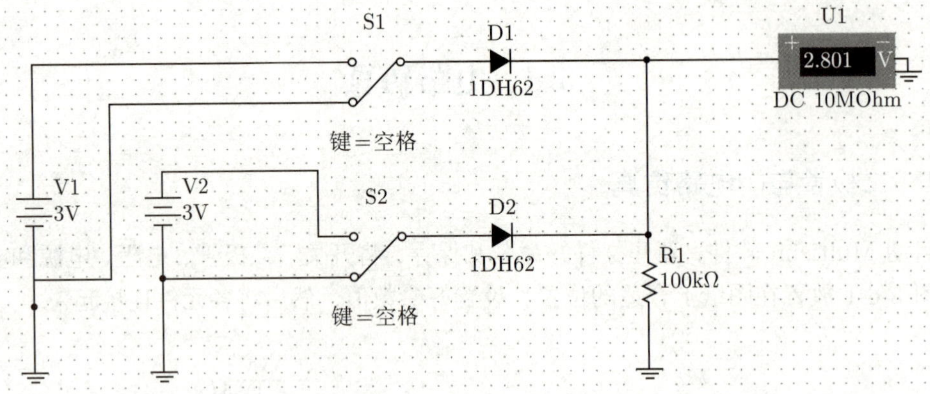


图 5-6-2 二极管或门仿真电路

电路连接好且检查无误后，执行 Simulate 下的 Run 命令。根据 $V_1$、$V_2$ 四种不同的输入情况，分别测得电压值，并将所测结果填入表 5-6-3 中，进行观察对比。如果设 2.3V 以上为高电平，用逻辑“1”表示，0V 以下为低电平，用逻辑“0”表示，则将表 5-6-3 中的测试结果对应填写到表 5-6-4 的真值表中，观察输入输出的逻辑关系。

表 5-6-3 二极管或门电路仿真结果

| $V_1$ (V) | $V_2$ (V) | $U_1$(V) |
|---|---|---|
| | | |
| | | |
| | | |
| | | |

表 5-6-4 或门真值表

| $A$ ($V_1$) | $B$ ($V_2$) | $Y$ ($U_1$) |
|---|---|---|
| | | |
| | | |
| | | |
| | | |

## 5.6.3 全波整流电路仿真

全波整流电路能够把交流电转换成脉动直流。5.5.3 节中的整流电路图 5-5-11 也称为桥式整流电路，它利用二极管的单向导通性进行整流，常用来将交流电转换成直流电。在 Multisim 中，新建文件，命名为“Bridge rectifier”并保存。参考图 5-6-3，将变压器、二极管、电阻、电压表、示波器和交流电源等器件摆放在图纸上合适的位置。电路布局完成后，用导线将各个元件连接起来。

执行 Simulate 下的 Run 命令，运行仿真，双击示波器弹出波形界面，如图 5-6-4 所示，通道 A 连接输入信号，对应图 5-6-4 中上方的正弦波形；通道 B 连接输出信号，对应图 5-6-4 中下方的波形。由此可见，交流电源 $V_1$ 经过桥式整流电路后，无论正半周还是负半周，通过负载电阻的电压方向全部转变为正半周。

图 5-6-4 中输出的波形并不是直流，因此还需增加电容元件做滤波处理，如图 5-6-5 所示。

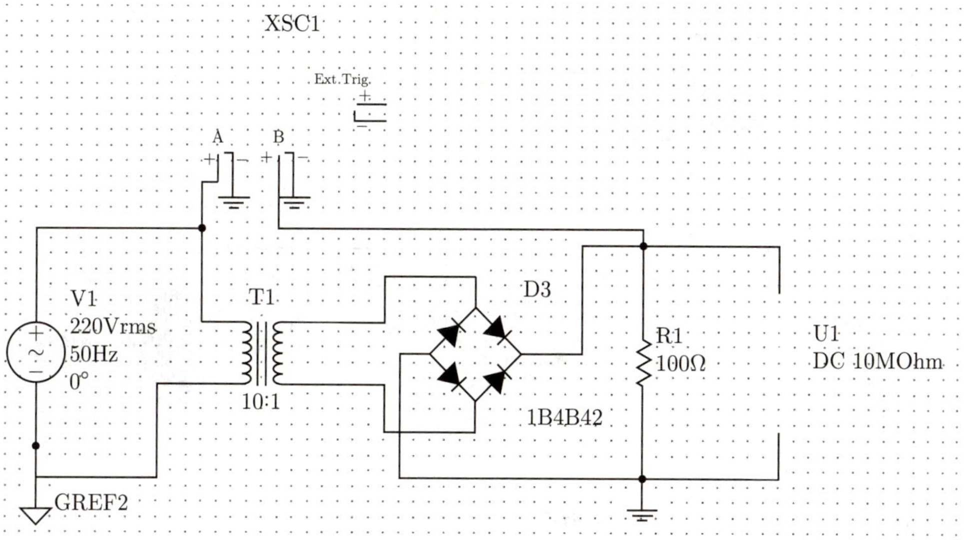


图 5-6-3　全波整流电路

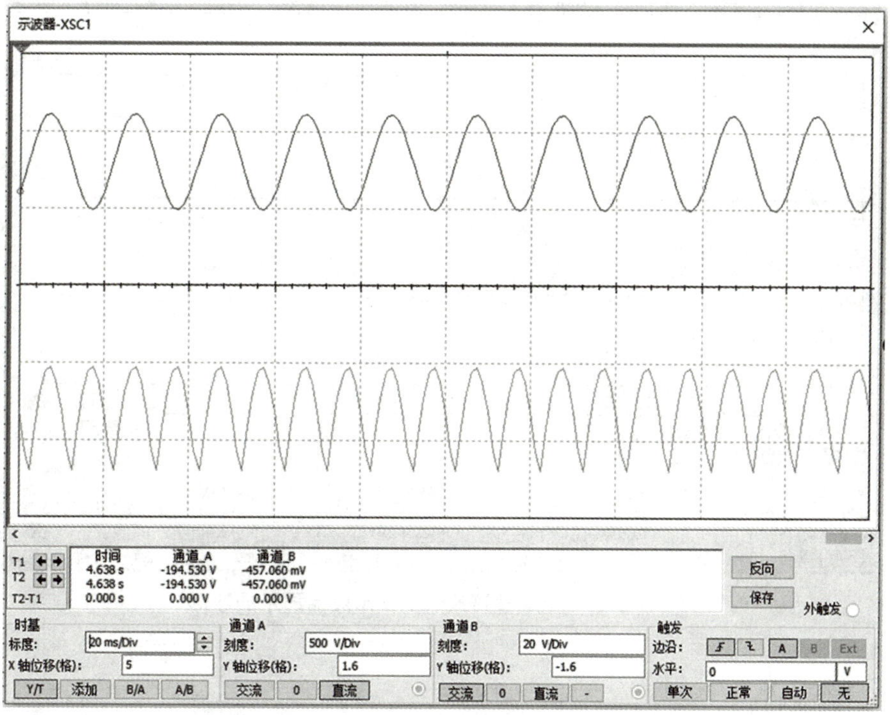


图 5-6-4　全波整流电路示波器显示的波形

执行 Run 命令后，示波器波形如图 5-6-6 所示。也可将电容值设置为“180μF”后再次运行，对比后发现，电容值越大，输出波形越平缓。

类似的整流电路还有桥式整流电感滤波电路、桥式整流 *LC* 滤波电路、桥式整流 *CLC* 滤波电路、桥式整流 *CRC* 滤波电路，不同的电路结构整流效果不一样。

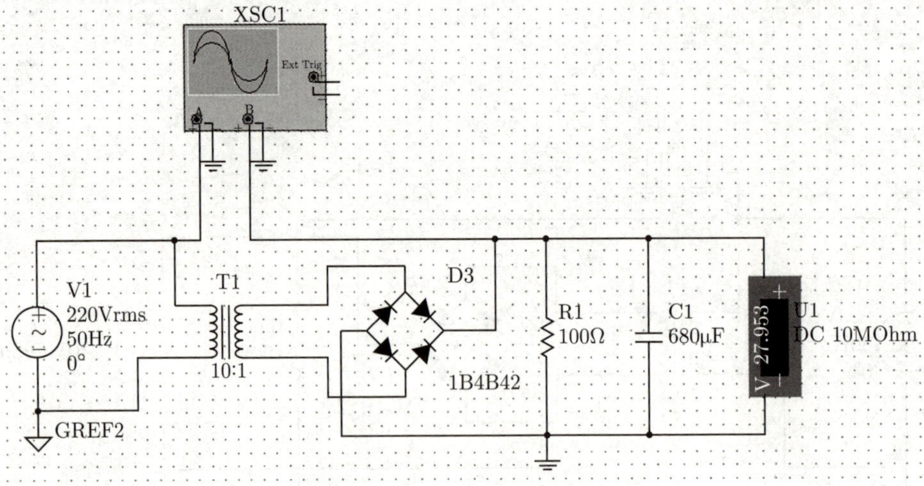


图 5-6-5　全波整流改进电路

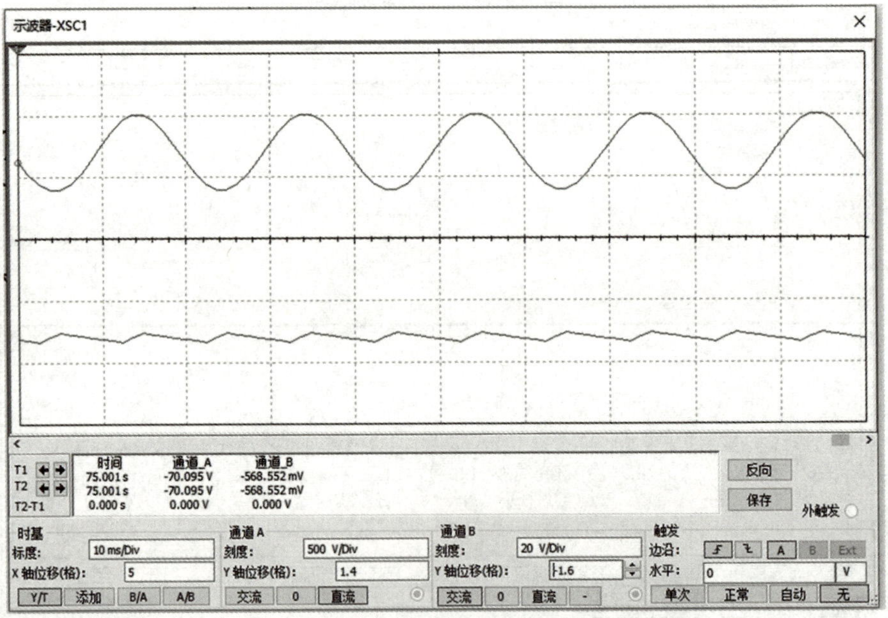


图 5-6-6　全波整流改进电路示波器显示的波形

# 本章小结

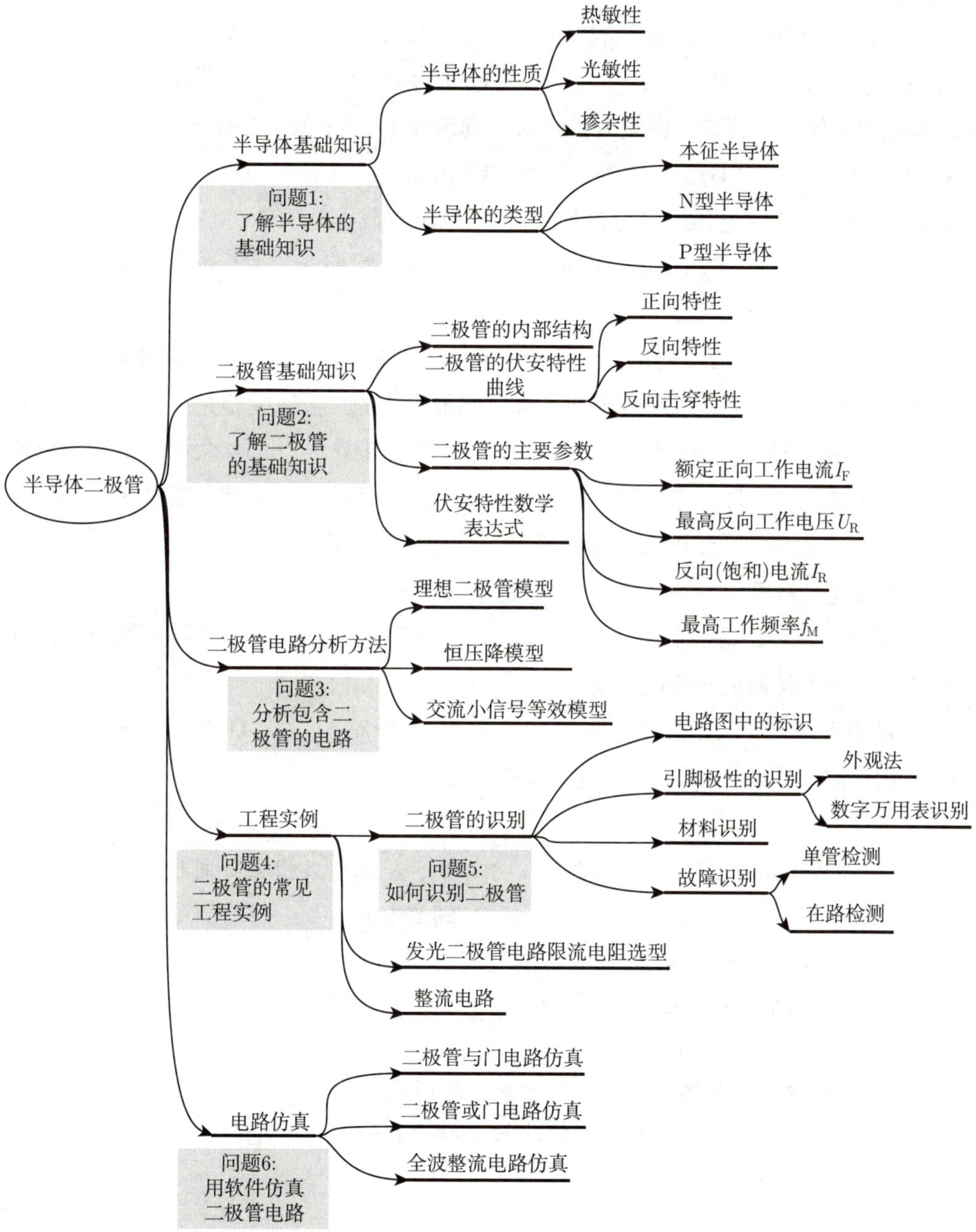
半导体二极管
半导体基础知识
问题1:
了解半导体的
基础知识
半导体的性质
热敏性
光敏性
掺杂性
半导体的类型
本征半导体
N型半导体
P型半导体
二极管基础知识
问题2:
了解二极管
的基础知识
二极管的内部结构
二极管的伏安特性
曲线
正向特性
反向特性
反向击穿特性
二极管的主要参数
额定正向工作电流$I_F$
最高反向工作电压$U_R$
反向(饱和)电流$I_R$
最高工作频率$f_M$
伏安特性数学
表达式
二极管电路分析方法
问题3:
分析包含二
极管的电路
理想二极管模型
恒压降模型
交流小信号等效模型
工程实例
问题4:
二极管的常见
工程实例
二极管的识别
问题5:
如何识别二极管
电路图中的标识
引脚极性的识别
外观法
数字万用表识别
材料识别
故障识别
单管检测
在路检测
发光二极管电路限流电阻选型
整流电路
电路仿真
问题6:
用软件仿真
二极管电路
二极管与门电路仿真
二极管或门电路仿真
全波整流电路仿真

# 习题五

**【客观题】**

1. 在未击穿的情况下，二极管的反向电流随外加反向电压增大而（　　）。

A. 减小　　B. 增大　　C. 基本不变　　D. 先增大后减小

2. 本征半导体中，若掺入微量五价元素，则形成（　　）型半导体。

A. N　　B. P　　C. 五价　　D. M

3. PN 结加（　　）电压时导通，加（　　）电压时截止。

A. 正向，反向　　B. 正向，正向　　C. 反向，反向　　D. 反向，正向

4. 二极管是一个（　　）器件。

A. 有源　　B. 线性　　C. 非线性　　D. 固定阻值

5. 电路近似分析中，若考虑到导通压降，则最常用的二极管模型是（　　）。

A. 理想二极管模型　　B. 恒压降模型　　C. 折线模型　　D. 交流小信号等效模型

6. 十字路口的交通灯、广告屏，电脑显示器背光灯用到的二极管主要是（　　）。

A. 光敏二极管　　B. 面接触型二极管　　C. 稳压二极管　　D. 发光二极管

7. 使用发光二极管时，一般（　　）限流电阻 $R$。

A. 需要并联　　B. 不需要　　C. 需要串联　　D. 可以串联也可以并联

8. 能把交流电转换成直流电的是（　　）。

A. 滤波电路　　B. 升压电路　　C. 放大电路　　D. 整流电路

9. 桥式整流电路由（　　）只整流二极管构成。

A. 5　　B. 4　　C. 3　　D. 2

10. 当二极管正向电压达到或超过（　　）以后，二极管才进入导通状态。

A. 开启电压　　B. 0V　　C. 阈值电流　　D. 额定电压

11. PN 结最典型的特点是__________。

12. 根据二极管的结构不同，常见的有__________型、__________型和__________型。

13. 本征半导体中，若掺入微量三价元素，则形成__________型半导体。

14. 采用适当的工艺将 P 型、N 型半导体结合在同一基片上时，在交界面处就形成了__________。

15. 从 P 区接出的引线称为二极管的__________。

16. 二极管长期运行时，允许通过的最大正向平均电流称为__________。

17. 二极管反向电压过大时，将会产生__________。

18. 为简化分析，二极管常用的三种简化模型有__________ 模型、__________ 模型和__________ 模型。

19. 数字电路中 TTL 电平规定，2.4~5V 的电压表示高电平，用数字逻辑“__________”表示，0~0.8V 的电压表示低电平，用数字逻辑“__________”表示。

20. 当万用表屏幕上显示“OL”时，表示__________。

21. 用万用表判断二极管的极性，将表笔与二极管的两极相连，若读数在 0.1~0.7V 之间，说明红表笔连接的引脚为_____ 极，黑表笔连接的为_____ 极；若显示为“OL”，说明红表笔连接的为_____ 极，黑表笔连接的为_____ 极。

22. 二极管的常见故障有__________、__________ 和性能不良。

23. 用万用表的“→⊢”检测二极管的好坏。如果红、黑表笔交叉接触二极管两极，万用表均发出蜂鸣声，则说明二极管已被__________。

24. 用万用表的“→⊢”检测二极管的好坏。如果红、黑表笔交叉接触后，屏幕上均显示“OL”，则说明二极管内部__________。

25. 发光二极管发亮时处于__________ 偏置状态。

**【分析计算题】**

26. 如题 26 图所示，$R = 1\text{k}\Omega$，测得 $U_D = 5\text{V}$，经检测外电路无虚焊，试问二极管 VD 是否良好?

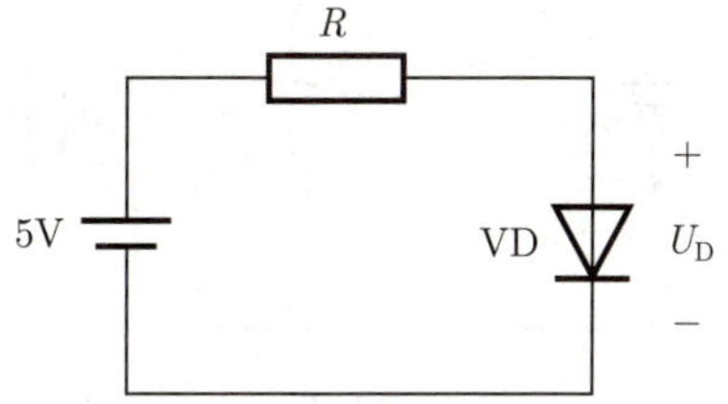


**题 26 图**

27. 设题 27 图中的二极管为硅管，正向压降为 0.7V，请判断二极管的状态，并计算 $U_{o1}$ 和 $U_{o2}$。

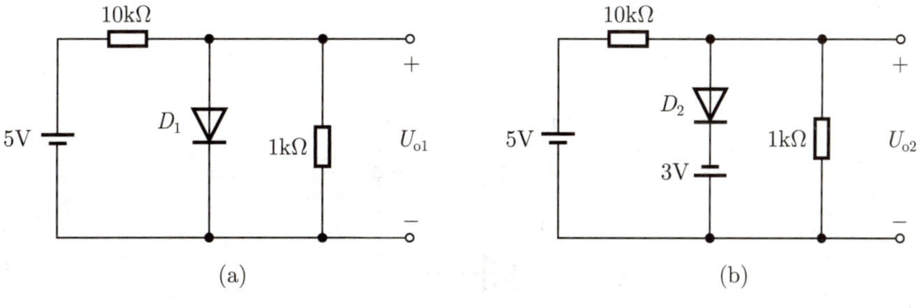


**题 27 图**

28. 设二极管正向压降 $U_D = 0.7\text{V}$，求题 28 图中各电路的输出电压值。

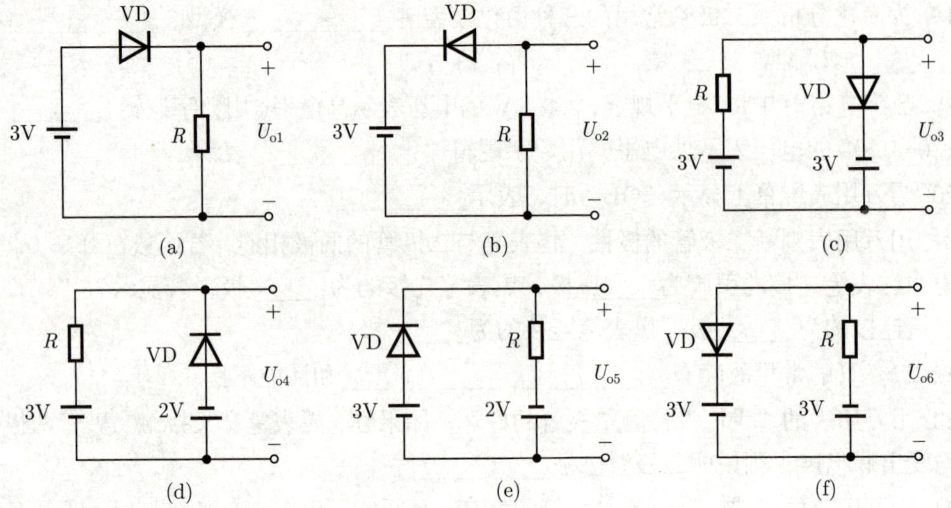


**题 28 图**

29. 如题 29 图所示，二极管 VD 的导通电压 $U_{D(on)}$ 约为 0.7V，试分别估算开关断开和闭合时输出电压 $U_o$ 的数值。

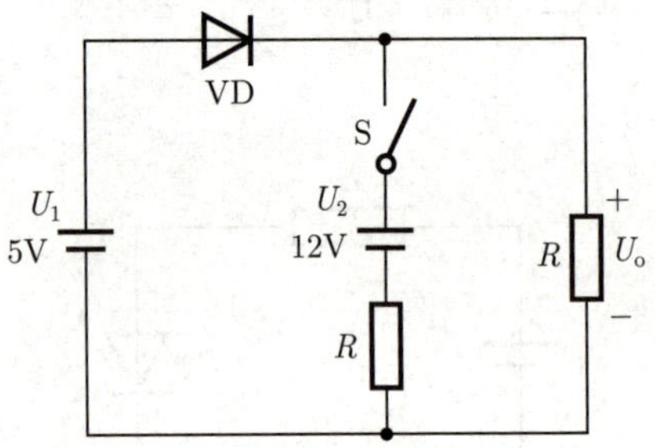


**题 29 图**

30. 在题 30 图中，二极管的正向压降为 0.7V，试求下述情况中的输出端电压：(1) A 端接 3V，B 端接 0V；(2) A 端接 0V，B 端接 3V；(3) A 端、B 端均接 0V；(4) A 端、B 端均接 3V。

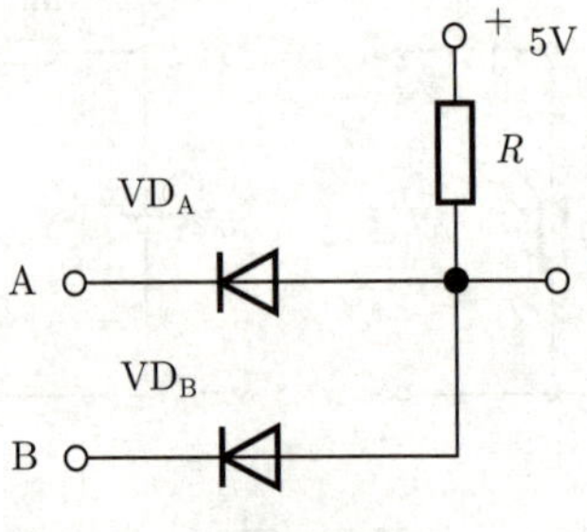


**题 30 图**

31. 在题 31 图中，二极管的正向压降为 0.7V，试求下述情况中的输出端电压：(1) A

端接 3V，B 端接 0V；(2) A 端接 0V，B 端接 3V；(3) A 端、B 端均接 0V；(4) A 端、B 端均接 3V。

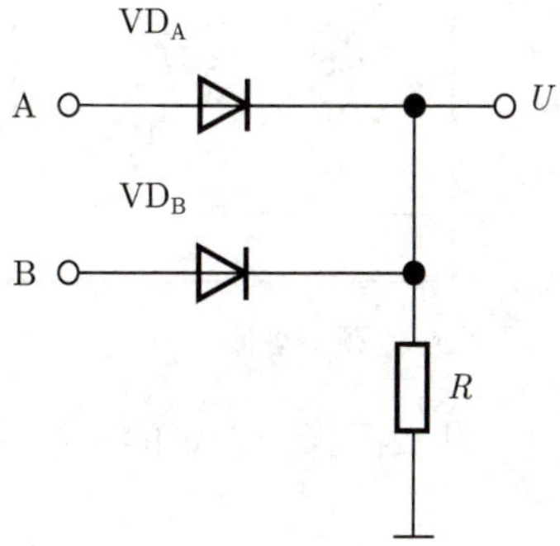


**题 31 图**

32. 在题 32 图中，试求下列几种情况中的输出端电位 $U_o$ 及各元件中流过的电流。设二极管的正向电阻为零，反向电阻为无穷大。

(1) $U_A = +10V$，$U_B = 0V$；(2) $U_A = +6V$，$U_B = +5.8V$。

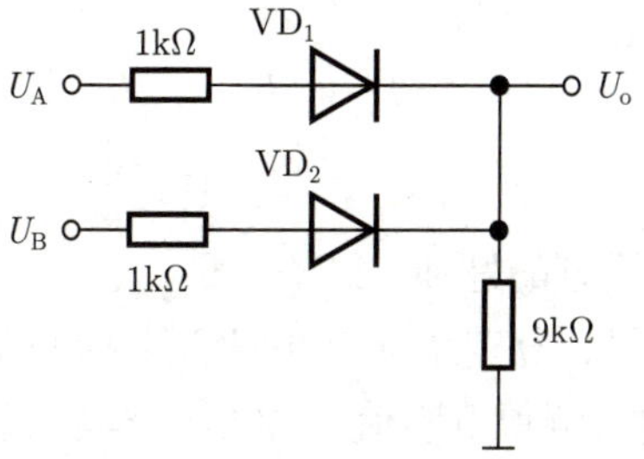


**题 32 图**

33. 分析判断题 33 图所示各电路中的二极管是导通还是截止，并计算电压 $U_{ab}$，设图中的二极管都是理想的。

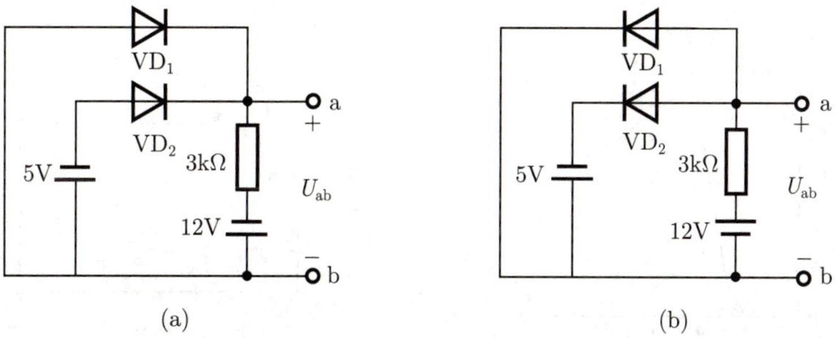


**题 33 图**

34. 题 34 图所示的电路中，电源 $u = 100\sin\omega t\text{V}$，$R_L = 1\text{k}\Omega$，二极管为理想二极管。求：(1) $R_L$ 两端的电压均值；(2) 流过 $R_L$ 的电流均值。

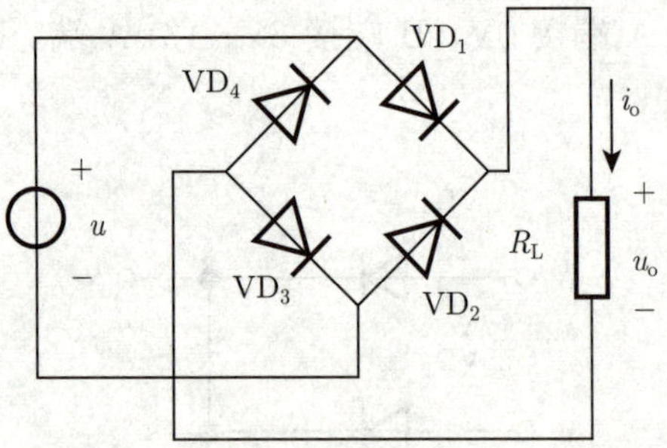


题 34 图

35. 在题 35 图所示的电路中，设二极管为理想的，已知 $u_i = 30\sin\omega t$V，请画出输出电压 $u_o$ 的波形，并标出幅值。

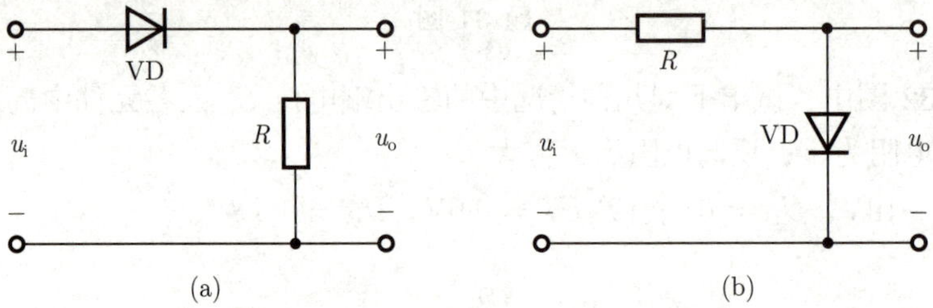


题 35 图

【实验题】

36. 如何用万用表判断二极管的好坏？

37. 有一只无标记的二极管，分别用 a 和 b 表示其两只引脚，利用万用表测量其电阻。当红表笔接 a，黑表笔接 b 时，测得电阻值为 500Ω；当红表笔接 b，黑表笔接 a 时，测得电阻值为 100kΩ。问哪一端是二极管的正极？

38. 某二极管的正向伏安特性如题 38 图 (a) 所示；某万用表的等效电路如题 38 图 (b) 中虚线框所示，内部电池电压 $V = 1.5$V，等效内阻 $R_o = 100\Omega$。现用这个万用表测量题 38 图 (a) 表示的二极管的正向电阻，接法如题 38 图 (b) 所示，试估算测得的正向电阻值。

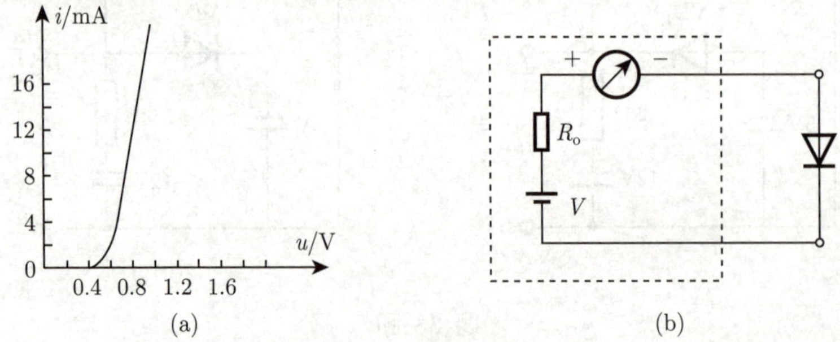


题 38 图

39. 在题 39 图所示的电路中，发光二极管的导通电压 $U_D = 1.5$V，正向电流在 5~15mA

时才能正常工作。请问：(1) 开关 S 在什么位置时发光二极管才能发光？(2) $R$ 的取值范围是什么？

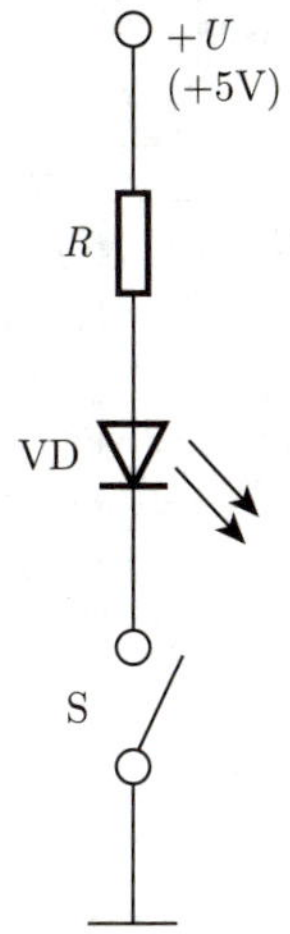


**题 39 图**

40. 设题 40 图所示的电路中的二极管为理想二极管，电阻 $R$ 为 10Ω。当用万用表测量 A、B 间的电阻时，若红表笔 (带正电压) 接 A 端，黑表笔 (带负电压) 接 B 端，则万用表的读数是多少？

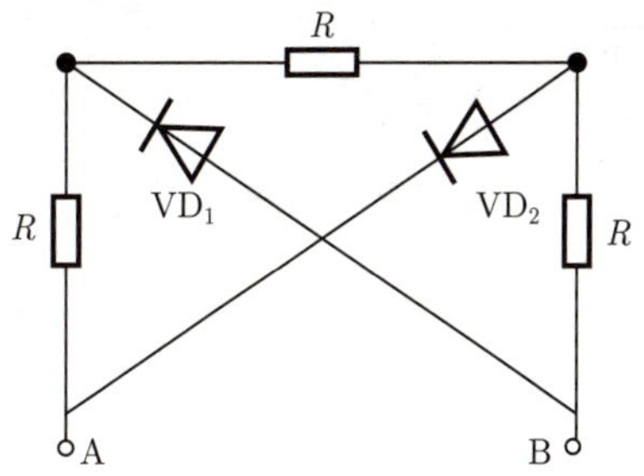


**题 40 图**

**【仿真题】**

41. 双向限幅电路的功能是限制输出信号的正负幅度。二极管构成的双向限幅电路如题 41 图所示，输入是最大值为 10V、频率为 1kHz 的正弦交流信号。请问：

(1) 当输入值大于 3.7V 时，图中哪个二极管导通？此时输出被限制为多大？

(2) 当输入值小于 −3.7V 时，图中哪个二极管导通？此时输出被限制为多大？

(3) 当输出大于 −3.7V 而小于 3.7V 时，两个二极管处于什么状态？输出是什么波形？电路实现了什么功能？

42. 请根据题 42 图的仿真二极管桥式整流电路，观察输出波形。

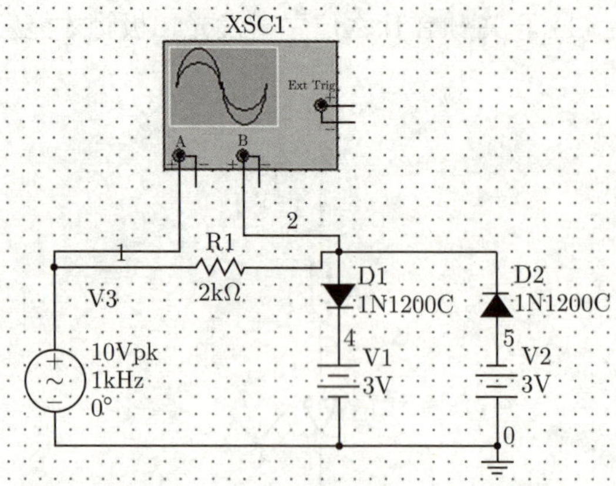
XSC1
Ext Trig
A
B
R1
2kΩ
1
2
D1
1N1200C
D2
1N1200C
V3
10Vpk
1kHz
0°
4
5
V1
3V
V2
3V
0

题 **41** 图

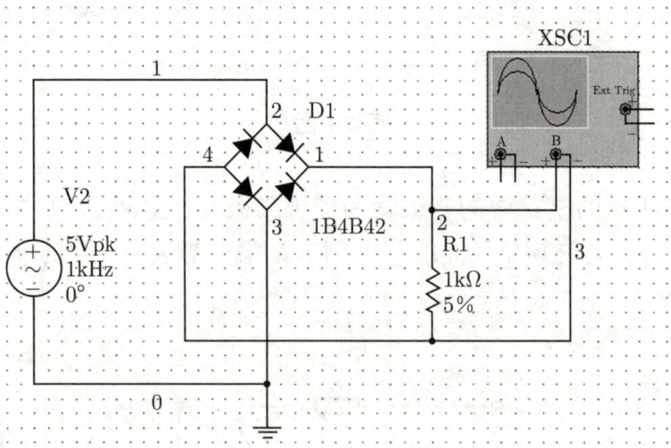
XSC1
Ext Trig
A
B
1
2
D1
4
1
3
1B4B42
V2
5Vpk
1kHz
0°
2
R1
1kΩ
5%
3
0

题 **42** 图

/ 第 6 章 /

# 晶体三极管及其应用电路

**本章解决的主要问题：**

1. 了解三极管的基础知识。
2. 三极管的基本电路组成是怎样的？
3. 怎么分析三极管电路？
4. 三极管主要应用于哪些场合？

把信号放大是电子电路的重要功能之一。在古代，“通信基本靠吼”，而在现代，用手机就能轻松与远在千里之外的人通话，这归功于手机和移动通信网络中的放大电路。在医疗设备中，放大电路也有广泛的应用，脑电信号是从人类或动物头皮上记录到的电位的变化，主要反映大脑的电活动特性，可用于疾病诊断和科学研究，但这种信号非常微弱，幅值不到 100μV，因此需要将采集到的信号经过放大电路，达到可以显示和分析的程度。本章将介绍组成放大电路的基本器件晶体三极管及其构成的应用电路。

在晶体三极管诞生之前，电信号的放大主要依靠电子管（真空三极管）构成的放大电路来实现，但由于其制作困难、体积大、耗能高且寿命短，人们一直希望能够用一种更加先进的电子元件来替换它。

半导体小组

初代晶体三极管模型

1945 年，贝尔实验室开始对包括硅和锗在内的几种新材料进行研究，探索其潜在的应用前景。一个专门的“半导体小组”成立了，威廉·肖克利 (William Shockley，1910—1989) 担任组长，成员包括约翰·巴丁 (John Bardeen，1908—1991) 和沃尔特·布拉顿 (Walter Brattain，1902—1987)。经过屡次失败之后，他们终于在 1947 年 12 月 23 日实现了第一个基于锗半导体的具有放大功能的点接触式三极管。小组部分成员也因此获得了 1956 年的诺贝尔物理学奖。

# 6.1 晶体三极管

晶体三极管内部依靠自由电子和空穴两种载流子导电。只有其中一种载流子参与导电的称为单极型晶体三极管，即**场效应管** (field-effect transistors，FET)。两种载流子同时参与导电的称为双极型晶体三极管 (bipolar junction transistors，BJT)。本书主要介绍双极型晶体三极管，以下简称“三极管”或“晶体管”，其常见外形如图 6-1-1 所示。一般情况下，体积越大，额定功率也就越大。

**图 6-1-1　三极管常见外形图**

## 6.1.1 三极管的基本结构

三极管是通过半导体工艺制作成两个 PN 结的器件。图 6-1-2 (a) 中左图是 NPN 型三极管的结构示意图，右图是其电路符号；图 6-1-2 (b) 是 PNP 型三极管的结构示意图及其电路符号。

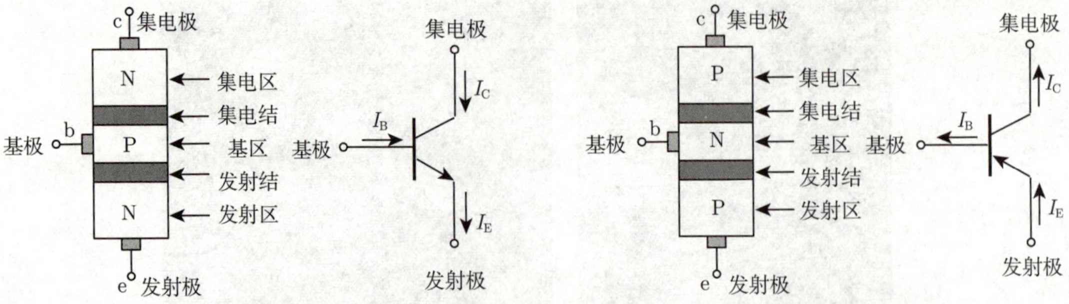


(a) NPN型　　(b) PNP型

**图 6-1-2　三极管的基本结构和电路符号**

由图 6-1-2 可见，不论是 PNP 型还是 NPN 型，它们均有三个区：发射区、基区和集电区。从这三个区分别引出三个电极：**发射极** **e** (emitter)、**基极** **b** (base) 和**集电极** **c** (collector)（本书中电极字母的大小写意义相同，如 e 或 E 都表示发射极）。在三个区的两两交界处形成两个 PN 结，靠近发射区的称为**发射结**，靠近集电区的称为**集电结**。

电路图中区别 NPN 型和 PNP 型的一个关键点是观察发射极的箭头方向。发射极的箭头方向表示发射结正向偏置时，电流的实际流动方向。NPN 型的电流方向是从集电极 c 和基极 b 流入，从发射极 e 流出，发射极箭头向外；PNP 型的电流方向恰好相反，发射极箭头指向 b、c 极，表示电流是从 e 极流入，从 b、c 极流出。

需要强调的是，三极管并不是两个 PN 结的简单组合，而是要满足一定制作工艺的内部要求，并外加直流偏置电压，从而具备电流放大作用。

## 6.1.2　三极管的类型

常见的三极管分类如图 6-1-3 所示。

三极管的类型
- 按材料分
  - 硅三极管
  - 锗三极管
- 按结构分
  - NPN型三极管
  - PNP型三极管
- 按工作频率分
  - 高频三极管
  - 低频三极管
- 按功率分
  - 小功率三极管
  - 中功率三极管
  - 大功率三极管
- 按应用场景分
  - 小信号三极管
  - 功率三极管
- 按封装形式分
  - 塑料封装三极管
  - 金属封装三极管

**图 6-1-3　三极管的类型**

这里展开讲一下小信号三极管和功率三极管。**小信号三极管** (small signal transistor) 在中、小功率或小电流的开关电路中使用，体积一般较小，有些内部集成了多只小信号三极管，如图 6-1-4 所示。

**图 6-1-4　小信号三极管**

**功率三极管** (power transistor) 用于大电流 (>1A) 或高电压的场合。扬声器需要较大的电流才能有震耳欲聋的效果，驱动扬声器的就是功率三极管。由于承载较大的电流，发热较大，因此功率三极管都有一个圆孔用于安装散热器，如图 6-1-5 所示。

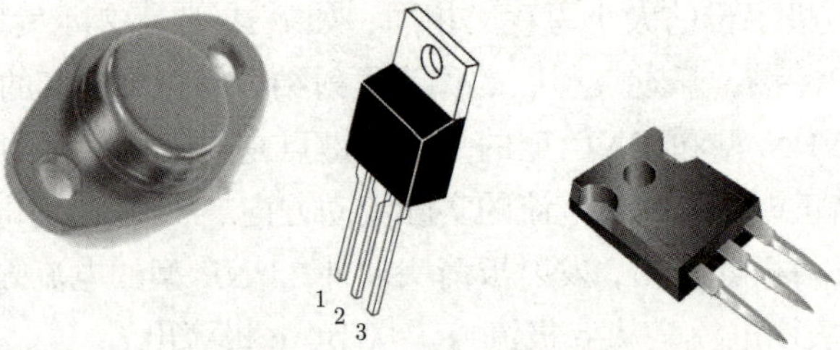


图 6-1-5　功率三极管

【工程实例】判断三极管材料的类型

将数字万用表置于二极管档，红、黑表笔分别接 b、e 极，如果万用表显示发射结正向压降为 0.2~0.3V，则说明被测管是锗三极管；如果正向压降为 0.6~0.8V，则说明被测管是硅三极管。

## 6.1.3　三极管引脚识别

三极管三个引脚使用时不能搞错，否则轻则电路无法正常工作，重则烧毁三极管或其他器件。这里介绍两种常用的引脚识别方法。

### 1. 外观识别

金属封装的小功率三极管一般有定位销，如图 6-1-6 所示。将管底朝上，从定位销开始，按顺时针方向，三个引脚依次为 e、b、c。

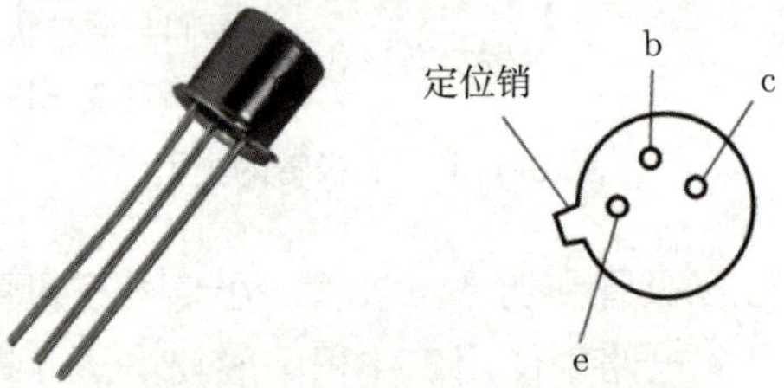


(a) 外观图　　(b) 仰视图

图 6-1-6　金属封装的小功率三极管

金属封装的大功率三极管，从表面看只有两个电极，其实它的管壳就是集电极，如图 6-1-7 所示。有些管会标出另外两个电极，以方便使用。

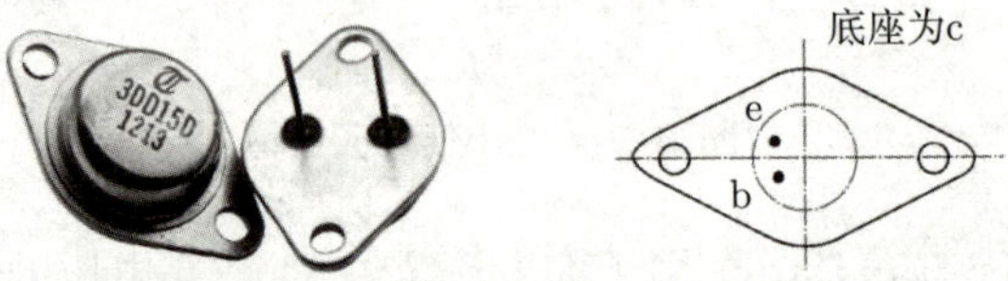


(a) 外观图　　(b) 仰视图

图 6-1-7　金属封装的大功率三极管

如图 6-1-8 所示，三个电极的贴片三极管从顶端往下看两边，上边只有一脚的为集电极，下边左、右两脚分别是基极和发射极。SOT-223 封装三极管 (图 6-1-8 (b)) 中，焊盘最大的引脚 (与另一侧中间引脚相连) 是三极管的集电极，另有两个引脚分别为发射极和基极。

(a)　　　　(b)

图 6-1-8　引脚贴片三极管引脚排列示意图

### 2. 查阅技术手册

当拿到一个型号的三极管而不确定其引脚排布时，查找其技术手册就能立刻了解。把型号输入搜索引擎中 (如 www.digikey.cn)，就可以下载它的技术手册。图 6-1-9 为三极管 2N3904 的技术手册，图片右上角可以看到器件对应的 CBE 引脚。

**WEITRON**　　**2N3904**

**NPN General Purpose Transistors**

**Lead(Pb)-Free**

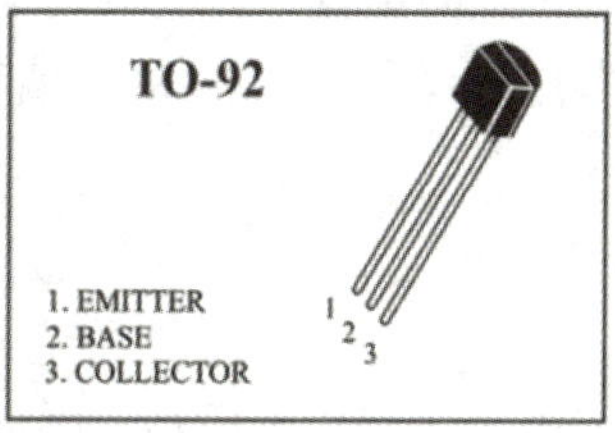


ABSOLUTE MAXIMUM RATINGS (Ta=25 ℃)

| Rating | Symbol | Value | Unit |
|---|---|---|---|
| Collector-Emitter Voltage | $V_{CEO}$ | 40 | Vdc |
| Collector-Base Voltage | $V_{CBO}$ | 60 | Vdc |
| Emitter-Base Voltage | $V_{EBO}$ | 6.0 | Vdc |
| Collector Current | $I_C$ | 200 | mAdc |
| Total Device Dissipation TA=25℃ | $P_D$ | 0.625 | W |
| Junction Temperature | $T_j$ | 150 | ℃ |
| Storage,Temperature | $T_{stg}$ | -55 to +150 | ℃ |

图 6-1-9　2N3904 的技术手册

### 6.1.4 三极管的三种连接方式

在三极管的三个电极中，一个电极接输入信号端，另一个电极接输出信号端，剩余的电极是输入、输出信号公共端。根据公共端电极的不同，三极管放大电路可分为共发射极(共射)、共集电极 (共集) 和共基极 (共基) 三种电路结构，如图 6-1-10 所示。本书只讨论较为常用的共发射极放大电路。

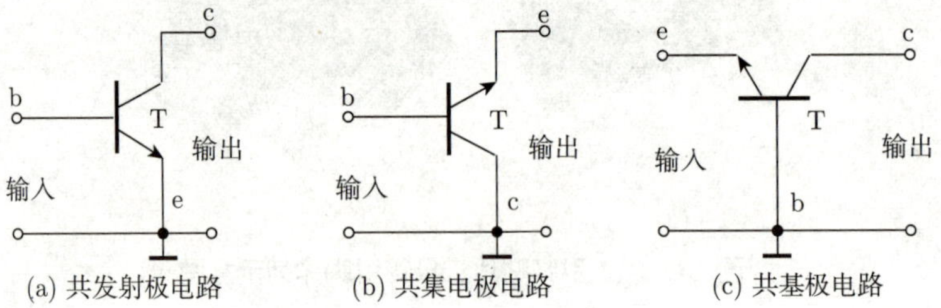


**图 6-1-10 三极管的三种连接方式**

### 6.1.5 三极管的电流放大作用

虽然三极管和二极管都由 PN 结构成，但是它们的主要特性截然不同。二极管的主要特性是单向导电性，而三极管的主要特性与工作模式有关。根据三极管发射结和集电结的偏置电压不同，三极管有三种工作状态：放大、饱和、截止。本小节只讨论三极管工作在放大区。

要想让三极管实现放大电流的作用，需要直流电源供电和必要的外围电路，以使发射结处于正向偏置，集电结处于反向偏置。这样，输入端一个基极小电流 $I_{\mathrm{B}}$ 就能撬动集电极大电流 $I_{\mathrm{C}}$。$I_{\mathrm{C}}$ 与 $I_{\mathrm{B}}$ 的比值称为**电流放大系数** $\bar{\beta}$。

$$\bar{\beta} \approx \frac{I_{\mathrm{C}}}{I_{\mathrm{B}}} \tag{6-1-1}$$

由于 $I_{\mathrm{B}}$ 远小于 $I_{\mathrm{C}}$，因此 $\bar{\beta} \gg 1$。一般小功率三极管的 $\bar{\beta}$ 为几十至几百，它表示小的基极电流 $I_{\mathrm{B}}$ (μA 级) 对大的集电极电流 $I_{\mathrm{C}}$ (mA 级) 的控制能力。由式 (6-1-1) 可得

$$I_{\mathrm{C}} \approx \bar{\beta} I_{\mathrm{B}} \tag{6-1-2}$$

将图 6-1-2 中三极管的电路符号看作一个广义节点，根据 KCL，三极管发射极电流

$$I_{\mathrm{E}} = I_{\mathrm{B}} + I_{\mathrm{C}} \approx \left(1 + \bar{\beta}\right) I_{\mathrm{B}} \tag{6-1-3}$$

三极管的放大作用可以理解为集电极电流 $I_{\mathrm{C}}$ 相对于基极电流 $I_{\mathrm{B}}$ 放大了 $\bar{\beta}$ 倍，即式 (6-1-2) 所体现的电流关系。可以把三极管的电流放大作用看作电流控制的电流源，控制变量是 $I_{\mathrm{B}}$，受控电流源的电流是 $I_{\mathrm{C}}$。

实际上，在三极管技术手册中，$\bar{\beta}$ 通常用“$h_{FE}$”表示。图 6-1-11 所示的三极管 2N3904 的规格书中，不同的输出电流 $I_C$ 值对应不同的直流增益 $h_{FE}$。除此之外，不同温度下，$h_{FE}$ 也会发生变化。本书中讨论的 $\bar{\beta}$ 均为常数。

Semiconductor　　2N3904

Characteristics　　Kennwerte

| | $T_g = 25$ ℃ | Min. | Typ. | Max. |
|---|---|---|---|---|
| DC current gain - Kollektor-Basis Stromverhältnis | | | | |
| Ic = 0.1 mA,　$V_{CE} = 1V$ | $h_{FE}$ | 40 | – | – |
| Ic = 1 mA,　$V_{CE} = 1V$ | $h_{FE}$ | 70 | – | – |
| Ic = 10 mA,　$V_{CE} = 1V$ | $h_{FE}$ | 100 | – | 300 |
| Ic = 50mA,　$V_{CE} = 1V$ | $h_{FE}$ | 60 | – | – |
| Ic = 100 mA,　$V_{CE} = 1V$ | $h_{FE}$ | 30 | – | – |

**图 6-1-11　2N3904 规格书中的 $h_{FE}$**

【例 6-1】　在某放大电路中，三极管 3 个电极的电流如图 6-1-12 所示，已知 $I_1 = -1.5\text{mA}$，$I_2 = -0.03\text{mA}$。(1) 求电极电流 $I_3$ 的大小；(2) 试确定三极管是 PNP 型还是 NPN 型，并区分出各电极；(3) 求三极管的电流放大系数 $\bar{\beta}$。

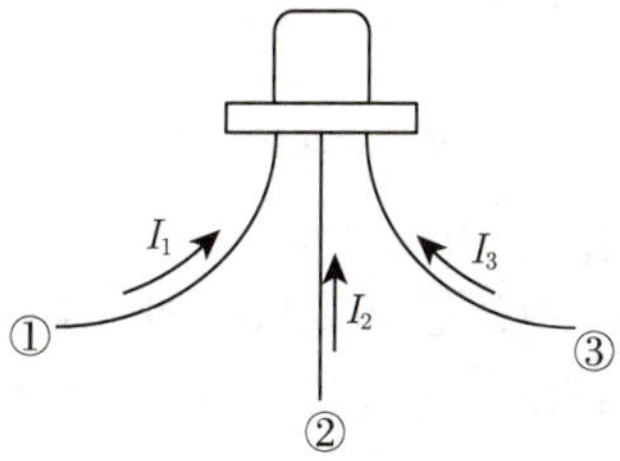


**图 6-1-12　例 6-1 图**

解：(1) 将三极管看作一个广义节点，根据 KCL，可得

$$I_3 = -(I_1 + I_2) = -(-1.5 - 0.03)\,\text{mA} = 1.53\text{mA}$$

(2) 根据三极管 3 个电极的电流大小关系 $I_E > I_C > I_B$，得①→c，②→b，③→e。由于发射极电流的实际方向为流入，因此判断出三极管为 PNP 型三极管。

(3) 根据式 (6-1-1)，有

$$\bar{\beta} = \frac{I_C}{I_B} = \frac{|I_1|}{|I_2|} = \frac{1.5}{0.03} = 50$$

## 6.1.6　三极管电路的基本电压、电流关系

如图 6-1-13 所示，由于输入端 $V_{BB}$ 的存在，B 极有电流 $I_B$ 产生，三极管 B-E 间正向偏置 (类似二极管)，此时有一个非常基本且重要的等式 (硅三极管) 成立：$U_{BE} \approx 0.7\text{V}$ (NPN)，$U_{BE} \approx -0.7\text{V}$ (PNP)。

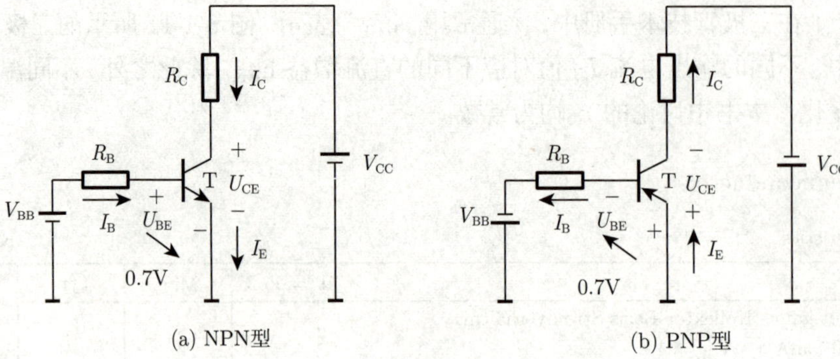


**图 6-1-13　三极管的基本电压、电流参数**

若三极管处于放大状态，根据 KCL 和欧姆定律，可以得到

$$I_B = \frac{V_{BB} - U_{BE}}{R_B}$$

$$I_C = \overline{\beta} I_B$$

$$U_{CE} = V_{CC} - I_C R_C$$

$$U_{CB} = U_{CE} - U_{BE}$$

**【例 6-2】** 在图 6-1-13 (a) 中，已知三极管处于放大状态，电流放大系数 $\bar{\beta} = 200$，$R_B = 10\text{k}\Omega$，$R_C = 100\Omega$，$V_{BB} = 5\text{V}$，$V_{CC} = 10\text{V}$，试求 $I_B$，$I_C$，$I_E$，$U_{BE}$，$U_{CE}$。

**解：** 图 6-1-13 (a) 中，$U_{BE} \approx 0.7\text{V}$，由输入回路分析，有

$$I_B = \frac{V_{BB} - U_{BE}}{R_B} = \frac{5\text{V} - 0.7\text{V}}{10 \times 10^3\Omega} = 430\mu\text{A}$$

根据三极管电流的放大关系，有

$$I_C = \overline{\beta} I_B = 200 \times 430\mu\text{A} = 86\text{mA}$$

$$I_E = I_B + I_C = 0.43\text{mA} + 86\text{mA} = 86.43\text{mA}$$

则

$$U_{CE} = V_{CC} - I_C R_C = 10\text{V} - 0.086\text{A} \times 100\Omega = 1.4\text{V}$$

根据三个电极之间的电压关系，有

$$U_{CB} = U_{CE} - U_{BE} = 1.4\text{V} - 0.7\text{V} = 0.7\text{V}$$

## 6.1.7　三极管共射伏安特性曲线

三极管的伏安特性是指三极管各电极的电压与电流之间的关系，工程上常用输入特性曲线和输出特性曲线来表示，它们可以采用实验测试的方法逐点描绘出来，也可由专用的三极管特性图示仪直接显示出来。

图 6-1-14 所示为基本共发射极特性测试电路。图中，电源 $V_{\rm BB}$ 和电阻 $R_{\rm B}$ 接入基极–发射极回路，称为输入回路；电源 $V_{\rm CC}$ 和电阻 $R_{\rm C}$ 接入集电极–发射极回路，称为输出回路。由于发射极是两个回路的公共端，故称此电路为**共发射极放大电路**，简称 **共射电路**。

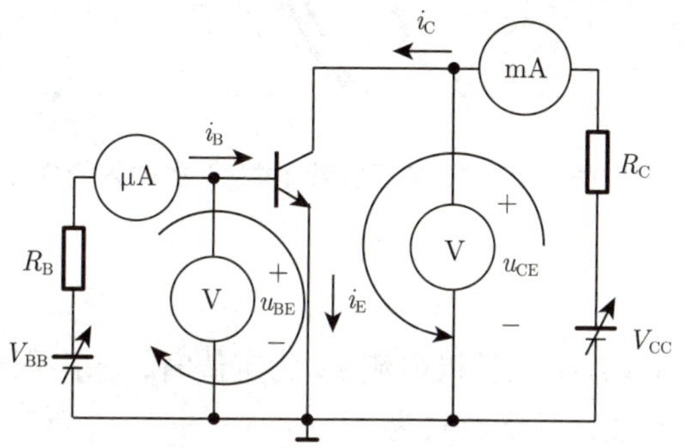


**图 6-1-14　共发射极特性测试电路**

三极管的输入特性曲线和输出特性曲线描述的是各电极之间的电压、电流关系，用于三极管的性能、参数和三极管电路的分析与估算。

### 1. 输入特性曲线

当 $u_{\rm CE}$ 为某一定值时，输入电流 $i_{\rm B}$ 与加在发射结上的输入电压 $u_{\rm BE}$ 之间的关系曲线称为三极管 (共射) 输入特性曲线，其函数式为

$$i_{\rm B} = f(u_{\rm BE})|_{u_{\rm CE}=\text{常数}} \tag{6-1-4}$$

看到图 6-1-15，你是否有似曾相识的感觉？对，它和半导体二极管的正向特性曲线十分相似，但三条曲线的 $u_{\rm CE}$ 取值不同，分别为 0V、0.5V、1V。

当 $u_{\rm CE}=0{\rm V}$ 时，等同于集电极与发射极短路，即发射结和集电结并联，此时的输入特性曲线相当于二极管的正向特性曲线。

当 $0{\rm V}<u_{\rm CE}<1{\rm V}$ 时，随着 $u_{\rm CE}$ 的增大，特性曲线向右移动。或者说，当 $u_{\rm BE}$ 一定时，随着 $u_{\rm CE}$ 的增大，$i_{\rm B}$ 将减小。如图 6-1-15 中的虚线所示，$u_{\rm BE}$ 一定时，随着 $u_{\rm CE}$ 从 0.5V 变化到 1V，$i_{\rm B2}<i_{\rm B1}$。

当 $u_{\rm CE}>1{\rm V}$ 时，特性曲线右移很少，可以近似地认为三极管在 $u_{\rm CE}>1{\rm V}$ 后的所有输入特性曲线基本重合，或者说，可以忽略 $u_{\rm CE}$ 的变化对 $i_{\rm B}$ 的影响。

三极管工作处于放大模式时，$u_{\rm CE}$ 总是大于 1V 的，所以工程上常用 $u_{\rm CE}>1{\rm V}$ 后的任何一条曲线来近似表示 $u_{\rm CE}>1{\rm V}$ 的所有曲线。

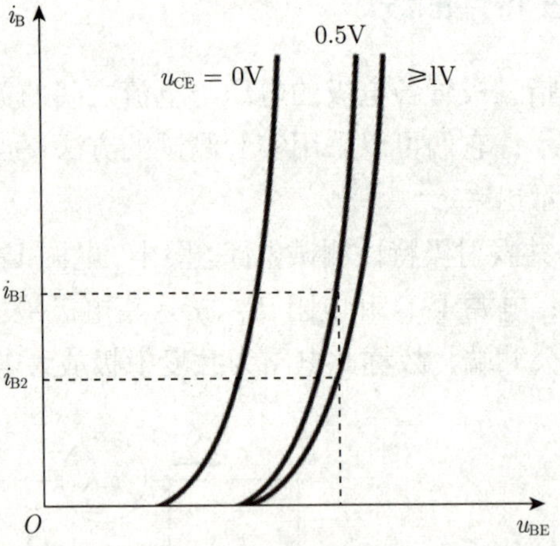


**图 6-1-15　NPN 型三极管（共射）的输入特性曲线**

## 2. 输出特性曲线

三极管的输出特性曲线是指在基极电流 $i_B$ 为定值时，输出回路中集电极电流 $i_C$ 与输出电压 $u_{CE}$ 之间的关系曲线，其函数式为

$$i_C = f(u_{CE})|_{i_B=\text{常数}} \tag{6-1-5}$$

以图 6-1-16 (a) 为例，当 $i_B$ 为某一确定值时，可得到一条对应的 $i_C$-$u_{CE}$ 特性曲线。该曲线的特点是：$u_{CE}$ 从 0 开始增加时，$i_C$ 增加得很快，曲线的起始部分很陡峭。当 $u_{CE}$ 超过一定数值后，特性曲线变得较为平坦，随着 $u_{CE}$ 的增加而略微向上倾斜。

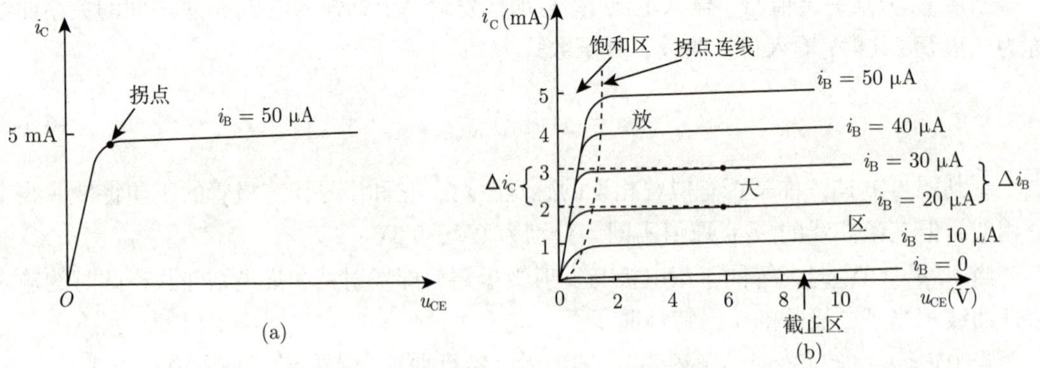


**图 6-1-16　三极管的输出特性曲线**

依据不同的 $i_B$ 对应的不同的集电极电流 $i_C$ 与输出电压 $u_{CE}$ 之间的关系曲线，可得到一簇输出特性曲线，如图 6-1-16 (b) 所示。注意，图 6-1-16 (b) 所示的输出特性分为三个区域：截止区、放大区和饱和区。

(1) 截止区。

$i_B=0$ 的曲线以下的区域称为截止区。若发射结电压 $u_{BE}$ 小于阈值电压 $U_{th}$，或集电结处于反向偏置，则三极管处于截止区。工程中认为三极管截止时 $i_C \approx 0$，这时三极管的集电极和发射极之间相当于开路。

极间电压关系：$u_{BE} \leqslant U_{th}$，$u_{CE} \geqslant u_{BE}$。

如果把三极管的集电极与发射极之间看作一个开关，那么三极管截止时就等效为开关断开，如图 6-1-17 所示。

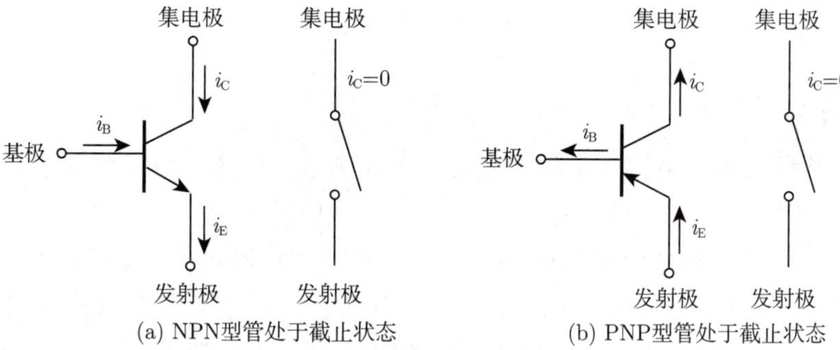


**图 6-1-17　截止区等效**

(2) 放大区。

放大区的输出特性曲线是一组以 $i_B$ 为参变量的近似平行于横轴 (略微上倾) 的曲线簇。在该区域，$i_C$ 几乎仅受 $i_B$ 的控制，与 $u_{CE}$ 的大小关系不大。要使三极管处于放大状态，需要满足发射结正向偏置和集电结反向偏置的条件。即对 NPN 型三极管来说，应使 $U_{BE} = U_{BE(th)}$，$U_{BC} < 0$，因此电位大小排序应为 $V_C > V_B > V_E$；对于 PNP 型三极管来说，电位大小排序则为 $V_E > V_B > V_C$。

极间电压关系：$u_{BE} \geqslant U_{th}$，$u_{CE} \geqslant u_{BE}$。

在放大区，三极管的集电极与发射极之间相当于接入了一个受基极电流 $i_B$ 控制的受控源，其电流大小 $i_C = \beta i_B$，如图 6-1-18 所示。

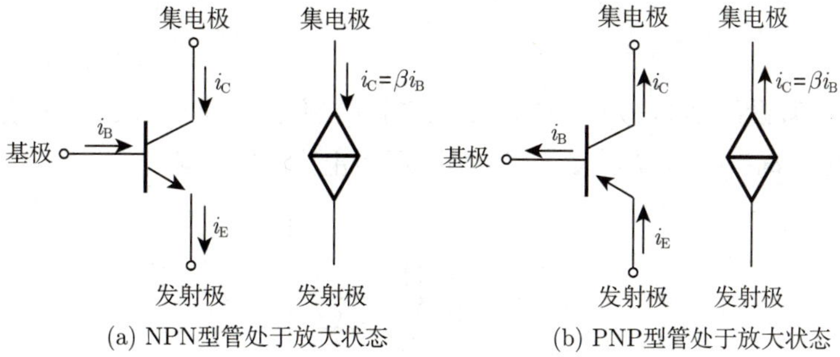


**图 6-1-18　放大区等效**

**【例 6-3】**　已知两个三极管工作在放大区，测得它们的管脚对地电位如图 6-1-19 所示，试判别：(1) 三极管的三个管脚；(2) 说明是硅三极管还是锗三极管；(3) 判断是 NPN 型三极管还是 PNP 型三极管。

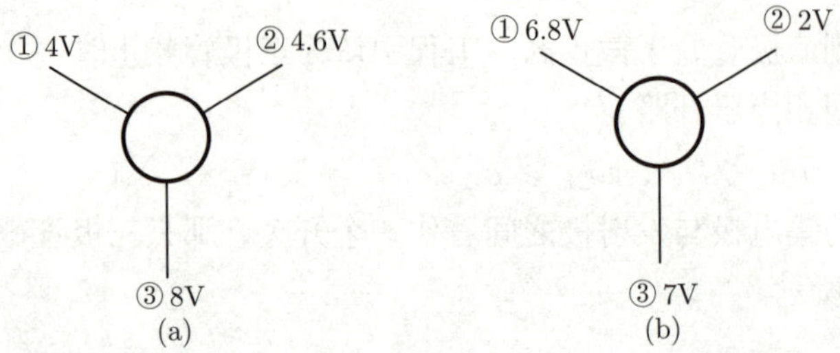


图 6-1-19 例 6-3 图

【解题思路】

(1) 由题目已知三极管处于放大状态，因此满足发射结正向偏置和集电结反向偏置的条件。对于 NPN 型三极管，三个电极的电位值满足 $V_C > V_B > V_E$，对于 PNP 型三极管，三个电极的电位值满足 $V_E > V_B > V_C$。可以看出，无论是 NPN 型三极管还是 PNP 型三极管，$V_B$ 的电位值始终都处于中间。由此，首先可以找到 B 极，而与 B 极相差一个导通电压 $U_{BE(on)}$ 的管脚应为发射极 E，剩下的管脚即为集电极 C。

(2) 又根据硅三极管的 $U_{BE(on)}$ 为 0.6~0.7V，锗三极管的 $U_{BE(on)}$ 为 0.2~0.3V，可以判断三极管的材料。

(3) 最后依据三极管处于放大状态时，NPN 型三极管的电极电压关系为 $V_C > V_B > V_E$，PNP 型三极管的电极电压关系为 $V_E > V_B > V_C$，判断三极管是 NPN 型还是 PNP 型。

**解：** 根据以上解题方法，判断结果如下。

(1) 图 6-1-19 (a) 中 ② 脚为 b，① 脚为 e，③ 脚为 c；图 (b) 中① 脚为 b，③ 脚为 e，② 脚为 c。

(2) 根据 $U_{BE(on)}$ 计算的数值，图 (a) 为硅三极管，图 (b) 为锗三极管。

(3) 根据 $V_C$、$V_B$、$V_E$ 的数值大小排序，判断出图 (a) 为 NPN 型三极管，图 (b) 为 PNP 型三极管。

**【例 6-4】** 假设图 6-1-20 中 PNP 型三极管的型号为 2N3906，处于放大状态，当 C 极电压 $V_C = -1V$ 时，计算 $I_C$、$I_B$，并确定 B 极电阻 $R_B$ 的阻值。

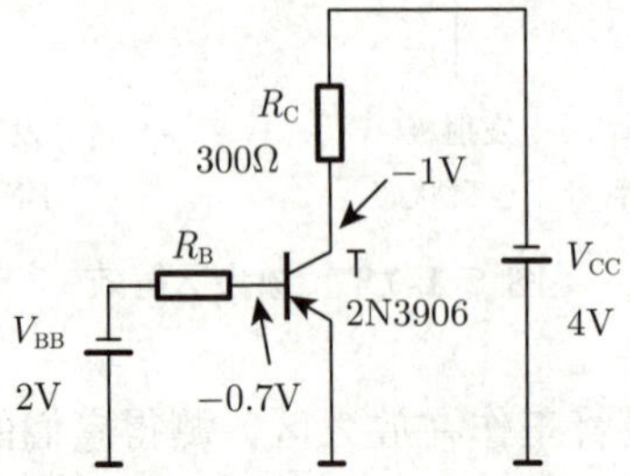


图 6-1-20 例 6-4 电路

**解：** PNP 型三极管的电流方向和 NPN 型三极管相反，由已知 $V_C = -1\text{V}$，可计算出 C 极电流为

$$I_C = \frac{V_{CC} - V_C}{R_C} = \frac{-4\text{V} - (-1)\text{V}}{300\Omega} = -10\text{mA}$$

$I_C$ 的负号表示电流方向由 C 极流出。

由 2N3906 的技术手册 (见图 6-1-21) 可知，当三极管处于放大状态时，$I_C$ =10mA 对应 $\bar{\beta}$ =100~400，取 $\bar{\beta}$ =200，有

$$I_B = \frac{I_C}{\bar{\beta}} = \frac{-10 \times 10^{-3}\text{A}}{200} = -50\mu\text{A}$$

$I_B = -50\mu\text{A}$ 的负号表示电流方向由 B 极流出。

ELECTRICAL CHARACTERISTICS (T=25℃ unless otherwise specified)

| Parameter | Symbol | Test conditions | MIN | TYP | MAX | UNIT |
|---|---|---|---|---|---|---|
| Collector-base breakdown voltage | $V_{(BR)CBO}$ | $I_C$=−10 μA，$I_E$=0 | −40 | | | V |
| Collector-emitter breakdown voltage | $V_{(BR)CEO}$ | $I_C$=−1 mA，$I_B$=0 | −40 | | | V |
| Emitter-base breakdown voltage | $V_{(BR)EBO}$ | $I_E$=−10 μA，$I_C$=0 | −5 | | | V |
| Collector cut-off current | $I_{CBO}$ | $V_{CE}$=−40 V，$I_E$=0 | | | −0.1 | μA |
| Collector cut-off current | $I_{CEX}$ | $V_{CE}$=−30 V，$V_{BE(OFF)}$=−3 V | | | −50 | nA |
| Emitter cut-off current | $I_{EBO}$ | $V_{EB}$=−5 V，$I_C$=0 | | | −0.1 | μA |
| DC current gain | $h_{FE(1)}$ | $V_{CE}$=−1 V，$I_C$=−10 mA | 100 | | 400 | |
| | $h_{FE(2)}$ | $V_{CE}$=−1 V，$I_C$=−50 mA | 60 | | | |
| | $h_{FE(3)}$ | $V_{CE}$=−1 V，$I_C$=−100 mA | 30 | | | |
| Collector-emitter saturation voltage | $V_{CE(sat)}$ | $I_C$=−50 mA，$I_B$=−5 mA | | | −0.4 | V |
| Base-emitter saturation voltage | $V_{BE(sat)}$ | $I_C$=−50 mA，$I_B$=−5 mA | | | −0.95 | V |
| Transition frequency | $f_T$ | $V_{CE}$=−20 V，$I_C$=−10 mA，f=100MHz | 250 | | | MHz |
| Delay time | $T_D$ | $V_{CC}$=−3 V，$V_{BE}$=−0.5 V， | | | 35 | ns |
| Rise time | $T_R$ | $I_C$=−10 mA，$I_{B1}$=−1 mA | | | 35 | ns |
| Storage time | $T_{stg}$ | $V_{CC}$=−3 V，$I_C$=−10 mA， | | | 225 | ns |
| Fall time | $T_F$ | $I_{B1}$=$I_{B2}$=−1 mA | | | 75 | ns |

**图 6-1-21　2N3906 的技术手册**

又根据 2N3906 的 $V_{BE} \approx -0.7\text{V}$ (PNP)，运用欧姆定律可计算 $R_B$ 为

$$R_B = \frac{V_{BB} - V_{BE}}{I_B} = \frac{-2\text{V} - (-0.7)\text{V}}{-50 \times 10^{-6}\text{A}} = 26\text{k}\Omega$$

(3) 饱和区。

在输出特性曲线簇中，各曲线拐点连线左边的区域 (如图 6-1-16 (b) 所示) 称为三极管的饱和区。在饱和区，$i_C$ 受 $i_B$ 的影响较小，但与 $u_{CE}$ 关系较大，处于饱和区时 $i_C < \beta i_B$。发射结、集电结均处于正向偏置状态，且 $u_{CE} \leqslant u_{BE}$，$i_B$ 不再对 $i_C$ 有控制作用，同时 $i_C$ 也受 $u_{CE}$ 的影响，三极管失去放大功能。

极间电压关系：$u_{BE} \geqslant U_{th}$，$u_{CE} \leqslant u_{BE}$。

若忽略三极管的饱和压降，则三极管在饱和状态下可以视为开关闭合，如图 6-1-22 所示。

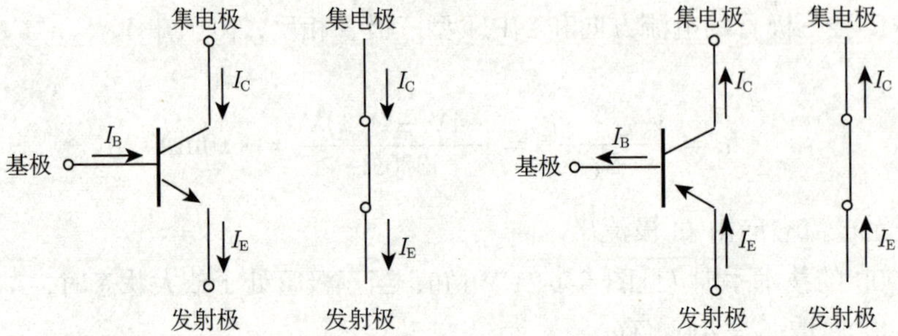


(a) NPN型管处于饱和状态　　(b) PNP型管处于饱和状态

**图 6-1-22　饱和区等效**

**【例 6-5】** 判断图 6-1-23 中的三极管是否处于饱和状态。

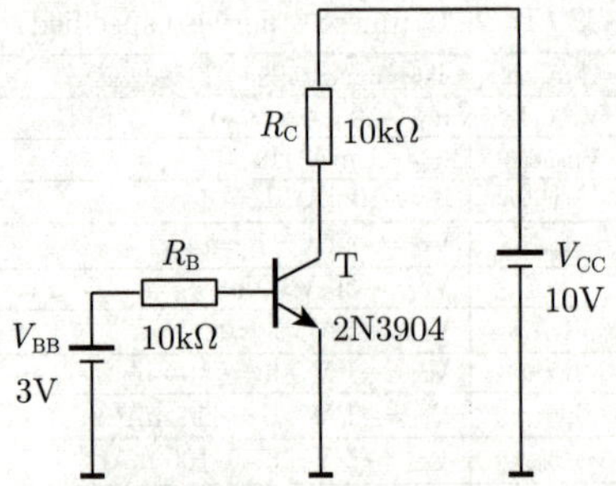


**图 6-1-23　例 6-5 电路**

**解：** 由三极管 2N3904 的技术手册可知，集电极、发射极的饱和电压 $U_{CES} \approx 0.2V$。假设图 6-1-23 中三极管处于饱和状态，可得

$$I_{C(sat)} = \frac{V_{CC} - U_{CES}}{R_C} = \frac{(10 - 0.2)V}{10 \times 10^3 \Omega} = 0.98mA$$

根据输入回路结构，可得

$$I_B = \frac{V_{BB} - U_{BE}}{R_B} = \frac{(3 - 0.7)V}{10 \times 10^3 \Omega} = 0.23mA$$

由以上结果，计算电流放大倍数

$$\overline{\beta} = \frac{I_C}{I_B} = \frac{0.98}{0.23} = 4.26$$

该结果与 2N3904 的技术手册中的电流放大倍数不符 (见图 6-1-11)，故判断三极管处于饱和状态。

三极管三种工作状态的总结如表 6-1-1 所示。

表 6-1-1　三极管三种工作状态总结

| 三极管状态 | 发射结、集电结偏置 | 主要功能 |
| --- | --- | --- |
| 截止区 | 发射结反向偏置，集电结反向偏置 | 开关断开 |
| 放大区 | 发射结正向偏置，集电结反向偏置 | 电流放大 |
| 饱和区 | 发射结正向偏置，集电结正向偏置 | 开关闭合 |

初学者可以借助常见的水龙头工作原理来帮助理解三极管的电压、电流关系。将三极管中的电流 $I_C$、$I_E$ 想象成水管中的水流，三极管的管压降 $U_{CE}$ 看作水管阀门两侧的水压差，三极管的基极电流 $I_B$ 或发射结电压 $U_{BE}$ 看作水管阀门。当三极管处于截止区时，即 $I_B \leqslant 0$ 或 $U_{BE} < U_{th}$，可看作水管阀门关闭，此时 $I_C = 0$，对应水管出口没有水流，但阀门两侧的水压差较大，如图 6-1-24 (a) 所示；当三极管处于放大区时，可看作水管阀门打开，但没有开到最大，可通过调节阀门大小来改变出口水流的大小，如图 6-1-24 (b) 所示；当三极管处于饱和区时，可看作水管阀门开到最大，水管已经完全打开，所以阀门两侧的水压差会较小，如图 6-1-24 (c) 所示。

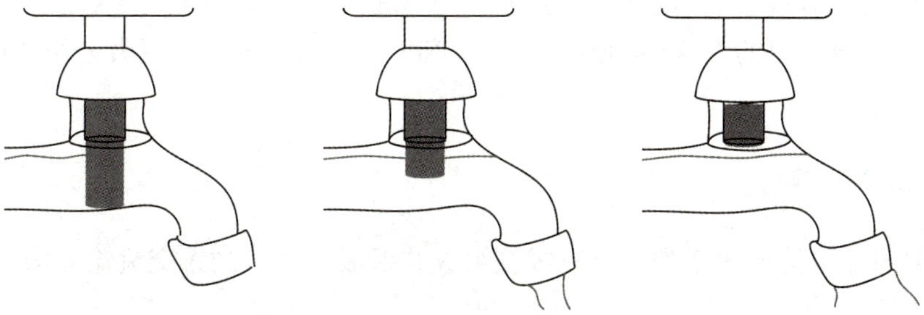

(a) 截止区 (关闭)　　(b) 放大区 (未完全打开)　　(c) 饱和区 (完全打开)

图 6-1-24　三极管工作区形象理解

虽然这里借助水管的出水过程可以让读者更好地理解三极管的三个工作区，但要注意的是，三极管不是水管，水流和水压差也不等同于电流和电压差，不能生搬硬套或将两者混为一谈。

【例 6-6】　根据图 6-1-25 中的电极电位值，判断三极管的工作状态。

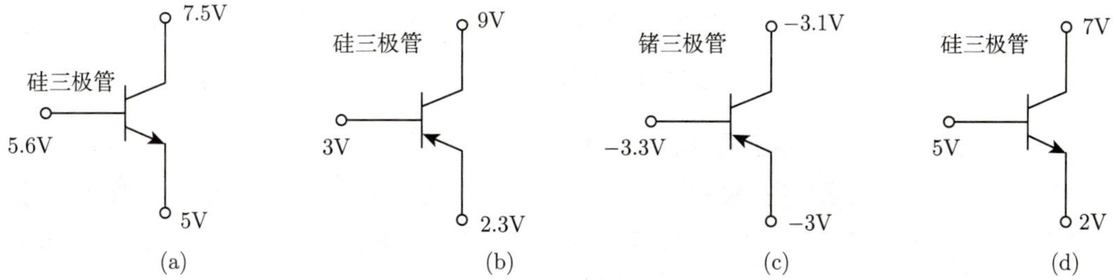


图 6-1-25　例 6-6 图

【解题思路】

(1) 首先应判断三极管是 NPN 型三极管还是 PNP 型三极管。

(2) 再依据表 6-1-1 中的工作状态总结进行判断。

**解：** 图 6-1-25 (a) 为 NPN 型三极管，$U_{BE} = 5.6 - 5 = 0.6V$，且 $V_C > V_B > V_E$，故判断为放大状态。

图 (b) 为 PNP 型三极管，$U_{EB} = 2.3 - 3 = -0.7V$，发射结反向偏置，故判断为截止状态。

图 (c) 为 PNP 型三极管，$U_{EB} = -3 - (-3.3) = 0.3V$，发射结正向偏置，$U_{CB} = -3.1 - (-3.3) = 0.2V$，集电结正向偏置，故判断为饱和状态。

图 (d) 为 NPN 型三极管，$U_{BE} = 5 - 2 = 3V$，$U_{BE} \gg 0.7$，故判断三极管损坏。

## 6.1.8 三极管的主要参数

三极管的技术参数用于描述其性能指标，了解技术参数的定义对于合理选用管型和正确设计电路是十分必要的，这些参数均可在生产半导体器件的厂家或者公司的产品规格书或手册中查到。

### 1. 电流放大系数

(1) 共射直流电流放大系数 $\bar{\beta}$。三极管组成共射极电路，当无交流输入信号时，$I_C$ 对 $I_B$ 的比值，即

$$\bar{\beta} = \frac{I_C}{I_B}$$

(2) 共射交流电流放大系数 $\beta$。在三极管有交流输入信号的情况下，输入的基极电流变化量 $\Delta i_B$ 必然会引起集电极电流较大的变化量 $\Delta i_C$，$\Delta i_C$ 与 $\Delta i_B$ 的比值称为共射交流电流放大系数，即

$$\beta = \left.\frac{\Delta i_C}{\Delta i_B}\right|_{U_{CE}=\text{常量}}$$

例如，在图 6-1-16 (b) 中，当 $i_B$ 从 20μA 变化到 30μA 时，$\Delta i_B = 10\mu A$，对应 $\Delta i_C = 1mA$，因此 $\beta = \frac{1}{0.01} = 100$。在近似计算中，通常认为 $\bar{\beta} = \beta$，本书不作区分。

**【工程实例】万用表测量三极管的 $\beta$ 值**

用万用表可以直接测得三极管的 $\beta$ 值。如图 6-1-26 所示，NPN 型三极管的型号为 SS8050，封装类型为 TO-92，引脚 1、2、3 分别对应电极 E、B、C。将三极管的三个电极分别插入万用表对应的测量孔中，并将万用表档旋转到“HFE” ($h_{FE}$) 档，显示屏即显示其 $\beta$ 值。

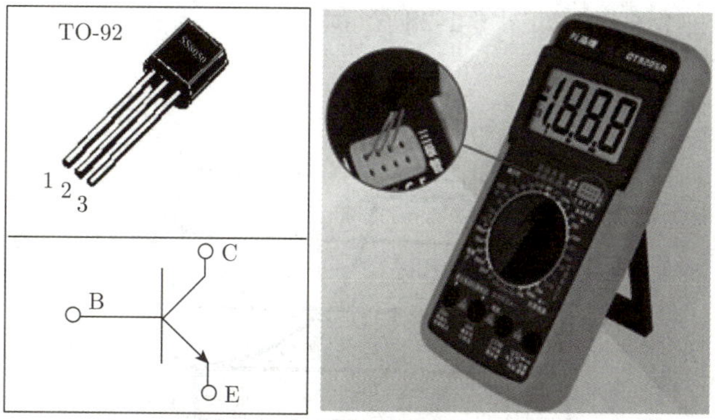


**图 6-1-26　万用表测量 $\beta$ 值**

### 2. 极限参数

极限参数是确保三极管安全运用的参数。以图 6-1-27 所示的 2N3904 的极限参数表为例，这些参数是三极管的“生命线”，如果在使用中超过这些极限，三极管就会永久性损坏。

| MAXIMUM RATINGS: ($T_A$=25℃) | SYMBOL | | UNITS |
|---|---|---|---|
| Collector-Base Voltage | $V_{CBO}$ | 60 | V |
| Collector-Emitter Voltage | $V_{CEO}$ | 40 | V |
| Emitter-Base Voltage | $V_{EBO}$ | 6.0 | V |
| Continuous Collector Current | $I_C$ | 200 | mA |
| Power Dissipation | $P_D$ | 625 | mW |
| Operating and Storage Junction Temperature | $T_J$，$T_{stg}$ | −65 to +150 | ℃ |
| Thermal Resistance | $\theta_{JA}$ | 200 | ℃/W |

**图 6-1-27　2N3904 的极限参数**

其中，$V_{CBO}$ 是指当发射极开路时，加在集电极和基极之间的最大允许电压；$V_{CEO}$ 是指当基极开路时，加在集电极和发射极之间的最大允许电压；$V_{EBO}$ 是指当集电极开路时，加在发射极和基极之间的最大允许电压。$I_{CM}$ 是集电极最大允许电流，当 $I_C$ 超过 200mA 时，三极管的 $\beta$ 值会下降。$T_J$ 和 $T_{stg}$ 分别表示三极管使用和储藏的温度。

### 3. 最大功耗 $P_{DM}$（$P_{CM}$ 或 $P_{tot}$）

三极管的功耗为 C-E 极之间的电压 $U_{CE}$ 和 C 极电流 $I_C$ 的乘积：

$$P = U_{CE} \cdot I_C \tag{6-1-6}$$

三极管工作时的功耗不能超过技术手册里的最大功耗 $P_{DM}$。由图 6-1-27 可知，2N3904 的最大功耗为 $P_{DM} = 625\text{mW}$，但如果将极限表中的 $U_{CEO}$ 和 $I_C$ 的极值代入式 (6-1-6)，得到 $P = 40 \times 0.2 = 8\text{W}$，结果远远超过 $P_{DM}$。这说明三极管在使用中 $U_{CE}$ 和 $I_C$ 不能同时达到极值，否则将损坏器件。如果 $U_{CE}$ 和 $I_C$ 中有一个接近极值，则另一个参数必须远小于其极值，以确保它们的乘积不会超过最大功耗 $P_{DM}$。

三极管的安全工作区范围如图 6-1-28 所示。

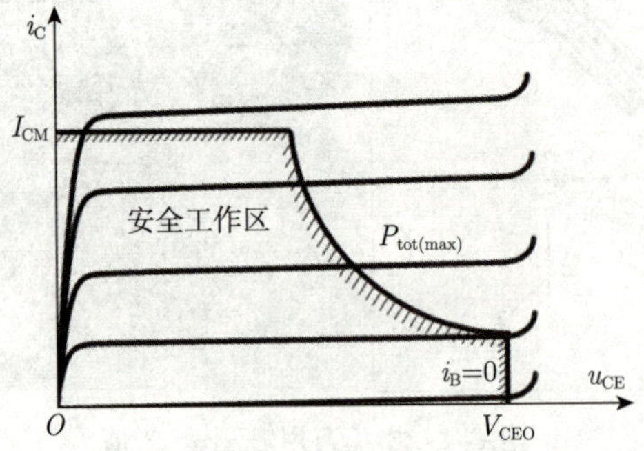


**图 6-1-28 三极管安全工作区范围**

【例 6-7】 已知 $I_{CM}=50\text{mA}$，$P_{DM}=100\text{mW}$，$V_{CEO}=25\text{V}$，要保证三极管处于安全工作区，下列情况中应如何选择参数？

(1) 当 $U_{CE}=10\text{V}$ 时，$I_C$ 的最大取值是多少？

(2) 当 $I_C=2\text{mA}$ 时，$U_{CE}$ 的最大取值是多少？

解： 要让三极管处于安全工作区,必须同时保证 $I_C \leqslant I_{CM}$、$P \leqslant P_{DM}$ 及 $U_{CE} \leqslant V_{CEO}$。

(1) 当 $U_{CE}=10\text{V}$ 时，由式 (6-1-6) 计算出 $I_C$ 的最大值为

$$I_C=\frac{P_{DM}}{U_{CE}}=\frac{100\text{mW}}{10\text{V}}=10\text{mA}$$

$I_C$ 取值为 10mA 时仍在 $I_{CM}$ (50mA) 的取值范围内，所以 $I_C$ 的最大取值为 10mA。

(2) 当 $I_C=2\text{mA}$ 时，由式 (6-1-6) 计算出 $U_{CE}$ 的最大值为

$$U_{CE}=\frac{P_{DM}}{I_C}=\frac{100\text{mW}}{2\text{mA}}=50\text{V}$$

$U_{CE}=50\text{V}$ 时已超过 $V_{CEO}=25\text{V}$，故 $U_{CE}$ 最大只能取到 25V。

#### 4. C-E 极间的饱和电压 $U_{CE(sat)}$($U_{CES}$)

三极管处于深度饱和时，C-E 之间的电压值记为 $U_{CE(sat)}$ 或 $U_{CES}$，称为饱和压降。2N3904 的 $U_{CE(sat)}$ 约为 0.2V。$U_{CE(sat)}$ 在电路中设计三极管具有开关作用时会有用武之地。

## 6.2 基本共射放大电路

三极管的主要用途有两种：放大和开关。放大是对模拟信号最基本的处理，大多数电子系统中都有各种各样的放大电路，其作用是将微弱的电信号不失真地放大到所需的数值，继而驱使执行终端工作。如图 6-2-1 所示，微小音乐信号无法直接驱动扬声器发声，而经

三极管放大后产生大电流 $I_C$ 就能够驱动扬声器了。多媒体音箱就基于这个原理，这是三极管放大电路的一个常见应用。本书只讨论最常见的共射三极管放大电路。

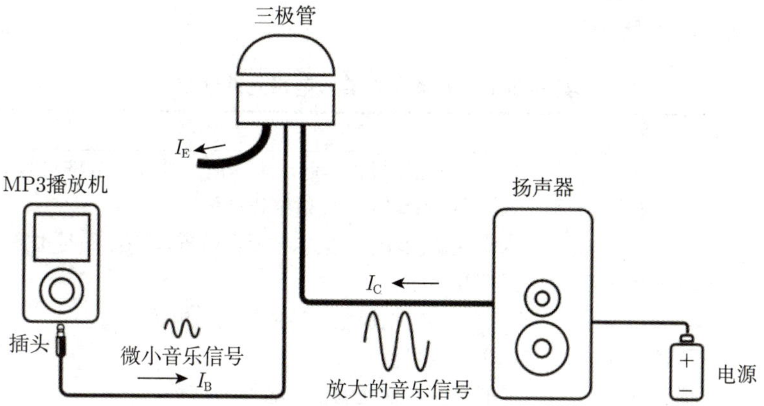


图 6-2-1 三极管放大微小音乐信号示例

## 6.2.1 基本共射放大电路的组成

三极管电路要想实现放大功能，必须满足两个基本条件：一是三极管处于放大状态；二是信号从输入到输出保持通畅。进一步，放大电路应工作稳定，不容易失真。

基本共射放大电路的结构如图 6-2-2 所示。图中，外部输入信号源等效为理想电压源

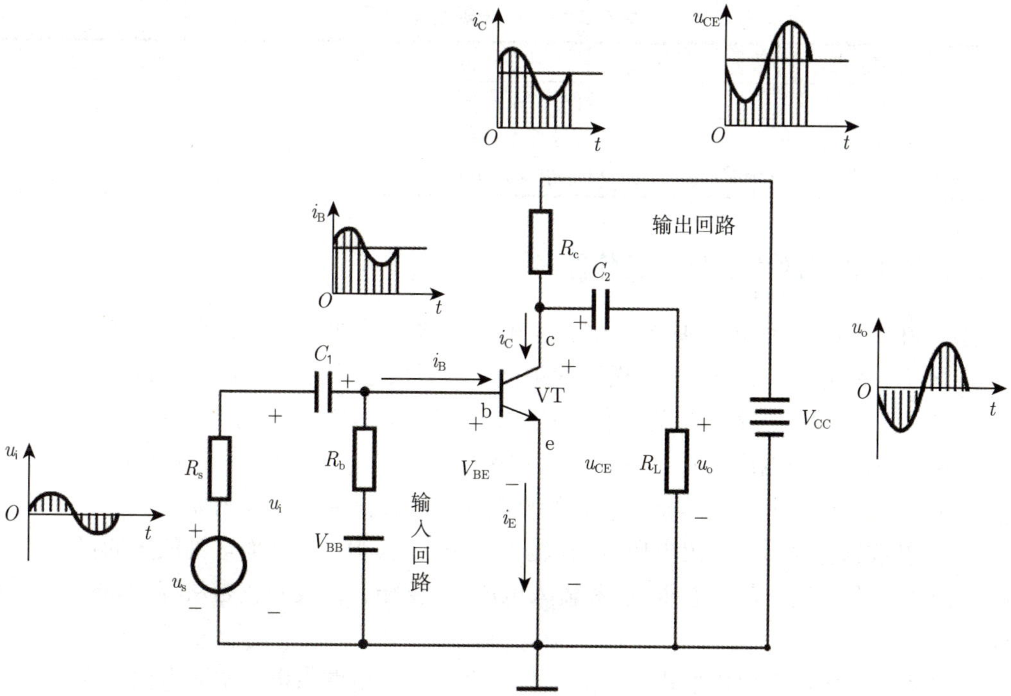


图 6-2-2 基本共射放大电路

$u_s$ 与电阻 $R_s$ 串联的支路，放大器的实际输入信号是 $u_i$。基极和发射极构成输入回路，集电极和发射极构成输出回路。输出信号 $u_o$ 从集电极与地之间取出。由于发射极是输入回路和输出回路的公共端，故称为**共发射极放大电路**，简称**共射放大电路**。电路中各元件的介绍及功能如表 6-2-1 所示。

**表 6-2-1 基本共射放大电路元件介绍**

| 电路符号 | 器件名称 | 功能 |
|---|---|---|
| VT | 三极管 | NPN 型硅三极管，起放大作用，是放大电路中的核心元件 |
| $V_{BB}$ | 直流电源 | 为满足 $U_B>U_E$，发射结正向偏置 |
| $V_{CC}$ | 直流电源 | 为满足 $U_C>U_B$，集电结反向偏置，$V_{CC}$ 同时也是负载的能源 |
| $R_b$ | 基极偏置电阻 | 限流和分压 |
| $R_c$ | 集电极电阻 | 将放大的集电极电流转换为输出电压 |
| $R_L$ | 负载电阻 | 代表负载阻值 |
| $C_1$ | 耦合电容 | 隔断直流，使交流信号输入 |
| $C_2$ | 耦合电容 | 隔断直流，使交流信号输出 |

由图 6-2-2 可见，基本共射放大电路的输出电压是在直流电源 $V_{BB}$、$V_{CC}$ 与交流信号源 $u_s$ 的共同作用下产生的。根据叠加定理，将直流电源与交流信号源的作用分开考虑。当直流电源 $V_{BB}$、$V_{CC}$ 共同作用时，电路中的电压、电流均为直流量；当交流信号源 $u_s$ 作用时，电路中的电压、电流均为交流量。为方便描述与讲解，将电量符号统一，如表 6-2-2 所示。

**表 6-2-2 符号规定与表示**

| 电量 | 书写规范 | 示例 |
|---|---|---|
| 直流量 | 符号与下标都大写 | $I_B$、$I_C$、$U_{CE}$ |
| 交流量 | 符号与下标都小写 | $i_b$、$i_c$、$u_{ce}$ |
| 瞬时值 = 直流量 + 交流量 | 符号小写，下标大写 | $i_B=I_B+i_b$、$u_{CE}=U_{CE}+u_{ce}$ |

## 6.2.2 基本共射放大电路的工作原理

假设在图 6-2-2 所示的基本共射放大电路的输入端加入一个微小的输入电压 $u_s = U_m \sin\omega t$（一般为 mV 级），则三极管的基极与发射极之间的电压 $u_{BE}$ 也将随之改变，同时，$i_B$ 也将发生变化。若三极管工作在放大区，则 $i_B$ 的变化将引起 $i_C$ 的变化，即 $i_C = \beta i_B$。由于 $R_C$ 上的电压 $u_C = i_C R_C$，又因为 $V_{CC}$ 是一个恒定不变的直流电源，因此 $u_{CE} = V_{CC} - i_C R_C$。$u_{CE}$ 经电容 $C_2$ 滤除直流成分后，得到输出电压 $u_o$。

如果参数选择合适，输出电压 $u_o$ 比输入电压 $u_s$ 大很多，从而达到放大的目的。仔细观察图 6-2-2 会发现，输出电压 $u_o$ 和输入电压 $u_s$ 反相，请找一找是从哪个环节开始发生反向的。

图 6-2-2 所示的电路中使用了 $V_{BB}$、$V_{CC}$ 两路直流电源供电。实际电路中为了节约成本、缩小电路几何尺寸，一般只设置一个直流电源，如图 6-2-3 (a) 所示，其习惯画法如图

6-2-3 (b) 所示。

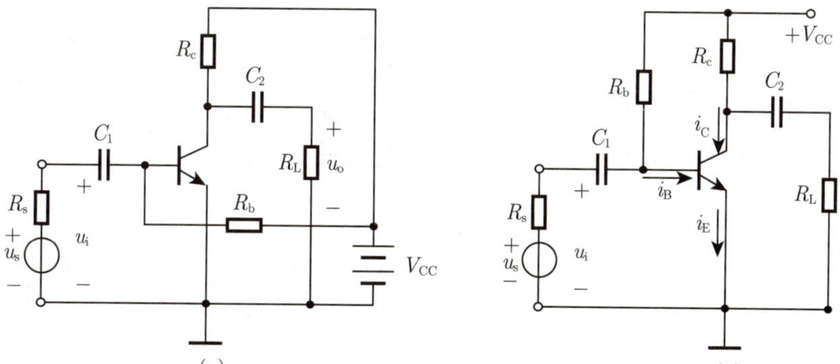


(a)　　(b)

**图 6-2-3　基本共射放大电路**

## 6.2.3　基本共射放大电路分析

基本共射放大电路如图 6-2-4 (a) 所示。对放大电路的分析是先静态分析，后动态分析。这是因为静态分析用于确定三极管处于什么工作状态。如果是放大状态，再做动态分析，进一步确定放大电路的放大倍数、输入电阻和输出电阻等性能参数。

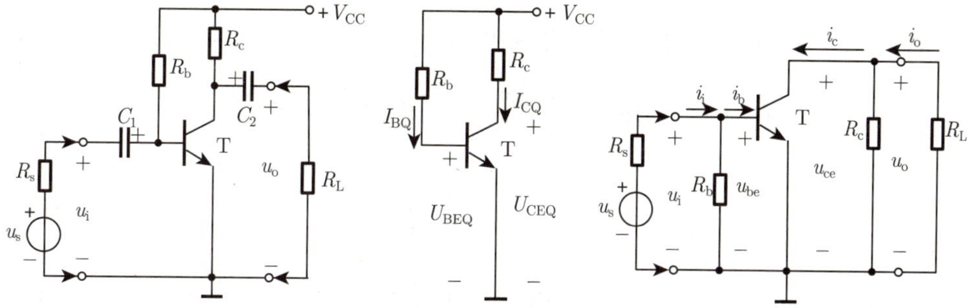


(a) 基本共射放大电路　　(b) 直流通路　　(c) 交流通路

**图 6-2-4　基本共射放大电路及分析电路**

### 1. 静态分析

当放大电路没有输入信号 ($u_i = 0$)，仅有直流电源 $V_{CC}$ 作用时，电路中的电压、电流都是**直流工作状态**或**静止工作状态**，简称**静态**。静态电路中电压、电流的值称为**静态工作点**，记作 **Q 点**。三极管静态工作点具体是指参数 $I_{BQ}$、$I_{CQ}$、$U_{CEQ}$。

做静态分析前，需要画电路的直流通路。基本共射放大电路中直流电流流过的路径就是直流通路，此时交流输入信号为零，电容对直流视为开路，整理后的电路结构就称为直流通路，如图 6-2-4 (b) 所示。直流通路用于求取静态工作点，即 $I_{BQ}$、$I_{CQ}$、$U_{CEQ}$，通过计算结果确定三极管是否处于放大状态。

静态分析常采用估算法和图解分析法，本书主要介绍估算法。由图 6-2-4 (b) 的直流通路可得基极电流为

$$I_{BQ} = \frac{V_{CC} - U_{BEQ}}{R_b} \tag{6-2-1}$$

式 (6-2-1) 中，$U_{BEQ}$ 是已知量，硅三极管约为 0.6~0.7V，锗三极管约为 0.2~0.3V。假设三极管处于放大状态，因此 $I_{BQ}$ 和 $I_{CQ}$ 存在电流放大关系

$$I_{CQ} = \beta I_{BQ} \tag{6-2-2}$$

由集电极回路求出

$$U_{CEQ} = V_{CC} - I_{CQ}R_c \tag{6-2-3}$$

最后根据 $U_{CEQ}$ 的计算结果判断三极管是否满足放大条件，如 $V_C > V_B > V_E$ (NPN 型)。

**【例 6-8】** 在图 6-2-4 (b) 中，已知 $V_{CC} = 12V, R_c = 3k\Omega, R_b = 300k\Omega, U_{BEQ} = 0.6V, \beta = 50$。求该电路的静态工作点，并说明三极管的工作状态。

**解：** 静态工作点包括 $I_{BQ}$、$I_{CQ}$、$U_{CEQ}$。

(1) 根据式 (6-2-1)，得

$$I_{BQ} = \frac{V_{CC} - U_{BEQ}}{R_b} = \frac{(12 - 0.6)V}{300 \times 10^3\Omega} = 38\mu A$$

(2) 设三极管处于放大状态，根据式 (6-2-2) 有

$$I_{CQ} = \beta I_{BQ} = 50 \times 38 \times 10^{-6}A = 1.9mA$$

(3) 根据式 (6-2-3)，得

$$U_{CEQ} = V_{CC} - I_{CQ}R_c = 12V - 1.9mA \times 3k\Omega = 6.3V$$

由于图 6-2-4 (b) 中的三极管是 NPN 型，且根据 $U_{CEQ} = 6.3V$ 和 $U_{BEQ} = 0.6V$，可以判断三极管三个电极电位的大小满足 $V_C > V_B > V_E$，因此假设成立，三极管处于放大状态。

实际的基本共射放大电路中，$I_{BQ}$ 一般为几 μA，$I_{CQ}$ 为 1.5~3mA，$U_{CEQ}$ 约为电源电压 $V_{CC}$ 的 $\frac{1}{3} \sim \frac{1}{2}$。

### 2. 动态分析

当放大电路有输入信号 ($u_i \neq 0$) 时，电路中各处的电压、电流都处于**交流工作状态**，简称**动态**。动态电路是在直流的基础上叠加微小的交流分量。

动态分析需要画出交流通路，即在输入信号 ($u_i \neq 0$) 的作用下交流信号流经的通路，此时直流电源 $V_{CC}$ 置零，电容视为短路，如图 6-2-4 (c) 所示。交流通路用于分析、计算电路的动态性能指标，如放大倍数、输入电阻、输出电阻等。

交流通路可用图解法或微变等效电路法进行分析，本书主要介绍微变等效电路法。所谓“微变”是指输入为低频小信号。“等效”是指将三极管这个非线性元件等效为一个线性元件，从而把放大电路等效变换成一个线性电路，将非线性问题转化为线性问题，再利用线性定律或定理对放大电路进行分析。

(1) 三极管的微变等效电路。

三极管是一种非线性器件，在合适的静态工作点情况下，如输入信号幅度很小或输入变化量微小时，可以用一个线性元件来代替。如图 6-2-5 (a) 所示的三极管电路模型可用图 6-2-5 (b) 来描述，将输入端等效为一个电阻 $r_{be}$，输出端等效为电流是 $\beta i_b$ 的受控电流源。

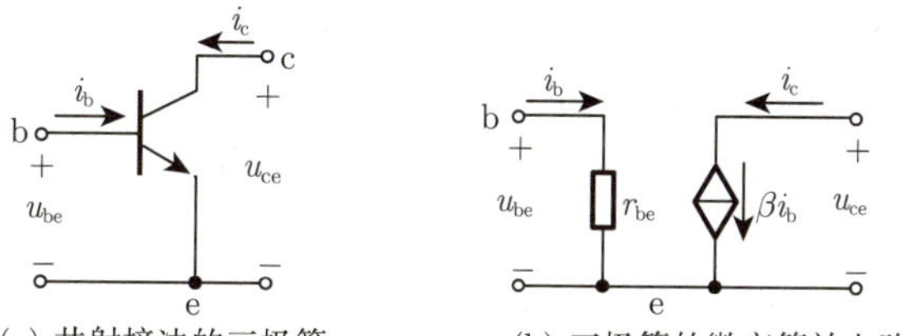


图 6-2-5　三极管及其微变等效电路

低频小功率三极管在共发射极连接时，其输入等效电阻 $r_{be}$ 可用式 (6-2-4) 进行估算

$$r_{be} = r_{bb'} + (1+\beta)\frac{26\text{mV}}{I_{EQ}} \tag{6-2-4}$$

式中，$r_{bb'}$ 为基区体电阻，一般为数百欧姆；$I_{EQ}$ 为发射极电流的静态值，单位为 mA；$r_{be}$ 的值一般为几百到几千欧姆。

(2) 放大电路的微变等效电路。

将图 6-2-4 (c) 所示交流通路中的三极管用图 6-2-5 (b) 来等效，可画出共射放大电路的微变等效电路，如图 6-2-6 所示。

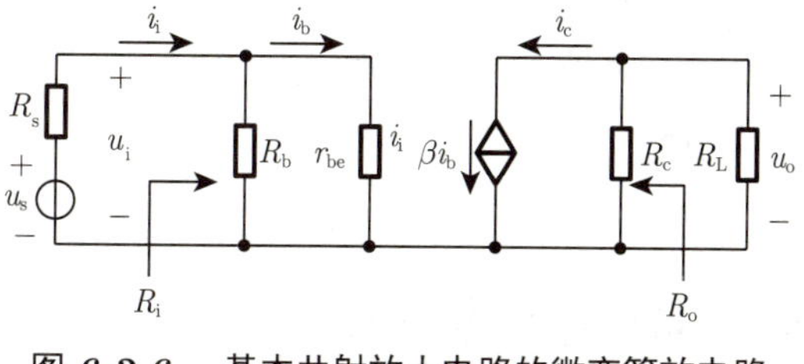


图 6-2-6　基本共射放大电路的微变等效电路

【画微变等效电路的步骤】首先画出放大电路的交流通路，然后用三极管微变等效电路代替交流通路中的三极管，就得到基本共射放大电路的微变等效电路。

(3) 放大电路交流性能指标的计算。

1) 电压放大倍数 $A_u$。由图 6-2-6 可得

$$u_i = i_b r_{be}, \quad u_o = -i_c (R_c // R_L)$$

设 $R_L' = R_c // R_L$，根据电压放大倍数 $A_u$ 的定义，有

$$A_u = \frac{u_o}{u_i} = -\frac{\beta i_b R_L'}{i_b r_{be}} = -\frac{\beta R_L'}{r_{be}} \tag{6-2-5}$$

式 (6-2-5) 中，“−”号表示共射放大电路的输出电压与输入电压相位相反。电压放大倍数 $A_u$ 与三极管电流放大系数 $\beta$、负载电阻成正比，与三极管的输入电阻 $r_{be}$ 成反比。

2) 输入电阻 $R_i$。输入电阻 $R_i$ 就是从放大电路输入端看进去的交流等效电阻，如图 6-2-6 所示，根据输入电阻的定义，可计算出

$$R_i = \frac{u_i}{i_i} = R_b // r_{be} \tag{6-2-6}$$

由于 $r_{be}$ 通常在几百至几千欧姆之间，而偏置电阻 $R_b$ 的阻值一般为几百千欧姆，因而 $R_b \gg r_{be}$，故

$$R_i \approx r_{be} \tag{6-2-7}$$

3) 输出电阻 $R_o$。输出电阻是指从放大电路的输出端看进去的等效电阻。由于图 6-2-6 的输出端含有受控源，因此在求解等效电阻时，需要用到外施激励法。

**【外施激励法】**

在求解含有受控源线性电路的等效电阻时，受控源不能像独立电源一样做置零处理，而是要保留。求解时先将网络中的独立源置零，所谓外施激励，就是在端口处施加一个电压，其在端口会产生电流，利用电路结构求解出施加电压与端口电流的比值，即得到端口的等效电阻。

根据外施激励法，图 6-2-6 中，$u_s = 0$，左边回路没有电源，因此 $i_b = 0$，从而使受控电流源电流 $i_c = 0$，且负载 $R_L$ 开路，外施电源 $u_o$ 的电流仅流过 $R_c$，从输出端看进去的等效电阻即放大电路的输出电阻

$$R_o \approx R_c \tag{6-2-8}$$

$R_o$ 越小，放大电路带负载的能力就越强。

**【例 6-9】** 放大电路如图 6-2-7 所示，已知 $U_{BEQ} = 0.7V$，$r_{bb'} = 200\Omega$，三极管的电流放大系数 $\beta = 50$，电容对交流视为短路。

(1) 画出直流通路，并估算静态工作点 Q ($I_{BQ}$、$I_{CQ}$、$U_{CEQ}$)；

(2) 画出微变等效电路，并求动态参数 $A_u$、$R_i$、$R_o$。

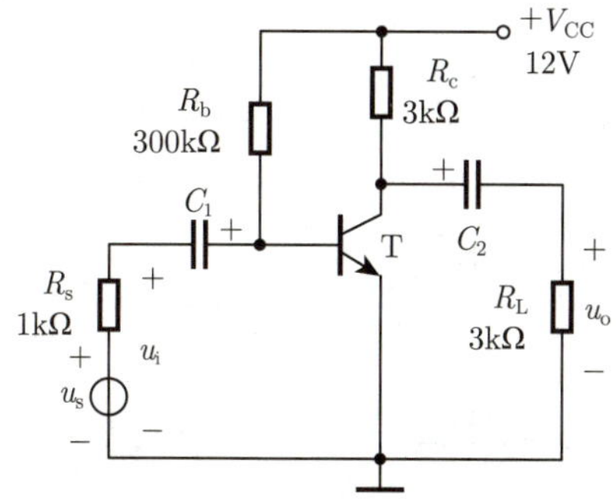


图 6-2-7　例 6-9 电路

解：(1) 画出直流通路，如图 6-2-8 所示，由图可得

$$I_{BQ}=\frac{V_{CC}-U_{BEQ}}{R_b}=\frac{12V-0.7V}{300\times10^3\Omega}=37.6\mu A$$

$$I_{CQ}=\beta I_B=50\times38\times10^{-6}A=1.88mA$$

$$U_{CEQ}=V_{CC}-R_c\times I_{CQ}=12V-3k\Omega\times1.88mA=6.35V$$

由此判断三极管处于放大状态。

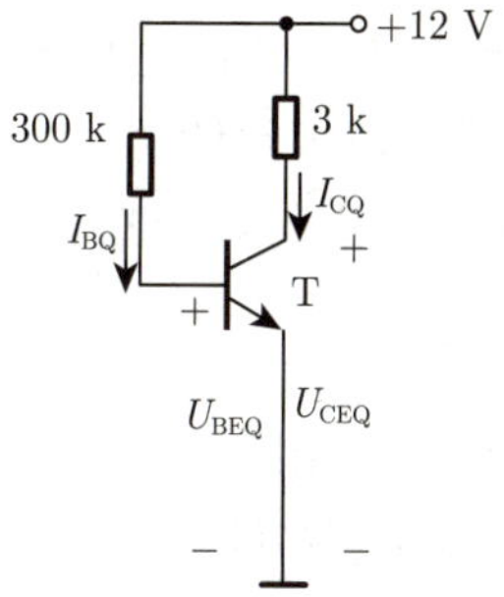


图 6-2-8　直流通路

(2) 画出微变等效电路，如图 6-2-9 所示。由于 $I_{CQ}=I_{EQ}$，根据式 (6-2-4) 可得

$$r_{be}=r_{bb'}+(1+\beta)\frac{26mV}{I_{EQ}}\approx200+(1+50)\frac{26mV}{1.88mA}=905\Omega$$

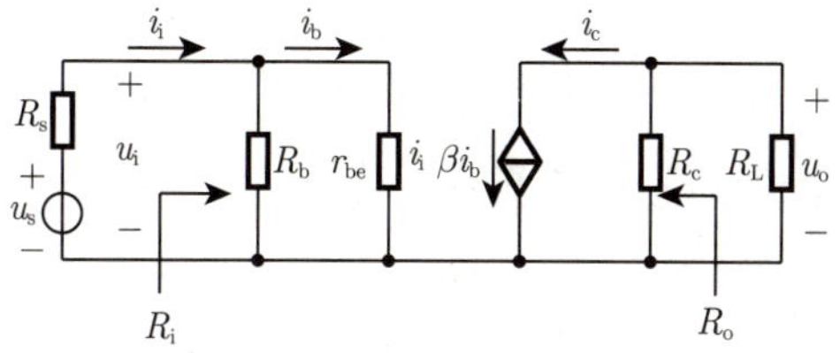


图 6-2-9　微变等效电路

根据式 (6-2-5) 可求得

$$A_u = \frac{u_o}{u_i} = -\frac{\beta R_L'}{r_{be}} = -\frac{50 \times (3\text{k}\Omega//3\text{k}\Omega)}{905\Omega} = -83$$

根据式 (6-2-7) 和式 (6-2-8) 可求得

$$R_i \approx r_{be} = 905\Omega,\ R_o \approx R_c = 3\text{k}\Omega$$

### 6.2.4 工作点稳定的共射放大电路

由前面的分析可知，为使放大电路不失真，必须给三极管设置合适的静态工作点。但电源电压的波动、其他元器件参数的变化以及温度浮动等使得三极管的参数发生了变化，引起静态工作点不稳定，从而导致放大电路的动态性能不稳定，甚至不能正常工作。在这诸多因素中，温度对三极管参数的影响是最主要的。

#### 1. 温度对静态工作点的影响

三极管是一种对温度敏感的元件。温度变化对三极管参数的影响的主要表现是：当温度升高时，发射结正向压降 $U_{BE}$ 会减小，电流放大系数 $\beta$ 会增大，反向饱和电流 $I_R$ 将明显增加。综上所述，温度变化对三极管参数的影响集中表现为集电极电流 $I_C$ 的变化。当环境温度升高时，$I_{CQ}$ 将明显增大，$U_{CEQ}$ 将减小，静态工作点 Q 将向饱和区移动；反之，当环境温度降低时，$I_{CQ}$ 将减小，$U_{CEQ}$ 将增大，静态工作点 Q 将向截止区移动。

要使静态工作点达到稳定，就是要在环境温度等外界因素发生变化时，使 $I_{CQ}$ 和 $U_{CEQ}$ 基本保持不变。通过引入直流负反馈或温度补偿的方法，可以使 $I_{BQ}$ 在温度等外界因素变化时产生与 $I_{CQ}$ 相反的变化，从而达到稳定静态工作点的目的。

#### 2. 稳定静态工作点的共射放大电路

(1) 电路原理及静态参数的估算。常用的稳定静态工作点的共射放大电路如图 6-2-10 所示。稳定工作点的原理是通过巧妙的电路设计，使三极管基极电位 $V_B$ 基本固定，发射极电位 $V_E$ 会随温度的升高而上升，结果使发射结电压 $U_{BE} = V_B$ 减小，$V_E$ 减小。由图 6-1-15 中共射三极管的输入特性曲线可知，$U_{BE}$ 减小使得 $I_B$ 减小，进而 $I_C = \beta I_B$ 下降，从而稳定静态工作点。

由图 6-2-10 (b) 所示的直流通路可知 $I_1 = I_2 + I_{BQ}$。由于

$$I_1 \gg I_{BQ} \tag{6-2-9}$$

因此，$I_2 \approx I_1$，B 点电位

$$V_{BQ} = \frac{R_{b2}}{R_{b1} + R_{b2}} V_{CC} \tag{6-2-10}$$

如果电阻的阻值不变，则 $V_{BQ}$ 基本稳定，进而可计算静态参数，忽略发射结开启电压，则 $V_B \approx V_E$，且

$$I_{CQ} \approx I_{EQ} = \frac{V_{BQ}}{R_e} \tag{6-2-11}$$

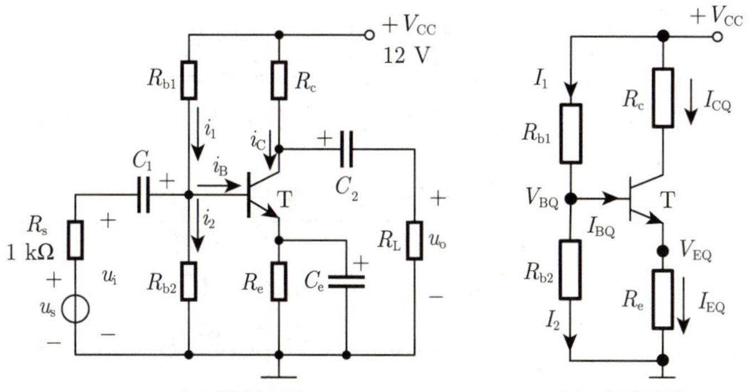


**图 6-2-10　稳定静态工作点的共射放大电路**

$$U_{\mathrm{CEQ}}=V_{\mathrm{CC}}-I_{\mathrm{CQ}}\left(R_{\mathrm{c}}+R_{\mathrm{e}}\right) \tag{6-2-12}$$

式 (6-2-10) 表明，基极电位仅取决于 $R_{\mathrm{b1}}$ 与 $R_{\mathrm{b2}}$ 对 $V_{\mathrm{CC}}$ 的分压，故称为**分压偏置式。**当温度变化时，$V_{\mathrm{BQ}}$ 基本不变，从而不受环境的影响。稳定静态工作点的过程总结如下：

$$\mathrm{T}\,(^\circ\mathrm{C})\uparrow\rightarrow I_{\mathrm{CQ}}\uparrow(I_{\mathrm{EQ}}\uparrow)\rightarrow V_{\mathrm{EQ}}\uparrow\rightarrow V_{\mathrm{BQ}}\text{基本不变}\rightarrow U_{\mathrm{BEQ}}\downarrow\rightarrow I_{\mathrm{BQ}}\downarrow\rightarrow I_{\mathrm{CQ}}\downarrow$$

从以上分析不难看出，在稳定静态工作点的过程中，$R_{\mathrm{e}}$ 起着重要作用。当 $I_{\mathrm{CQ}}$ 随温度的变化而变化时，电阻 $R_{\mathrm{e}}$ 上的采集电压 $U_{\mathrm{EQ}}$ 亦随之变化，并使 $U_{\mathrm{BEQ}}$ 随之变化，从而使 $I_{\mathrm{BQ}}$ 朝相反的方向变化，最终达到稳定静态工作点的目的。

(2) 动态参数的估算。图 6-2-10 (a) 电路中有三个电容。其中，$C_1$、$C_2$ 作为耦合电容实现信号的传递，$C_{\mathrm{e}}$ 和电阻 $R_{\mathrm{e}}$ 并联，称为 e 极的**旁路电容** (bypass capacitor)。旁路电容 $C_{\mathrm{e}}$ 既保留了电阻 $R_{\mathrm{e}}$ 在偏置电路中设置静态工作点的角色，又能在交流分析中被视为短路，使得 e 极电流不会流过 $R_{\mathrm{e}}$，而是全部经 $C_{\mathrm{e}}$ 流向接地点，提高放大器的电压增益。

图 6-2-11 为图 6-2-10 (a) 电路的微变等效电路，动态参数估算如下：

$$A_{\mathrm{u}}=\frac{u_{\mathrm{o}}}{u_{\mathrm{i}}}=-\beta\frac{R_{\mathrm{L}}'}{r_{\mathrm{be}}}\quad(R_{\mathrm{L}}'=R_{\mathrm{c}}//R_{\mathrm{L}}) \tag{6-2-13}$$

$$R_{\mathrm{i}}=\frac{u_{\mathrm{i}}}{i_{\mathrm{i}}}=R_{\mathrm{b1}}//R_{\mathrm{b2}}//r_{\mathrm{be}} \tag{6-2-14}$$

$$R_{\mathrm{o}}=R_{\mathrm{c}} \tag{6-2-15}$$

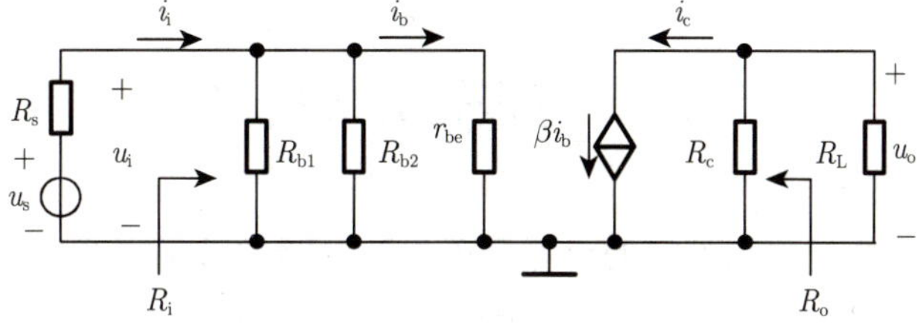


**图 6-2-11　微变等效电路**

(3) 实际电路元件参数取值。实际电路中 $R_{b1}$、$R_{b2}$、$R_e$、$C_e$ 的选型需要根据实际情况设计，表 6-2-3 给出了关键参数取值参考。此外，$R_e$ 的取值一般为几百欧姆到几千欧姆为宜。$C_e$ 的容量一般取几微法 (μF) 到上百微法，具体视放大信号的频率确定。

**表 6-2-3　参数取值**

| 材料 | $I_1$ 取值 | $V_{BQ}$ 取值 | $U_{BEQ}$ 取值 |
|---|---|---|---|
| 硅三极管 | $I_1 \geqslant (5\sim10)I_{BQ}$ | $V_{BQ} \geqslant (5\sim10)U_{BEQ}$ | $U_{BEQ}$ 取 0.7V |
| 锗三极管 | $I_1 \geqslant (10\sim20)I_{BQ}$ | $V_{BQ} \geqslant (10\sim20)U_{BEQ}$ | $U_{BEQ}$ 取 0.2V |

**【工程实例】小信号放大与功率放大**

小信号放大器能够把幅度只有几毫伏的电信号 (如神经冲动) 放大约 1 000 倍而至若干伏，电子学中把这种以放大信号幅度或者说放大信号电压为主的放大器称为**小信号放大器** (small signal amplifier)。小信号放大器的输出阻抗都比较大，不适合驱动阻抗比较小的功率元器件。

另一类称为**功率放大器** (power amplifier) 的电路可以放大信号的功率，即在放大电压的同时也放大信号的电流。功率放大器可能听起来很专业、很陌生，但它却天天为我们提供服务。手机、MP3 播放器、电视机等一切可以发出声音的电子产品都靠功率放大器来驱动扬声器或耳机还原出声音。

一个系统中同时存在小信号放大器和功率放大器的情况很常见，例如图 6-2-12 所示的音响系统。话筒或 MP3 播放机输出的微弱声音信号先由**前置放大器** (pre-amplifier) 进行一定倍数的电压放大，之后送入**主放大器** (main amplifier) 进行电流放大，最后驱动扬声器 (功率器件) 还原出声音。在音响电路中，前置放大器实际上就是小信号放大器，负责放大电压；主放大器就是功率放大器，负责放大电流和电压。

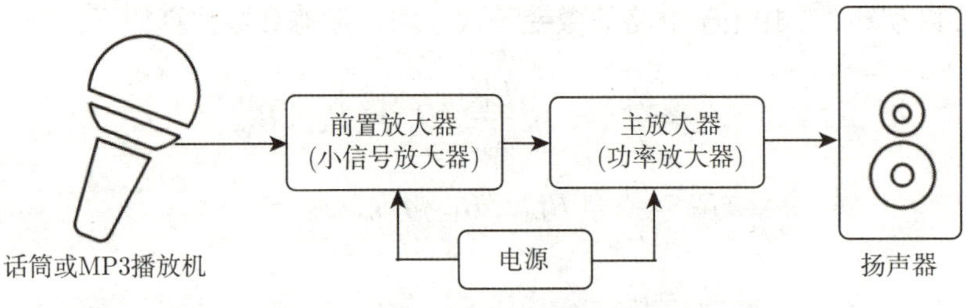


**图 6-2-12　音响放大器系统框图**

## 6.3　三极管开关电路

日常生活中常见的开关是外露的机械开关，而电路中常常需要用某一部分电路的输出状态去控制另一部分电路的闭合和断开。根据前面所学的内容，当三极管截止时，$I_C = 0A$；当三极管饱和时，$I_C$ 达到 $I_{C(sat)}$。如图 6-3-1 (a) 所示，$V_{BB} = 0V$ 时，三极管 B-E 极之间没有正向偏置，三极管截止，因此，$R_c$ 上没有电流通过，相当于开关断开。图 6-3-1 (b) 中，$V_{BB} = 5V$，三极管 B-E 极处于正向偏置，如果参数设置合适，会使三极管达到饱和，即 $I_C = I_{C(sat)}$，此时三极管相当于短路，电流 $I_{C(sat)}$ 通过 $R_c$，相当于开关闭合。

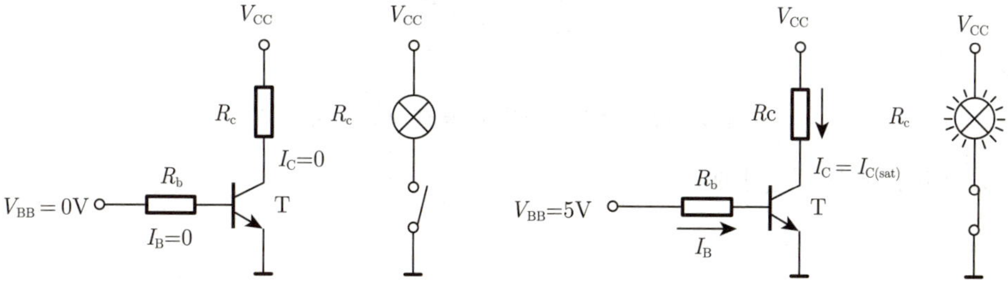


**图 6-3-1　三极管开关**

通过这种方式，三极管可以取代机械开关控制电器或电路中的电流。在实际应用中，可以根据电路结构将三极管电子开关分为低端开关、高端开关、半桥开关及 H 桥开关等，本书主要介绍低端开关和高端开关。

在开关应用电路中，若开关位置处于负载与地 (零电位) 之间，则将此种结构的开关称为**低端开关**，如图 6-3-2 (a) 所示；若开关位置处于电源与负载之间，则将此种结构的开关称为**高端开关**，如图 6-3-2 (b) 所示。

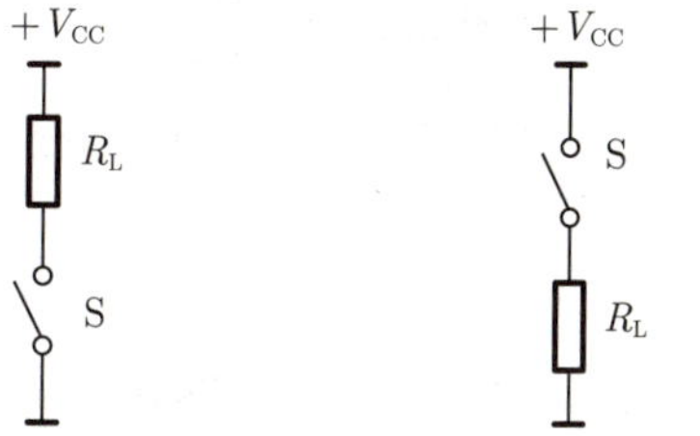


**图 6-3-2　低端开关与高端开关**

## 6.3.1　低端开关

由 NPN 型三极管构成的低端开关电路如图 6-3-3 所示。若输入信号 $U_I$ 为高电平，即逻辑 “1”，则三极管 T 将处于饱和导通状态，其饱和压降约为 0V，负载 $R_L$ 获得的电压接近 $V_{CC}$，从而进入工作状态；若输入信号 $U_I$ 为低电平，即逻辑 “0”，则三极管 T 由于发射结电压未达到开启电压而处于截止状态，负载开路掉电。

在实际工程应用中，要选择合适的基极限流电阻，以保证三极管能够饱和导通。负载额定工作电流 $I_L$ 和三极管的电流放大系数 $\beta$ 都可以通过测量或查阅资料获得。因此，三极管基极电流在饱和状态下可通过下式估算：

$$I_B = (1.5 \sim 2)\frac{I_{C(sat)}}{\beta} \tag{6-3-1}$$

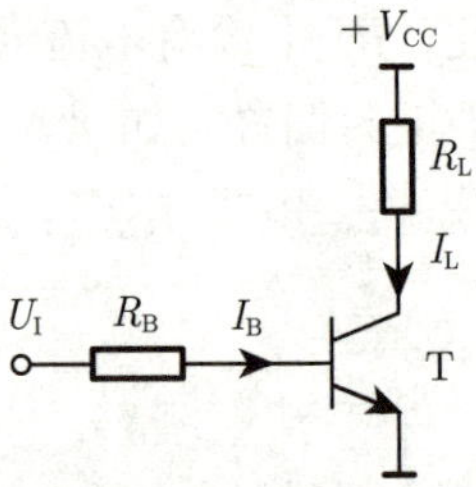


**图 6-3-3　NPN 型三极管构成的低端开关**

进而可以估算出基极限流电阻为

$$R_B = \frac{U_I - U_{BE}}{I_B} \tag{6-3-2}$$

## 6.3.2　高端开关

由 PNP 型三极管构成的高端开关电路如图 6-3-4 所示。若输入信号 $U_I$ 为低电平，即逻辑“0”，则三极管 T 将处于饱和导通状态，其饱和压降约为 0V，负载 $R_L$ 获得的电压接近 $V_{CC}$，从而进入工作状态；若输入信号 $U_I$ 为高电平，即逻辑“1”，则三极管 T 由于发射结电压未达到开启电压而处于截止状态，负载开路掉电。该电路的基极限流电阻估算方法与低端开关类似，此处不再赘述。

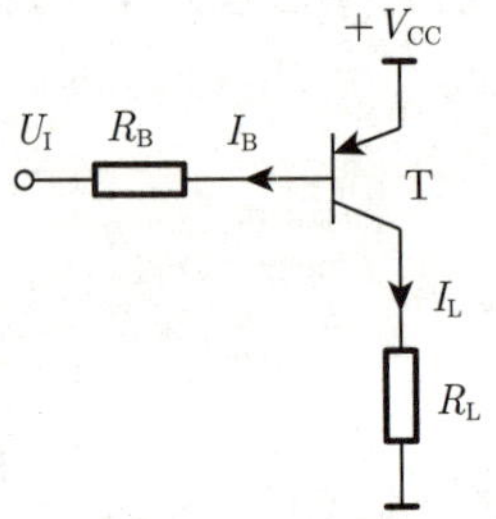


**图 6-3-4　PNP 型三极管构成的高端开关**

**【三极管开关应用电路分析方法】**

三极管作为开关使用时，一般采用“从后向前”的方法进行参数设计与计算。首先确定负载工作电流，一般直接指明或根据负载工作电压及负载阻值计算得出，此电流即为三极管集电极电流；然后利用三极管处于饱和状态时集电极电流与基极电流关系的经验公式 (见式 (6-3-1)) 求出基极电流；最后利用输入回路求解出基极限流电阻的阻值。

**【讨论与思考】**

上述电路中，低端开关采用 NPN 型三极管，而高端开关采用 PNP 型三极管，若使用 NPN 型三极管作为高端开关，PNP 型三极管作为低端开关，是否可行？如果可行，要注意什么？

三极管作为电子开关，通常要处于完全截止或深度饱和状态，而三极管进入深度饱和状态的外部条件是发射结和集电结均处于正向偏置状态。如图 6-3-5 所示的电路中使用

NPN 型三极管作为高端开关，系统采用统一电源电压 $V_{CC}$ 供电，假设 NPN 型三极管能够深度饱和，即其管压降接近 0 (即 $V_E \approx V_{CC}$)，则意味着其发射极的电位将接近 $V_{CC}$。此时要保证或维持 NPN 型三极管的深度饱和，即保证发射结能完全正向偏置，意味着基极电位 $V_B$ 要比 $V_{CC}$ 约高 0.7V (硅三极管) 的压降，而在同一电源电压供电的条件下，这是无法做到的。

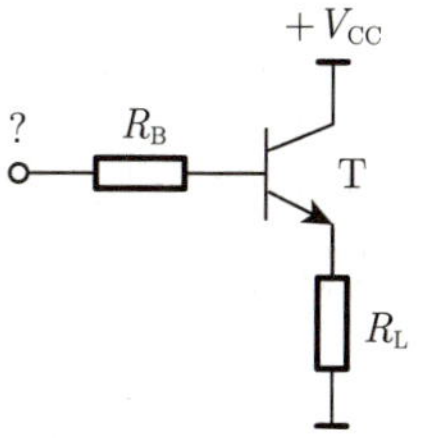


图 6-3-5　讨论与思考

请读者尝试探究，若要用 NPN 型三极管作为高端开关，则电路应该如何设计？

## 6.3.3　工程实例

### 1. 采用三极管作为发光二极管电路的开关

采用型号为 2N3904 的 NPN 型三极管为发光二极管电路设计一个开关。已知发光二极管的正向电压 $U_F = 1V$，工作电流 $I_F = 10mA$。三极管开关电路 $V_{CC} = 5V$，控制三极管开关闭合的电压 $V_{IN} = 5V$，$U_{CE(sat)} = 0.2V$，$\beta = 200$，$U_{BE} \approx 0.7V$。

图 6-3-6 (a) 的工作原理是：$V_{CC}$ 向负载提供工作电源，当控制三极管开关闭合的电压 $V_{IN}$ 使三极管饱和时，电流经过负载 $R_L$、三极管 C-E 极后流入地中。已知 $U_{CE(sat)} = 0.2V$，这时 $R_L$ 上的电压为 $5 - 0.2 = 4.8V$，如果把负载 $R_L$ 直接换成发光二极管是不行的，因为已知发光二极管的正向压降为 $U_F = 1V$，4.8V 的电压远远超过了发光二极管的工作电压，可能会烧毁器件。因此，需要增加一个限流电阻。

由此，设计三极管开关电路，如图 6-3-6 (b) 所示，若 $V_{IN} = 0V$，三极管开关断开，$I_C = 0A$，此时发光二极管 $D_1$ 不发光。当 $V_{IN} = 5V$ 时，三极管开关闭合，C 极要提供发

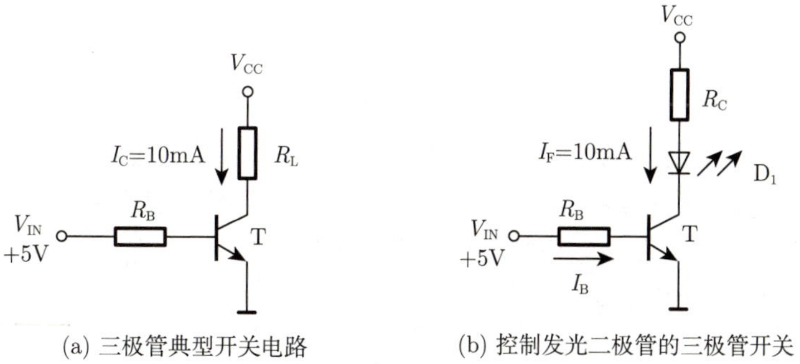


图 6-3-6　三极管开关设计电路

光二极管 $D_1$ 工作所需的 10mA 电流，根据

$$I_{C(sat)} = 10\text{mA} = \frac{V_{CC} - U_F - U_{CE(sat)}}{R_C} = \frac{5\text{V} - 1\text{V} - 0.2\text{V}}{R_C}$$

推算出限流电阻 $R_C$ 的阻值为 380Ω。

根据式 (6-3-1)，取系数为 2，可得

$$I_B = 2 \times \frac{I_{C(sat)}}{\beta} = \frac{2 \times 10\text{mA}}{200} = 100\mu\text{A}$$

为了保护三极管的 B 极，通常会在 B 极串联一个电阻，如图 6-3-6 中的 $R_B$。三极管饱和时，已知 $U_{BE} \approx 0.7\text{V}$，则根据欧姆定律可得

$$R_B = \frac{V_{IN} - U_{BE}}{I_B} = \frac{5\text{V} - 0.7\text{V}}{100\mu\text{A}} = 43\text{k}\Omega$$

### 2. 三极管开关与交通灯

街道上的交通灯大多数由发光二极管构成，如图 6-3-7 所示。当控制信号为高电平时，某种颜色的交通灯就会被点亮。假设 100 只发光二极管组成一个圆形交通灯，并由图 6-3-7 (b) 所示的三极管开关电路控制。控制信号的高电平与电源均为 24V，电阻 $R_1$ 起到限流和分压的作用。每只发光二极管的正向偏置电压 $U_F = 2.2\text{V}$，工作电流为 15mA，电阻 $R_2 \sim R_{101}$ 为限流电阻。请设计电阻 $R_1$、$R_2 \sim R_{101}$ 的阻值，并给出三极管的型号。

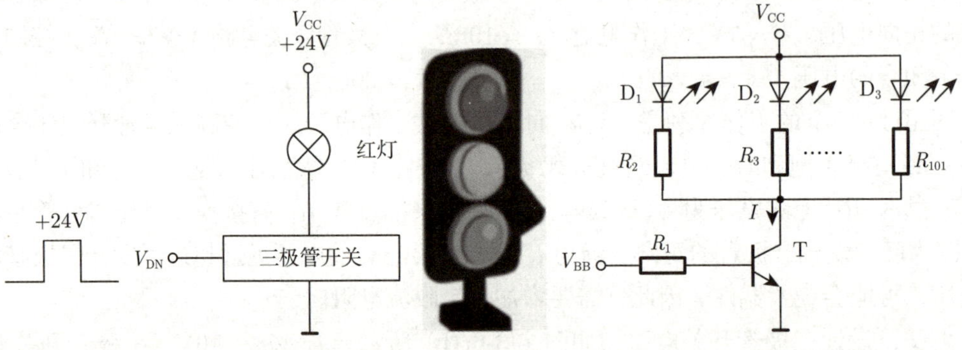


(a) 红绿灯控制　　(b) 三极管开关电路

**图 6-3-7　三极管开关与交通灯**

根据 KCL，计算 100 只发光二极管的电流之和

$$I = 15\text{mA} \times 100 = 1.5\text{A}$$

$I$ 流经三极管 T 的集电极，所以三极管 T 的持续集电极电流必须在 1.5A 以上，为保证有足够冗余，选择 $I_C = 3\text{A}$。把“transistor NPN 3A”输入搜索引擎，从结果中选定型号为 TIP31A 的三极管。在该三极管的技术手册中找到其 $U_{CE(sat)}$ 约为 1.2V，由此计算出限流电阻 $R_2 \sim \text{R}_{101}$ 的阻值为

$$R_2 = R_3 = \cdots = R_{101} = \frac{V_{CC} - U_F - U_{CE(sat)}}{I_D} = \frac{24\text{V} - 2.2\text{V} - 1.2\text{V}}{15\text{mA}} \approx 1.37\text{k}\Omega$$

实际器件中，并不一定存在与理论阻值分毫不差的电阻，一般采用两种方式来实现：一种是采用电位器调节实现，另一种是购买最接近计算结果的标准电阻。

TIP31A 饱和时，根据式 (6-3-1)，取系数为 2，查得 TIP31A 的技术手册中 $h_{FE}$ 为 50，得 B 极电流为

$$I_B = 2 \times \frac{I_{C(sat)}}{\beta} = \frac{2 \times 1.5A}{50} = 60mA$$

为了限流和分压，B 极串联一个电阻 $R_1$，如图 6-3-7 (b) 所示。已知 $U_{BE} \approx 0.7V$，则根据欧姆定律可得

$$R_1 = \frac{U_{IN} - U_{BE}}{I_B} = \frac{24V - 0.7V}{60mA} \approx 388\Omega$$

通过三极管开关电路，成功实现只用 60mA 的控制电流 $I_B$ 驱动 1.5A 的大电流负载。

### 3. 三极管驱动继电器

工程中，三极管常作为电子开关用于继电器、蜂鸣器等负载的驱动电路。采用 NPN 型三极管驱动继电器的电路如图 6-3-8 所示，其中 J 为继电器绕组，K 为继电器开关，“1”为常闭端，“2”为常开端。

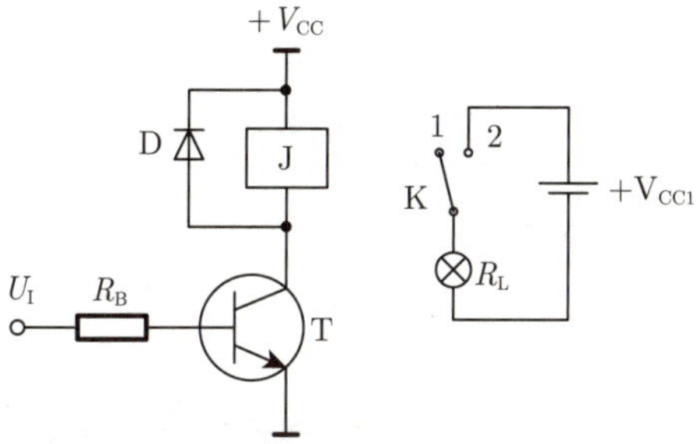


图 6-3-8 继电器驱动电路

假设继电器的工作电压为 5V，绕组 J 的工作电流为 50mA，三极管的 $\beta$ 为 200，发射结电压 $U_{BE} \approx 0.7V$，饱和压降 $U_{CES} \approx 0$，$U_I$ 高电平为 5V，低电平为 0，根据饱和状态下基极电流与集电极电流的关系

$$I_B = (1.5 \sim 2)\frac{I_C}{\beta}$$

系数取 1.5，则

$$I_B = 1.5 \times \frac{I_C}{\beta} = 1.5 \times \frac{50A}{200} = 0.375mA$$

当 $U_I$ 为高电平时，三极管饱和导通，继电器由常闭端“1”切换至常开端“2”，负载 $R_L$ 接通电源，灯泡点亮，此时

$$R_B = \frac{U_I - U_{BE}}{I_B} = \frac{5V - 0.7V}{0.375mA} \approx 11.47k\Omega$$

取邻近标称值 11kΩ。

图 6-3-8 中的二极管不可省略，由于继电器绕组为线圈 (由电感绕制而成，非纯电阻)，因此当继电器绕组由通电转变为断电时，电感感应出的电动势为上负下正，使得三极管集电极本应承受高于电源的电压，但由于二极管的存在且在此电压的作用下正向导通，三极管集电极电位被限制于电源电位 (忽略二极管导通压降)，从而保护三极管不被击穿。

## 6.4 电路仿真

本节结合分压偏置式共射放大电路 (见图 6-2-10) 仿真，对三极管放大电路非线性失真类型进行介绍，以及分析非线性失真产生的原因。

若三极管放大电路的静态工作点设置合理，即 $\frac{1}{3}V_{CC} \leqslant U_{CEQ} \leqslant \frac{1}{2}V_{CC}$，且输入信号幅度适中，则可得到放大后的无失真输出波形。图 6-4-1 所示的电路中，NPN 型三极管的型号为 2N2221。信号源为 1kHz 的正弦波信号，电压有效值为 10mV，内阻为 50Ω，调整 $R_1$，设置静态工作点 $U_{CEQ} = 4.95\text{V}$，示波器通道 1 (上波形) 测量输入波形，通道 2 (下波形) 测量输出波形。此时，静态工作点设置合适且输入信号幅度合适，输出波形没有失真。

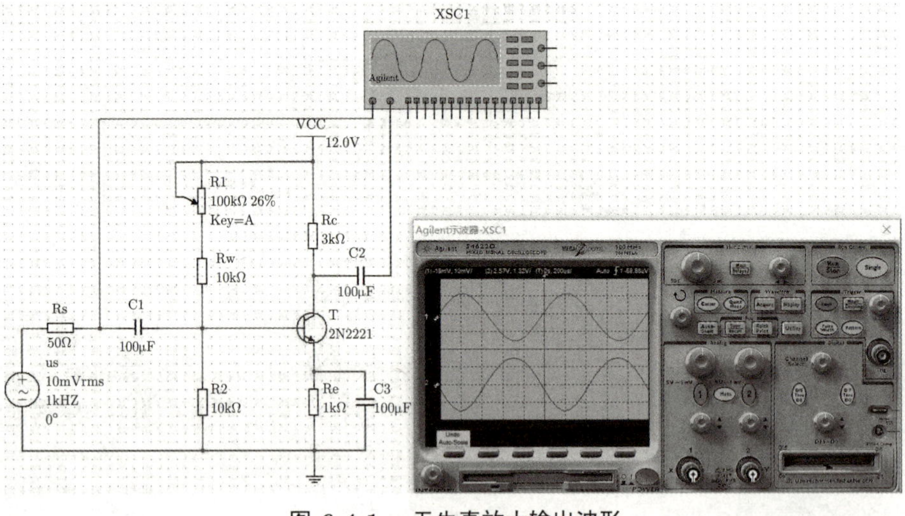


图 6-4-1　无失真放大输出波形

如果静态工作点设置不合适或输入信号幅度不合适，电流超出输出特性曲线的线性范围，就会发生输出波形失真现象，称为**非线性失真**，主要包括截止失真、饱和失真和双向失真。

### 6.4.1 截止失真

若静态工作点设置偏低，即 $I_{BQ}$ 和 $I_{CQ}$ 值偏小，靠近截止区，由 $U_{CEQ} = V_{CC} - I_{CQ}R_C$ 可知，$U_{CEQ}$ 较高。当输入信号 $u_i$ 为负半周时，$u_{BE}$ 小于开启电压，三极管进入截止区，$i_B$

近似为 0，造成 $i_C$ 的负半周被削去相应部分，由于受到电源电压 $V_{CC}$ 大小的限制，输出信号 $u_o$，即 $u_{CE}$ 对应时间内顶部被切平，这种由三极管在部分时间内截止引起的失真称为**截止失真**，如图 6-4-2 所示，此时管压降 $U_{CEQ} = 10.6\text{V}$ (为便于观察，图中输入信号增加至 30mV)。

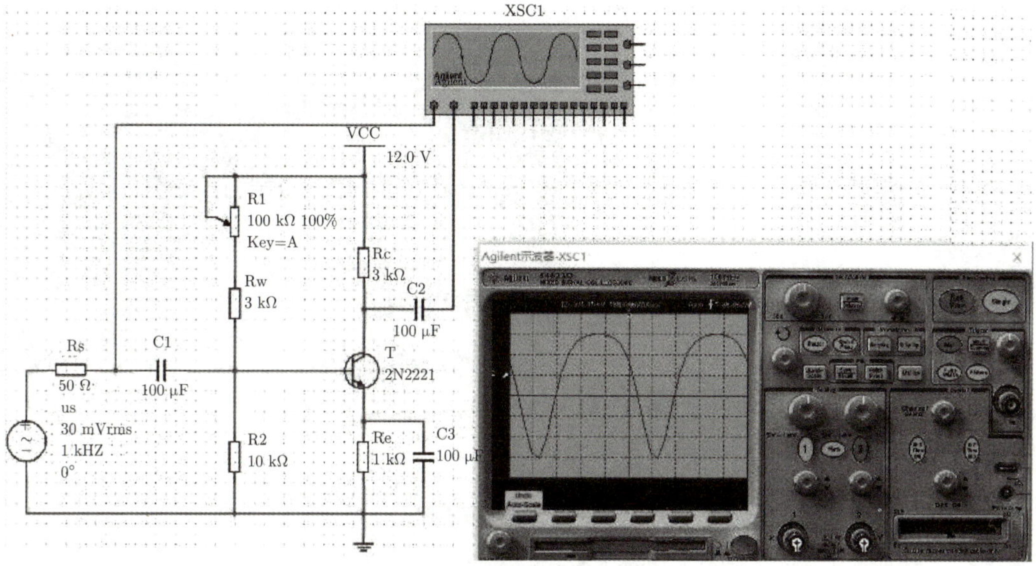


**图 6-4-2　截止 (切顶) 失真**

消除该电路截止失真的方法：提高静态工作点或者适当减小输入信号。读者可以思考一下这样做的原理。

### 6.4.2　饱和失真

如果静态工作点设置偏高，即 $I_{BQ}$ 和 $I_{CQ}$ 偏大，而输入信号的幅值又不是特别小，则在输入信号的正半周部分时间内工作点进入饱和区，虽然在饱和区 $i_B$ 不产生失真，但 $i_C$ 不再随 $i_B$ 瞬时值的增大而增大，$i_C$ 恒为 $i_{C(sat)}$，导致 $i_C$ 的正半周被削顶，$u_{CE}$ 的负半周被削底，即输出信号 $u_o$ 出现切底失真，这种由三极管在部分时间内进入饱和区引起的失真称为**饱和失真**，如图 6-4-3 所示，此时管压降 $U_{CEQ} = 142.0\text{mV}$。

消除该电路饱和失真的方法：降低静态工作点或者适当减小输入信号。读者可以思考一下这样做的原理。

### 6.4.3　双向失真

静态工作点 Q 虽然设置在放大区靠中点的位置，但如果输入信号幅值过大，有可能使三极管在信号正半周和负半周的部分时间进入特性曲线的截止区和饱和区，从而使输出信号既产生截止失真又产生饱和失真，这种失真称为**双向失真**，如图 6-4-4 所示，此时管压降 $U_{CEQ} = 4.95\text{V}$，而输入信号为 50mV。

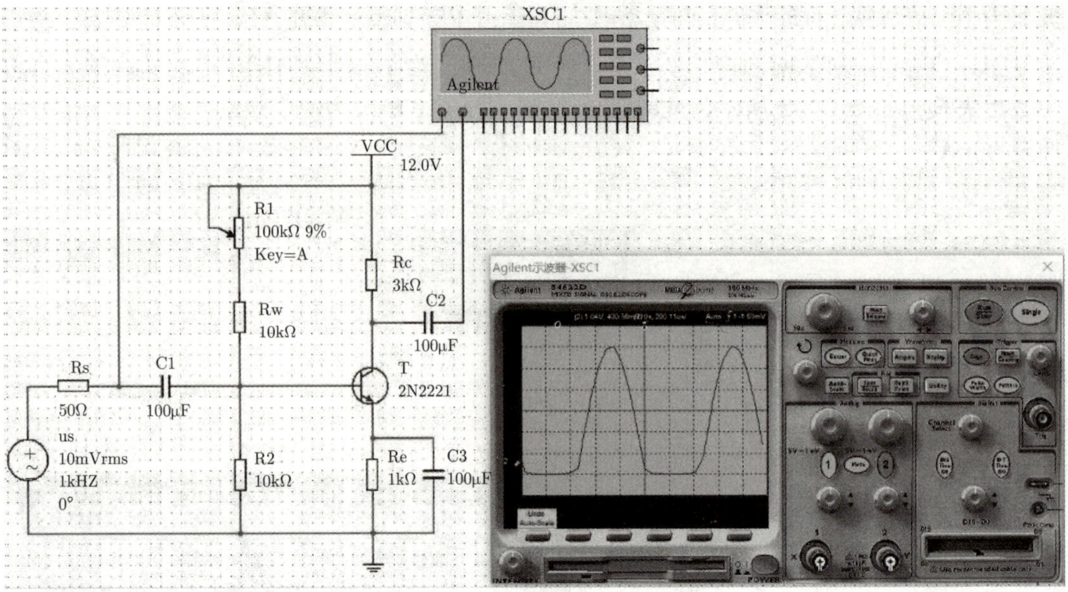


图 6-4-3 饱和（切底）失真

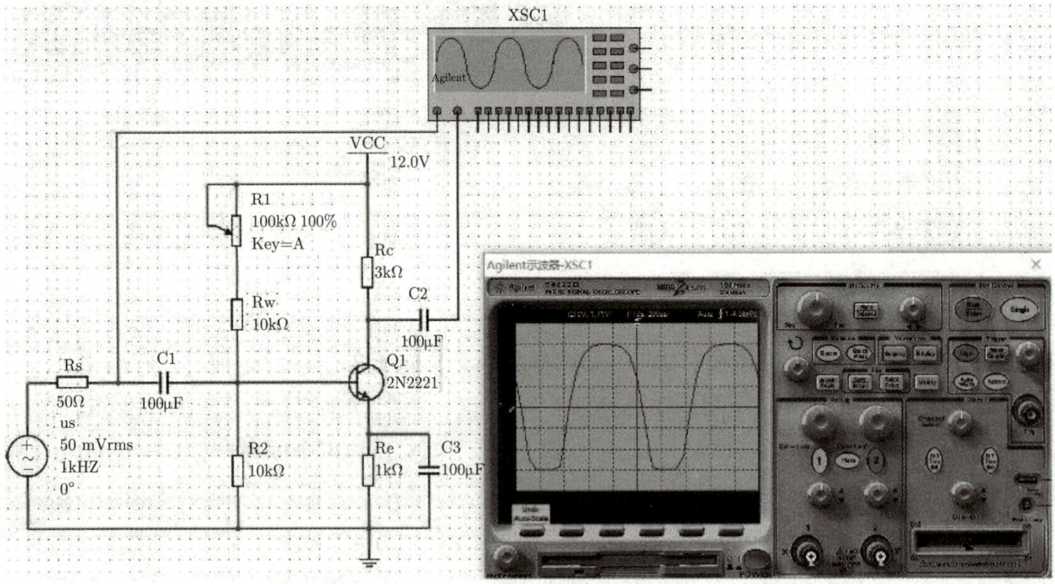


图 6-4-4 双向失真

以上是 NPN 型三极管的失真仿真，如果三极管为 PNP 型，则失真的波形将与之大相径庭，读者可以自行尝试对比。

综上所述，为避免放大电路产生失真，必须合理设置静态工作点，并适当限制输入信号的幅度。

# 本章小结

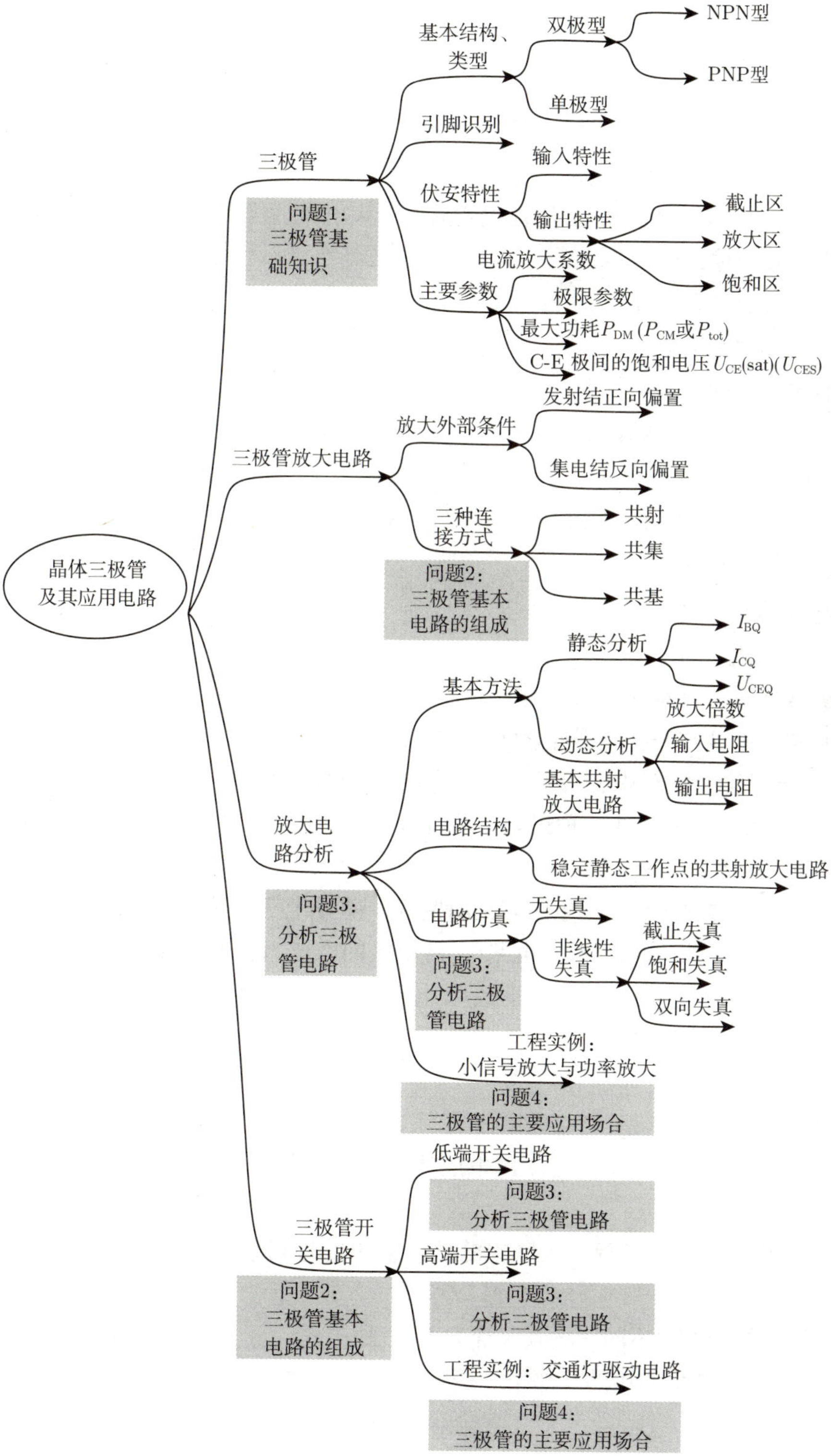
晶体三极管
及其应用电路
三极管
问题1：
三极管基
础知识
基本结构、
类型
双极型
NPN型
PNP型
单极型
引脚识别
伏安特性
输入特性
输出特性
截止区
放大区
饱和区
主要参数
电流放大系数
极限参数
最大功耗$P_{DM}$ ($P_{CM}$或$P_{tot}$)
C-E 极间的饱和电压$U_{CE}$(sat)($U_{CES}$)
三极管放大电路
放大外部条件
发射结正向偏置
集电结反向偏置
三种连
接方式
共射
共集
共基
问题2：
三极管基本
电路的组成
放大电
路分析
问题3：
分析三极
管电路
基本方法
静态分析
$I_{BQ}$
$I_{CQ}$
$U_{CEQ}$
动态分析
放大倍数
输入电阻
输出电阻
电路结构
基本共射
放大电路
稳定静态工作点的共射放大电路
电路仿真
无失真
非线性
失真
截止失真
饱和失真
双向失真
问题3：
分析三极
管电路
工程实例：
小信号放大与功率放大
问题4：
三极管的主要应用场合
三极管开
关电路
问题2：
三极管基本
电路的组成
低端开关电路
问题3：
分析三极管电路
高端开关电路
问题3：
分析三极管电路
工程实例：交通灯驱动电路
问题4：
三极管的主要应用场合

# 习题六

【客观题】

1. 以下 (　　) 区不属于三极管 (BJT) 的工作区。

A. 截止　　B. 放大　　C. 饱和　　D. 恒流

2. 相比普通共射放大电路，分压偏置式共射放大电路的优点是 (　　)。

A. 具有较高的输入电阻

B. 具有更大的放大倍数

C. 具有更小的输出电阻

D. 具有更稳定的静态工作点

3. 使用 NPN 型三极管作为“电子开关”，应将负载接在 (　　) 极以保证其饱和导通程度较为充分。

A. 基　　B. 发射　　C. 集电　　D. 门

4. 高端开关是指 (　　)。

A. 性能高端的开关

B. 高级电路使用的开关

C. 负载接在开关元器件与地之间

D. 负载接在电源与开关元器件之间

5. 在三极管放大电路中，设置静态工作点的目的是保证__________ 结正向偏置，__________ 结反向偏置。在三种组态的单管放大电路中，共__________ 放大电路不放大电压，只放大电流。

6. 如果三极管的发射结和集电结均正向偏置，说明此三极管处于__________ 状态。

7. 在 PNP 型的三极管共射放大电路中，各电极的电位 ($V_B$、$V_C$、$V_E$) 关系是__________。

8. 相对于共射放大电路，共集放大电路具有输入电阻__________、输出电阻__________ 的特点。

9. 三极管按结构分为__________。

10. 三极管属于__________ 控制电流元件。

11. 共集电极电路 (射极输出器) 的电压放大倍数约为__________ 倍，且输出信号与输入信号__________ 相。

12. 从输出特性曲线来看，三极管的共射输出特性可以划分为 3 个区域，分别是__________、__________、__________。

13. 与三极管 (BJT) 不同，场效应管 (FET) 是__________ 控制电流元件。

14. 三极管具有放大作用的外部条件是__________ 结正向偏置，__________ 结反向偏置。

15. 三极管按材料分为__________ 三极管、__________ 三极管。

16. 三极管用于放大应工作在__________ 区，用于电子开关则应工作在__________ 区。

17. 三极管处于截止状态的条件是发射结__________ 向偏置，集电结__________ 向偏置。

18. 场效应管属于__________ 极型晶体三极管。

19. 从输入与输出的相位关系来看，单管共射放大电路是__________ 放大电路，而共集放大电路是__________ 放大电路。

20. 若输入正弦信号 $u_{\mathrm{i}}(t)=\sin\omega t$，经三极管电路放大后得到 $u_{\mathrm{o}}(t)=100\sin(\omega t+180°)$，则说明该三极管电路为共 __________ 放大电路，三极管静态工作需满足的条件是__________。

21. 双电源互补对称功率放大电路中，如果两三极管均进入截止区，则引起的输出信号的失真类型为__________ 失真；若要消除该种失真且保证效率不受太大影响，则应使两个三极管均处于__________ 状态。

22. 对功率放大电路的要求是：输出功率__________，效率__________。

23. 经测试，某电路中 NPN 型三极管的基极电位为 1.7V，发射极电位为 1.0V，集电极电位为 1.5V，则该管工作在__________ 状态。

**【简答题】**

24. 三极管的主要应用场合有哪些？

25. 由三极管构成的开关电路的主要优缺点是什么？

26. 放大电路分析是否都需要遵循“先静态后动态”的原则？

27. PNP 型三极管构成放大电路，发生饱和失真时，输出波形是切顶还是切底？请说明理由。

28. 耦合电容、旁路电容的作用各是什么？其取值有什么要求？

**【分析计算题】**

29. 放大电路中的三极管的电流如题 29 图所示，试分析说明各引脚对应的电极名称，并标出引脚 2 的电流方向及大小。

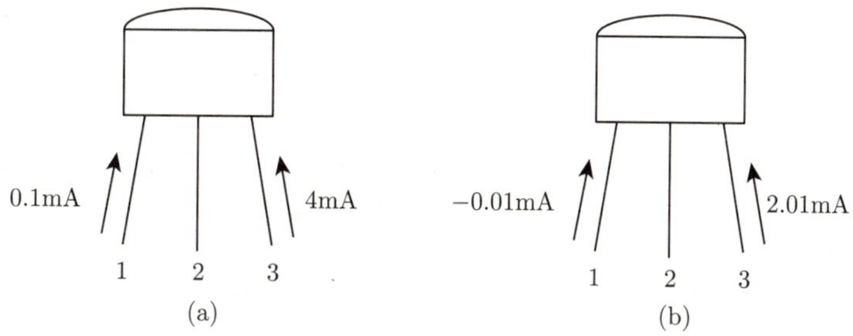


**题 29 图**

30. 电路中三极管各极电位如题 30 图所示，通过分析说明三极管处于何种工作状态。

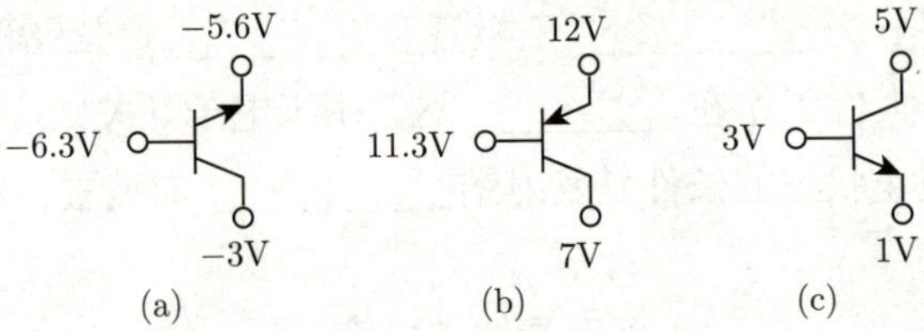


**题 30 图**

31. 测得处于放大状态的三极管各电极的直流电位如题 31 图所示，判断三极管的类型 (NPN 型或 PNP 型、硅三极管或锗三极管)，并指出各电位对应的电极名称。

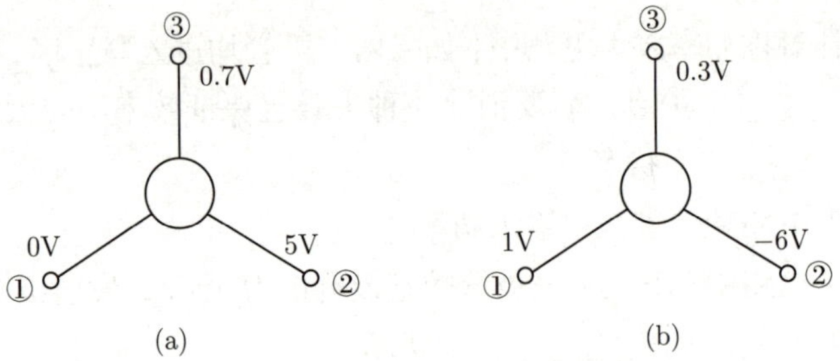


**题 31 图**

32. 题 32 图所示各电路对正弦信号是否有放大作用？如果没有放大作用，则画出改正电路。

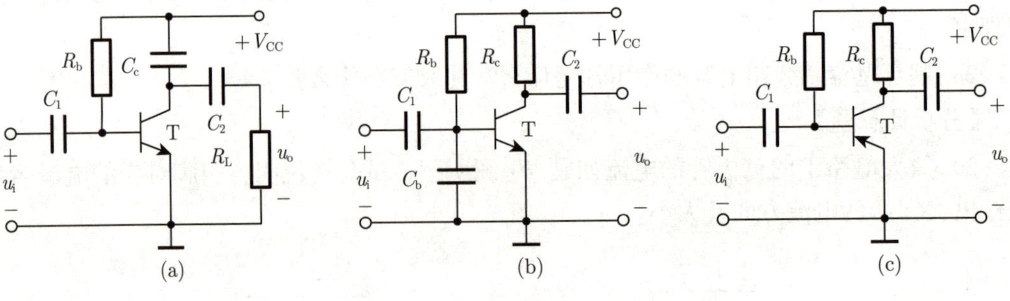


**题 32 图**

33. 电路如题 33 图所示，已知 $V_{CC} = 15V$，$R_b = 1.43M\Omega$，$R_c = 20k\Omega$，$\beta = 100$，$U_{BE} = 0.7V$，试通过计算分析判断三极管是否处于放大状态。

34. 电路如题 34 图所示，已知 $V_{CC} = 12V$，$R_b = 1.13M\Omega$，$R_c = R_L = 6k\Omega$，$\beta = 100$，$U_{BE} = 0.7V$，求该电路的静态工作点 Q ($I_{BQ}$、$I_{CQ}$、$U_{CEQ}$)。

35. 电路如题 35 图所示，已知 $V_{CC} = 12V$，$R_b = 1M\Omega$，$R_e = 1.3k\Omega$，$R_c = 4.7k\Omega$，$\beta = 99$，$U_{BE} = 0.7V$，求该电路的静态工作点 Q ($I_{BQ}$、$I_{CQ}$、$U_{CEQ}$)。

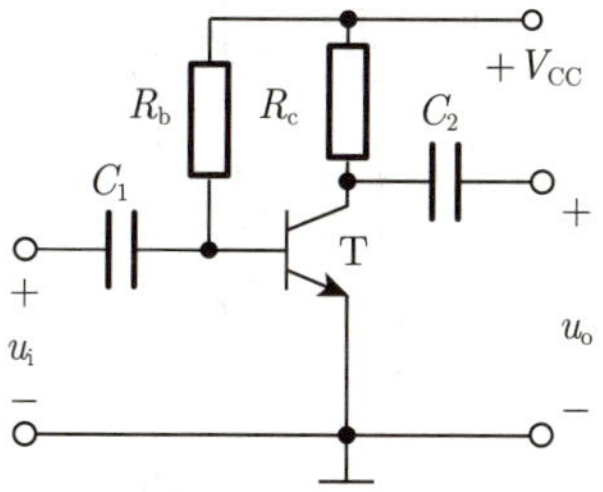


题 33 图

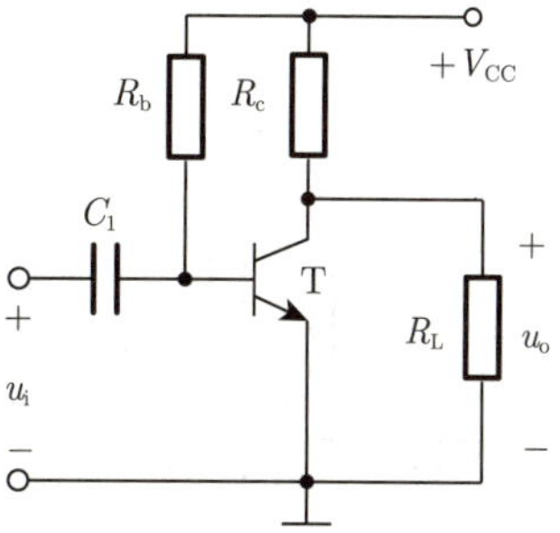


题 34 图

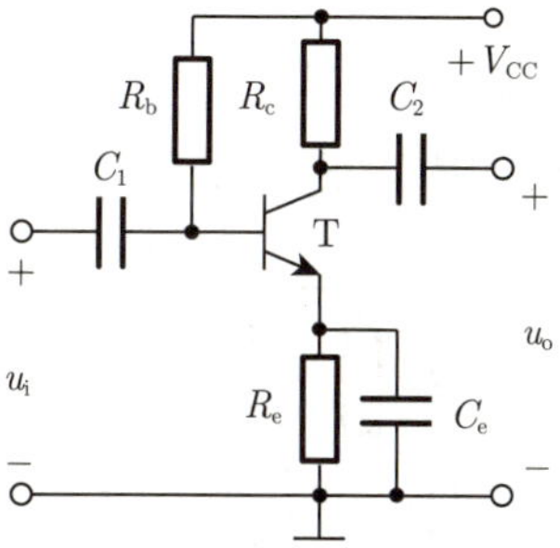


题 35 图

36. 电路如题 36 图所示，已知 $V_{CC}=12\text{V}$，$\beta=99$，$U_{BE}=0.7\text{V}$，$r_{bb'}=400\Omega$，电容 $C_1$、$C_2$、$C_e$ 的容值均较大，试设计 $R_{b1}$、$R_{b2}$、$R_e$、$R_c$ 的参数，使 $I_{CQ}=1\text{mA}$，$U_{CEQ}=4\text{V}$，交流电压放大倍数 $A_u=-198$。

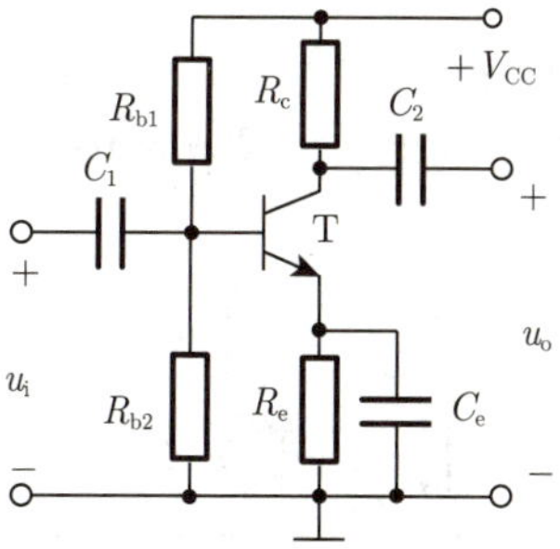


题 36 图

37. 三极管共射放大电路如题 37 图所示，输入 $10\text{mV}_{\text{rms}}$、频率为 1kHz 的正弦信号，耦合电容 $C_1$、$C_2$ 的容值较大，测得输出 $u_o$ 出现切顶失真，试分析指出该失真产生的可能原因并提出消除方法。

38. 电路如题 38 图所示，已知 $V_{CC}=12\text{V}$，$\beta=99$，$U_{BE}=0.7\text{V}$，$r_{bb'}=400\Omega$，$R_c=4.5\text{k}\Omega$，$R_{e1}=0.5\text{k}\Omega$，$R_{e2}=3\text{k}\Omega$，$I_{CQ}\approx I_{EQ}=1\text{mA}$，电容 $C_1$、$C_2$、$C_e$ 的容值均较大，写出该电路放大倍数的表达式并计算大小。

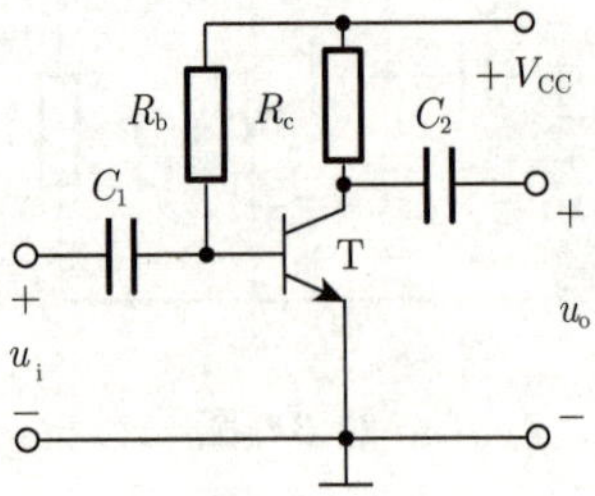


题 37 图

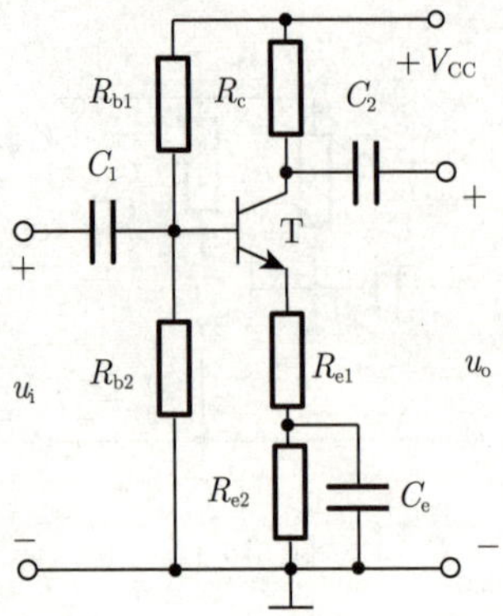


题 38 图

39. 三极管共射放大电路如题 39 图所示，为使静态工作点稳定，$R_{b2}$ 采用热敏电阻进行温度补偿，试分析说明 $R_{b2}$ 应选用何种温度系数的热敏电阻。

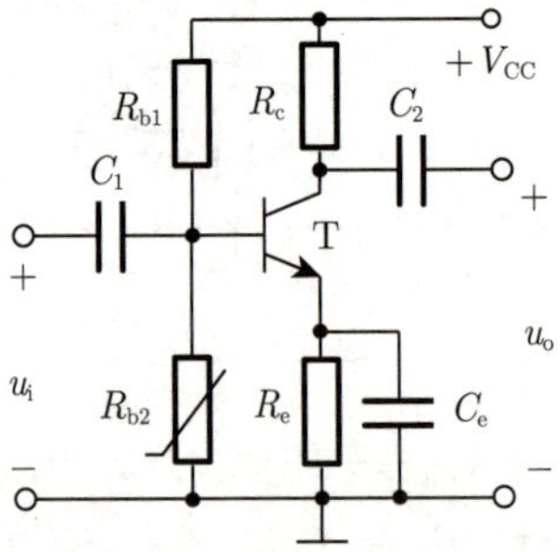


题 39 图

40. 由 PNP 型三极管构成的放大电路如题 40 图所示。

(1) 指明该放大电路属于哪种组态 (共射、共集、共基)。

(2) 若耦合电容 $C_1$、$C_2$ 均有极性电容，请在图中标出各自的正负极性并说明原因。

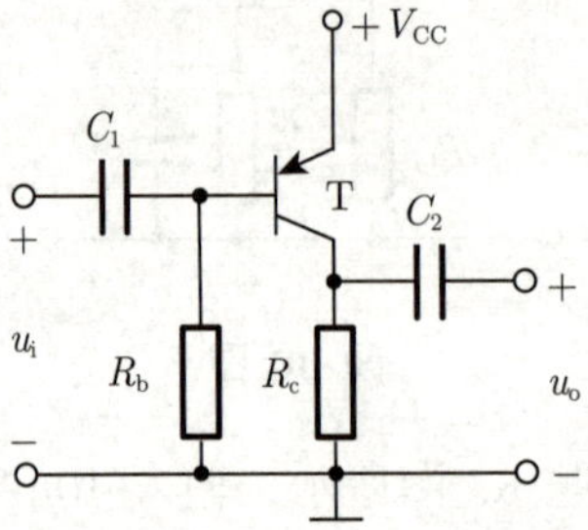


题 40 图

41. 硅三极管开关电路如题 41 图所示，已知 $V_{CC} = 12\text{V}$，负载 $R_L = 24\Omega$，电流放大系数 $\beta_{T1} = 200$，$\beta_{T2} = 50$，直流输入电压 $U_I = 5\text{V}$，忽略 $T_1$、$T_2$ 的饱和压降，试设计 $R_{b1}$、$R_{b2}$ 的参数使电路能够正常工作，并求出此时 $U_O$ 的值。

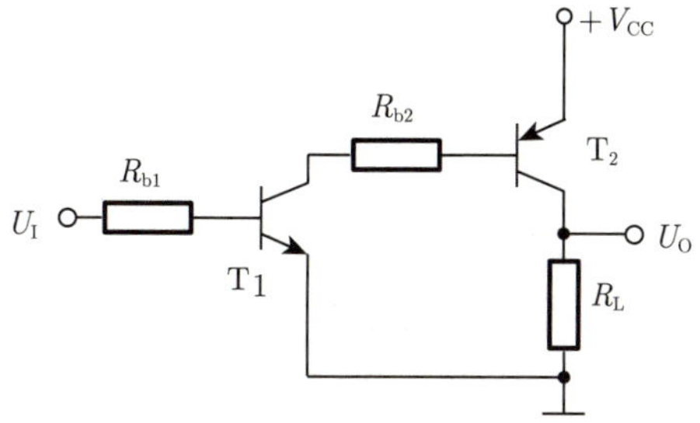


**题 41 图**

42. 三极管构成的共集放大电路如题 42 图所示，已知 $V_{CC}=5V$，$R_b=130k\Omega$，$R_e=1k\Omega$，$r_{bb'}=300\Omega$，$U_{BE}=0.7V$，$\beta=299$，$u_i=0.01\sin t$。

(1) 计算静态工作点 $U_{CEQ}$。

(2) 求解该电路的输出电压 $u_o$ 的表达式。

(3) 对比共射放大电路，指出该电路的优点。

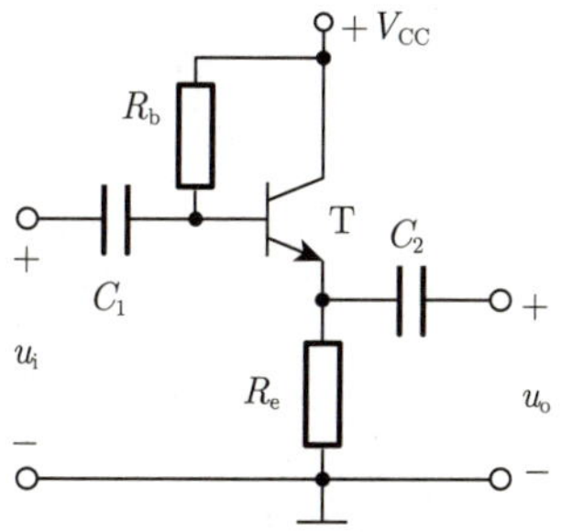


**题 42 图**

43. 要实现以下电路功能，应如何选择电路组合？

(1) 要求输入电阻 $R_i$ 约为 1kΩ ~3kΩ，交流电压放大倍数 $A_u \geqslant 1\,000$。

(2) 要求输入电阻 $R_i \geqslant 100k\Omega$，交流电压放大倍数 $A_u \geqslant 100$。

(3) 要求交流电压放大倍数 $A_u \geqslant 100$，输入电阻 $R_i \geqslant 100$ kΩ 且输出电阻 $R_o \leqslant 100\Omega$。

44. 由三极管 $T_1$ 构成的开关电路如题 44 图所示，$T_1$ 的 $\beta$ 为 200，导通压降 $U_{BE}=0.7V$，饱和压降 $U_{CES}=0.2V$，负载 $R_L=40\Omega$，电源 $V_{CC}=5V$，输入控制信号为高电平时 $U_I=4.4V$，比例系数 $k=2$。

(1) 判断开关类型。

(2) 求电阻 $R_b$ 的阻值。

45. 三极管电路如题 45 图所示。三极管的 $\beta=200$，$U_{BE}=0.7V$，饱和压降 $U_{CES}=0.2V$；发光二极管的正向压降 $V_F=3.3V$，工作电流 $I_F=20mA$；$V_{CC}=12V$，$U_I=5V$；比例系数 $k=2$。

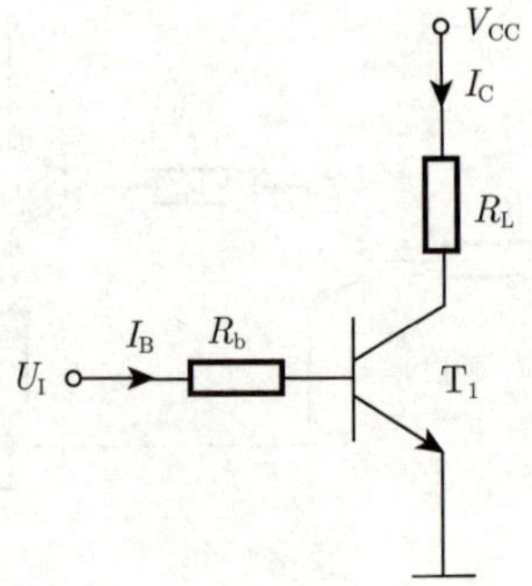


**题 44 图**

(1) 指明该三极管的类型及材料。

(2) 发光二极管能正常点亮时，计算 $R_b$、$R_c$ 的阻值。

(3) 在 (2) 的基础上，计算 $U_O$ 的值。

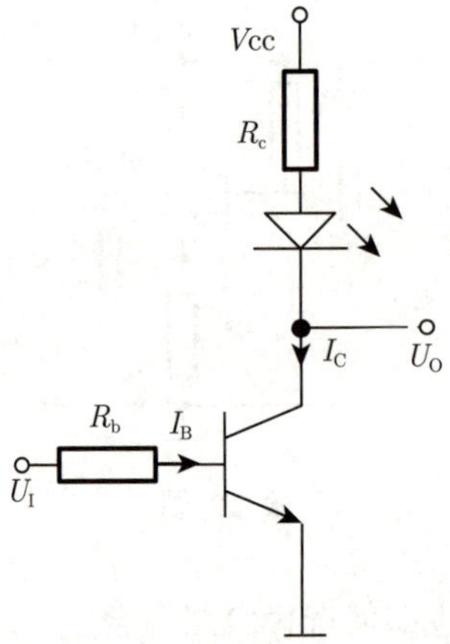


**题 45 图**

**【仿真题】**

46. 分压偏置式共射放大电路如题 46 图所示，三极管的 $\beta$ 为 100~250，按照以下要求完成电路仿真：

(1) 调节 $R_{w1}$，使管压降 $U_{CEQ}=5V$，此时可认为三极管处于放大区的中点位置。

(2) 输入正弦交流信号 $u_i=10mV_{rms}$，分别测量当 $R_L=\infty$ 和 $R_L=3k\Omega$ 时输出电压 $u_o$ 的大小，并分别计算两种情况下的电压放大倍数 $A_u$。

(3) 根据 (2) 的测量结果，计算该电路的输出电阻并与理论值进行对比。

(4) 设计输入电阻 $R_i$ 的测量方案，并通过仿真测量输入电阻 $R_i$ 的大小。

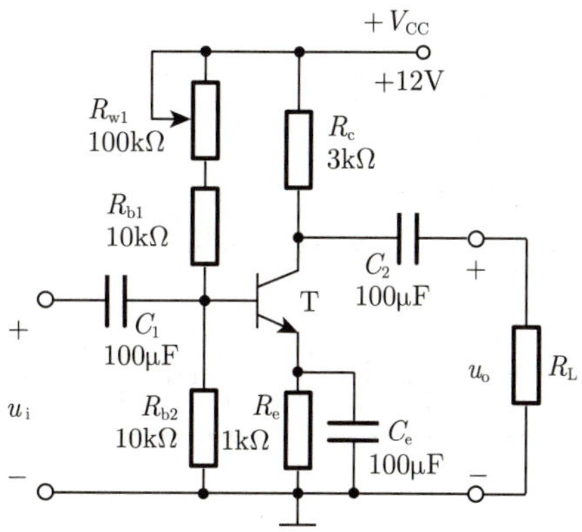


**题 46 图**

47. 三极管构成的功率放大电路如题 47 图所示，按照以下要求完成电路仿真：

(1) 输入信号 $u_i=0$，调节 $R_{w1}$，使三极管 $T_2$、$T_3$ 的发射极电位 $U_{EQ}=2.5V$，此时可认为三极管均处于放大区。

(2) 输入 1kHz、$10mV_{rms}$ 的正弦交流信号，用虚拟示波器观察输出 $u_o$ 的波形及与输入波形的相位关系，调节 $R_{w2}$，观察 $u_o$ 有何变化。

(3) 在 $u_o$ 不失真的前提下，尽量加大输入信号 $u_i$ 的幅值，测量负载上获得的最大不失真功率。

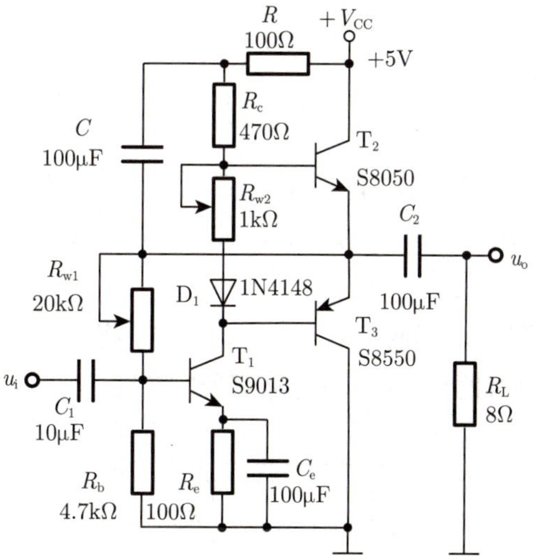


**题 47 图**

**【工程题】**

48. 三极管应用电路如题 48 图所示，$M_1$ 为驻极体话筒，用于拾取声音信号，$R_4$ 为光敏电阻，$D_2$ 为发光二极管。根据所学知识，指明各三极管的工作状态、与外围元件构成何种电路结构，并定性分析该电路实现的功能及工作原理。

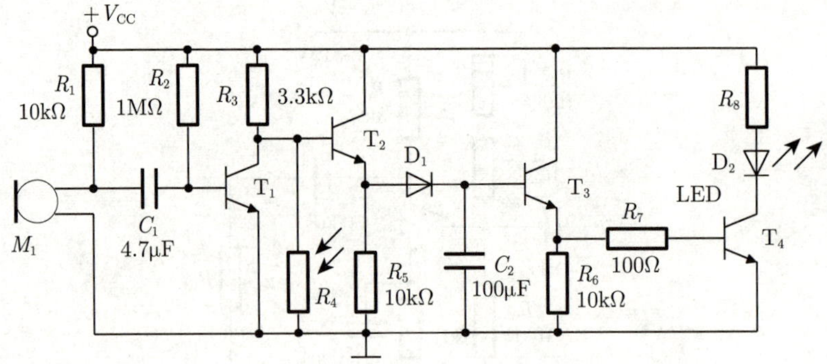


题 48 图

49. 三极管应用电路如题 49 图所示，三极管的基极与电源之间接入不相连的两个金属片，$V_{CC}=5V$。回答下列问题：

(1) 不进行任何操作时输出电压 $U_O$ 为多少？

(2) 若用手指触摸金属片，使两金属片通过手指相连，则输出电压 $U_O$ 又为多少？

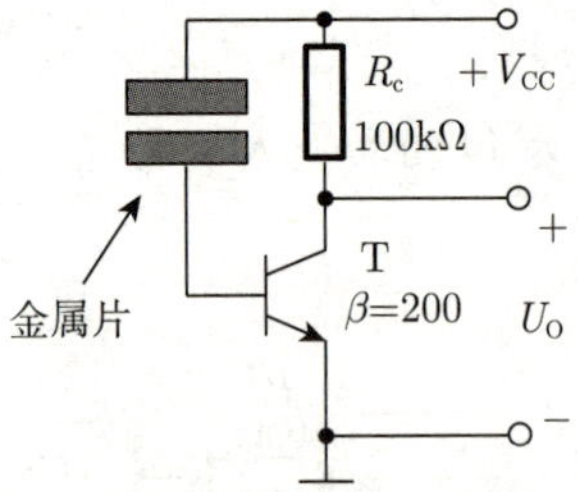


题 49 图

50. 三极管电路如题 50 图所示，已知 $V_{CC}=12V$，三极管 $T_1$、$T_2$ 的参数完全一致且均处于放大状态，$\beta_{T1}=\beta_{T2}=300$，$U_{BET1}=U_{BET2}=0.7V$，$R_L$ 取值合理。

(1) 推导 $I_R$ 与 $I_O$ 的关系式。

(2) 适当改变负载的阻值，其他参数不变，说明 $I_O$ 将如何变化。

(3) 通过 (1)(2) 的分析计算，说明该电路实现的功能。

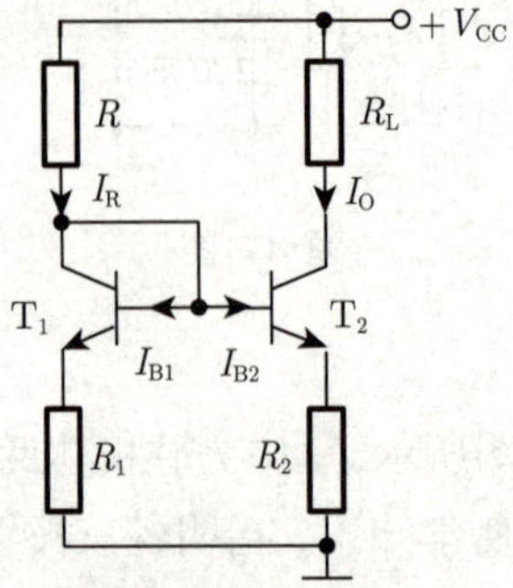


题 50 图

51. 红外感应电路如题 51 图所示，试根据所学知识分析该电路的工作原理。

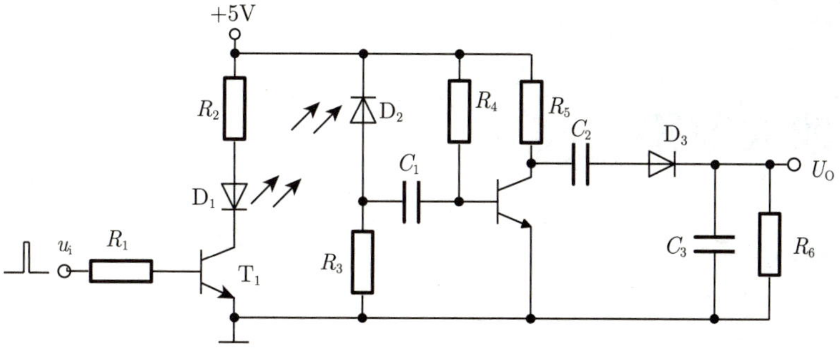


题 51 图

/ 第 7 章 /

# 负反馈放大电路

**本章解决的主要问题：**

1. 什么是反馈？反馈的类型有哪些？
2. 负反馈的四种基本组态有哪些？
3. 负反馈对放大电路的性能有哪些影响？
4. 如何分析深度负反馈放大电路？
5. 负反馈电路有哪些应用？
6. 如何用仿真软件验证反馈深度对放大电路的性能的影响？

**反馈** (feedback) 这个概念首先诞生于电子学领域，是将系统输出返回到输入端，以某种方式改变输入，并影响系统功能的过程。

当贝尔实验室的电子工程师哈罗德 · 史蒂芬 · 布莱克 (Harold Stephen Black，1898—1983) 设计一个驱动长电话线的放大器时，他意识到需要在长电话线中放置一些称为中继器的放大器，以补偿信号在传输过程中的衰减现象。然而，当许多中继器级联时，放大器的误差和失真却都超出了容许的范围。

1927 年 8 月，布莱克突然想到了负反馈放大器，他把不理想的放大器的输出看作由理想输出和未预料到的失真两部分组成：理想输出部分是输入的直接放大；失真则表示所有不希望出现的变化，包括纯失真和增益变化引起的失真。这就引导他改变了解决问题的思路，从攻克阻止失真的发生到想办法消除失真。布莱克还发现，将按一定比例变化后的输出与输入进行比较后就会产生一个误差，这个误差作为放大器的输入，经过放大后，输出趋近于正确值。

这个例子说明如果不能直接消除一个不期望的结果，不如坦然接受它，然后想办法另辟蹊径去抵消它，最终也能达到“曲线救国”的效果。反馈的概念及理论后来超越了电子学领域，渗透到了各个科学领域。

接下来，我们做一个游戏来理解反馈。请闭上眼睛，伸出双手，食指相对，然后向中间移动，如下图所示。你能让两个指尖完全触碰在一起吗？你会发现，闭上双眼完成这个动作比较有难度。睁开双眼再重复一遍这个游戏，你会发现让指尖触碰在一起变得非常容易，如下图所示。这是因为，闭上双眼，大脑发出指令控制手指运动时，并不能实时获悉手指的实际位置，这类似一个开环系统。当睁开双眼时，眼睛可以随时观察到手指的实际位置信息，并把这个信息反馈给大脑，如有偏差，大脑会及时控制运动神经，调整手指的位置，让指尖触碰在一起。正是眼睛的反馈作用，使大脑随时调整指令，手指能够对齐。此时，大脑、手、眼睛构成了一个闭环系统。反馈就是这个道理。

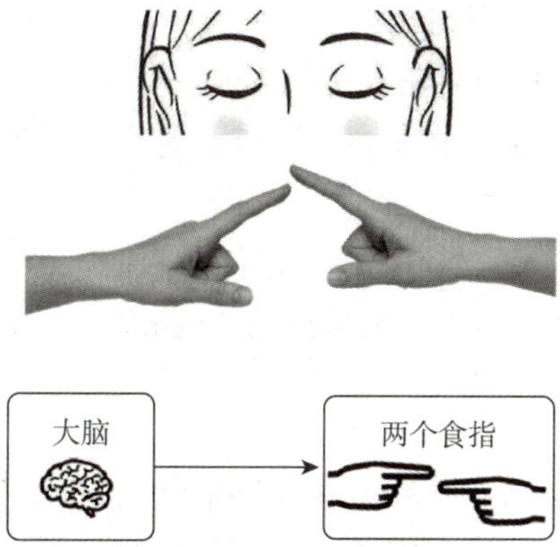


(a) 闭上眼睛 (无反馈)

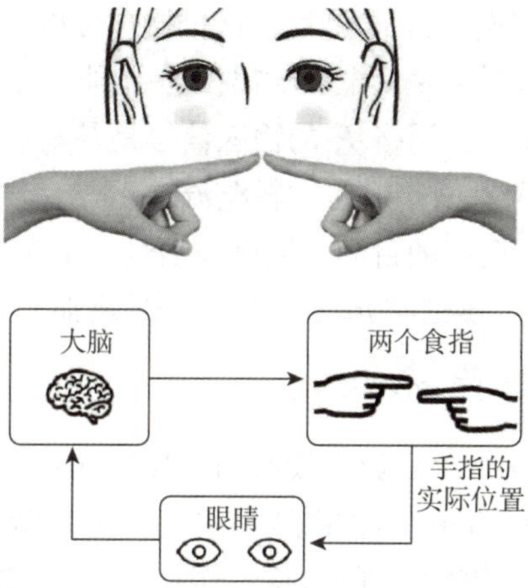


(b) 睁开眼睛 (有反馈)

手指游戏与反馈

# 7.1　反馈的基本概念与分类

## 7.1.1　反馈的基本概念

### 1. 反馈的框图

图 7-1-1 是电子电路的反馈原理图，它与手指游戏非常相似。其中，方框表示电路中的环节，箭头表示信号的流向。各信号和运算符号的含义如下。

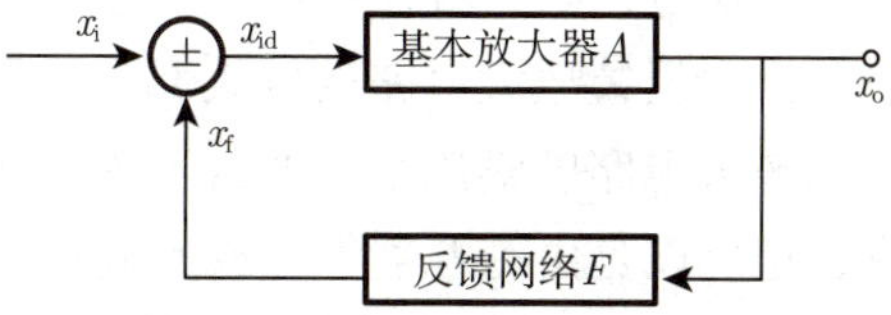


**图 7-1-1　反馈放大电路的框图**

(1) $x_i$ 为基本放大电路的外加输入信号，该信号是电压或电流。

(2) $x_o$ 为整个电路的输出信号，按照图中的箭头方向，它也是反馈网络 $F$ 的输入信号。

(3) $x_f$ 为反馈信号，按照图中的箭头方向，它是反馈网络 $F$ 的输出信号。

(4) $x_{\text{id}}$ 称为净输入信号，它表示基本放大器 $A$ 实际获得的输入信号，由输入信号 $x_{\text{i}}$ 和反馈信号 $x_{\text{f}}$ 共同决定。

(5) 符号"±"表示加减运算，表征 $x_{\text{id}}$ 和 $x_{\text{i}}$、$x_{\text{f}}$ 的关系。

### 2. 反馈的理解

电子电路中的反馈是指将电路输出量 (电压或电流) 的一部分或全部通过反馈网络馈送到电路输入端的过程。这个概念可以从以下几方面来理解。

(1) 反馈是从电路输出回路引到输入回路，并且会对输入造成影响。

(2) 反馈网络 $F$ 的输入信号是基本放大器的输出信号 $x_{\text{o}}$ (电压或者电流)，反馈网络的输出信号是 $x_{\text{f}}$ (电压或者电流)。

(3) 反馈的目的是用反馈信号来影响电路的输入信号。如果反馈使输入信号增强，则为正反馈 (positive feedback)；如果反馈使输入信号减弱，则为负反馈 (negativc feedback)。

### 3. 开环和闭环

如果放大电路中没有引入反馈网络，称放大电路是开环 (open-loop) 的，如图 7-1-2 所示。可以看出，电路开环工作时，基本放大器的实际输入信号 $x_{\text{id}}$ 就等于外加输入信号 $x_{\text{i}}$，电路放大倍数 $A$ 称为开环放大倍数，是输出信号 $x_{\text{o}}$ 与实际输入信号 $x_{\text{id}}$ 的比值，也就是基本放大器的放大倍数。

图 7-1-2　无反馈的开环放大电路框图

如果放大电路中引入反馈网络，就会形成一个反馈环路，称为闭环 (closed-loop)，如图 7-1-1 所示。此时，闭环放大倍数 $A_{\text{f}}$ 是输出信号 $x_{\text{o}}$ 与输入信号 $x_{\text{i}}$ 的比值，该放大倍数和基本放大器、反馈网络有关，具体分析见后续小节。

### 4. 有无反馈的判断

根据反馈的概念可以判断电路中是否存在反馈。若电路中存在连接输出和输入回路的电路通路，并影响电路的净输入信号，电路就存在反馈，否则不存在反馈。

根据信号的流向，可以看出，反馈放大电路的放大部分是从输入端到输出端的正向信号传输通道，而反馈网络是从放大电路的输出端引回到输入端的反向信号传输通道。反馈网络通常由电阻和电容构成，也可以是由有源器件构成的电路。

图 7-1-3 (a) 中，集成运放的两个输入端均没有任何通路与输出端相连接，因此该电路没有引入反馈，是开环电路。图 7-1-3 (b) 中，电阻 $R_2$ 所在的支路连接在输出端和输入端之间，该电路有反馈。图 7-1-3 (c) 中，虽然电阻 $R$ 连接在输出端和输入端之间，但是因为同相输入端接地，$R$ 本质上是集成运放的负载，无法将输出信号引回到输入端从而影响输入信号，因此该电路没有反馈。

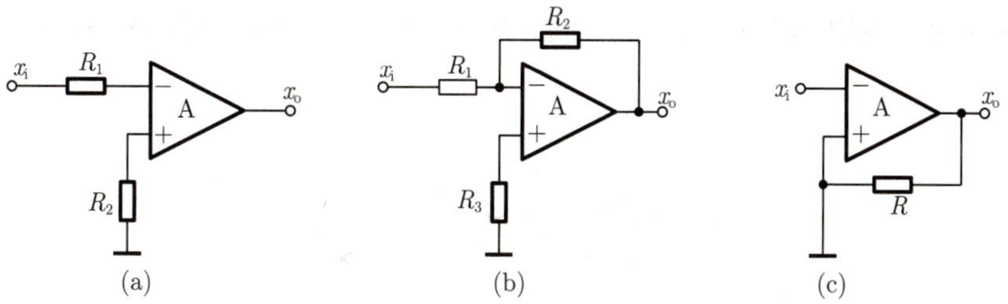


图 7-1-3　有无反馈的判断

## 7.1.2　反馈类型

### 1. 直流反馈和交流反馈

根据反馈信号是直流量还是交流量，可以把反馈分为直流反馈和交流反馈。直流反馈的反馈信号是直流量，它影响放大电路的直流性能，如静态工作点；交流反馈的反馈信号是交流量，它对放大电路的交流性能产生多方面的影响，7.4 节会详细论述。

**【判断是直流反馈还是交流反馈】**

仅在直流通路中存在的反馈称为直流反馈，仅在交流通路中存在的反馈称为交流反馈。在很多放大电路中，直流反馈和交流反馈常常并存。

图 7-1-4 所示的电路中，电容对交流信号视为短路。图 (a) 所示电路的直流通路中，电容 $C$ 视为开路，电阻 $R_2$ 起到直流反馈的作用。交流通路中，电阻 $R_1$ 被短接，相当于 $R_2$ 接地。所以，电路只存在直流反馈。

图 (b) 所示电路的交流通路中，电容 $C$ 视为短路，电阻 $R_2$ 起到交流反馈的作用。直流通路中，电容 $C$ 开路，电阻 $R_2$ 没有构成反馈。因此，电路只存在交流反馈。

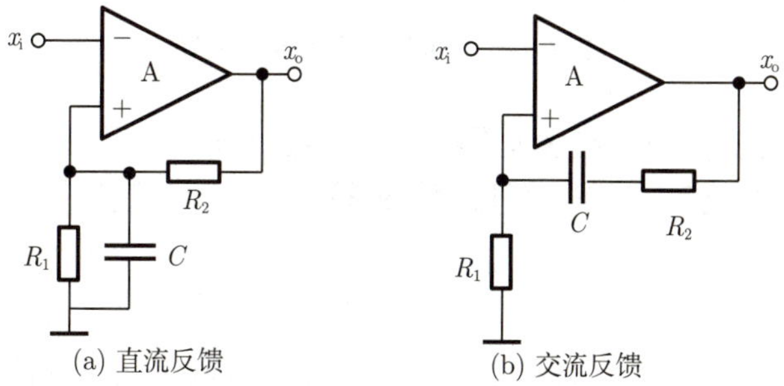


图 7-1-4　直流反馈、交流反馈的判断

### 2. 局部反馈和级间反馈

从反馈影响的范围来看，可以将反馈分为局部反馈和级间反馈。局部反馈仅影响单极放大电路，而级间反馈将影响多级放大电路。图 7-1-5 所示的电路是由两个集成运放构成

的两级放大电路，电阻 $R_2$ 和 $R_5$ 引入的是前后级电路本身的局部反馈，$R_6$ 引入的反馈为级间反馈。

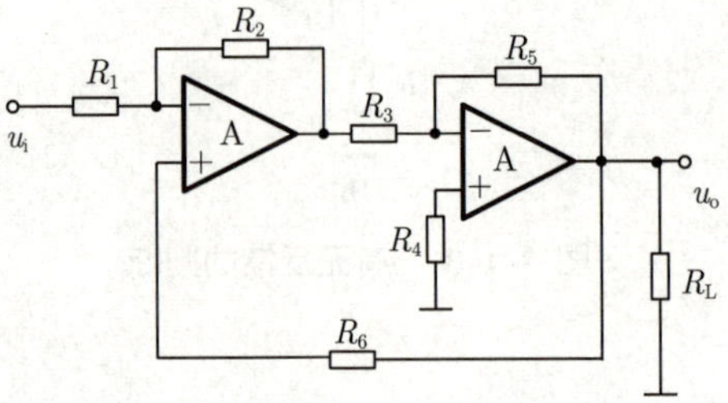


图 7-1-5 局部反馈和级间反馈

### 3. 电压反馈和电流反馈

反馈网络与基本放大电路的输出端和输入端都存在连接关系。从反馈放大电路的输出端看，可以将反馈分为电压反馈和电流反馈。

(1) 电压反馈。电压反馈的连接关系如图 7-1-6 (a) 所示，反馈网络 $F$ 并联在放大电路的输出端口上，将输出电压 $u_o$ 作为反馈网络的输入信号。反馈信号和输出电压的关系为

$$x_f = f(u_o) \tag{7-1-1}$$

可以看出，反馈网络的输入端采集输出电压，其特点是反馈信号与输出电压 $u_o$ 成正比，即电压反馈是将输出电压 $u_o$ 的一部分或全部按一定方式反馈回输入端。

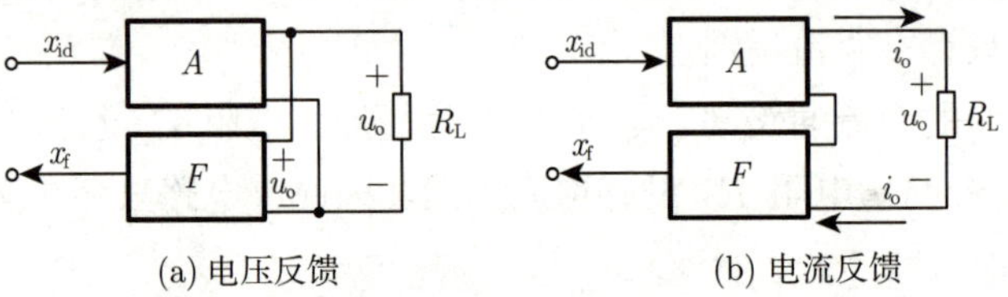


(a) 电压反馈　　(b) 电流反馈

图 7-1-6 电压反馈和电流反馈

(2) 电流反馈。电流反馈的连接关系如图 7-1-6 (b) 所示，反馈网络 $F$ 串联在放大电路的输出端口上，将输出电流 $i_o$ 作为反馈网络的输入信号。反馈信号和输出电流的关系为

$$x_f = f(i_o) \tag{7-1-2}$$

可以看出，反馈网络的输入端采集输出电流 $i_o$，其特点是反馈信号与输出电流 $i_o$ 成正比，即电流反馈是将输出电流 $i_o$ 的一部分或全部按一定方式反馈回输入端。

**【判断是电压反馈还是电流反馈】**

(1) 负载短路法。将负载短路 (输出端口短路)，若反馈 $x_f$ 消失，则为电压反馈；若反馈 $x_f$ 依然存在，则为电流反馈。图 7-1-6 (a) 中，若将输出端口短接，则输出电压

$u_o = 0$，反馈信号 $x_f = 0$，故为电压反馈；图 7-1-6 (b) 中，若将输出端口短接，则输出电压 $u_o = 0$，输出电流 $i_o \neq 0$，反馈信号 $x_f \neq 0$，故为电流反馈。

(2) 结构判断法。在输出回路，除公共地线外，若反馈端与输出端接在同一节点上，则为电压反馈；若反馈端与输出端接在不同点上，则为电流反馈。

例如，在图 7-1-7 (a) 所示的电路中，用上述两种方法判断，可知 $R_2$ 构成了电压反馈。在图 7-1-7 (b) 所示的电路中，用上述两种方法判断，可知 $R_2$ 构成了电流反馈。

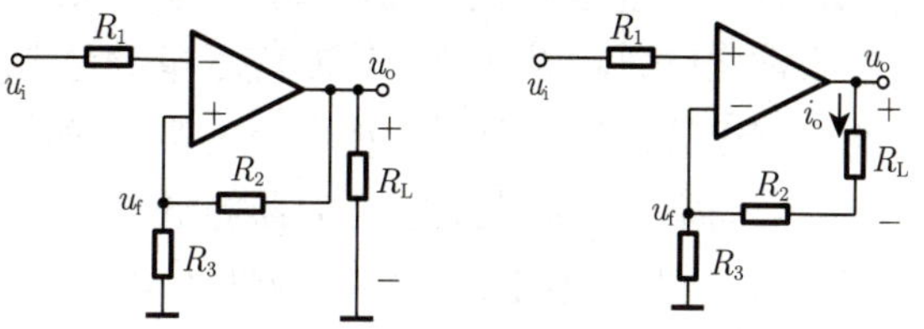


(a) 电压反馈　　(b) 电流反馈

**图 7-1-7　电压反馈和电流反馈电路**

### 4. 串联反馈和并联反馈

从反馈放大电路的输入端看，可以将反馈分为串联反馈和并联反馈。这可以根据反馈信号 $x_f$、外加输入信号 $x_i$ 和净输入信号 $x_{id}$ 在电路输入端的连接方式和特点进行判断。

(1) 串联反馈。串联反馈的连接关系如图 7-1-8 (a) 所示，在输入端，反馈信号 $u_f$、外加输入信号 $u_i$ 和净输入信号 $u_{id}$ 三者构成一个串联回路，可以用 KVL 进行分析。

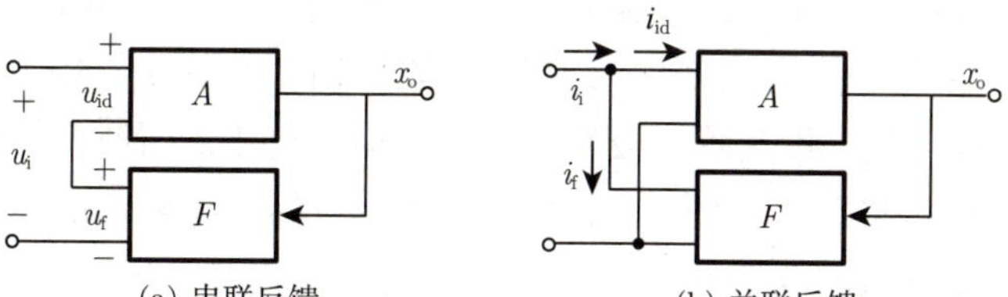


(a) 串联反馈　　(b) 并联反馈

**图 7-1-8　串联反馈和并联反馈**

(2) 并联反馈。并联反馈的连接关系如图 7-1-8 (b) 所示，反馈信号 $i_f$、外加输入信号 $i_i$ 和净输入信号 $i_{id}$ 三者在输入端汇聚到一个节点，可以用 KCL 进行分析。

**【判断是串联反馈还是并联反馈】**

从电路的输入端看，串联反馈的反馈信号 $x_f$ 和输入信号 $x_i$ 不在同一节点引入，或反馈信号和输入信号加在放大器的不同输入端上，如图 7-1-9 (a) 所示。而并联反馈的反馈信号 $x_f$ 与输入信号 $x_i$ 在同一节点引入，或是并接在放大器的同一个输入端上，如图 7-1-9 (b) 所示。

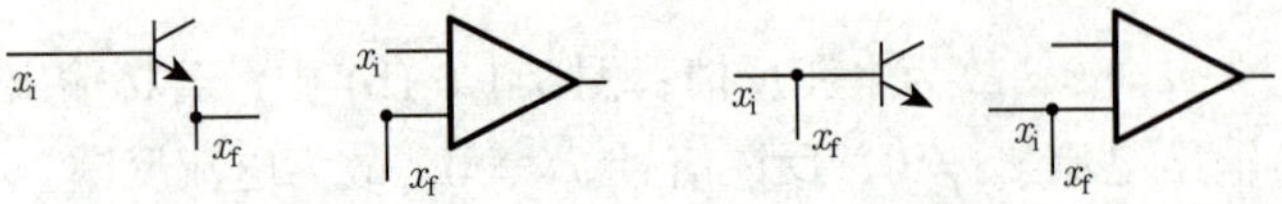


(a) 串联反馈　　(b) 并联反馈

**图 7-1-9　串联反馈和并联反馈的连接形式**

### 5. 正反馈和负反馈

在电子系统、生物系统和机械系统中，都存在两种不同的反馈：正反馈和负反馈。

(1) 特点。从反馈的效果来看，正反馈使电路的实际净输入信号增强，使输出偏离原有的值。正反馈导致系统不稳定，所以在设计放大器时应尽量避免出现正反馈。但是，正反馈在信号发生等电路中的应用十分广泛。负反馈使电路的实际净输入信号减小，使输出信号保持为原有输出值。负反馈通常用在放大器、滤波器等电子电路中。

(2) 判断方法。正、负反馈的判断通常采用瞬时极性法。

**【瞬时极性法】**

先假定输入信号 $u_i$ 在某一个瞬时对地的极性，用符号“+”“−”标识。然后逐级推出电路其他有关各点瞬时信号的变化，直至推导出输出信号的极性，再进一步通过反馈网络确定反馈信号的极性，用以判断反馈信号对放大电路净输入信号的影响。若净输入信号是输入信号与反馈信号之和，则为正反馈；若净输入信号是输入信号与反馈信号之差，则为负反馈。

例如，在图 7-1-10 (a) 中，假设在输入端施加一个瞬时极性为正的电压 $u_i$，因其加在集成运放的反相输入端，故输出电压 $u_o$ 的瞬时极性为负，而反馈电压由输出电压经电阻 $R_2$、$R_3$ 分压后得到，因此反馈电压 $u_f$ 的瞬时极性也为负。在输入回路中，根据 KVL，$u_{id} = -(u_i + u_f)$，净输入信号 $u_{id}$ 增强，因此是正反馈。在图 7-1-10 (b) 中，输入电压加在集成运放的同相输入端，设其瞬时极性为正时，输出电压的瞬时极性也为正，输出端通过电阻 $R_2$、$R_3$ 分压后将反馈电压 $u_f$ 引回到集成运放的反相输入端。此时，净输入信号 $u_{id} = u_i - u_f$。可见，反馈信号削弱了外加输入信号，所以是负反馈。

图 7-1-10 (c) 是由两级集成运放构成的电路，输入回路和输出回路由 $R_2$ 连接，因此该电路存在反馈。假设第一级输入端信号的瞬时极性为“+”，由于信号从反相输入端输入，因此第一级集成运放的输出信号的瞬时极性为“−”，连接第二级的输入端为同相输入端，瞬时极性也为“−”，因此输出 $u_o$ 为“−”。反馈通路 $R_2$ 左边的瞬时极性为“+”，右边的瞬时极性为“−”，按照关联方向，$i_f$ 流出输入端节点，有 $i_{id} = i_i - i_f$，即反馈削弱了输入信号，因此该电路也是负反馈电路。

使用瞬时极性法能正确分析三极管构成的放大电路和集成运放的输入信号与输出信号的极性关系。图 7-1-11 给出了三极管在三种基本组态下的输入和输出电压的相位关系。对于共射极组态来说，输入电压和输出电压是反相的，而对于其他组态，输入电压和输出电压均为同相位。

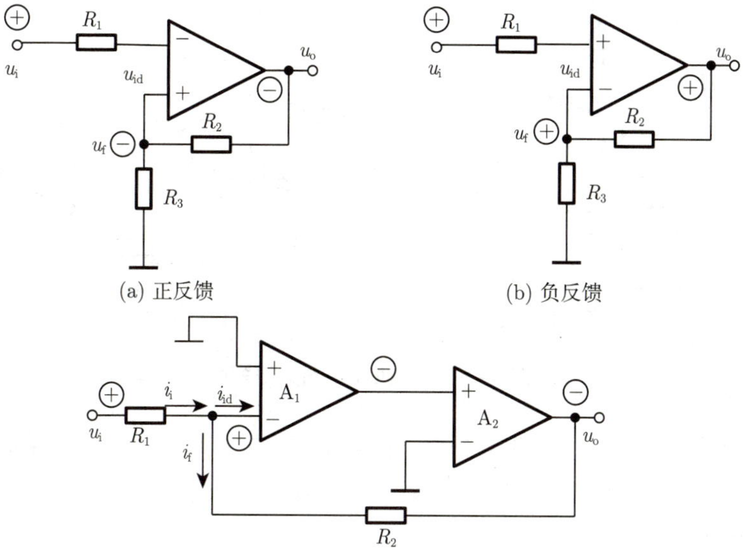

(a) 正反馈 (b) 负反馈

(c) 负反馈

**图 7-1-10 正负反馈的判断**

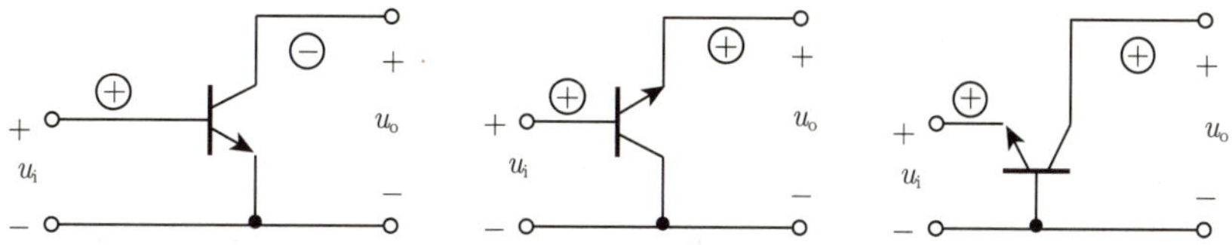

(a) 共射 (b) 共集 (c) 共基

**图 7-1-11 三极管三种组态下的输出和输入的相位关系**

图 7-1-12 给出了集成运放的输入和输出的相位关系，即输出端和反相输入端极性相反；输出端和同相输入端极性相同。注意，瞬时极性法针对交流信号，而不是直流信号进行分析。

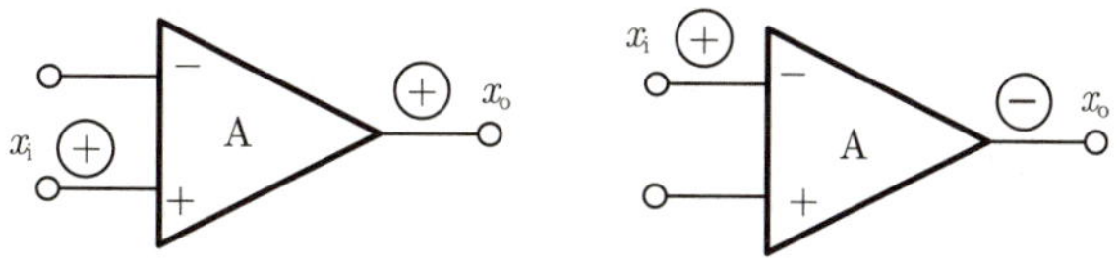

(a) 同相输入端输入 (b) 反相输入端输入

**图 7-1-12 集成运放输出和输入的相位关系**

**【例 7-1】** 判断图 7-1-13 所示的电路中是否引入了反馈。若有反馈，判断是正反馈还是负反馈。

**解：** 图 7-1-13 (a) 是由三极管构成的两级共射放大电路，输入回路和输出回路由 $R_f$ 连接，因此该电路存在反馈。利用瞬时极性法，输入信号 $u_i$ 的极性假定为“+”，则 $V_1$ 的输出 $u_{c1}$ 的极性为“−”，连接第二级的基极为“−”，$V_2$ 的输出 $u_{c2}$ 的极性为“+”，通

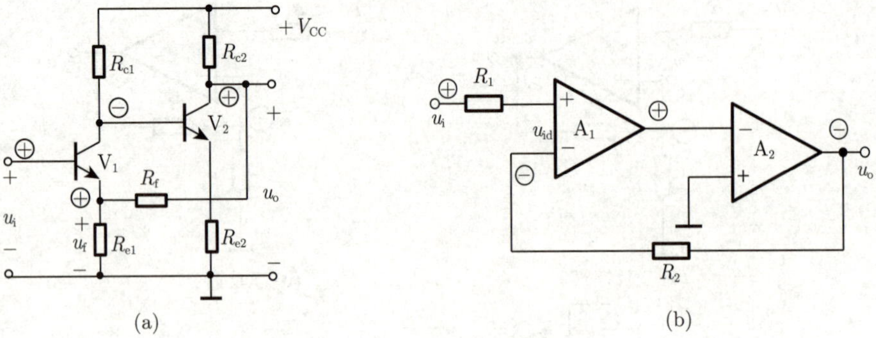


**图 7-1-13　反馈电路极性判断**

过 $R_f$ 反馈到输入回路 $R_{e1}$ 上的电压信号 $u_f$ 的瞬时极性也为“+”，由于净输入信号 $u_{id}$ 是 $V_1$ 的发射结电压 $u_{be}$，且根据输入回路的 KVL，$u_{id}=u_i-u_f$，故 $u_f$ 的引入使净输入信号减弱，因此该电路为负反馈。

图 7-1-13 (b) 是由两级集成运放 $A_1$ 和 $A_2$ 构成的电路，输入回路和输出回路由 $R_2$ 连接，因此该电路存在反馈。假设 $A_1$ 输入端信号的瞬时极性为“+”，由于信号从同相输入端输入，因此 $A_1$ 的输出信号的瞬时极性为“+”，连接 $A_2$ 的输入端为反相的，因此输出 $u_o$ 的瞬时极性变为“−”。反馈通路 $R_2$ 左边的瞬时极性也为“−”，净输入信号 $u_{id}=u_i+u_f$，即反馈增强了输入信号，因此该电路是正反馈电路。

## 7.2　负反馈放大电路的一般表达式和四种基本组态

### 7.2.1　负反馈放大电路的一般表达式

反馈放大电路的框图如图 7-1-1 所示。定义基本放大电路的放大倍数 (也称为**开环放大倍数**或开环增益) 为

$$A=\frac{x_o}{x_{id}} \tag{7-2-1}$$

反馈网络的**反馈系数**为

$$F=\frac{x_f}{x_o} \tag{7-2-2}$$

当电路引入负反馈，即输入信号 $x_i$ 与反馈信号 $x_f$ 是相减的时，放大电路的净输入信号为

$$x_{id}=x_i-x_f \tag{7-2-3}$$

负反馈放大电路的**闭环放大倍数** (也称闭环增益) 为

$$A_f=\frac{x_o}{x_i} \tag{7-2-4}$$

将式 (7-2-1)、式 (7-2-2) 和式 (7-2-3) 代入式 (7-2-4)，可得负反馈放大电路的闭环放大倍数的一般表达式为

$$A_{\mathrm{f}}=\frac{x_{\mathrm{o}}}{x_{\mathrm{i}}}=\frac{x_{\mathrm{o}}}{x_{\mathrm{id}}+x_{\mathrm{f}}}=\frac{x_{\mathrm{o}}}{\dfrac{x_{\mathrm{o}}}{A}+Fx_{\mathrm{o}}}=\frac{A}{1+AF} \tag{7-2-5}$$

式 (7-2-5) 反映了引入负反馈后，输出信号与外加输入信号之间总的放大倍数，也反映了放大电路各环节的基本关系。可以看出，引入负反馈后，反馈放大电路的闭环放大倍数 $A_{\mathrm{f}}$ 为开环放大倍数 $A$ 的 $1/(1+AF)$。$1+AF$ 越大，闭环增益下降得就越多，所以 $1+AF$ 是描述反馈强弱的物理量，称为**反馈深度** (feedback depth)。反馈深度是一个十分重要的参数，通过后续分析将会看到，引入负反馈后，放大电路的各项性能的改善程度都与 $1+AF$ 的大小有关。

在负反馈的情况下，如果反馈深度 $|1+AF|\gg 1$，则称为**深度负反馈**。此时式 (7-2-5) 可简化为

$$A_{\mathrm{f}}=\frac{A}{1+AF}\approx\frac{A}{AF}=\frac{1}{F} \tag{7-2-6}$$

式 (7-2-6) 表明，在深度负反馈条件下，闭环放大倍数 $A_{\mathrm{f}}$ 基本上等于反馈系数 $F$ 的倒数。也就是说，深度负反馈放大电路的放大倍数几乎与放大网络的放大倍数无关，而主要取决于反馈网络的反馈系数 $F$。因而，即使温度等因素的变化导致放大网络的放大倍数 $A$ 发生变化，只要 $F$ 的值一定，就能保持闭环放大倍数 $A_{\mathrm{f}}$ 的稳定，这是深度负反馈放大电路的一个突出优点。实际的反馈网络常常由电阻组成，反馈系数通常取决于某些电阻值之比，基本上不受温度等因素的影响。在设计放大电路时，为了提高稳定性，往往选用开环电压增益很高的集成运放，以便引入深度负反馈。

### 7.2.2　负反馈放大电路的四种基本组态

由 7.1.2 节反馈类型的讨论可知，实际放大电路的反馈形式是多种多样的。本节着重分析各种形式的交流负反馈。对负反馈放大电路来说，反馈网络与基本放大电路在输出端存在电压、电流反馈，在输入端存在并联、串联反馈，因此共有四种组态，分别是电压串联负反馈 (voltage-series feedback)、电流串联负反馈 (current-series feedback)、电压并联负反馈 (voltage-shunt feedback) 和电流并联负反馈 (current-shunt feedback)。

#### 1. 电压串联负反馈

图 7-2-1 是集成运放构成的电压串联负反馈放大电路及框图。从集成运放 A 的输出端通过 $R_{\mathrm{f}}$ 引入一个反馈到输入回路，电阻 $R_{\mathrm{f}}$ 与 $R_1$ 组成反馈网络。电阻 $R_1$ 上的反馈电压 $u_{\mathrm{f}}$ 是输出电压 $u_{\mathrm{o}}$ 在电阻 $R_1$ 和 $R_{\mathrm{f}}$ 上分压得到的结果，即

$$u_{\mathrm{f}}=\frac{R_1}{R_1+R_{\mathrm{f}}}u_{\mathrm{o}}$$

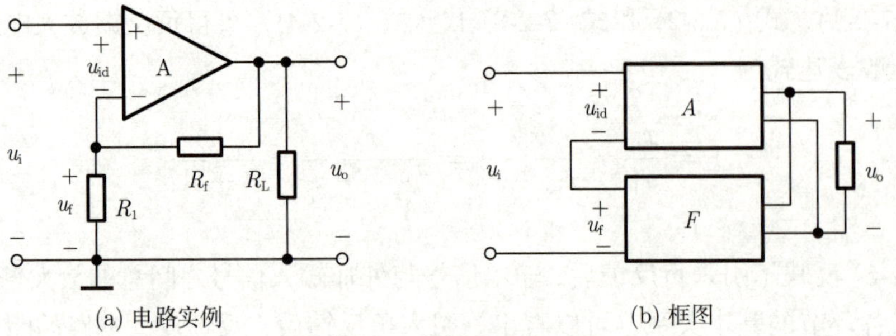


**图 7-2-1　电压串联负反馈**

这里用负载短路法判断反馈取样方式，即设 $u_o = 0$，此时有 $u_f = 0$，反馈电压随之消失，所以是电压反馈。在输入回路中，反馈信号与输入信号以电压形式叠加，因而是串联反馈。

可以用瞬时极性法验证反馈极性，根据图 7-2-1 (a)，令 $u_i$ 的瞬时极性为“+”，经放大电路 A 进行同相放大后，$u_o$ 也为“+”，与 $u_o$ 成正比的 $u_f$ 也为“+”。在输入回路中，根据 KVL，电路的净输入电压 $u_{id} = u_i - u_f$，输入比没有反馈时减小了，因此是负反馈。

对于电压串联负反馈，输出信号是电压，反馈是以电压的形式施加在输入端，故其基本放大电路的开环放大倍数为

$$A_{uu} = \frac{x_o}{x_{id}} = \frac{u_o}{u_{id}} \tag{7-2-7}$$

式中，$A_{uu}$ 的第一个下标表示输出变量 $u_o$，第二个下标表示输入变量 $u_{id}$。后续系数的双下标含义类似。

参照图 7-2-1 (b) 所示的框图，图 7-2-1 (a) 中反馈网络的输入信号是放大电路的输出电压 $u_o$，输出信号是反馈电压 $u_f$，故反馈系数为

$$F_{uu} = \frac{x_f}{x_o} = \frac{u_f}{u_o} = \frac{R_1}{R_1 + R_f} \tag{7-2-8}$$

电压负反馈的特点是具有稳定输出电压的作用。在图 7-2-1 的电路中，当输入电压 $u_i$ 的值一定，而三极管参数或负载电阻 $R_L$ 的变化使输出电压 $u_o$ 的值增大时，该电路通过负反馈的自动调节过程如下

$$R_L \uparrow \rightarrow u_o \uparrow \rightarrow u_f \uparrow \rightarrow (u_{id} = u_i - u_f) \downarrow \rightarrow u_o \downarrow$$

图 7-2-2 为分立元件构成的电压串联负反馈放大电路，分析方法同上所述。请读者尝试分析。

### 2. 电流串联负反馈

图 7-2-3 是集成运放构成的电流串联负反馈放大电路及框图。$R_f$ 是反馈元件。放大电路 A 的输出电流 $i_o$ 流过 $R_L$ 及 $R_f$，在 $R_f$ 上产生反馈电压 $u_f = i_o R_f$。

用负载短路法，设 $R_L = 0$，即 $u_o = 0$ 时，因 $i_o \neq 0$，反馈电压 $u_f$ 依然存在，且与输出电流成比例，所以 $R_f$ 引回的是电流反馈。反馈信号 $u_f$ 在输入回路中与输入电压 $u_i$ 串联，故引入的是串联反馈。

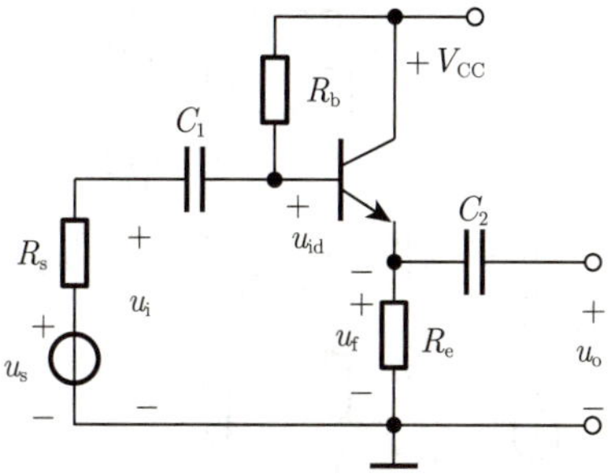


**图 7-2-2　分立元件构成的电压串联负反馈放大电路**

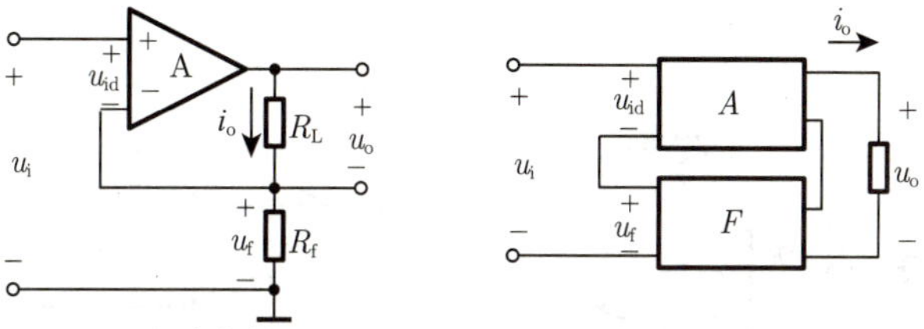


(a) 电路实例　　(b) 框图

**图 7-2-3　电流串联负反馈**

假设 $u_{\mathrm{i}}$ 的瞬时极性为“+”，接入集成运放 A 的同相输入端，$u_{\mathrm{o}}$ 及 $u_{\mathrm{f}}$ 的极性也为“+”，净输入电压 $u_{\mathrm{id}}=u_{\mathrm{i}}-u_{\mathrm{f}}$ 是减小的，故是负反馈。

对于电流串联负反馈，输出信号是电流，反馈是以电压的形式施加在输入端，故其基本放大电路的开环放大倍数为

$$A_{\mathrm{iu}}=\frac{x_{\mathrm{o}}}{x_{\mathrm{id}}}=\frac{i_{\mathrm{o}}}{u_{\mathrm{id}}} \tag{7-2-9}$$

$A_{\mathrm{iu}}$ 的量纲是电导，称为放大电路的转移电导。

参照图 7-2-3 (b) 所示的框图，图 7-2-3 (a) 中反馈网络的输入信号是放大电路的输出电流 $i_{\mathrm{o}}$，输出信号是反馈电压 $u_{\mathrm{f}}$，故反馈系数为

$$F_{\mathrm{ui}}=\frac{u_{\mathrm{f}}}{i_{\mathrm{o}}}=R_{\mathrm{f}} \tag{7-2-10}$$

电流负反馈的特点是维持输出电流基本恒定。参照图 7-2-3，当 $u_{\mathrm{i}}$ 一定，而负载电阻 $R_{\mathrm{L}}$ 变动使输出电流减小时，引入负反馈后，电路的自动调节过程为

$$R_{\mathrm{L}}\uparrow\rightarrow i_{\mathrm{o}}\downarrow\rightarrow(u_{\mathrm{f}}=i_{\mathrm{o}}R_{\mathrm{f}})\downarrow\rightarrow(u_{\mathrm{id}}=u_{\mathrm{i}}-u_{\mathrm{f}})\uparrow\rightarrow i_{\mathrm{o}}\uparrow$$

图 7-2-4 为分立元件构成的电流串联负反馈放大电路，分析方法同上所述。请读者尝试分析。

### 3. 电压并联负反馈

图 7-2-5 是集成运放构成的电压并联负反馈放大电路及框图。

在图 7-2-5 (a) 中，电阻 $R_{\mathrm{f}}$ 为反馈元件。流过 $R_{\mathrm{f}}$ 的电流 $i_{\mathrm{f}}$ 为反馈信号，由电路结构有

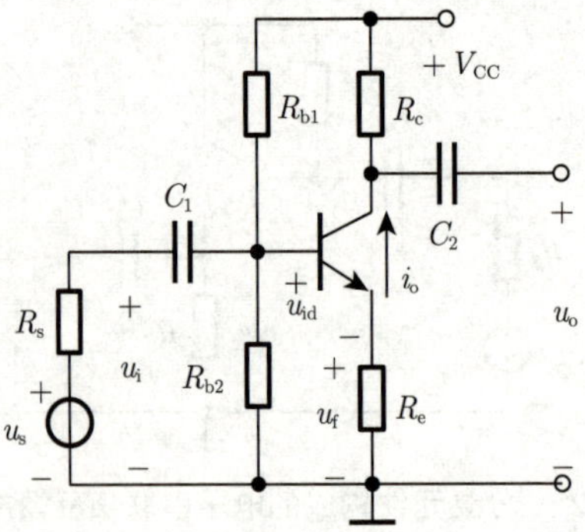


图 7-2-4　分立元件构成的电流串联负反馈放大电路

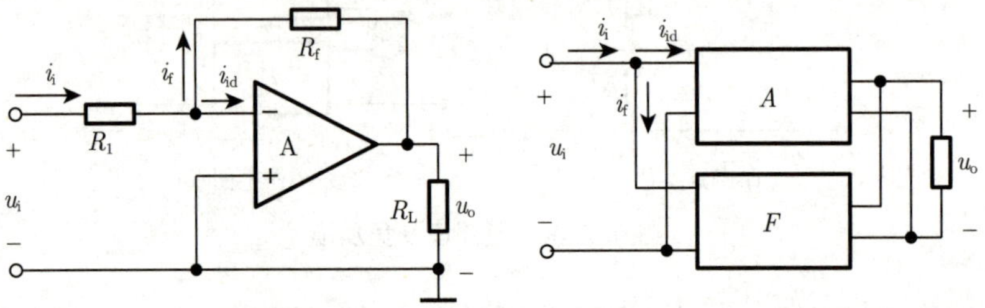


(a) 电路实例　　(b) 框图

图 7-2-5　电压并联负反馈

$$i_f = \frac{u_N - u_o}{R_f}$$

因为 $u_N$ 虚地，电位近似为 0，所以 $i_f \approx -\frac{u_o}{R_f}$。用负载短路法，$u_o = 0$ 时，$i_f = 0$，即反馈信号不存在，故为电压反馈。

从放大电路的输入端看，反馈信号与输入信号接于同一节点，反馈信号 $i_f$、输入信号 $i_i$ 和净输入电流 $i_{id}$ 的关系符合 KCL，因此是并联反馈。

应用瞬时极性法，设 $u_i$ 的瞬时极性为"+"，则集成运放 A 反相输入端的输入电压 $u_N$ 也为"+"，经反相放大后，输出电压 $u_o$ 为"−"。根据极性正负，标注出电流 $i_f$、$i_i$ 和 $i_{id}$ 的瞬时流向，如图 7-2-5 (a) 中的箭头所示。根据 KCL，净输入电流 $i_{id} = i_i - i_f$，故为负反馈。

对于电压并联负反馈，输出信号是电压，反馈是以电流的形式施加在输入端，故其基本放大电路的开环放大倍数为

$$A_{ui} = \frac{x_o}{x_{id}} = \frac{u_o}{i_{id}} \tag{7-2-11}$$

$A_{ui}$ 的量纲是电阻，称为放大电路的**转移电阻**。

在图 7-2-5 (b) 所示的框图中，反馈网络的输入信号是放大电路的输出电压 $u_o$，输出

信号是反馈电流 $i_f$，故反馈系数为

$$F_{iu}=\frac{i_f}{u_o}=-\frac{1}{R_f} \tag{7-2-12}$$

该电路也具有稳定输出电压的作用。以图 7-2-5 (a) 为例，当 $i_i$ 大小一定，而负载电阻 $R_L$ 增大使 $u_o$ 的值增大时，电路的自动调节过程为

$$R_L\uparrow\rightarrow u_o\uparrow\rightarrow\left(i_f=-\frac{u_o}{R_f}\right)\uparrow\rightarrow(i_{id}=i_i-i_f)\downarrow\rightarrow u_o\downarrow$$

图 7-2-6 为分立元件构成的电压并联负反馈放大电路，分析方法同上所述。请读者尝试分析。

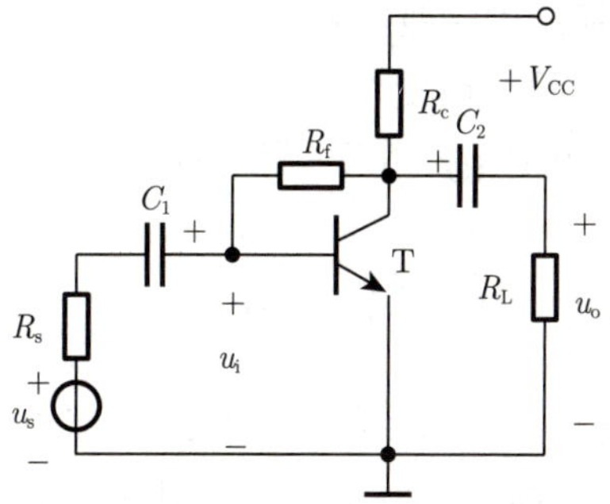


**图 7-2-6　分立元件构成的电压并联负反馈放大电路**

### 4. 电流并联负反馈

图 7-2-7 是集成运放构成的电流并联负反馈放大电路及框图。

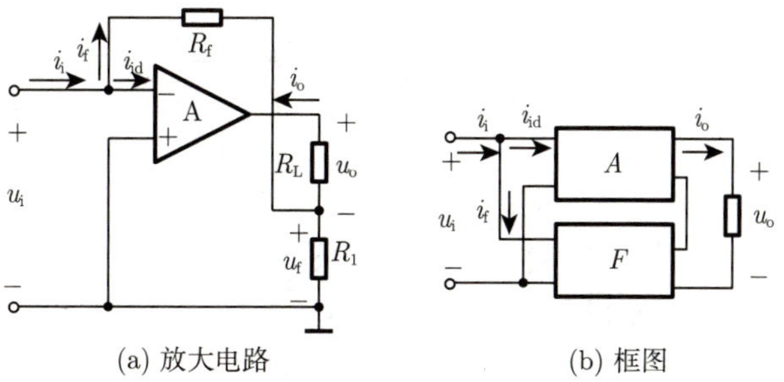


**图 7-2-7　电流并联负反馈**

在图 7-2-7 (a) 中，反馈元件是 $R_f$，反馈信号 $i_f$ 取自输出电流 $i_o$ 的一部分。因为集成运放 A 反相输入端的输入电压 $u_N$ 虚地，电位近似为 0，故 $R_f$ 与 $R_1$ 可以看作并联，采用分流公式，有

$$i_f\approx\frac{R_1}{R_1+R_f}i_o$$

该电路引入的是电流反馈。在该放大电路的输入回路中，反馈信号 $i_f$ 与输入信号 $i_i$ 接至同一节点，因此判断为并联反馈。

根据瞬时极性法，设 $u_i$ 的瞬时极性为“+”，则集成运放 A 反相输入端的输入电压 $u_N$ 也为“+”，经反相放大后，输出电压 $u_o$ 为“−”，经过负载 $R_L$ 后，极性不变，依然为“−”，根据极性正负，标注出电流 $i_f$、$i_i$ 和 $i_{id}$ 的瞬时流向，如图 7-2-7 (a) 中的箭头所示。根据 KCL，净输入电流 $i_{id}=i_i-i_f$，故为负反馈。因此，这是一个电流并联负反馈放大电路。

对于电流并联负反馈，输出信号是电流信号，反馈是以电流的形式施加在输入端，故其基本放大电路的开环放大倍数为

$$A_{ii}=\frac{x_o}{x_{id}}=\frac{i_o}{i_{id}} \tag{7-2-13}$$

式中，$A_{ii}$ 称为放大电路的**电流放大倍数**。

参考图 7-2-7 (b) 所示的框图，在图 7-2-7 (a) 中，反馈网络的输入信号是放大电路的输出电流 $i_o$，输出信号是反馈电流 $i_f$，故反馈系数为

$$F_{ii}=\frac{i_f}{i_o}=\frac{R_1}{R_1+R_f} \tag{7-2-14}$$

该电路也具有稳定输出电流的作用。参照图 7-2-7，当 $i_i$ 大小一定，而负载电阻 $R_L$ 增大使输出电流减小时，引入负反馈后，电路的自动调节过程为

$$R_L\uparrow\rightarrow i_o\downarrow\rightarrow\left(i_f\approx\frac{R_1}{R_1+R_f}i_o\right)\downarrow\rightarrow(i_{id}=i_i-i_f)\uparrow\rightarrow i_o\uparrow$$

图 7-2-8 为分立元件构成的电流并联负反馈放大电路，分析方法同上所述。请读者尝试分析。

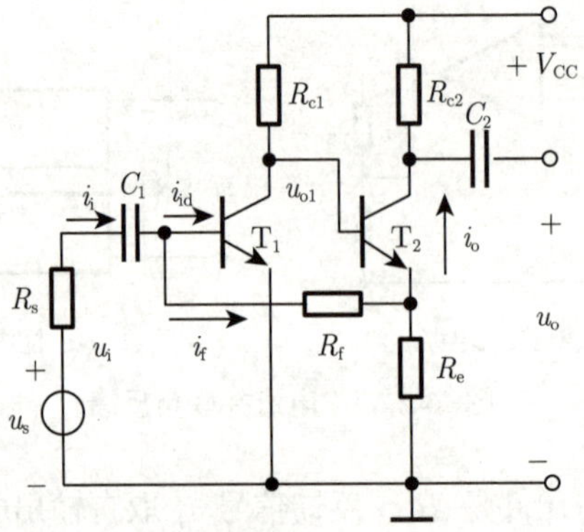


**图 7-2-8　分立元件构成的电流并联负反馈放大电路**

从以上四种不同组态的负反馈电路可以看出，其基本放大电路的放大倍数 $A$、反馈系数 $F$ 和负反馈放大电路的放大倍数 $A_f$ 等物理意义不同，量纲也不同，如表 7-2-1 所示。

表 7-2-1 四种组态负反馈放大电路的比较

| 反馈组态 | 输入 $x_i$ | 输出 $x_o$ | 反馈 $x_f$ | 开环增益 $A$ | 反馈系数 $F$ | 闭环增益 $A_f$ |
|---|---|---|---|---|---|---|
| 电压串联 | $u_i$ | $u_o$ | $u_f$ | $A_{uu}=\dfrac{u_o}{u_{id}}$ | $F_{uu}=\dfrac{u_f}{u_o}$ | $A_{uuf}=\dfrac{u_o}{u_i}$ |
| 电流串联 | $u_i$ | $i_o$ | $u_f$ | $A_{iu}=\dfrac{i_o}{u_{id}}$ | $F_{ui}=\dfrac{u_f}{i_o}$ | $A_{iuf}=\dfrac{i_o}{u_i}$ |
| 电压并联 | $i_i$ | $u_o$ | $i_f$ | $A_{ui}=\dfrac{u_o}{i_{id}}$ | $F_{iu}=\dfrac{i_f}{u_o}$ | $A_{uif}=\dfrac{u_o}{i_i}$ |
| 电流并联 | $i_i$ | $i_o$ | $i_f$ | $A_{ii}=\dfrac{i_o}{i_{id}}$ | $F_{ii}=\dfrac{i_f}{i_o}$ | $A_{iif}=\dfrac{i_o}{i_i}$ |

## 7.3 深度负反馈放大电路的分析计算

对结构简单的负反馈放大电路，可以利用微变等效电路进行分析。但对于比较复杂的负反馈放大电路，例如分立元件多级放大电路或者由集成运放组成的负反馈放大电路等，用微变等效电路法求解会比较麻烦。在实际电子设备中，比较复杂的负反馈放大电路由于开环放大倍数较大，一般容易满足 $|1+AF|\gg 1$ 的条件，故可作为深度负反馈放大电路来处理。本节主要探讨深度负反馈放大电路的闭环电压放大倍数的近似估算。

### 7.3.1 利用关系式 $A_f\approx\dfrac{1}{F}$ 估算闭环电压放大倍数

通过前面的分析已知，如果负反馈放大电路满足 $|1+AF|\gg 1$ 的条件，则其闭环放大倍数 $A_f$ 可用式 (7-2-6) 表示，即

$$A_f\approx\frac{1}{F} \tag{7-3-1}$$

式 (7-3-1) 表明，深度负反馈放大电路的闭环放大倍数 $A_f$ 近似等于反馈系数 $F$ 的倒数，因此，只需求出 $F$，即可得到 $A_f$，所以估算闭环放大倍数的过程十分简单。

但式 (7-3-1) 中的 $A_f$ 是广义放大倍数，其含义和量纲与反馈组态有关 (见表 7-2-1)，并非专指电压放大倍数。也就是说，运用式 (7-3-1) 估算闭环电压放大倍数是有条件的。只有当负反馈的组态是电压串联型时，式 (7-3-1) 中的 $A_f$ 才代表闭环电压放大倍数，此时该式表示为

$$A_{uuf}=\frac{1}{F_{uu}} \tag{7-3-2}$$

### 7.3.2 利用虚短和虚断估算闭环电压放大倍数

对于电压串联负反馈以外的其他三种负反馈组态，即电压并联负反馈、电流串联负反馈和电流并联负反馈，由表 7-2-1 可知，式 (7-3-1) 中的 $A_f$ 分别成为 $A_{uif}$、$A_{iuf}$ 和 $A_{iif}$，它们的物理意义分别表示负反馈放大电路的闭环转移电阻、闭环转移电导和闭环电流放大倍

数。对于这三种组态的负反馈放大电路，不能简单、直接地求得闭环电压放大倍数，但可以根据深度负反馈的特点，采用其他简捷的方法进行估算。

根据定义，负反馈放大电路的闭环放大倍数 $A_f$ 等于输出信号与外加输入信号之比，即

$$A_f = \frac{x_o}{x_i}$$

而反馈系数 $F$ 是反馈信号与输出信号之比，即 $F = \frac{x_f}{x_o}$。

在深度负反馈条件下，可得到 $A_f \approx \frac{1}{F}$，即

$$\frac{x_o}{x_i} \approx \frac{x_o}{x_f} \to x_f = x_i \tag{7-3-3}$$

式 (7-3-3) 表明，在深度负反馈条件下，放大电路的反馈信号 $x_f$ 和输入信号 $x_i$ 近似相等。换句话说，净输入量 $x_{id} = x_i - x_f \approx 0$，即净输入量 ($i_{id}$ 或 $u_{id}$) 近似等于零。$u_{id}$ 近似为零，说明电路的反馈信号 $x_f$ 和输入信号 $x_i$ 两点的电位近似相等，相当于短路，故称为**虚短**；电路净输入电流 $i_{id}$ 趋近于零，对外呈现无穷大的电阻，近似开路，故称为**虚断**。

综上所述，在深度负反馈条件下，不论是串联负反馈还是并联负反馈，基本放大电路和集成运放的输入端既有虚短又有虚断，如表 7-3-1 所示。图 7-3-1 是基本放大电路和集成运放输入端的净输入量。利用虚短和虚断可以简化深度负反馈放大电路的放大倍数估算。

**表 7-3-1 深度负反馈条件下的虚短和虚断**

| 串联负反馈 | | 并联负反馈 | |
|---|---|---|---|
| $u_{id} = u_i - u_f \approx 0$ | 虚短 | $i_{id} = i_i - i_f \approx 0$ | 虚断 |
| $i_{id} = \frac{u_{id}}{R_i} \approx 0$ | 虚断 | $u_{id} = i_{id} R_i \approx 0$ | 虚短 |

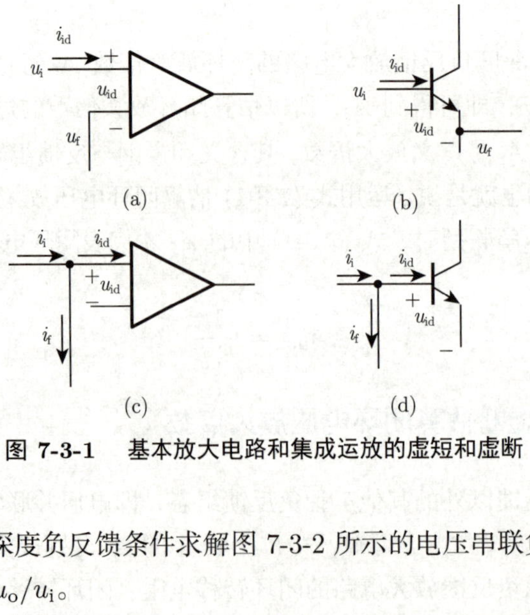


**图 7-3-1 基本放大电路和集成运放的虚短和虚断**

**【例 7-2】** 利用深度负反馈条件求解图 7-3-2 所示的电压串联负反馈放大电路的闭环电压放大倍数 $A_{uuf} = u_o/u_i$。

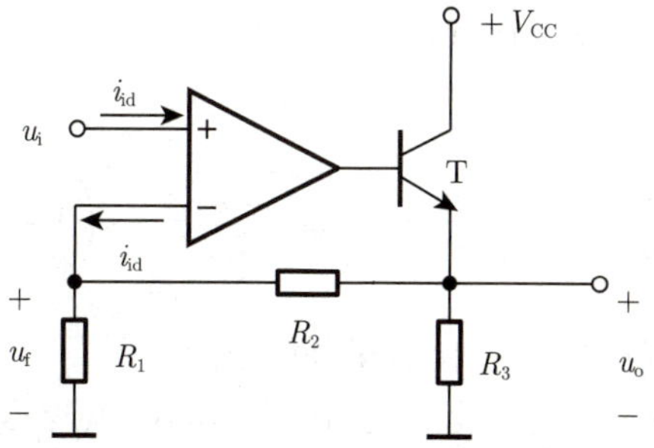


图 7-3-2 例 7-2 电路

解：在深度负反馈条件下，由虚短可得 $u_i \approx u_f$。

由虚断可得 $i_{id} \approx 0$，电阻 $R_1$ 与 $R_2$ 可以看作串联后并接输出电压 $u_o$ 的两端，故

$$u_f = \frac{R_1}{R_1 + R_2} u_o$$

所以

$$A_{uuf} = \frac{u_o}{u_i} = \frac{u_o}{u_f} = 1 + \frac{R_2}{R_1}$$

【例 7-3】 利用深度负反馈条件求解图 7-3-3 所示的电流并联负反馈放大电路的闭环电压放大倍数 $A_{uuf} = u_o/u_i$。

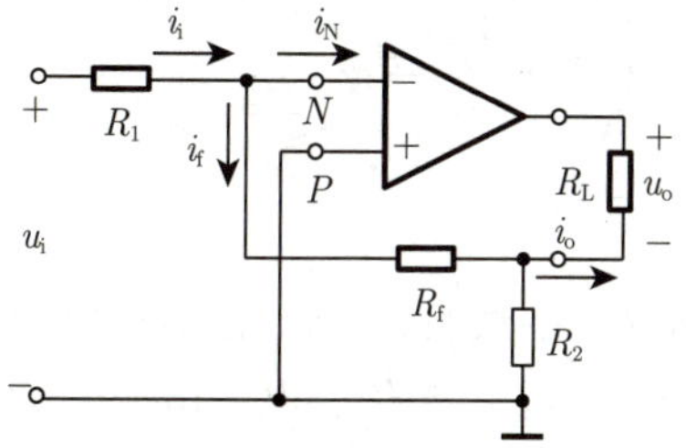


图 7-3-3 例 7-3 电路

解：方法一：利用反馈系数 $F$ 进行求解。

在深度负反馈条件下，由虚短可得 $u_N = u_P = 0$。

电阻 $R_f$ 与 $R_2$ 可以看作并联，由分流公式可得

$$i_f = \frac{R_2}{R_2 + R_f} i_o$$

该电路的反馈系数为

$$F = \frac{i_f}{i_o} = \frac{R_2}{R_2 + R_f}$$

闭环电流放大倍数为

$$A_{iif} = \frac{i_o}{i_i} \approx \frac{1}{F} = 1 + \frac{R_f}{R_2}$$

由虚短可得 $u_{\mathrm{N}}=0$，故 $u_{\mathrm{i}}=i_{\mathrm{i}}R_1$。

闭环电压放大倍数为

$$A_{\mathrm{uuf}}=\frac{u_{\mathrm{o}}}{u_{\mathrm{i}}}=\frac{-i_{\mathrm{o}}R_{\mathrm{L}}}{i_{\mathrm{i}}R_1}=-A_{\mathrm{iif}}\cdot\frac{R_{\mathrm{L}}}{R_1}=-\left(1+\frac{R_{\mathrm{f}}}{R_2}\right)\frac{R_{\mathrm{L}}}{R_1}$$

方法二：利用深度负反馈的虚短和虚断分析求解。

根据虚短和虚断的关系可知 $u_{\mathrm{N}}=u_{\mathrm{P}}=0$，$i_{\mathrm{N}}=0$，故 $i_{\mathrm{i}}\approx i_{\mathrm{f}}$。

又因为

$$i_{\mathrm{i}}=\frac{u_{\mathrm{i}}}{R_1},\qquad i_{\mathrm{f}}=\frac{R_2}{R_2+R_{\mathrm{f}}}i_{\mathrm{o}},\qquad i_{\mathrm{o}}=-\frac{u_{\mathrm{o}}}{R_{\mathrm{L}}}$$

联立求解得

$$A_{\mathrm{uuf}}=\frac{u_{\mathrm{o}}}{u_{\mathrm{i}}}=\frac{-i_{\mathrm{o}}R_{\mathrm{L}}}{i_{\mathrm{i}}R_1}=-\frac{i_{\mathrm{o}}}{i_{\mathrm{i}}}\cdot\frac{R_{\mathrm{L}}}{R_1}=-\left(1+\frac{R_{\mathrm{f}}}{R_2}\right)\frac{R_{\mathrm{L}}}{R_1}$$

## 7.4 负反馈对放大电路性能的影响

负反馈虽然使放大电路的放大倍数下降，但会改善放大电路其他方面的性能，故其应用十分广泛。本节分析负反馈对放大电路主要性能的影响，即其使电路的性能得到了哪些改善，以及改善程度与反馈深度有什么关系。

### 7.4.1 提高放大倍数的稳定性

引入负反馈后，放大电路受到的最直接、最显著的影响就是提高了放大倍数的稳定性。在输入信号一定的情况下，当电路参数变化、电源电压波动或负载发生变化时，由于引入了负反馈，放大电路输出信号的波动将大大减小，即放大倍数的稳定性提高了。

下面将定量分析放大倍数稳定性提高的程度与反馈深度的关系。引入负反馈后，根据式 (7-2-5) 的推导，放大电路的闭环放大倍数为

$$A_{\mathrm{f}}=\frac{A}{1+AF}\tag{7-4-1}$$

将式 (7-4-1) 左右两边分别对 $A$ 求导数，可得

$$\frac{\mathrm{d}A_{\mathrm{f}}}{\mathrm{d}A}=\frac{1}{1+AF}-\frac{AF}{(1+AF)^2}=\frac{1}{(1+AF)^2}\tag{7-4-2}$$

整理得到

$$\mathrm{d}A_{\mathrm{f}}=\frac{\mathrm{d}A}{(1+AF)^2}\tag{7-4-3}$$

把式 (7-4-3) 和式 (7-4-1) 等号两端分别相除，可得

$$\frac{\mathrm{d}A_{\mathrm{f}}}{A_{\mathrm{f}}}=\frac{1}{1+AF}\frac{\mathrm{d}A}{A} \tag{7-4-4}$$

式 (7-4-4) 表明，负反馈放大电路的闭环放大倍数 $A_{\mathrm{f}}$ 的相对变化量 $\frac{\mathrm{d}A_{\mathrm{f}}}{A_{\mathrm{f}}}$ 等于无反馈时放大电路的放大倍数 $A$ 的相对变化量 $\frac{\mathrm{d}A}{A}$ 的 $\frac{1}{1+AF}$。也就是说，引入负反馈后，放大倍数下降为原来的 $\frac{1}{1+AF}$，但放大倍数的稳定性提高了 $1+AF$ 倍。

## 7.4.2　扩展通频带

从本质上说，放大电路的通频带受到一定的限制，是由放大电路对不同频率的输入信号呈现出不同的放大倍数导致的。负反馈不但能稳定闭环放大倍数，而且对于频率增大 (或减小) 引起的放大倍数变化也具有稳定作用。也就是说，它能减小频率变化对闭环放大倍数的影响，从而拓展闭环带宽，如图 7-4-1 所示。

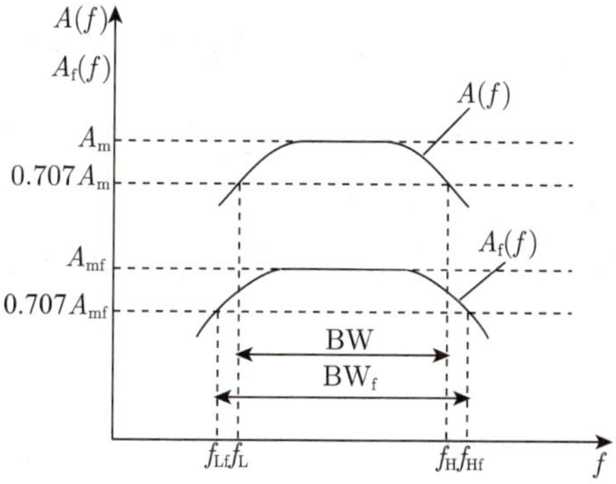


**图 7-4-1　负反馈对通频带的影响**

图 7-4-1 中，$A_{\mathrm{m}}$ 为未引入反馈的中频开环放大倍数，$A_{\mathrm{mf}}$ 为引入负反馈的中频闭环放大倍数，BW 为开环通频带，$\mathrm{BW_f}$ 为闭环通频带。可以证明：对于一个单极点电路 (即电路中只有一个 $RC$ 回路)，引入负反馈后，放大电路的通频带扩展了 $1+AF$ 倍，即

$$\mathrm{BW_f}\approx(1+AF)\mathrm{BW} \tag{7-4-5}$$

式 (7-4-1) 和式 (7-4-5) 的左右两边分别相乘，可得

$$A_{\mathrm{f}}\cdot\mathrm{BW_f}\approx A\cdot\mathrm{BW} \tag{7-4-6}$$

式 (7-4-6) 表明，引入负反馈后，通频带展宽了 $1+AF$ 倍，但同时中频放大倍数下降为无反馈时的 $1/(1+AF)$，因此，放大电路的增益带宽积 (即放大倍数和带宽的乘积) 基本不变。换句话说，扩展带宽是以牺牲放大倍数为代价的。

### 7.4.3 减小非线性失真和抑制干扰

由于放大器件的非线性，当输入信号为正弦波时，输出信号的波形将或多或少地产生非线性失真，不再是一个标准的正弦波。当信号幅度较大时，非线性失真现象更为明显。

引入负反馈可以减小非线性失真。如图 7-4-2 (a) 所示，假设正弦波输入信号 $x_{\mathrm{i}}$ 经过放大后产生的失真波形为正半周小且负半周大。加入负反馈后，非线性失真输出信号 $x_{\mathrm{o}}$ 经过反馈网络变为反馈信号 $x_{\mathrm{f}}$，由于反馈网络在通频带内一般是纯阻性的，因此 $x_{\mathrm{f}}$ 与 $x_{\mathrm{o}}$ 类似，同样具有正半周小且负半周大的特征。将反馈信号 $x_{\mathrm{f}}$ 引回输入端，可以得到净输入信号 $x_{\mathrm{id}} = x_{\mathrm{i}} - x_{\mathrm{f}}$，使其具有正半周大且负半周小的特点。再将净输入信号 $x_{\mathrm{id}}$ 送入基本放大电路，输出信号的正半周压缩，负半周扩大，结果使正负半周的幅度趋于一致，从而改善了输出波形，如图 7-4-2 (b) 所示。

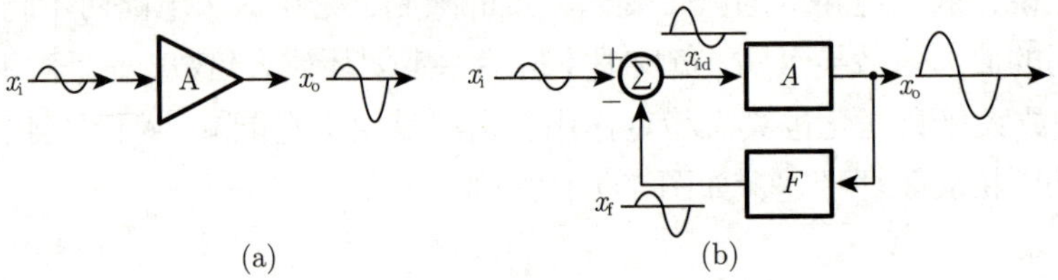


**图 7-4-2　负反馈放大电路对非线性失真的抑制作用**

可以证明，在引入负反馈后，非线性失真可以减小到开环时的 $1/(1+AF)$。要注意的是，负反馈只能减少反馈环内的非线性失真。当放大电路受到外界干扰时，也可以利用负反馈进行抑制。但如果外界干扰与输入信号同时混入，则引入负反馈将无济于事。

### 7.4.4 对输入电阻的影响

负反馈放大电路的输入电阻是从输入端看进去的等效电阻。由于反馈信号与外加输入信号在放大电路的输入回路中的求和方式不同，因此将对输入电阻产生不同的影响。串联负反馈将增大输入电阻，而并联负反馈将减小输入电阻。

#### 1. 串联负反馈使输入电阻增大

图 7-4-3 为串联负反馈放大电路的框图，负反馈在输入端以反馈电压 $u_{\mathrm{f}}$ 的形式调节净输入电压信号 $u_{\mathrm{id}}$。根据输入电阻的定义，基本放大电路 A 的输入电阻 $R_i$ 为

$$R_{\mathrm{i}} = \frac{u_{\mathrm{id}}}{i_{\mathrm{i}}} \tag{7-4-7}$$

根据式 (7-2-1) 和式 (7-2-2) 可推导出 $u_{\mathrm{f}} = AFu_{\mathrm{id}}$，代入串联负反馈后的输入电阻 $R_{\mathrm{if}}$ 为

$$R_{\mathrm{if}} = \frac{u_{\mathrm{i}}}{i_{\mathrm{i}}} = \frac{u_{\mathrm{id}} + u_{\mathrm{f}}}{i_{\mathrm{i}}} = \frac{u_{\mathrm{id}} + AFu_{\mathrm{id}}}{i_{\mathrm{i}}} = \frac{(1+AF)u_{\mathrm{id}}}{i_{\mathrm{i}}} = (1+AF)R_{\mathrm{i}} \tag{7-4-8}$$

式 (7-4-8) 表明，引入串联负反馈后，放大电路的输入电阻将增大，是无反馈时的 $1+AF$ 倍。电压串联负反馈和电流串联负反馈结论相同。

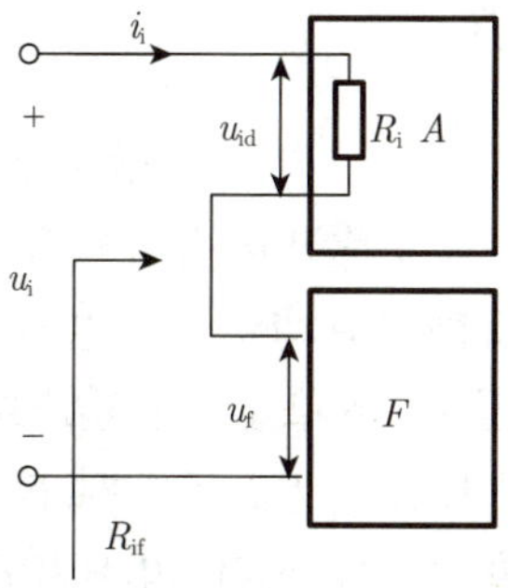


图 7-4-3　串联负反馈电路框图

### 2. 并联负反馈使输入电阻减小

图 7-4-4 为并联负反馈放大电路的框图，负反馈在输入端以反馈电流 $i_f$ 的形式调节净输入电流信号 $i_{id}$。基本放大电路 A 的输入电阻 $R_i$ 为

$$R_i = \frac{u_i}{i_{id}} \tag{7-4-9}$$

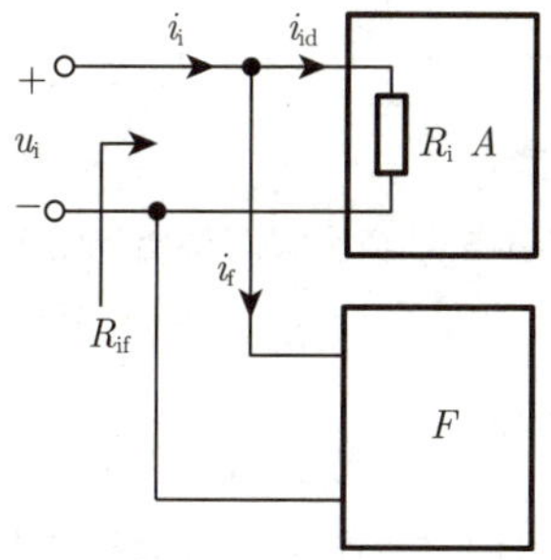


图 7-4-4　并联负反馈电路框图

根据式 (7-2-1) 和式 (7-2-2) 可推导出 $i_f = AFi_{id}$，代入并联负反馈后的输入电阻 $R_{if}$ 为

$$R_{if} = \frac{u_i}{i_i} = \frac{u_i}{i_{id} + i_f} = \frac{u_i}{i_{id} + AFi_{id}} = \frac{u_i}{(1+AF)i_{id}} = \frac{R_i}{1+AF} \tag{7-4-10}$$

式 (7-4-10) 表明，引入并联负反馈后，放大电路的输入电阻将减小，是无反馈时的 $1/(1+AF)$。电压并联负反馈和电流并联负反馈结论相同。

## 7.4.5　对输出电阻的影响

负反馈放大电路的输出电阻是从输出端看进去的等效电阻。由于反馈信号在放大电路输出端的采集方式不同，因此将对输出电阻产生不同的影响。电压负反馈将减小输出电阻，而电流负反馈将增大输出电阻。

### 1. 电压负反馈使输出电阻减小

电压负反馈在输出端采集输出电压，其输出端的简化框图如图 7-4-5 (a) 所示，图中 $R_o$ 是基本放大电路 A 的输出电阻，又称**开环输出电阻**。$R_{of}$ 为引入负反馈时的输出电阻，又称**闭环输出电阻**。由于电压负反馈具有稳定输出电压 $u_o$ 的作用，即电路的输出电阻越小，当负载 $R_L$ 改变时，输出电压 $u_o$ 越稳定。从输出端看，放大电路相当于内阻很小的电压源。所以，电压负反馈的引入使 $R_o$ 比无反馈时小。引入了电压负反馈后，放大电路的输出电阻将减小，是无反馈时的 $1/(1+AF)$。电压串联负反馈和电压并联负反馈结论相同。此时，开环输出电阻 $R_o$ 与闭环输出电阻 $R_{of}$ 的关系式为

$$R_{of} = \frac{1}{(1+AF)}R_o \tag{7-4-11}$$

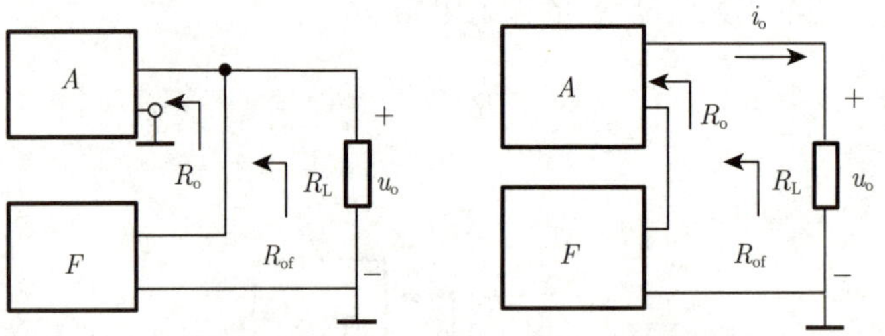


(a) 电压负反馈　　　(b) 电流负反馈

**图 7-4-5　负反馈对输出电阻的影响**

### 2. 电流负反馈使输出电阻增大

电流负反馈在输出端采集输出电流，其输出端的简化框图如图 7-4-5 (b) 所示，由于电流负反馈具有稳定输出电流 $i_o$ 的作用，即电路的输出电阻越大，当负载电阻 $R_L$ 改变时，输出电流 $i_o$ 越稳定。从输出端来看，放大电路相当于内阻很大的电流源。所以，电流负反馈的引入使 $R_o$ 比无反馈时大。引入了电流负反馈后，放大电路的输出电阻将增大，是无反馈时的 $1+AF$ 倍。电流串联负反馈和电流并联负反馈结论相同。此时，开环输出电阻 $R_o$ 与闭环输出电阻 $R_{of}$ 的关系式为

$$R_{of} = (1+AF)R_o \tag{7-4-12}$$

## 7.5　工程实例

电流-电压转换器和电压-电流转换器是非常实用的电子电路，通常应用在放大电路与传感器的连接处。

### 7.5.1 电流–电压转换器

将光电管产生的光电流转换为与其成正比的电压的电路就是电流–电压转换器，如图 7-5-1 所示。它是一个电压并联负反馈电路，电路中 $-E$ 的作用是使光电二极管工作在反向偏置状态。当有光照时，光电二极管产生的光电流 $i_s$ 作为集成运放的输入信号，输出信号为电压 $u_o$。利用虚断、虚短可得

$$u_o = i_s R_f$$

由此可见，集成运放的输出电压 $u_o$ 正比于 $i_s$，从而实现电流到电压的转换。光照越强，$i_s$ 越大，输出电压也就越大。

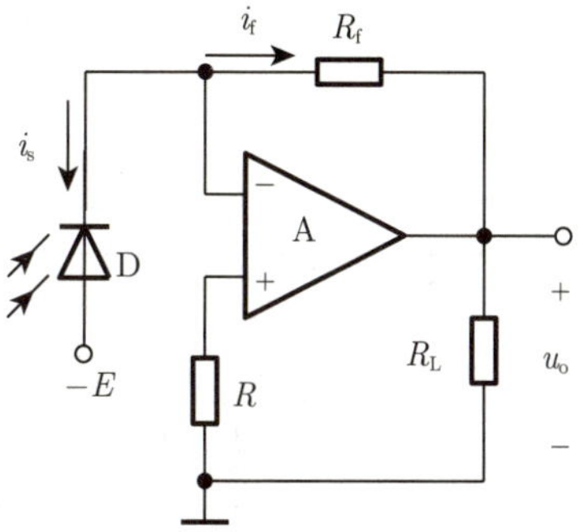


图 7-5-1 电流–电压转换电路

### 7.5.2 电压–电流转换器

在工业控制和许多传感器应用电路中，模拟信号输出一般以电压输出模式为主。以电压方式长距离传输模拟信号时，信号源电阻或传输线路的直流电阻等会引起电压衰减，信号接收端的输入电阻越低，电压衰减越大。为了避免信号在传输过程中衰减，只能增加信号接收端的输入电阻，但信号接收端输入电阻的增加会使传输线路抗干扰性能降低，易受外界干扰，信号传输不稳定。因此，在长距离传输模拟信号时，常把电压输出转换成电流输出。另外，在许多常规工业仪表中，以电流方式配接也要求输出端将电压输出转换成电流输出。

图 7-5-2 为电压–电流转换电路，它是一个电流串联负反馈电路。输入信号为 $u_i$，输出信号为 $i_o$。利用虚断、虚短可得

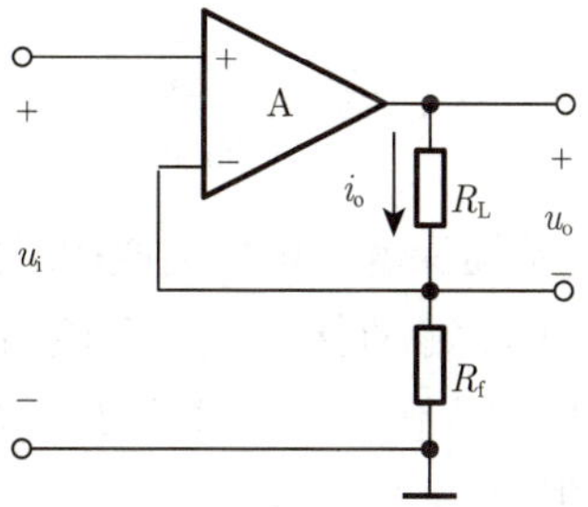


图 7-5-2 电压–电流转换电路

$$i_o = \frac{u_i}{R_f}$$

由此可见，负载上的电流 $i_o$ 与输入电压 $u_i$ 成比例，从而实现电压到电流的转换。

## 7.6 电路仿真

图 7-6-1 为电压串联负反馈放大电路的仿真电路，该电路也是同相比例运算电路。下面通过该电路，讨论一下反馈深度对放大器性能的影响。

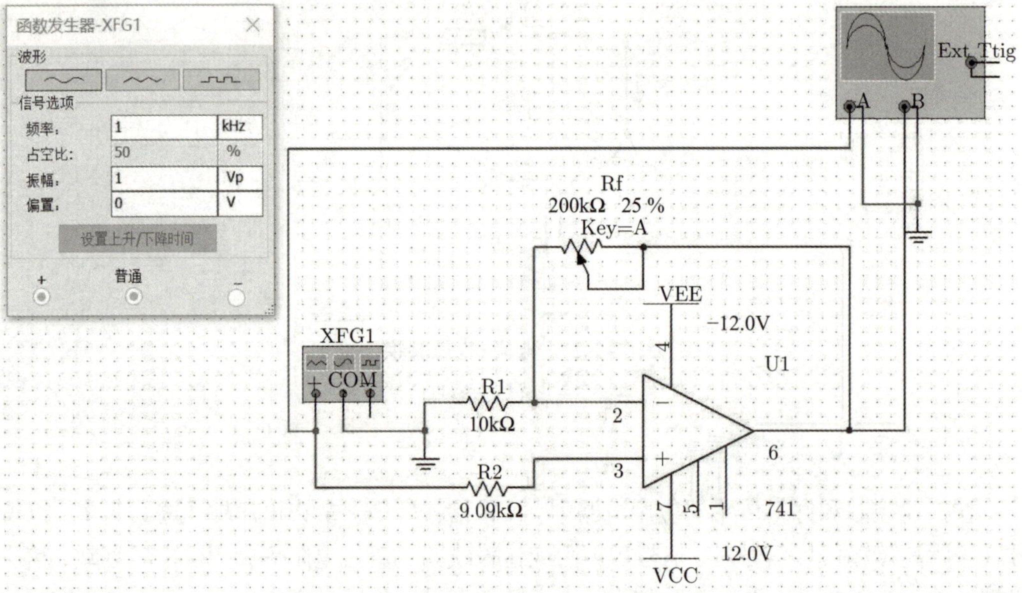


图 7-6-1　电压串联负反馈的仿真电路

集成运放为常用的 741 系列器件，$R_f$ 为负反馈电阻，$R_1$ 为平衡电阻。电路的闭环电压放大倍数为

$$A_{uuf} = \frac{u_o}{u_i} = 1 + \frac{R_f}{R_1} \tag{7-6-1}$$

反馈系数为

$$F = \frac{u_f}{u_o} = \frac{R_1}{R_1 + R_f}$$

由 7.2.1 节可知，$1 + AF$ 为反馈深度。集成运放构成的基本放大器的深度由反馈系数 $F$ 确定。可以看出，反馈电阻 $R_f$ 的大小直接决定了反馈的深度。$R_f$ 大，则反馈深度小；$R_f$ 小，则反馈深度大。设仿真电路的输入信号为幅值为 1V、频率为 1kHz 的正弦信号，$R_f$ 分别取 50kΩ、100kΩ、200kΩ 时的波形如图 7-6-2、图 7-6-3 和图 7-6-4 所示。图中，通道 A 的波形为输入信号波形，通道 B 的波形为集成运放输出波形。

从图 7-6-2、图 7-6-3 和图 7-6-4 所示的输出波形可以看出，$R_f$ 从 50kΩ 增大到 200kΩ 时，由式 (7-6-1) 可计算出电路的放大倍数由 6 倍上升至 21 倍，说明 $R_f$ 越大 (反馈深度越

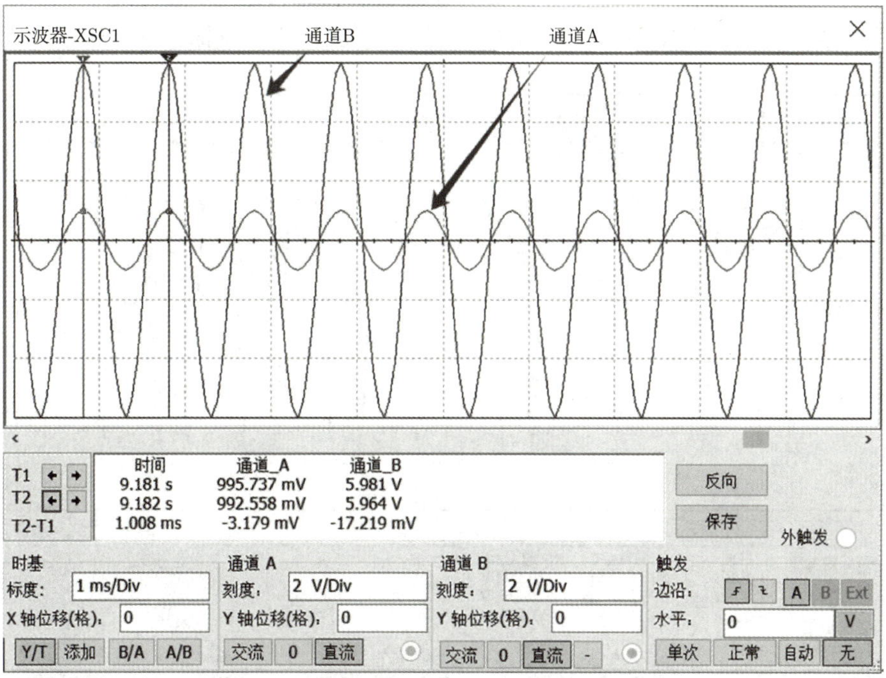


图 7-6-2　$R_f$ 取 50kΩ 时的输入、输出波形

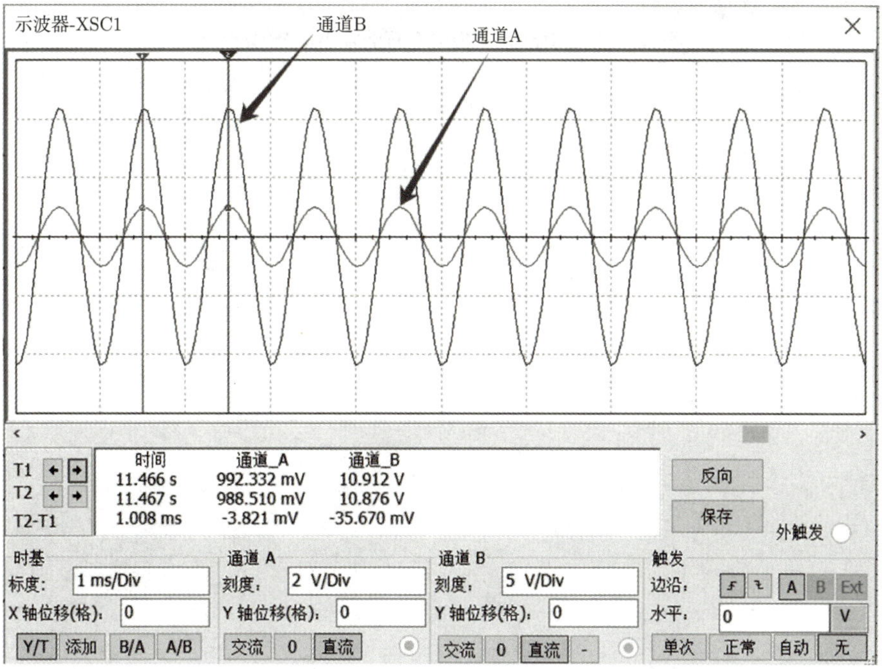


图 7-6-3　$R_f$ 取 100kΩ 时的输入、输出波形

小)，放大倍数越大。反之，$R_f$ 越小 (反馈深度越大)，放大倍数越小。当 $R_f$ 增大至 200kΩ 时，输出波形失真明显，反之，$R_f$ 较小时，波形基本不失真，这与负反馈能减小非线性失真的结论是一致的。读者可自行分析负反馈对通频带、输入电阻、输出电阻的影响。所有仿真分析的结果表明，负反馈的影响与负反馈的深度成正比，反馈越深，影响越大。

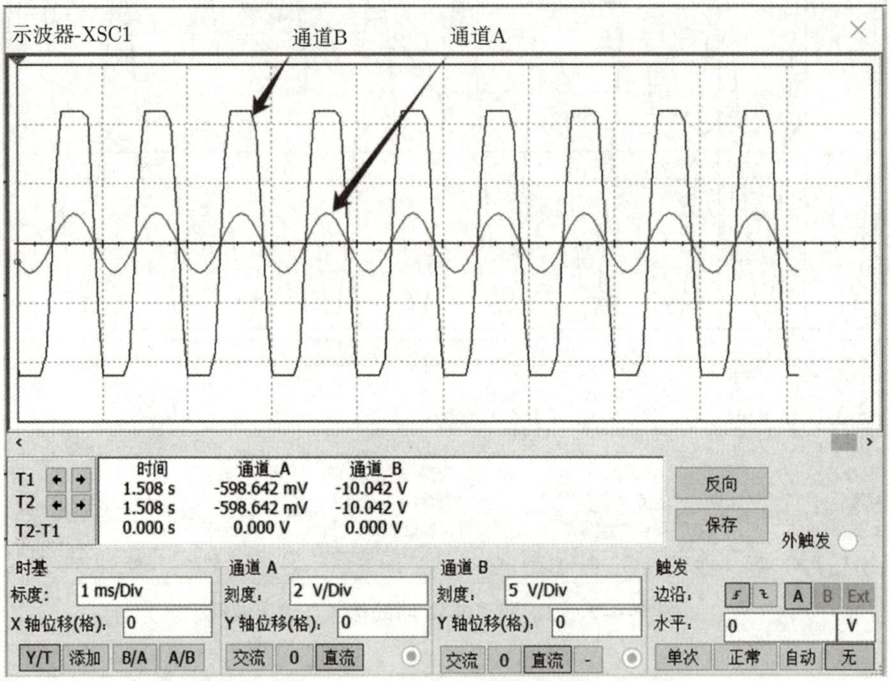


图 7-6-4 $R_f$ 取 200kΩ 时的输入、输出波形

# 本章小结

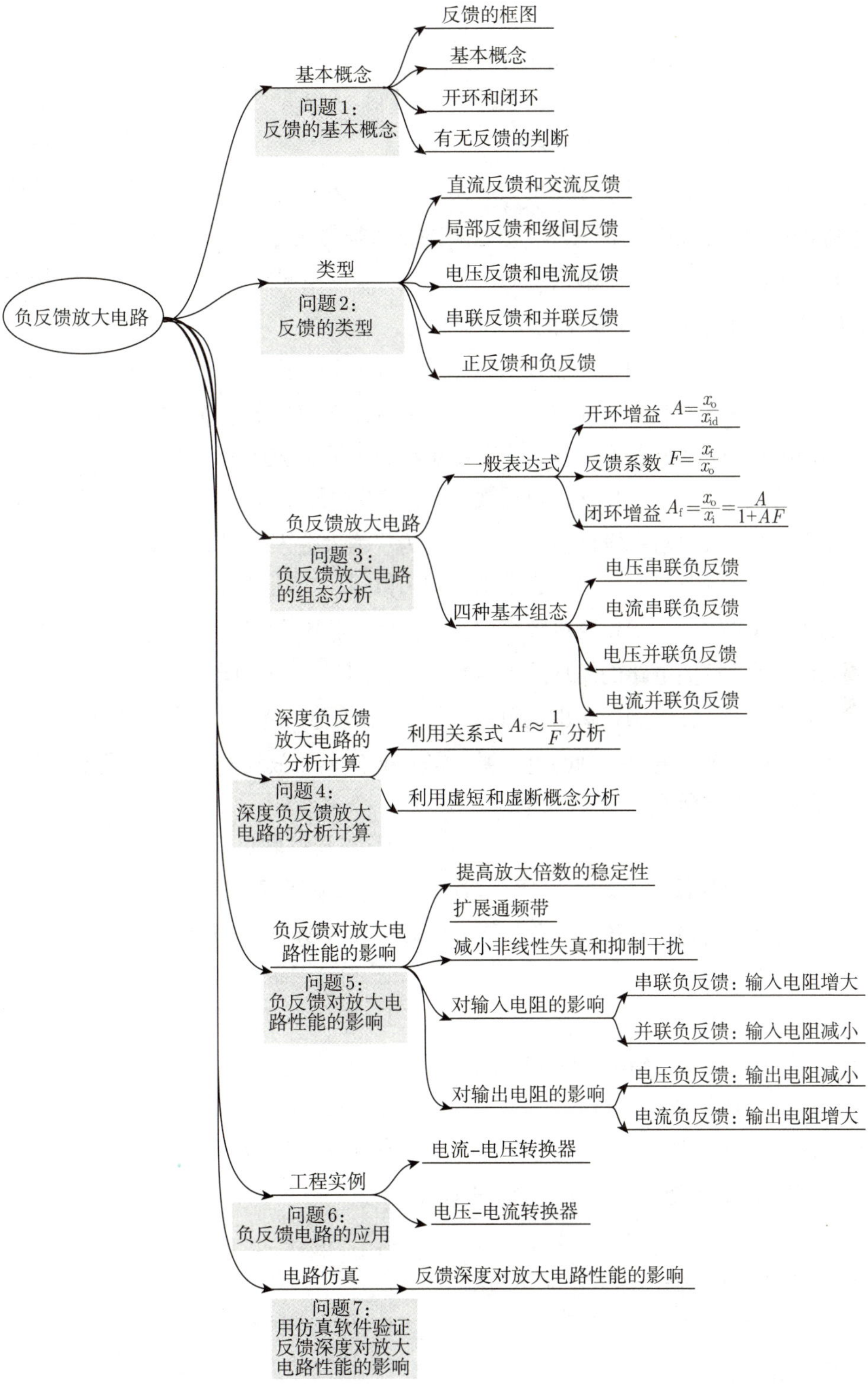
负反馈放大电路
基本概念
问题1：反馈的基本概念
反馈的框图
基本概念
开环和闭环
有无反馈的判断
类型
问题2：反馈的类型
直流反馈和交流反馈
局部反馈和级间反馈
电压反馈和电流反馈
串联反馈和并联反馈
正反馈和负反馈
负反馈放大电路
问题3：负反馈放大电路的组态分析
一般表达式
开环增益 $A=\frac{x_o}{x_{id}}$
反馈系数 $F=\frac{x_f}{x_o}$
闭环增益 $A_f=\frac{x_o}{x_i}=\frac{A}{1+AF}$
四种基本组态
电压串联负反馈
电流串联负反馈
电压并联负反馈
电流并联负反馈
深度负反馈放大电路的分析计算
问题4：深度负反馈放大电路的分析计算
利用关系式 $A_f\approx\frac{1}{F}$ 分析
利用虚短和虚断概念分析
负反馈对放大电路性能的影响
问题5：负反馈对放大电路性能的影响
提高放大倍数的稳定性
扩展通频带
减小非线性失真和抑制干扰
对输入电阻的影响
串联负反馈：输入电阻增大
并联负反馈：输入电阻减小
对输出电阻的影响
电压负反馈：输出电阻减小
电流负反馈：输出电阻增大
工程实例
问题6：负反馈电路的应用
电流-电压转换器
电压-电流转换器
电路仿真
问题7：用仿真软件验证反馈深度对放大电路性能的影响
反馈深度对放大电路性能的影响

# 习题七

**【客观题】**

1. 对于放大电路，所谓开环是指（　　）。

A. 无信号源　　B. 无反馈通路　　C. 无电源　　D. 无负载

2. 对于放大电路，所谓闭环是指（　　）。

A. 考虑信号源内阻　　B. 存在反馈通路　　C. 接入电源　　D. 接入负载

3. 判断一个电路是否包含反馈，最直观的方法是寻找（　　）。

A. 输入电阻　　B. 输出电阻　　C. 反馈回路　　D. 开环增益

4. 反馈信号使得（　　）减小的反馈称为（　　）。

A. 输入信号　　B. 净输入信号　　C. 正反馈　　D. 负反馈

5. 为了稳定静态工作点，应该引入（　　）；为了改善交流性能，应该引入（　　）；为了稳定输出电压，应该引入（　　）；为了稳定输出电流，应该引入（　　）。

A. 直流负反馈　　B. 交流负反馈　　C. 电压负反馈　　D. 电流负反馈

6. 为了减小输入电阻，应该引入（　　）；为了增大输入电阻，应该引入（　　）；为了减小输出电阻，应该引入（　　）；为了增大输出电阻，应该引入（　　）。

A. 电压负反馈　　B. 电流负反馈　　C. 串联负反馈　　D. 并联负反馈

7. 深度负反馈放大电路的闭环放大倍数主要受到（　　）的影响。

A. 输入电阻　　B. 输出电阻　　C. 反馈系数　　D. 开环放大倍数

8. 为了得到一个由电流控制的电压源，应选择（　　）放大电路；为了得到一个由电压控制的电流源，应选择（　　）放大电路。

A. 电压串联负反馈　　B. 电压并联负反馈

C. 电流串联负反馈　　D. 电流并联负反馈

9. 欲使放大器的输出电流基本稳定，并能减小输入电阻，该放大器应采用（　　）。

A. 电流串联负反馈　　B. 电压并联负反馈

C. 电流并联负反馈　　D. 电压串联负反馈

10. 欲使放大器的输出电压基本稳定，并能增大输入电阻，该放大器应采用（　　）。

A. 电流串联负反馈　　B. 电压并联负反馈

C. 电流并联负反馈　　D. 电压串联负反馈

11. 电流负反馈可使放大电路的输出电阻（　　）。

A. 增大　　B. 减少　　C. 不确定　　D. 不受影响

12. 负反馈对放大器性能的影响不包括（　　）。

A. 提高稳定性　　B. 减小非线性失真

C. 拓宽通频带　　D. 提高放大倍数

13. 负反馈放大电路是通过降低电路的（　　）来提高电路的其他性能指标。

A. 通频带带宽　　B. 稳定性　　C. 闭环放大倍数　　D. 输入电阻

14. 在集成运算放大电路中，引入深度负反馈的目的之一是使集成运放（　　）。

A. 工作在线性区，降低稳定性　　B. 工作在非线性区，提高稳定性

C. 工作在线性区，提高稳定性　　D. 工作在非线性区，降低稳定性

15. 在电流–电压转换电路中，采用的是（　　）负反馈，将输入的电流信号转换为输出电压信号。

A. 电流串联　　B. 电压并联　　C. 电流并联　　D. 电压串联

**【简答题】**

16. 什么是反馈？在模拟电子技术中，反馈有什么作用？

17. 正反馈和负反馈在放大器中有什么区别？各自的作用是什么？

18. 如何判断一个电路是否包含反馈？请给出判断依据。

19. 简述正反馈和负反馈对放大器增益的影响。

20. 放大电路的输入信号本身就是一个已产生失真的信号，引入负反馈后能否消除失真？

21. 在雷雨天，收音机经常受到较强的天气干扰。请问能否在收音机放大电路中引入合适的反馈来减小这种干扰？为什么？

22. 某传感器产生的电压信号几乎没有带负载的能力（即不能向负载提供电流），要使放大后产生的输出电压与传感器产生的信号成正比，放大电路宜采用哪种负反馈放大器？

**【分析计算题】**

23. 在题 23 图的各放大电路中，试判断电路中是否存在反馈支路。如果存在反馈，是直流反馈还是交流反馈？是正反馈还是负反馈？假设所有电容对交流信号均可视为短路。

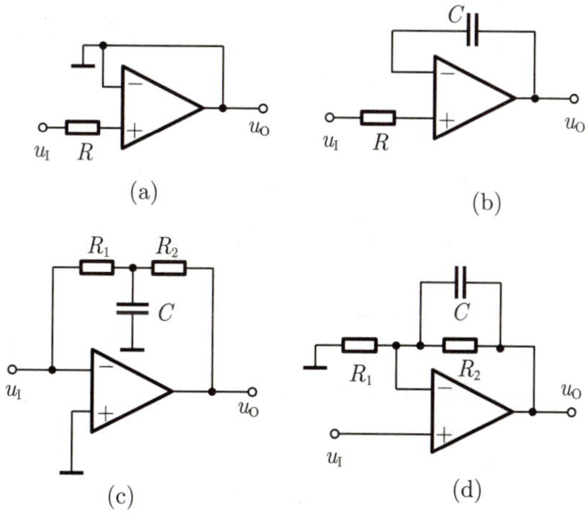


**题 23 图**

24. 在题 24 图所示的放大电路中，试判断各电路的反馈极性和组态。

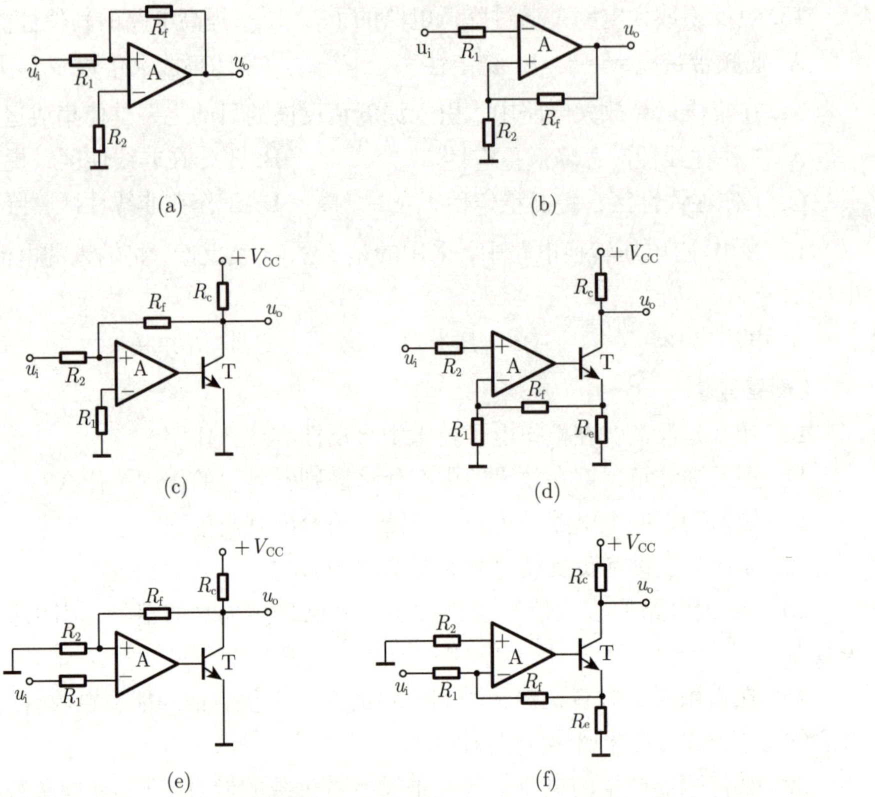


题 24 图

25. 在题 24 图所示的负反馈放大电路中，试分析哪些反馈能够稳定输出电压，哪些能够稳定输出电流，以及对输入电阻和输出电压的影响。

26. 假设题 24 图中 (c)~(f) 电路中的集成运放均为理想集成运放，电路均满足深度负反馈条件，试分析各电路的电压放大倍数。

27. 在题 27 图所示的放大电路中，电路的反馈类型是直流反馈还是交流反馈？是电压反馈还是电流反馈？是串联反馈还是并联反馈？

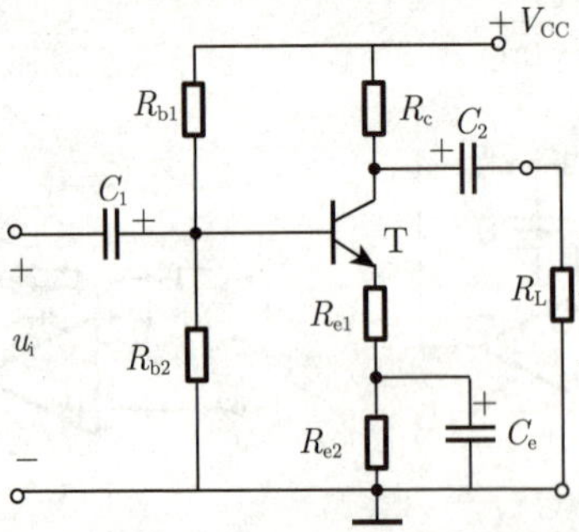

题 27 图

28. 某负反馈放大电路的开环放大倍数 $A$ 等于 $10^5$，若要获得 100 倍的闭环放大倍数

$A_f$，其反馈系数 $F$、反馈深度 $1+AF$ 和环路增益 $AF$ 分别是多少？

29. 已知一个负反馈放大电路的开环放大倍数 $A=10^5$，反馈系数 $F=2\times10^{-3}$。试计算 $A_f$，若 $A$ 的相对变化率为 20%，则 $A_f$ 的相对变化率为多少？

30. 试分析题 30 图所示的各电路中，哪些元件组成了级间反馈通路，并判断反馈的极性和组态，估算各电路的电压放大倍数 (设电路中的集成运放均为理想集成运放)。

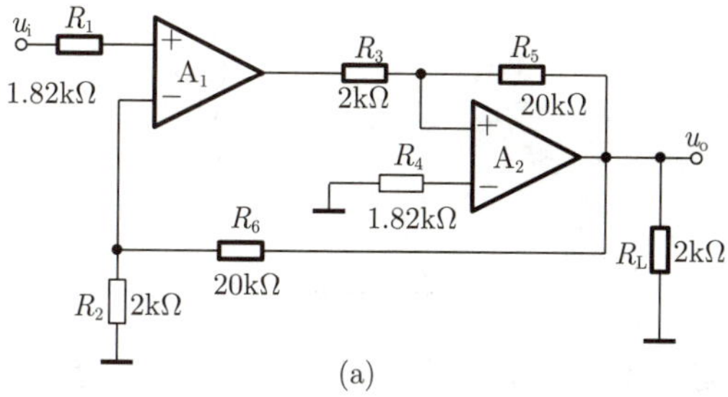


(a)

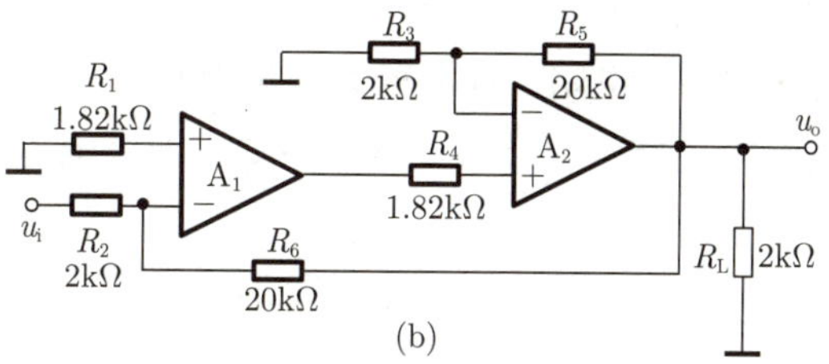


(b)

**题 30 图**

31. 试分析题 31 图所示的电路中，哪些元件组成了级间反馈通路，并判断反馈的极性和组态，估算各电路的电压放大倍数。

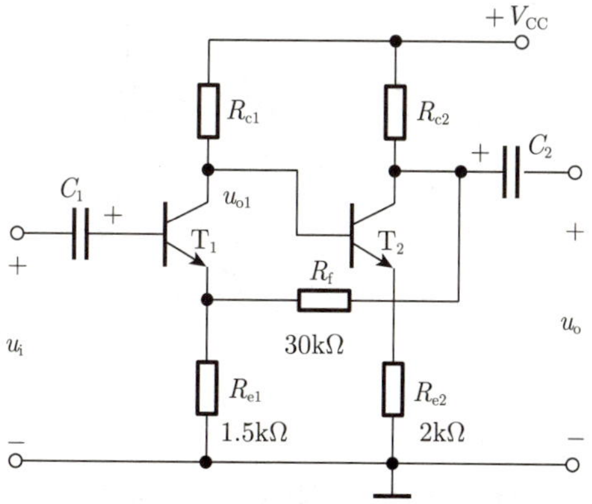


**题 31 图**

**【设计题】**

32. 对于题 32 图所示的两级放大电路，试完成以下问题：

(1) 若要引入电压串联负反馈，反馈电阻 $R_f$ 的 e 端应与输入回路的哪一端相连？f 端应与输出回路的哪一端相连？

(2) 放大电路引入负反馈后，会对电路的非线性失真和通频带产生什么影响？

(3) 若电路满足深度负反馈，求其电压放大倍数 $A_{uf}$ 的表达式。

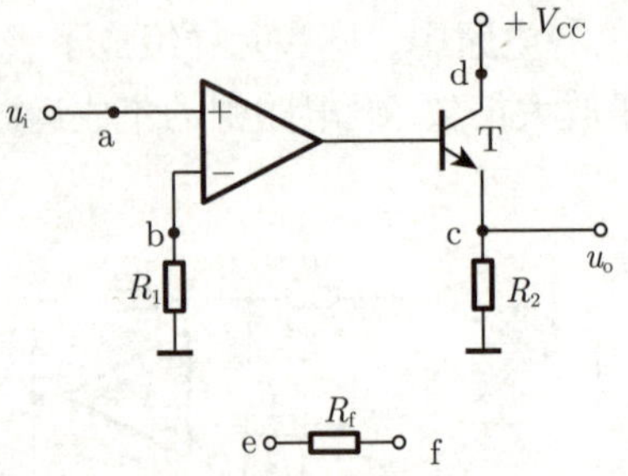


题 32 图

33. 多级放大电路如题 33 图所示。若要同时实现以下要求，反馈电阻 $R_f$ 应分别引入什么反馈组态？分别画出加入反馈后的电路图 (要求只引入级间反馈)。

(1) 增大从 a 端看进去的输入电阻，同时增大输出电阻。

(2) 负载电阻 $R_L$ 变动时，输出电压 $u_o$ 基本不变，而且输入级向信号源索取的电流较小。

(3) 减小从 a 端看进去的输入电阻，当 $R_{c3}$ 改变时，负载电流 $i_o$ 基本不变。

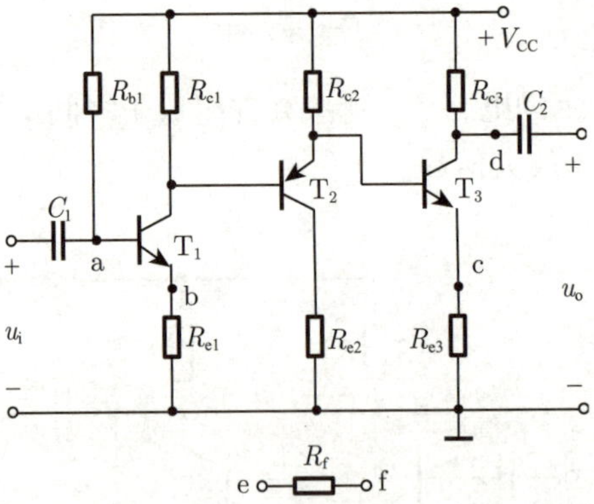


题 33 图

【仿真题】

34. 在 Multisim 中构建如题 30 图所示的电路，输入信号加入正弦电压，观察输入、输出波形，分别测出两个电路的闭环电压放大倍数 $A_{uf}$ 和 $R_{id}$，并进行对比。

35. 电流并联负反馈电路如题 35 图所示，$T_1$、$T_2$ 管用 2N2222，输入信号是频率为 1kHz、有效值为 $1mV_{rms}$ 的正弦信号。用 Multisim 观察加入反馈前后，输出端波形及电压放大倍数的变化。

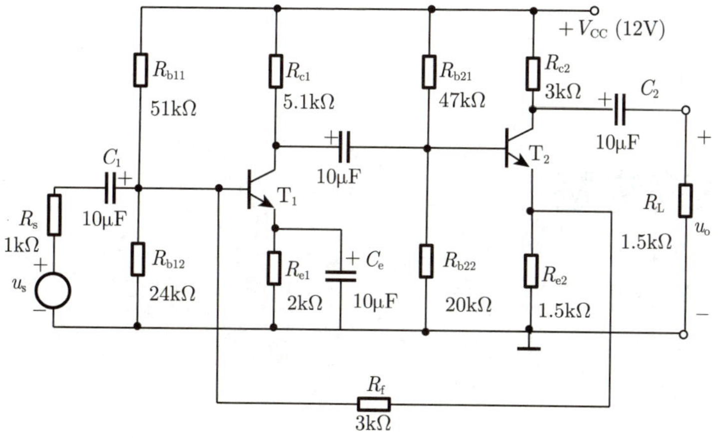
$+V_{CC}$ (12V)
$R_{b11}$
51kΩ
$R_{c1}$
5.1kΩ
$R_{b21}$
47kΩ
$R_{c2}$
3kΩ
$C_2$
10μF
$C_1$
10μF
10μF
$T_1$
$T_2$
$R_s$
1kΩ
$u_s$
$R_{b12}$
24kΩ
$R_{e1}$
2kΩ
$C_e$
10μF
$R_{b22}$
20kΩ
$R_{e2}$
1.5kΩ
$R_L$
1.5kΩ
$u_o$
$R_f$
3kΩ

**题 35 图**

# / 第 8 章 /

# 正弦波振荡电路

**本章解决的主要问题：**

1. 什么是正弦波振荡电路的起振和平衡条件？
2. 正弦波振荡电路的组成有哪些？
3. 如何分析 $RC$ 文氏桥振荡电路？
4. $RC$ 文氏桥振荡电路有什么作用？
5. 如何用仿真软件验证 $RC$ 文氏桥振荡电路的起振和平衡条件？

正弦波发生电路常常作为信号源，被广泛应用于无线电通信以及自动测量和自动控制等系统，电路实验室中经常用到的低频信号发生器就是一种正弦波振荡电路。大功率正弦波振荡电路还可以直接为工业生产提供能源，例如高频加热炉的高频电源。此外，超声波探伤、无线电和广播电视信号的发送与接收等，都离不开正弦波振荡电路。

正弦波振荡电路在没有外加输入的情况下，依靠电路自激振荡能够产生单一频率、幅值稳定的正弦波信号，因此通常称为**正弦波发生电路**。下图所示的 SDG-1022X 函数信号发生器就是一种能产生正弦波、方波和三角波的仪器。

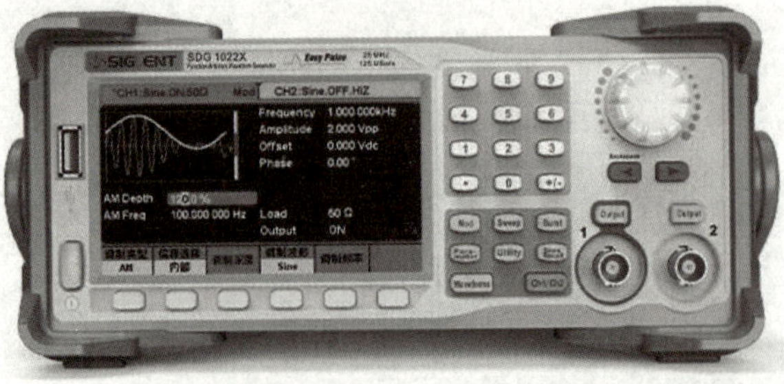


**SDG-1022X 函数信号发生器面板**

# 8.1　概　述

## 8.1.1　正弦波振荡电路的组成

正弦波振荡电路一般由放大电路、选频网络、正反馈网络、稳幅环节四部分组成，框图如图 8-1-1 所示。

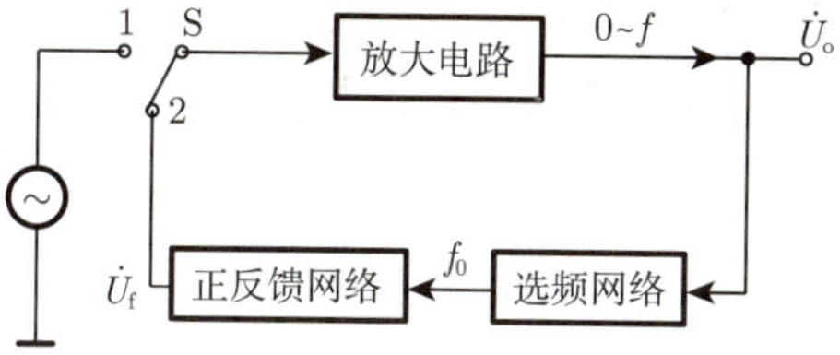


图 8-1-1　正弦波振荡电路的组成框图

(1) 放大电路。放大电路由集成运放或分立元件构成，具有一定的电压放大倍数，使电路获得一定幅值的输出量。

(2) 选频网络。选出满足振荡条件的单一正弦频率信号，确定电路的振荡频率。

(3) 正反馈网络。将输出信号通过正反馈引回到输入端，一般由电阻、电容和电感组成。

(4) 稳幅环节。用于稳定输出信号的幅值，使振荡电路能够自动由起振条件过渡到平衡条件，最终使电路达到等幅振荡。

在实际电路中，常将选频网络与正反馈网络合二为一。对于分立元件放大电路，也不再另外增加稳幅环节，而是依靠三极管的非线性特性来达到稳幅的效果。

正弦波振荡电路常用选频网络所用的元件来命名，由 $RC$ 元件组成选频网络的振荡电路称为 $RC$ 正弦波振荡电路；类似地，由 $LC$ 元件组成的振荡电路称为 $LC$ 正弦波振荡电路。本书主要讨论 $RC$ 正弦波振荡电路。

## 8.1.2　产生正弦波振荡的条件

在图 8-1-1 所示的框图中，假设先将开关 S 接在 1 端，引入一个正弦电压 $\dot{U}_i$，$\dot{U}_i$ 经放大电路、选频网络和正反馈网络后，在 2 端将得到一个同样频率、幅值放大的正弦波反馈电压 $\dot{U}_f$。然后将开关 S 接到 2 端，使反馈电压 $\dot{U}_f$ 取代输入信号 $\dot{U}_i$，如果 $\dot{U}_f \geqslant \dot{U}_i$，此时电路即使没有外加的 $\dot{U}_i$，也能输出正弦信号，即开始自激振荡。正弦波产生的过程为

$$\dot{U}_o \uparrow \rightarrow \dot{U}_f \uparrow \rightarrow \dot{U}_o \uparrow\uparrow$$

即输出电压 $\dot{U}_o$ 的增大使反馈电压 $\dot{U}_f$ 增大。开关 S 接到 2 端后，放大电路的输入电压就是反馈电压，故 $\dot{U}_o$ 将进一步增大。

但是输出电压 $\dot{U}_o$ 不会无限增大，当 $\dot{U}_o$ 增大到一定程度时，由于三极管的非线性特性(即三极管的输入信号达到一定幅值时，放大能力会下降，幅值越大，放大能力下降得越多)

和电源电压的限制，使放大电路的放大倍数自动减小，最终 $\dot{U}_o$ 的幅值将维持在一个确定值，电路达到动态平衡。

此时，输出电压 $\dot{U}_o$ 以通过正反馈网络产生的反馈电压 $\dot{U}_f$ 作为输入电压，输入电压又通过放大电路维持着输出电压，输出电压的表达式可以写成

$$\dot{U}_o = A\dot{U}_f = AF\dot{U}_o \tag{8-1-1}$$

可见，正弦波振荡的平衡条件是

$$AF = 1 \tag{8-1-2}$$

由此得到幅值与相角的关系式为

$$\begin{cases} |AF| = 1 & \text{——幅度平衡条件} \\ \phi_A + \phi_F = 2n\pi \quad (n\text{为整数}) & \text{——相位平衡条件} \end{cases} \tag{8-1-3}$$

输出电压在开关合闸后应该有一个从小到大直至平衡的过程，因此电路的起振条件为

$$AF > 1 \tag{8-1-4}$$

即幅值与相角的关系式为

$$\begin{cases} |AF| > 1 & \text{——幅度起振条件} \\ \phi_A + \phi_F = 2n\pi \quad (n\text{为整数}) & \text{——相位起振条件} \end{cases} \tag{8-1-5}$$

若起振的幅度条件及相位条件均得到满足，电路就能振荡。实际振荡器并不需要专门设置输入信号 $\dot{U}_i$，起振的原始信号源于电扰动 (如开关合闸通电的瞬间)，电路导通时，输出电压有一个从无到有的变化过程，该变化的电压中包含 $0 \sim \infty$ 的各种频率的微弱信号，这些信号输出并送到选频网络，选频网络从中选出频率为 $f_0$ 的信号送入放大电路，信号会再一次被放大。正弦波起振过程和稳幅过程的时域波形如图 8-1-2 所示。

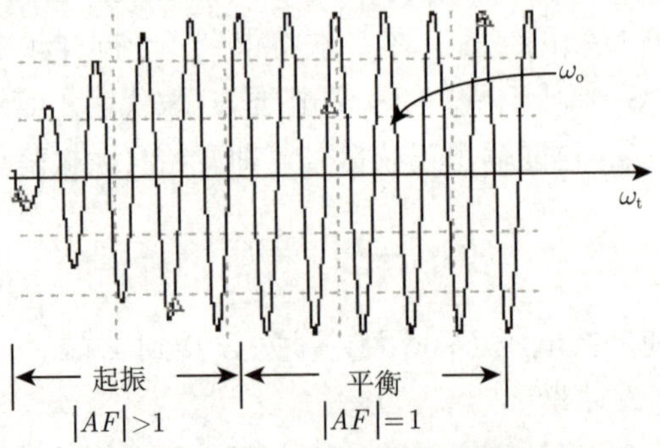


**图 8-1-2　正弦波起振和稳幅过程**

## 8.2　*RC* 文氏桥振荡电路

电桥电路，例如惠斯通电桥，凭借其精度高和结构简单的特点，成为测量电阻的经典电路结构。1891 年，德国物理学家马克斯 · 文 (Max Wien，1866—1938) 为实现对电容及频率相关性能的测量，在传统电桥电路的基础上，创新性地提出了文氏电桥 (Wien bridge) 结构。

文氏电桥问世后，很快得到了推广应用，特别是在振荡器与滤波器设计方面，体现出了独特的优势。文氏电桥的实际电路结构形式多样，可以依据具体应用需求进行灵活调整。其中，*RC* 桥式振荡器能够产生 1Hz~1MHz 的低频正弦波信号，为众多电子设备提供可靠的信号源。文氏电桥为现代电子电路的飞速发展奠定了不可或缺的基础。

### 8.2.1　电路组成

图 8-2-1 (a) 是 *RC* 文氏桥振荡电路。其中 $R_1$ 和 $C_1$ 串联、$R_2$ 和 $C_2$ 并联以及 $R_f$ 与 $R_3$ 正好构成一个电桥的四个桥臂。电桥左右对角线顶点接入集成运放的两个输入端，上下对角线顶点接入集成运放的输出端，如图 8-2-1 (b) 所示 (电路中 $R_1=R_2=R$，$C_1=C_2=C$)。图 8-2-1 的电路可分解成 *RC* 串并联选频网络和同相比例放大电路两部分，如图 8-2-2 所示。在图 8-2-2 (a) 中，*RC* 串并联选频网络实质上是选频网络和正反馈网络的合二为一。图 8-2-2 (b) 是集成运放组成的同相比例放大电路，具有输入电阻高、输出电阻低的特点。在负反馈支路中，$R_f$ 通常选用具有负温度系数的热敏电阻，起到改善振荡波形、稳定振荡幅度的作用。

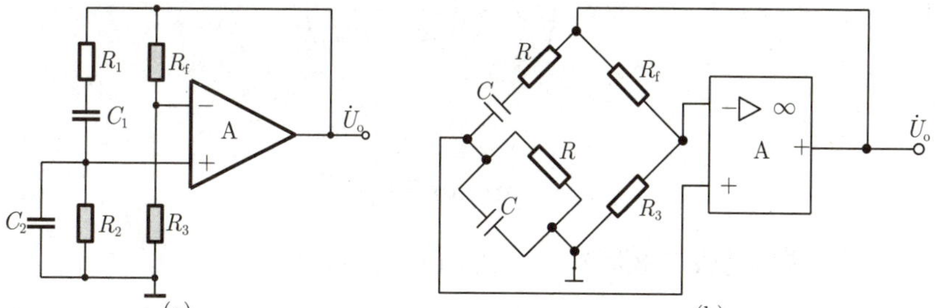


(a)　　　　　　(b)

**图 8-2-1　*RC* 文氏桥振荡电路图**

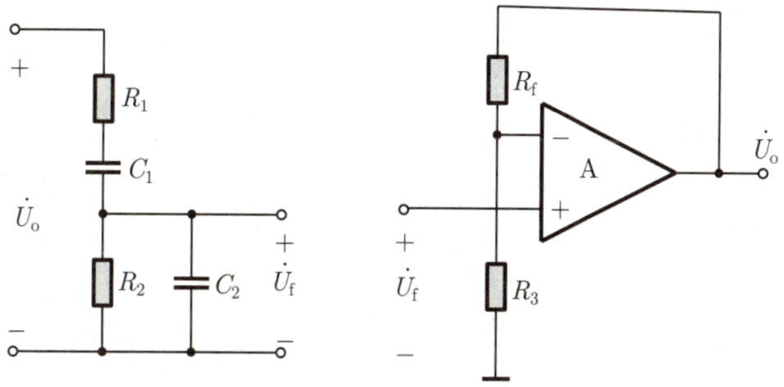


(a) *RC*串并联选频网络　　　　(b) 放大电路

**图 8-2-2　*RC* 文氏桥振荡电路的分解单元**

## 8.2.2 RC 串并联选频网络

### 1. RC 串并联选频网络分析

图 8-2-2 (a) 所示的 $RC$ 串并联选频网络既是选频网络，也是正反馈网络，其反馈系数为

$$F=\frac{\dot{U}_{\mathrm{f}}}{\dot{U}_{\mathrm{o}}}=\frac{Z_{R_2}//Z_{C_2}}{Z_{R_1}+Z_{C_1}+Z_{R_2}//Z_{C_2}}=\frac{\dfrac{R_2}{1+\mathrm{j}\omega R_2C_2}}{R_1+\dfrac{1}{\mathrm{j}\omega C_1}+\dfrac{R_2}{1+\mathrm{j}\omega R_2C_2}} \tag{8-2-1}$$

$$=\frac{1}{\left(1+\dfrac{R_1}{R_2}+\dfrac{C_2}{C_1}\right)+\mathrm{j}\left(\omega R_1C_2-\dfrac{1}{\omega R_2C_1}\right)}$$

当 $R_1=R_2=R$，$C_1=C_2=C$ 时，令 $\omega_0=\dfrac{1}{RC}$，反馈系数为

$$F=\frac{1}{3+\mathrm{j}\left(\dfrac{\omega}{\omega_0}-\dfrac{\omega_0}{\omega}\right)} \tag{8-2-2}$$

即 $RC$ 串并联选频网络的幅频特性为

$$|F|=\frac{1}{\sqrt{3^2+\left(\dfrac{\omega}{\omega_0}-\dfrac{\omega_0}{\omega}\right)^2}} \tag{8-2-3}$$

相频特性为

$$\varphi_{\mathrm{F}}=-\arctan\frac{\dfrac{\omega}{\omega_0}-\dfrac{\omega_0}{\omega}}{3} \tag{8-2-4}$$

反馈系数 $F$ 的幅频特性与相频特性示意图如图 8-2-3 所示。

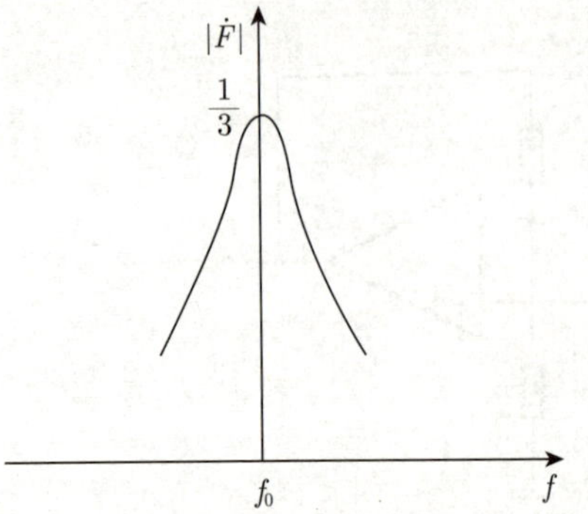

(a) 幅频特性

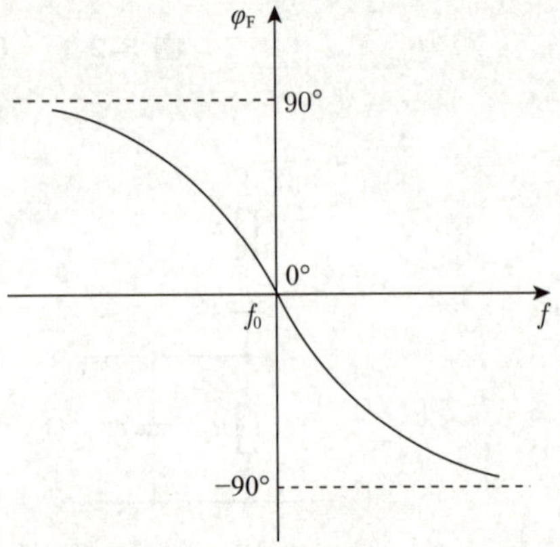

(b) 相频特性

**图 8-2-3　反馈系数的频率特性**

当 $\omega=\omega_0$ 时，有

$$|F|=\frac{1}{3},\ \varphi_F=0° \tag{8-2-5}$$

根据 $\omega_0$ 的设置，得到振荡频率 $f_0$ 为

$$f_0=\frac{1}{2\pi RC} \tag{8-2-6}$$

$f_0$ 称为 $RC$ 串并联选频网络的**固有频率** (natural frequency)。

### 2. 实验方法分析频率特性

为了分析 $RC$ 串并联选频网络电路的性质，向电路输入电压幅值相同而频率不同的交流信号，在电路输出端用电压表测量输出电压，如图 8-2-4 所示。

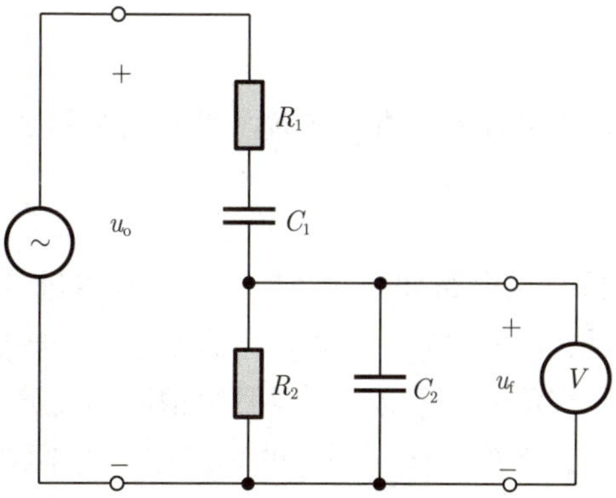


**图 8-2-4 $RC$ 串并联选频网络测试**

将输入交流信号的频率 $f$ 从 0Hz 开始慢慢调高，同时观察电压表的指示，会发现电压表指示的电压值慢慢由小变大，当交流信号的频率 $f=f_0=\dfrac{1}{2\pi RC}$ 时，输出电压 $u_o$ 达到最大值，即 $u_o=\dfrac{1}{3}u_i$。当交流信号的频率继续调高时，输出电压开始减小。由上述情况可知，如果给 $RC$ 串并联选频网络输入各种频率的信号，只有频率为 $f=f_0=\dfrac{1}{2\pi RC}$ 的信号才有较大的电压输出，也就是说，$RC$ 串并联选频网络能从众多的信号中选出频率为 $f_0$ 的信号，达到选频的效果。

## 8.2.3 $RC$ 文氏桥振荡电路振荡过程

### 1. 是否满足起振条件

在反馈电路中，当 $f=f_0$ 时，$|F|=\dfrac{1}{3}$，$\varphi_F=0°$。同相比例放大电路的 $\varphi_A=0°$，则 $\varphi_A+\varphi_F=0°$ 满足相位起振条件。

图 8-2-2 (b) 是基于集成运放的同相比例放大电路，电压放大倍数为

$$A = 1 + \frac{R_f}{R_3} \tag{8-2-7}$$

由式 (8-1-5) 的幅度起振条件和式 (8-2-5) 可知，只有当 $|A| > 3$，即同相比例放大电路的电压放大倍数 $A > 3$ 时，才能满足幅度起振条件 $AF > 1$，亦即要求式 (8-2-7) 中 $R_f > 2R_3$。需要强调的是，如果 $|A|$ 的值过大，正弦波的振荡幅度将超出放大电路的线性放大范围，输出波形会产生明显失真，参见 8.4 节的图 8-4-4。

### 2. 电路振荡过程

接通电源后，集成运放输出各种频率的微弱信号，该信号经 $RC$ 串并联选频网络反馈到集成运放的同相输入端，由于 $RC$ 串并联选频网络的选频作用，只有频率为 $f_0$ 的信号反馈到同相输入端的反馈电压 $U_f$ 最高。$f_0$ 信号经放大器放大后输出，然后又反馈到同相输入端，此放大、反馈过程反复进行，放大器输出的 $f_0$ 信号的幅度也越来越大。

## 8.2.4 稳幅措施

为保证输出信号的幅度稳定且不失真，可加入非线性器件稳幅。

### 1. 热敏电阻稳幅

具有稳幅的 $RC$ 文氏桥振荡电路如图 8-2-5 所示，其通过具有负温度系数的热敏电阻 $R_t$ 来实现稳幅。它的工作原理是：当频率为 $f_0$，输出电压的幅度升高时，$R_t$ 两端的电压升高，温度随之升高。$R_t$ 具有负温度系数，所以其阻值随温度升高而减小，根据式 (8-2-7)，集成运放的电压放大倍数 $A_{uf}$ 下降，输出信号的幅度将不再继续增加。以上稳幅过程为

$$\left|\dot{U}_o\right| \uparrow \to T \uparrow \to R_t \downarrow \to A_{uf} = 1 + \frac{R_f + R_t}{R_1} \downarrow \to \left|\dot{U}_o\right| \downarrow$$

请读者思考一下：如果把 $R_1$ 作为热敏电阻进行稳幅，那么 $R_1$ 应为正温度系数还是负温度系数？

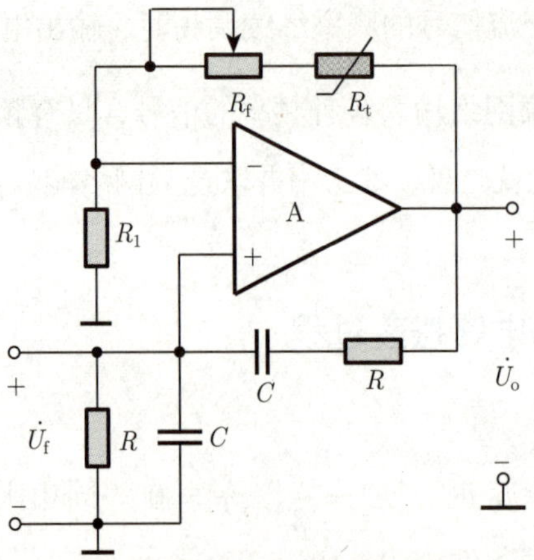


图 8-2-5 热敏电阻稳幅电路

### 2. 二极管稳幅

二极管稳幅电路如图 8-2-6 所示，图中二极管 $D_1$、$D_2$ 作为反馈支路元件，利用二极管的非线性电阻特性 (见图 5-3-4) 可以自动改变放大倍数 $A_{uf}$。

$$A_{uf} = 1 + \frac{R_2 + R_3//r_d}{R_1} \tag{8-2-8}$$

起振时输出信号 $\left|\dot{U}_o\right|$ 幅度小，二极管正向导通电阻 $r_d$ 大，$A_{uf}$ 大；随着输出电压 $\left|\dot{U}_o\right|$ 的幅度增加，电流增大，$r_d$ 减小，$A_{uf}$ 下降，从而实现自动稳幅。

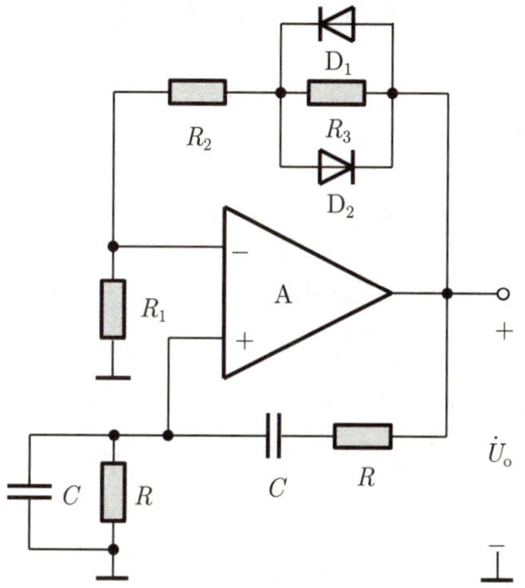


图 8-2-6　二极管稳幅电路

除了 $RC$ 文氏桥振荡电路外，还有移相式振荡电路和双 T 型选频网络振荡电路等，但它们都不如 $RC$ 文氏桥振荡电路应用广泛，此处不展开阐述。

**【*RC* 文氏桥振荡电路的分析方法】**

只要 $RC$ 文氏桥振荡电路的结构确定，起振的相位条件就已满足。起振的幅值条件是否满足主要取决于同相比例放大电路的电阻阻值。分析同相比例放大电路的电阻阻值的大小是判断起振的关键。$RC$ 文氏桥振荡电路产生的正弦波振荡频率是 $RC$ 串并联选频网络的固有频率 $f_0$。

**【例 8-1】** 正弦波振荡电路如图 8-2-6 所示，已知 $R = 10\text{k}\Omega$，$C = 0.01\mu\text{F}$，$R_1 = 2\text{k}\Omega$，$R_3 = 4.5\text{k}\Omega$。设 A 是理想集成运放，输出稳定后二极管的动态电阻 $r_d \approx 500\Omega$。试求电路稳定输出时 $R_2$ 的阻值及电路的振荡频率。

**解：** 图 8-2-6 是一个二极管稳幅的 $RC$ 文氏桥振荡电路，根据 8.2.3 节的分析，基本放大电路的电压增益 $A_{uf}$ 应为 3。

根据式 (8-2-8)，基本放大电路的电压增益表达式为

$$A_{uf} = 1 + \frac{R_2 + R_3//r_d}{R_1} = 3$$

根据已知条件，$R_3 = 4.5\text{k}\Omega \gg r_\text{d} = 0.5\text{k}\Omega$，估算得

$$\frac{R_2 + R_3//r_\text{d}}{R_1} \approx \frac{R_2 + r_\text{d}}{R_1} = 2 \Rightarrow R_2 = 2R_1 - r_\text{d} = 3.5\text{k}\Omega$$

根据式 (8-2-6)，计算电路振荡频率得

$$f_0 = \frac{1}{2\pi RC} = \frac{1}{6.28 \times 10 \times 10^3\Omega \times 0.01 \times 10^{-6}\text{F}} = 1.59\text{kHz}$$

## 8.3 工程实例

### 8.3.1 频率可调的音频发生电路

由式 (8-2-6) 可知，$RC$ 文氏桥振荡电路的振荡频率为 $f_0 = \dfrac{1}{2\pi RC}$，因此，只要改变电阻 $R$ 或者电容 $C$ 的值，就可调节振荡频率。

图 8-3-1 是一种常见的调节振荡频率的方法。在 $RC$ 串并联选频网络中，利用同轴波段开关换接不同容量的电容对频率进行粗调，利用同轴电位器 $R_\text{w}$ 对振荡频率进行细调。采用这种方法可以很方便地在一个比较宽泛的范围内对振荡频率进行连续调节。

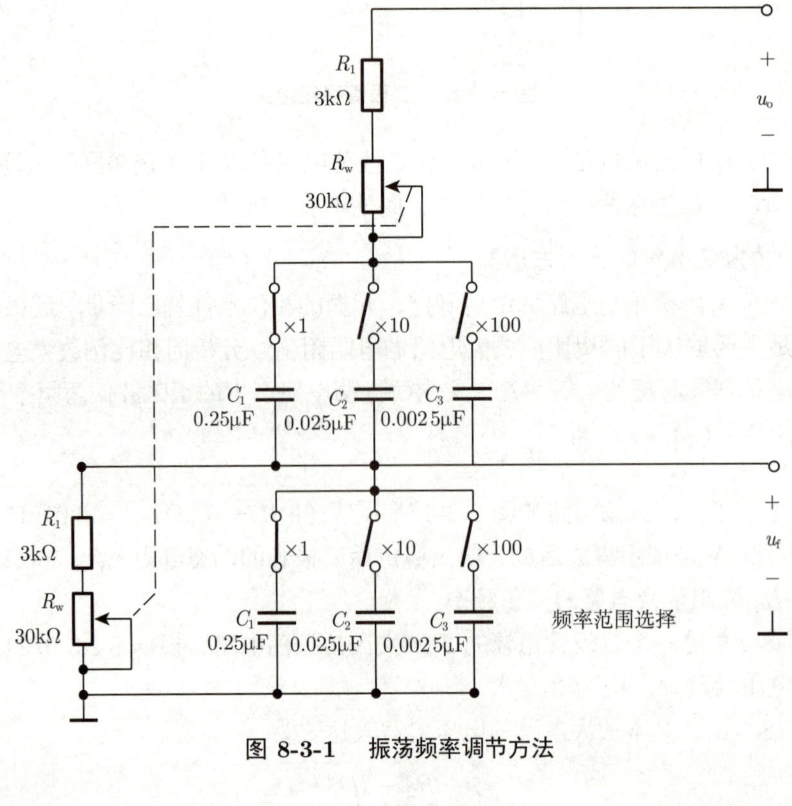


**图 8-3-1　振荡频率调节方法**

例如，将开关放在“×1”位置时，调节电位器 $R_w$，可调节的振荡频率范围为

$$f_{\min}=\frac{1}{2\pi R_{\max}C_1}=\frac{1}{2\pi(R_1+R_w)C_1}=\frac{1}{6.28\times 33\times 10^3\Omega\times 0.25\times 10^{-6}\text{F}}=19\text{Hz}$$

$$f_{\max}=\frac{1}{2\pi R_{\min}C_1}=\frac{1}{2\pi R_1C_1}=\frac{1}{6.28\times 3\times 10^3\Omega\times 0.25\times 10^{-6}\Omega}=212\text{Hz}$$

依此类推，电路可实现的三档频率的调节范围分别为：19Hz～212Hz，190Hz～2.12kHz，1.9kHz～21.2kHz。这三档调节频率均在音频范围之内，且相邻档有部分重合调节范围，保障了在 19Hz～21.2kHz 的全部音频频率范围内连续可调，这实际上是一台频率可调的音频信号发生器。

## 8.3.2　电子琴电路

利用 *RC* 文氏桥振荡电路可以实现电子琴电路，如图 8-3-2 所示。将 *RC* 串并联选频网络 (见图 8-2-1) 中的 $R_2$ 用一组电阻和开关代替，按下不同的开关 (琴键)，对应的 $R_2$ 不同，产生的振荡频率就不同，即可输出不同音阶的音频信号。再经后级功率放大，就可在喇叭中产生相应的声音。设计电路时，可根据不同的音调选择 $R_2$ 的值，C 调时音阶对应的频率如表 8-3-1 所示。

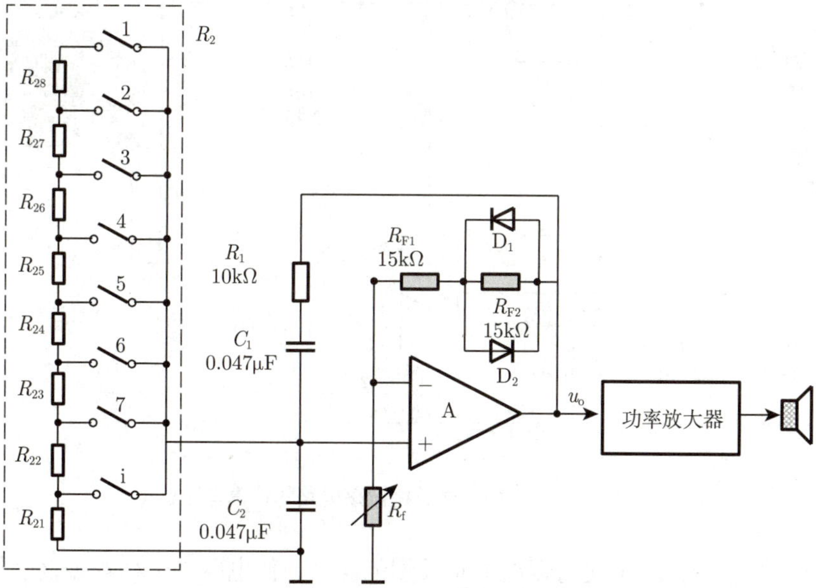


图 8-3-2　电子琴电路

表 8-3-1　C 调时各音阶对应的频率

| C 调 | 1 | 2 | 3 | 4 | 5 | 6 | 7 | i |
|---|---|---|---|---|---|---|---|---|
| $f$(Hz) | 264 | 297 | 330 | 352 | 396 | 440 | 495 | 528 |

实际调试电子琴电路时，可先按下高音 i 键，用示波器观测输出波形，调节 $R_f$ 使电路输出期望的振荡。然后按下 1 键，如果波形失真，可再微调 $R_f$，使波形改善。注意，应再反过来按下 i 键，复查能否起振。如果能起振，则调试完毕；如果不能起振，需再次微调 $R_f$。总之，只需兼顾最高音和最低音的波形都比较好即可，中间的其他音阶无须细调。

## 8.4 电路仿真

根据图 8-2-6，$RC$ 文氏桥振荡电路的仿真电路如图 8-4-1 所示，其中，由 $R_1$、$C_1$、$R_2$、$C_2$ 组成的 $RC$ 串并联选频网络引入了正反馈，代入参数值计算出谐振频率为 $f_0 = \dfrac{1}{2\pi RC} \approx 159.2\text{Hz}$。此时，$RC$ 串并联选频网络的增益为 1/3。所以，为满足正弦振荡的幅度平衡条件 (式 (8-1-3))，由集成运放和 $R_3$、$R_4$、$R_5$ 组成的同相比例放大电路的增益 $A_u = 1 + \dfrac{R_3 + R_4//r_d}{R_5} \geqslant 3$ (起振时大于 3，稳幅振荡时等于 3)。

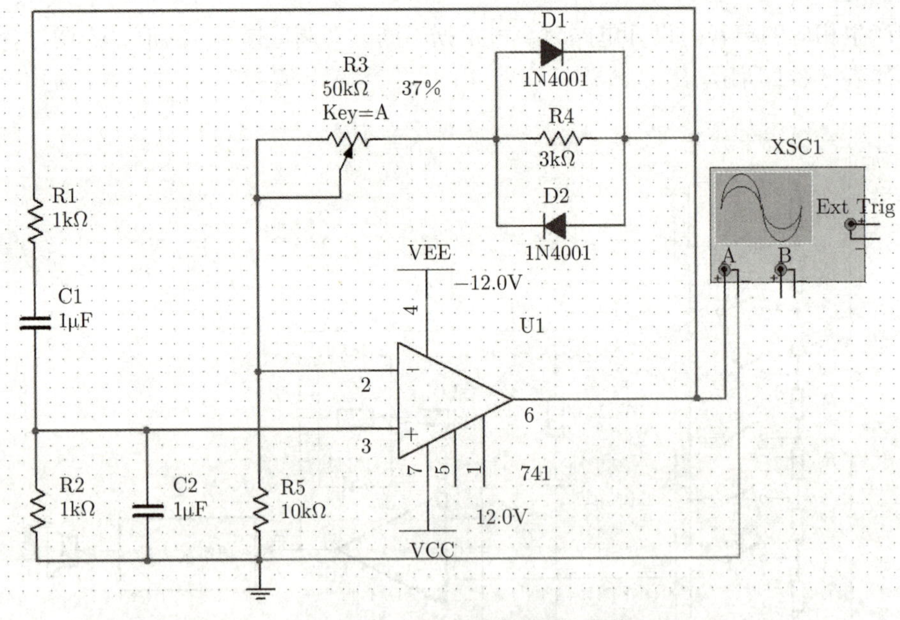


图 8-4-1 *RC* 文氏桥振荡电路的仿真电路

仿真时，按下 $R_3$ 的 A 键可以改变负反馈的深度，使电路产生稳幅振荡、停振和失真的输出信号。图 8-4-2 是 $R_3$ 为总值的 36% 时起振和稳幅振荡的波形，其振荡频率的测量值约为 155.1Hz，与理论计算结果基本相符；图 8-4-3 为 $R_3$ 小于总值的 34% 时停振的波形；图 8-4-4 是 $R_3$ 为总值的 50% 时失真的振荡波形。

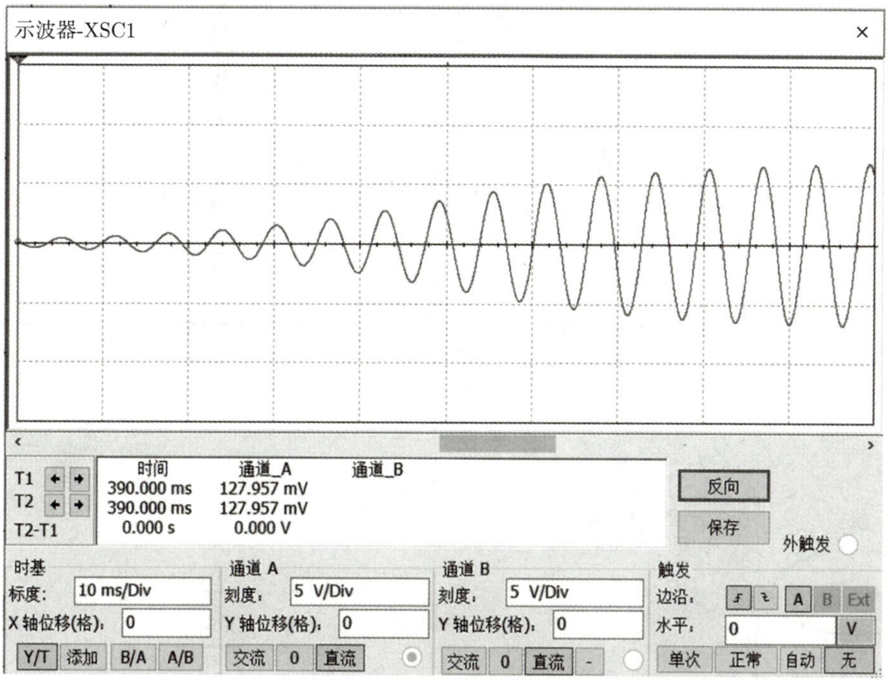


图 8-4-2　$R_3$ 为总值的 36%时起振和稳幅振荡的波形

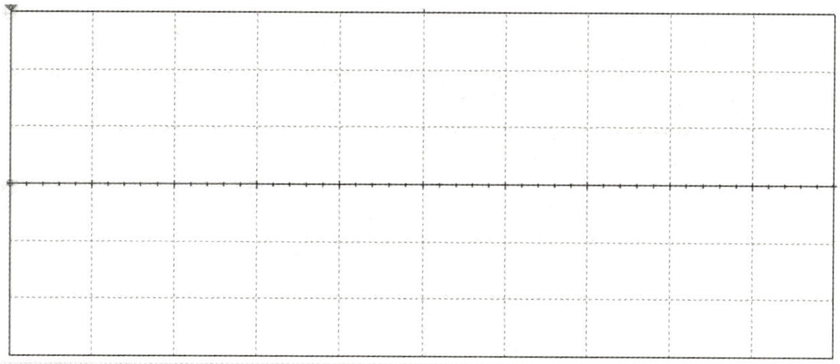

图 8-4-3　$R_3$ 小于总值的 34%时停振的波形

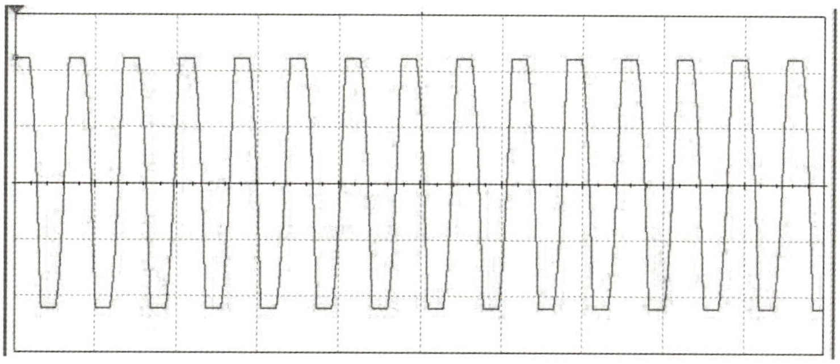

图 8-4-4　$R_3$ 为总值的 50%时失真的振荡波形

# 本章小结

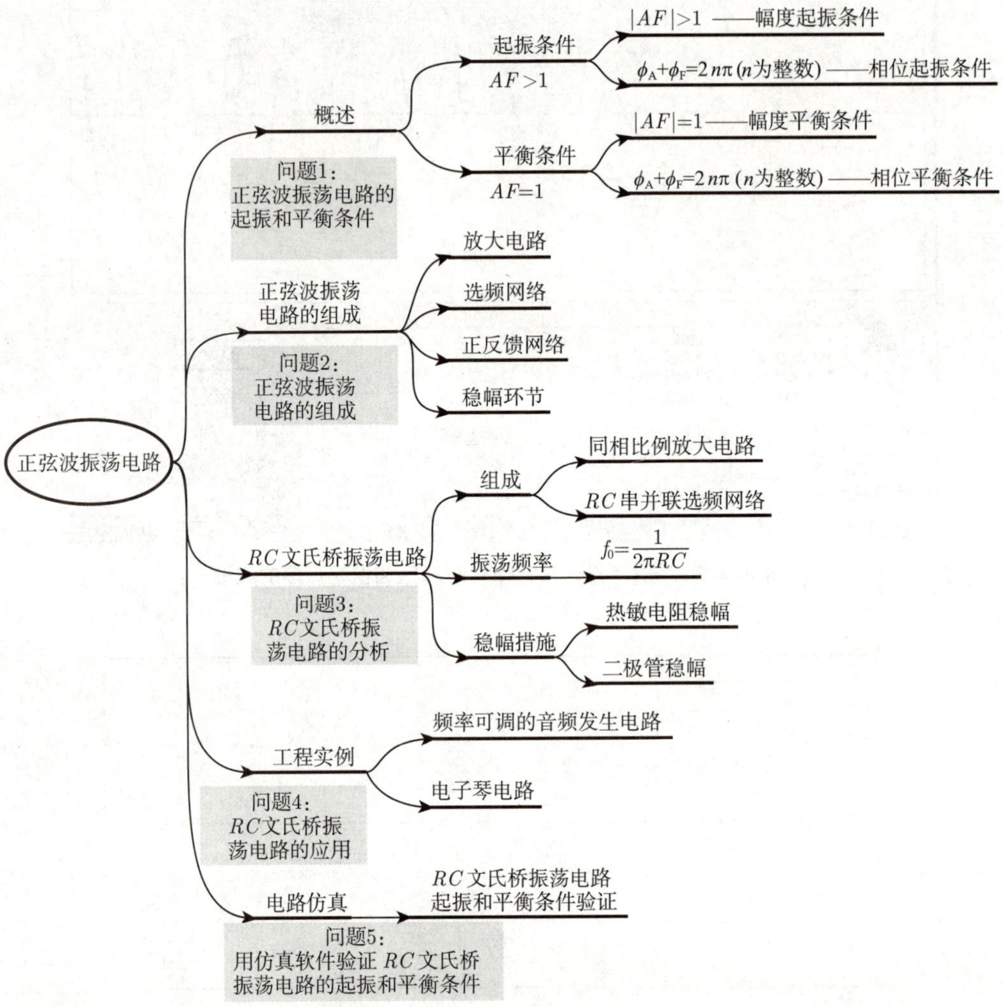
正弦波振荡电路
概述
问题1：
正弦波振荡电路的
起振和平衡条件
起振条件
AF>1
|AF|>1 ——幅度起振条件
φA+φF=2nπ (n为整数) ——相位起振条件
平衡条件
AF=1
|AF|=1——幅度平衡条件
φA+φF=2nπ (n为整数) ——相位平衡条件
正弦波振荡
电路的组成
问题2：
正弦波振荡
电路的组成
放大电路
选频网络
正反馈网络
稳幅环节
RC文氏桥振荡电路
问题3：
RC文氏桥振
荡电路的分析
组成
同相比例放大电路
RC串并联选频网络
振荡频率
f0=1/(2πRC)
稳幅措施
热敏电阻稳幅
二极管稳幅
工程实例
问题4：
RC文氏桥振
荡电路的应用
频率可调的音频发生电路
电子琴电路
电路仿真
问题5：
用仿真软件验证RC文氏桥
振荡电路的起振和平衡条件
RC文氏桥振荡电路
起振和平衡条件验证

# 习题八

**【客观题】**

1. 振荡电路属于单端口网络 (只有输出端)，其输出信号最初是从 (　　) 而来的。

A. 基本放大电路　　B. 选频网络

C. 开机时电路中的干扰或噪声　　D. 需人为加一个预启动信号

2. 正弦波振荡电路一般由 (　　) 组成。

A. 基本放大电路和正反馈网络　　B. 基本放大电路和选频网络

C. 基本放大电路、正反馈网络和选频网络　　D. 基本放大电路

3. 在采用正反馈的条件下，如果正弦波振荡电路正反馈网络的相移为 $\phi_{\mathrm{F}}$，放大电路的相移为 $\phi_{\mathrm{A}}$，那么相位平衡条件是 $\phi_{\mathrm{A}}+\phi_{\mathrm{F}}$ 为 (　　)。

A. $(2n-1)\pi$　　B. $2n\pi$　　C. $(2n+1)\pi$　　D. 无法确定

4. 要使正弦波振荡电路起振，除了要满足相位条件，幅值条件也应满足 $|\mathrm{AF}|$ (　　)。

A. $>1$　　B. $=1$　　C. $<1$　　D. $=-1$

5. 要使正弦波振荡电路稳幅，除了要满足相位条件，幅值条件也应满足 $|\mathrm{AF}|$ (　　)。

A. $>1$　　B. $=1$　　C. $<1$　　D. $=0$

6. 在正弦波振荡电路的组成中，即使系统缺少 (　　)，该振荡电路也有可能输出固定频率的正弦波。

A. 放大电路　　B. 正反馈网络　　C. 选频网络　　D. 稳幅环节

7. 在正弦波振荡电路的组成中，若放大网络为反相比例放大电路，那么正反馈网络的相移应为 (　　)。

A. $0°$　　B. $90°$　　C. $180°$　　D. $270°$

8. 在 $RC$ 文氏桥振荡电路中，放大电路和正反馈网络的相位差分别为 (　　)。

A. $\varphi_{\mathrm{A}}=-180°$，$\varphi_{\mathrm{F}}=0°$　　B. $\varphi_{\mathrm{A}}=180°$，$\varphi_{\mathrm{F}}=180°$

C. $\varphi_{\mathrm{A}}=0°$，$\varphi_{\mathrm{F}}=180°$　　D. $\varphi_{\mathrm{A}}=0°$，$\varphi_{\mathrm{F}}=0°$

9. 要使 $RC$ 文氏桥振荡电路起振，需要求组成文氏桥振荡器的基本放大电路的放大倍数应为 (　　)。

A. $|A|=2$　　B. $|A|>2$　　C. $|A|>3$　　D. $|A|=3$

10. 在 $RC$ 文氏桥振荡电路中，同相比例放大电路中的 $R_{\mathrm{f}}$ (　　)，满足幅值的起振条件。

A. $=2R_3$　　B. $>2R_3$　　C. $<2R_3$　　D. 不确定

11. $RC$ 串并联选频网络在 $f=f_0=\dfrac{1}{2\pi RC}$ 时，呈现 (　　)。

A. 感性　　B. 阻性　　C. 容性　　D. 不确定

12. 当输入信号的频率 $f$ 等于 $RC$ 串并联选频网络的固有频率 $f_0=\dfrac{1}{2\pi RC}$ 时，$RC$ 串并联选频网络的频率响应的特点是（　　）。

A. $|F|=\dfrac{1}{3}$，$\varphi_F=0°$　　B. $|F|=\dfrac{1}{3}$，$\varphi_F=90°$

C. $|F|=\dfrac{1}{2}$，$\varphi_F=0°$　　D. $|F|=\dfrac{1}{2}$，$\varphi_F=90°$

13. 若正弦波振荡电路中 $|AF|$ 过大（远远大于 3），则该振荡器会（　　）。

A. 不起振　　B. 起振后停振

C. 仍输出正弦波　　D. 输出类似于矩形波的波形

14. 正弦波振荡电路的振荡频率由（　　）而定。

A. 基本放大器　　B. 正反馈网络　　C. 选频网络　　D. 稳幅环节

15. $RC$ 文氏桥振荡电路适合产生（　　）频率范围内的正弦波。

A. 1Hz~1MHz　　B. 500kHz~2MHz　　C. 1MHz~5MHz　　D. 任意频率

**【简答题】**

16. $RC$ 串并联选频网络在什么条件下具有选频作用?

17. 正弦波振荡电路的起振条件和稳定振荡条件有何异同? 若电路不能满足稳定振荡的条件，电路会产生什么现象?

**【分析计算题】**

18. 高品质音频振荡器常用于需要精确频率标准的系统。例如，乐器制造商使用系统检查中央 C 音的频率 $f=261\sim264\text{Hz}$，并且使用两节 9V 的电池供电。整个系统由一个文氏桥振荡器、一个电压放大器、一个功率放大器和一个扬声器构成，如题 18 图 (1) 所示。为了避免噪声、失真和漂移，文氏桥振荡器和电压放大器由精密元件构成，并置于各自的外壳内。文氏桥振荡器的输出用电压放大器进行隔离，这有助于避免对电路的任何负载影响。在较小的输出信号中，电压放大器也可以直接和扬声器相连。文氏桥振荡器常用电位器联动来调整 $RC$ 串并联选频网络的频率，即正弦波频率，如题 18 图 (2) 所示。假设电位器 $R_{w1}$、$R_{w2}$ 都设置为 184Ω，请验证文氏桥振荡器的频率是否为 261Hz。

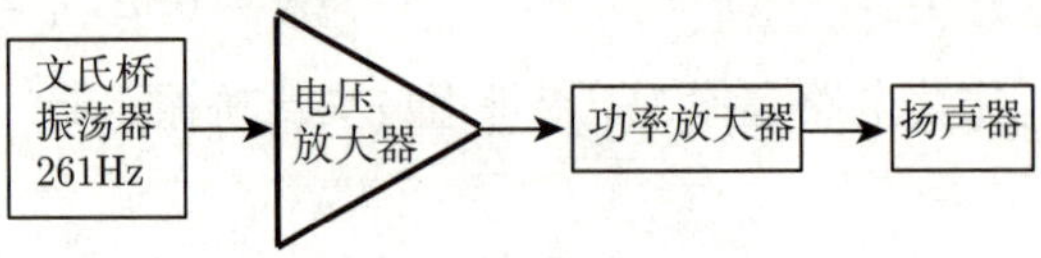


**题 18 图 (1)**

19. 实验室自制一台由 $RC$ 文氏桥振荡电路组成的简易正弦波信号发生器，要求输出频率共有 4 档，频率范围分别为 20Hz~200Hz、200Hz~2kHz、2kHz~20kHz 以及 20kHz~200kHz。各档之间频率应略有重合。可采用题 19 图所示的方案，切换不同的电容对频率进行粗调，调节同轴电位器进行细调。已有 4 个电容，其容值分别为 0.1μF、0.01μF、0.001μF 和 0.000 1μF，试选择固定电阻 $R$ 和电位器 $R_w$ 的值。

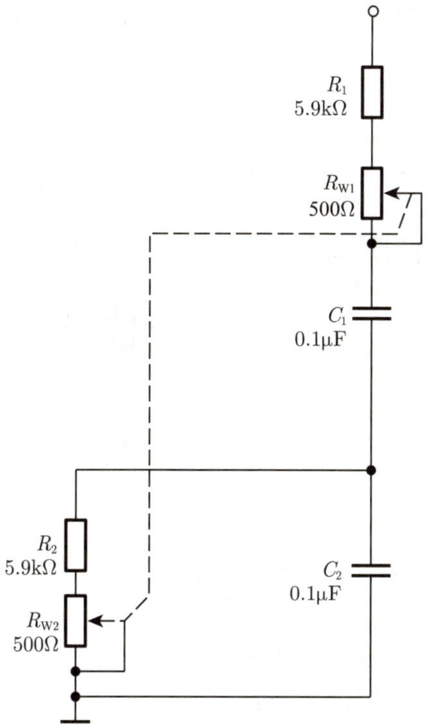


题 18 图 (2)

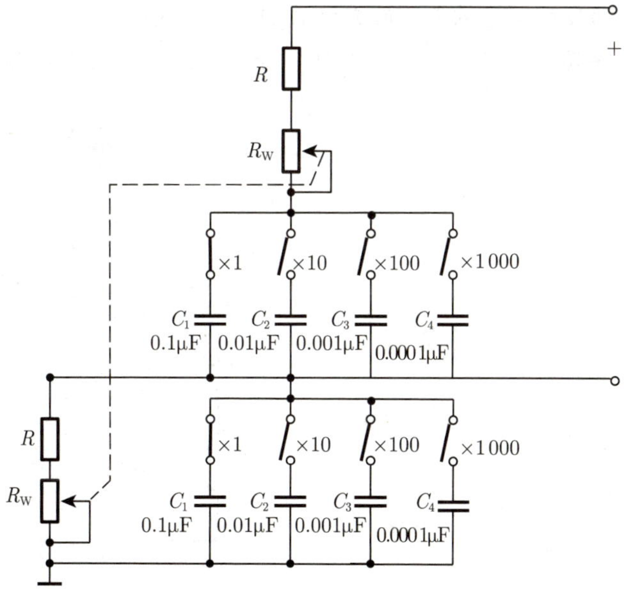


题 19 图

20. 试用正弦波起振的相位条件和幅值条件分析判断题 20 图中各电路能否产生正弦波振荡。

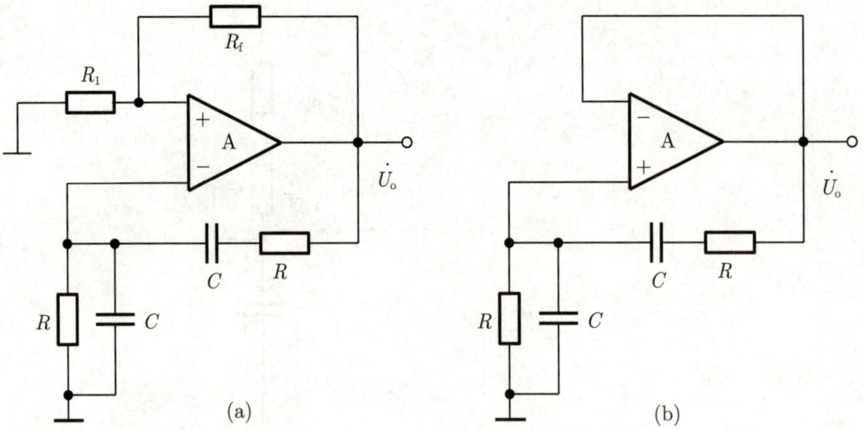


**题 20 图**

21. 在题 21 图所示的电路中：

(1) 将图中 a、b、c、d 四点正确连接，使之成为一个正弦波振荡电路，请将连线画在图上。

(2) 根据图中给定的电路参数，估算振荡频率 $f_0$。

(3) 要使电路能够起振，$R_4$ 应为多大？

22. 题 22 图为 $RC$ 文氏桥振荡电路，试问：

(1) $C_1$、$C_2$ 以及 $R_1$、$R_2$ 的作用是什么？在数值上有什么关系？

(2) 写出电路中负反馈网络的电压放大倍数 $A_\text{u}$ 的表达式。

(3) 该电路的振荡频率为多少？实际使用中如何改变正弦波的频率？

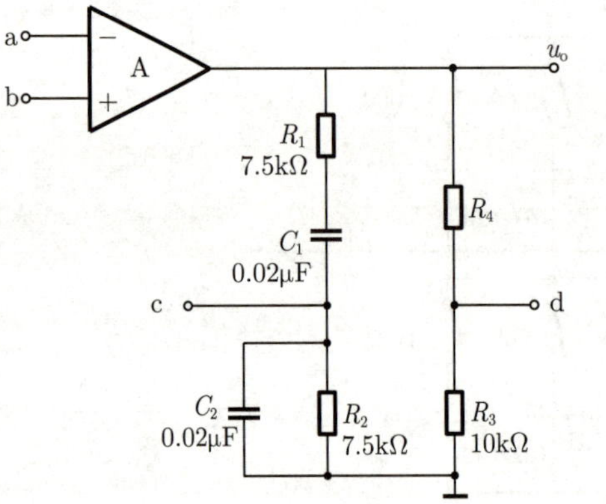


**题 21 图**

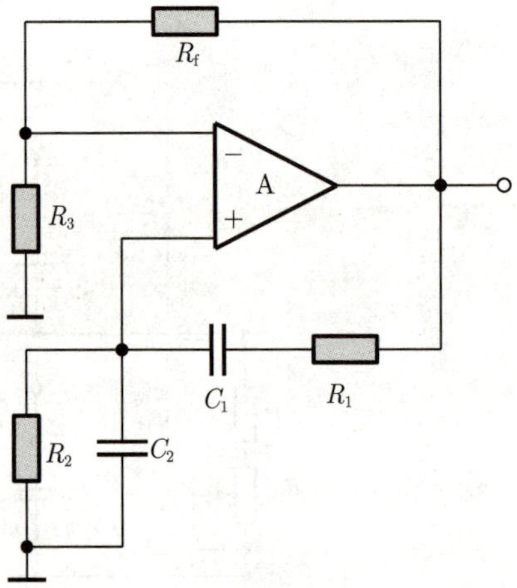


**题 22 图**

23. 正弦波振荡电路如题 23 图所示，$R_\text{w}$ 的阻值在 0~5kΩ 范围内可调，设集成运放为理想集成运放，振幅稳定后的二极管的动态电阻近似为 $r_\text{d} = 500\Omega$。

(1) 求 $R_\text{w}$ 的阻值。

(2) $D_1$ 和 $D_2$ 的主要功能是什么？

(3) 选频网络的反馈系数 $F$ 为多少？

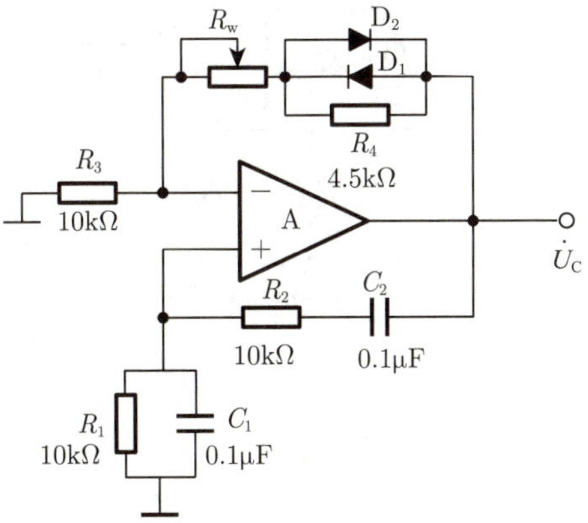


题 23 图

24. 试利用题 24 图中的元件连接组成一个 $RC$ 文氏桥振荡电路。

(1) 计算该电路正弦波振荡的频率。

(2) 计算该正弦波振荡电路起振时 $R_w$ 的阻值。假设此时 $R_T$ 的电阻为 4kΩ。

(3) 指出热敏电阻 $R_T$ 的作用以及应该采用哪种类型的热敏电阻 (正温度系数还是负温度系数)，并说明原因。

(4) 说明若 $R_w$ 采用热敏电阻，应该采用哪种类型的。

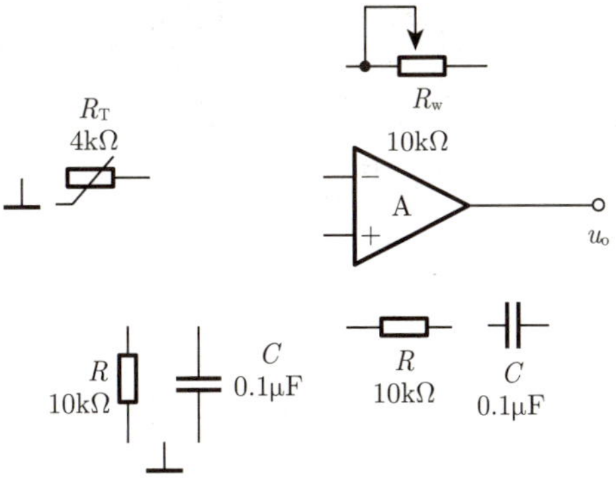


题 24 图

25. 电路如题 25 图所示。

(1) 请写出该电路的名称，并指出电路中用于稳幅的元件。

(2) 如果要输出 2kHz 的正弦波，$R_1$、$R_2$ 取 20kΩ，计算电容 $C$ 的值。

(3) 热敏电阻 $R_t$ 的冷态阻值要小于多少？$R_t$ 应具有怎样的温度特性？

26. 设计一个频率为 500 Hz 的 $RC$ 文氏桥振荡电路，已知 $C = 0.047\mu F$，并用一个负温度系数为 20k 的热敏电阻作为稳幅元件，试画出电路，并标出各电阻值。

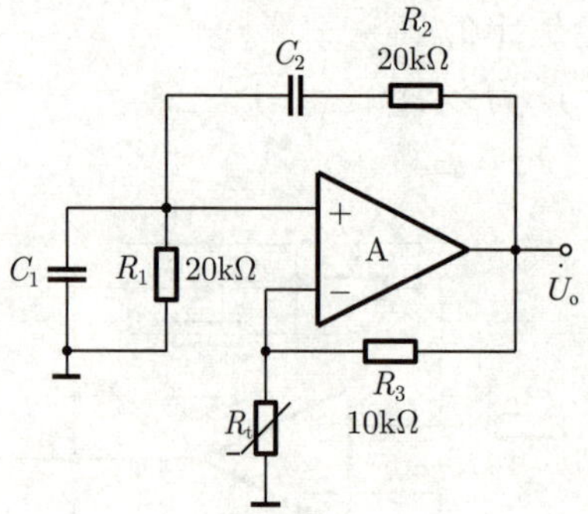


题 25 图

【仿真题】

27. $RC$ 文氏桥振荡电路如题 27 图所示，其中集成运放选用 uA741，其电源电压 $+V_{CC}=+15V$，$V_{EE}=-15V$。$R_w$ 的阻值在 0~2.4kΩ 的范围内可调，$R_f$ 负反馈电阻由一个固定电阻 $R_4$ 和一个电位器 $R_w$ 串联组成。

(1) 改变 $R_w$ 的大小，观察电路何时起振，以及 $R_w$ 变化时输出波形的变化情况。

(2) 当输出正弦波没有明显的非线性失真时，电阻 $R_f$ 总的阻值等于多少？

(3) 测量电路的振荡周期 $T$。

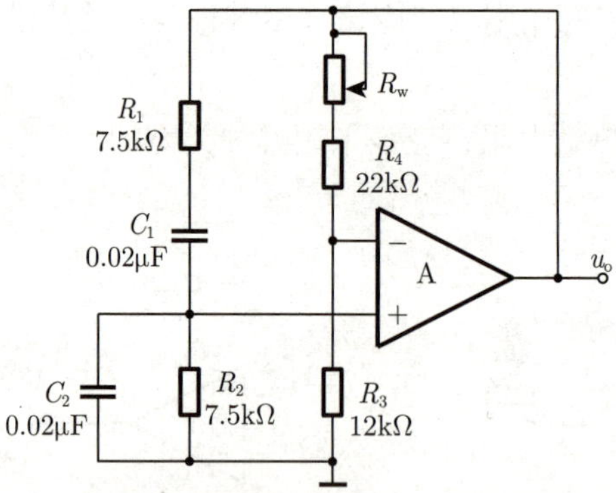


题 27 图

28. 将题 27 图所示电路的选频网络中的 $R$ 和 $C$ 各增大一倍，再观察输出波形，并测量振荡频率 $f_0$。

# / 附录 /

# 本书常用文字符号说明

## 一、基本原则

### 1. 电压与电流 (以基极电流和基极-发射极电压为例)

| | |
|---|---|
| $U_{BE}$、$I_B$ | 大写字母且大写下标表示直流 |
| $U_{be}$、$I_b$ | 大写字母且小写下标表示交流有效值 |
| $\dot{U}_{be}$、$\dot{I}_b$ | 大写字母上面加点且小写下标表示正弦相量 |
| $u_B$、$i_B$ | 小写字母且大写下标表示总的瞬时值 |
| $u_{be}$、$i_{be}$ | 小写字母且小写下标表示交流分量瞬时值 |

### 2. 电阻

| | |
|---|---|
| $R$ | 大写字母表示电路中的电阻或等效电阻 |
| $r$ | 小写字母表示器件内部的等效电阻 |

## 二、基本符号

### 1. 电压和电流

| | |
|---|---|
| $I$、$i$ | 电流的通用符号 |
| $U$、$u$ | 电压的通用符号 |
| $U_i$、$I_i$ | 交流输入电压、输入电流的有效值 |
| $U_o$、$I_o$ | 交流输出电压、输出电流的有效值 |
| $U_{o(AV)}$、$I_{o(AV)}$ | 输出电压、输出电流的均值 |
| $U_{omax}$ | 最大输出电压 |
| $U_f$、$I_f$ | 反馈电压、反馈电流 |
| $U_Q$、$I_Q$ | 静态电压、静态电流 |

| | |
|---|---|
| $U_{OH}$、$I_{OL}$ | 电压比较器的输出高电平和输出低电平 |
| $u_{ic}$ | 共模输入电压 |
| $u_{id}$ | 差模输入电压 |
| $U_{REF}$、$I_R$ | 参考电压、参考电流 |
| $U_T$ | 温度的电压当量 |
| $U_+$、$I_+$ | 集成运放同相输入端的电压、电流 |
| $U_-$、$I_-$ | 集成运放反相输入端的电压、电流 |
| $U_s$ | 信号源电压 |
| $V_{CC}$ | 双极型三极管集电极直流电源电压 |
| $V_{BB}$ | 双极型三极管基极直流电源电压 |
| $V_{EE}$ | 双极型三极管发射极直流电源电压 |

### 2. 电阻、电导、电容、电感、电抗、阻抗

| | |
|---|---|
| $R_i$、$R_o$ | 电路的输入电阻、输出电阻 |
| $R_{if}$、$R_{of}$ | 有反馈时电路的输入电阻、输出电阻 |
| $R_L$ | 负载电阻 |
| $R_s$ | 信号源内阻 |
| $R_P$ | 可调电阻 |
| $G$ | 电导的通用符号 |
| $C$ | 电容的通用符号 |
| $L$ | 电感的通用符号 |
| $X$ | 电抗的通用符号 |
| $X_L$ | 感抗 |
| $X_C$ | 容抗 |
| $Y$ | 导纳 |
| $M$ | 互感系数 |
| $Z$ | 阻抗的通用符号 |

### 3. 增益或放大倍数、反馈系数

| | |
|---|---|
| $A$ | 增益或放大倍数的通用符号 |
| $A_{uc}$ | 共模电压放大倍数 |
| $A_{ud}$ | 差模电压放大倍数 |
| $A_i$ | 电流放大倍数 |
| $A_u$ | 电压放大倍数 |
| $A_{uf}$ | 有反馈时的电压放大倍数 |
| $A_{us}$ | 考虑信号源内阻时的电压放大倍数 |
| $F$ | 反馈系数的通用符号 |

### 4. 功率和效率

| | |
|---|---|
| $P$ | 功率的通用符号 |
| $P_{o}$ | 输出交变功率 |
| $P_{V}$ | 电源提供的直流功率 |
| $P_{T}$ | 三极管耗散功率 |
| $P_{om}$ | 输出交变功率的最大值 |
| $Q$ | 无功功率 |
| $S$ | 视在功率 |
| $\eta$ | 效率 |
| $\eta_{max}$ | 最大效率 |

### 5. 频率和时间

| | |
|---|---|
| $f_{BW}$ | 通频带 |
| $f_{H}$ | 放大电路的上限 (−3dB) 频率 |
| $f_{L}$ | 放大电路的下限 (−3dB) 频率 |
| $f$ | 振荡频率、谐振频率 |
| $\omega$ | 角频率的通用符号 |
| $\tau$ | 时间常数 |

## 三、元器件参数和符号

### 1. 二极管

| | |
|---|---|
| VD | 二极管 |
| $I_{F}$ | 最大整流电流 |
| $I_{R}$ | 二极管未被击穿时的反向电流 |
| $I_{S}$ | 二极管反向饱和电流 |
| $I_{D(AV)}$ | 整流二极管平均电流 |
| $U_{R}$ | 二极管工作时允许外加的最大反向电压 |
| $U_{BR}$ | 反向击穿电压 |
| $U_{D(on)}$ | 二极管导通电压 |
| $r_{d}$ | 二极管动态电阻 |

### 2. 稳压二极管

| | |
|---|---|
| $VD_{Z}$ | 稳压二极管 |
| $U_{Z}$ | 稳压二极管的稳定电压 |
| $I_{Z}$ | 稳压二极管的稳定电流 |
| $r_{Z}$ | 稳压二极管工作在稳压状态的动态电阻 |

### 3. 双极型三极管

| | |
|---|---|
| VT | 双极型三极管、场效应管 |
| b | 双极型三极管的基极 |
| c | 双极型三极管的集电极 |
| e | 双极型三极管的发射极 |
| $C_{b'c}$ | 集电结等效电容 |
| $C_{b'e}$ | 发射结等效电容 |
| $\alpha$ | 共基电流放大系数 |
| $\beta$ | 共射电流放大系数 |
| $\overline{\beta}$ | 共射直流电流放大系数 |
| $U_{(BR)CBO}$ | 发射极开路时，集电极–基极之间的反向击穿电压 |
| $U_{(BR)CEO}$ | 基极开路时，集电极–发射极之间的反向击穿电压 |
| $U_{(BR)EBO}$ | 集电极开路时，发射极–基极之间的反向击穿电压 |
| $U_{CES}$ | 三极管饱和管压降 |
| $I_{CBO}$ | 集电极–基极之间的反向饱和电流 |
| $I_{CEO}$ | 集电极–发射极之间的穿透电流 |
| $I_{CM}$ | 集电极最大允许电流 |
| $P_{CM}$ | 集电极最大允许耗散功率 |
| $r_{bb'}$ | 基区体电阻 |
| $r_{b'e}$ | 发射结微变等效电阻 |
| $r_{be}$ | 共射接法下基极–发射极之间的微变等效电阻 |
| $r_{ce}$ | 共射接法下集电极–发射极之间的微变等效电阻 |

### 4. 集成运放

| | |
|---|---|
| $A_{od}$ | 集成运放的开环差模电压增益 |
| $S_R$ | 集成运放的转换速率 |
| BWG | 集成运放的单位增益带宽 |
| $U_{ICM}$ | 集成运放最大共模输入电压 |
| $U_{IDM}$ | 集成运放最大差模输入电压 |
| $U_{IO}$ | 集成运放输入偏置电压 |
| $I_{IO}$ | 集成运放输入失调电流 |
| $r_{id}$ | 集成运放差模输入电阻 |
| $K_{CMRR}$ | 共模抑制比 |

## 四、其他符号

| | |
|---|---|
| $K$ | 热力学温度 |
| $Q$ | 品质因数 |
| $T$ | 温度、周期 |
| $\varphi$ | 阻抗角 |
| $\theta$ | 相位角 |

# 参考文献


[1] 王源. 实用电路基础 [M]. 北京：机械工业出版社，2004.

[2] 李瀚荪. 电路分析基础 [M]. 北京：高等教育出版社，2006.

[3] 刘健. 电路分析 [M]. 北京：电子工业出版社，2005.

[4] 陈永强，魏金成，吴昌东. 模拟电子技术 [M]. 北京：人民邮电出版社，2013.

[5] 曾赟，曾令琴. 模拟电子技术 (微课版教程)[M]. 北京：人民邮电出版社，2016.

[6] 杨凌. 模拟电子线路 [M]. 北京：清华大学出版社，2015.

[7] 李心广，王金矿，张晶. 电路与电子技术基础 [M]. 3 版. 北京：机械工业出版社，2021.

[8] 张新喜. Multisim14 电子系统仿真与设计 [M]. 2 版. 北京：机械工业出版社，2017.

[9] 王建波. 模拟电子技术基础 [M]. 2 版. 北京：高等教育出版社，2020.

[10] 刘颖. 模拟电子技术基础 [M]. 北京：人民邮电出版社，2023.

[11] 何松柏，吴涛，游飞. 电路电子学基础 [M]. 北京：高等教育出版社，2020.

[12] 刘波. 用 Multisim 玩转电路仿真 [M]. 北京: 电子工业出版社，2022.

[13] 查丽斌. 电路与模拟电子技术基础 [M]. 4 版. 北京: 电子工业出版社，2019.

[14] 张冬梅，公茂法，张秀娟，等. 电路原理 [M]. 北京: 人民邮电出版社，2016.

[15] 王卫东，李旭琼. 模拟电子技术基础 [M]. 2 版. 北京: 电子工业出版社，2010.

[16] 左伟平. 电工与电子技术基础 [M]. 北京: 电子工业出版社，2016.

[17] 黄丽亚，杨恒新，袁丰，等. 模拟电子技术基础 [M]. 3 版. 北京: 机械工业出版社，2016.

[18] 杨欣，胡文锦，张延强. 实例解读模拟电子技术完全学习与应用 [M]. 北京: 电子工业出版社，2013.

[19] 韩雪涛. 电子元器件从入门到精通 [M]. 北京: 化学工业出版社，2019.

[20] 张校铭. 从零开始学电子元器件：识别 · 检测 · 维修 · 代换 · 应用 [M]. 北京: 化学工业出版社，2017.

[21] 王善斌，秦焱. 图解电子元器件识别与检测 [M]. 北京: 化学工业出版社，2014.

[22] 窦明升. 电子元器件识别与应用一本通 [M]. 北京: 人民邮电出版社，2018.

[23] 蔡杏山. 双色图解电子元器件从入门到精通 [M]. 北京: 化学工业出版社，2018.

[24] 蔡杏山. 电子工程师自学成才手册 [M]. 北京: 电子工业出版社，2019.

[25] 韩雪涛. 步步图解电子元器件应用与检测技能 [M]. 北京: 机械工业出版社，2021.

图书在版编目（CIP）数据

电路与模拟电子技术基础 / 赵丽娜主编；徐承成等副主编. -- 北京 : 中国人民大学出版社, 2025. 5.

ISBN 978-7-300-33860-6

Ⅰ. TN7

中国国家版本馆 CIP 数据核字第 20255GB089 号

电路与模拟电子技术基础

主　编　赵丽娜

副主编　徐承成　赵　波　陈　丹　姚玉琴　邢建华

主　审　王建波　蒋守光　周　群

Dianlu yu Moni Dianzi Jishu Jichu

| | | | |
|---|---|---|---|
| 出版发行 | 中国人民大学出版社 | | |
| 社　址 | 北京中关村大街 31 号 | 邮政编码 | 100080 |
| 电　话 | 010-62511242（总编室） | | 010-62511770（质管部） |
| | 010-82501766（邮购部） | | 010-62514148（门市部） |
| | 010-62511173（发行公司） | | 010-62515275（盗版举报） |
| 网　址 | http://www.crup.com.cn | | |
| 经　销 | 新华书店 | | |
| 印　刷 | 北京溢漾印刷有限公司 | | |
| 开　本 | 787mm×1092mm　1/16 | 版　次 | 2025 年 5 月第 1 版 |
| 印　张 | 18.5 | 印　次 | 2025 年 5 月第 1 次印刷 |
| 字　数 | 418 000 | 定　价 | 49.00 元 |

中国人民大学出版社　理工出版分社

# 教师教学服务说明

中国人民大学出版社理工出版分社以出版经典、高品质的统计学、数学、心理学、物理学、化学、计算机、电子信息、人工智能、环境科学与工程、生物工程、智能制造等领域的各层次教材为宗旨。

为了更好地为一线教师服务，理工出版分社着力建设了一批数字化、立体化的网络教学资源。教师可以通过以下方式获得免费下载教学资源的权限：

★ 在中国人民大学出版社网站 www.crup.com.cn 进行注册，注册后进入“会员中心”，在左侧点击“我的教师认证”，填写相关信息，提交后等待审核。我们将在一个工作日内为您开通相关资源的下载权限。

★ 如您急需教学资源或需要其他帮助，请加入教师 QQ 群或在工作时间与我们联络。

中国人民大学出版社　理工出版分社

教师 QQ 群：477719063（物理学教师交流群）
教师群仅限教师加入，入群请备注（学校+姓名）

联系电话：010-62511967，62511076

电子邮箱：lgcbfs@crup.com.cn

通讯地址：北京市海淀区中关村大街 31 号中国人民大学出版社 802 室（100080）